高等院校"十二五"规划教材／食品科学与工程系列

食品功能原理及评价

（上册）

● 主　编　卢卫红　程翠林
● 副主编　井　晶　宋　微　张　华　王荣春
● 参　编　程　丽　樊梓鸾　王晓岑　张玉杰

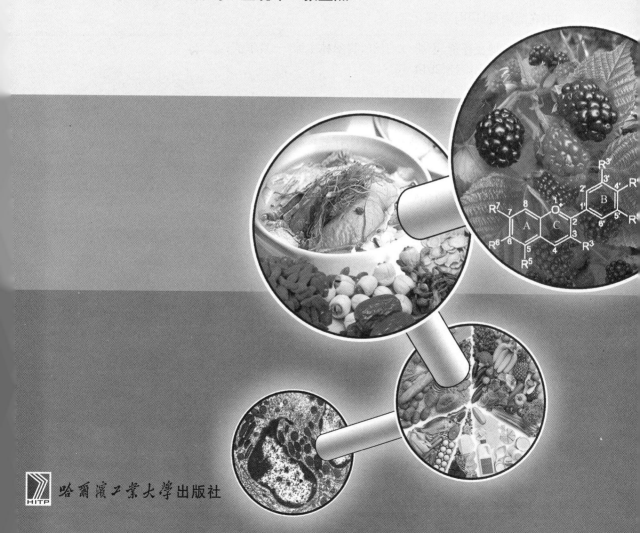

哈尔滨工业大学出版社

内 容 简 介

功能性食品是指具有调解人体生理、适宜特定人群食用,不以治疗为目的的一类食品。中国药膳起源于"药食同源",是在中医药基本理论指导下将食物与药物有机结合并经过适当烹饪之后,用以养生保健和防治疾病的特殊食品。药食同源食物是国家颁布的经过药理实验证明的可以作为药用的食物,如山楂、枸杞等,既是药物又是食物。

本书系统介绍了功能性食品的概念、分类以及常见食品的功能成分与食用方法,并针对亚健康状态的不同原理及表现,系统介绍了中国药膳的食用方法,重点对药食同源资源食物的活性成分和药理作用进行了阐述。

本书是在哈尔滨工业大学食品科学与工程学院开设的专业课"食品功能原理"的基础上,不断适应新的教学需求而编写的专业课教材。同时,本书也是哈尔滨工业大学食品科学与工程学院硕士生"极端环境生物学"课程的选修教材,并且部分章节应用于哈尔滨工业大学全英文课程"Functional food and Chinese medicated diet"的中文教材。本书可作为高等院校中药学、营养学、食品科学等专业本科生的教材。

图书在版编目(CIP)数据

食品功能原理及评价. 上册/卢卫红,程翠林主编. —哈尔滨:
哈尔滨工业大学出版社,2014.10
（食品科学与工程系列/卢卫红主编）
ISBN 978-7-5603-4739-4

Ⅰ.食…　Ⅱ.①卢…　②程…　Ⅲ.①疗效食品-
高等学校-教材　Ⅳ.①TS218

中国版本图书馆 CIP 数据核字(2014)第 098932 号

策划编辑　杜　燕
责任编辑　苗金英
出版发行　哈尔滨工业大学出版社
社　　址　哈尔滨市南岗区复华四道街 10 号　邮编 150006
传　　真　0451－86414749
网　　址　http://hitpress.hit.edu.cn
印　　刷　黑龙江省地质测绘印制中心印刷厂
开　　本　787mm×1092mm　1/16　印张 22.25　字数 535 千字
版　　次　2014 年 10 月第 1 版　2014 年 10 月第 1 次印刷
书　　号　ISBN 978-7-5603-4739-4
定　　价　42.80 元

前　言

本书是在哈尔滨工业大学食品科学与工程学院开设的专业课"食品功能原理"的基础上，不断适应新的教学需求而编写的专业课教材。同时，本书也是哈尔滨工业大学食品科学与工程学院硕士生"极端环境生物学"课程的选修教材，并且部分章节应用于哈尔滨工业大学全英文课程"Functional food and Chinese medicated diet"的中文教材。全书共分四章，分别从健康与亚健康、生活中的功能性食品及其活性成分、缓解亚健康的中国药膳、药食同源中药的功能等方面进行了介绍。

本书编写分工如下：第一章由樊梓鸾（东北林业大学）编写；第二章第一节至第三节由张华（哈尔滨工业大学）编写；第二章第四节至第七节由王荣春（哈尔滨工业大学）编写；第三章第一节至第六节由宋微（哈尔滨工业大学）编写；第三章第七节至第十四节由井晶（哈尔滨工业大学）编写；第三章第十五节至第十七节由程丽（黑龙江大学）编写；第三章第十八节和第十九节由王晓岑（黑龙江省孤儿职业技术学校）编写；第四章第一节由张玉杰（哈尔滨工业大学）编写；第四章第二节（一至七）由王荣春（哈尔滨工业大学）编写；第四章第二节（八至十七）由程翠林、卢卫红（哈尔滨工业大学）编写。卢卫红、程翠林负责全书的资料搜集整理工作。哈尔滨工业大学教授、博士生导师王振宇在百忙之中对本书进行了审阅。

同时，哈尔滨工业大学食品科学与工程学院王路、马立明、左丽丽、白海娜、赵姣、邓浩等教师和研究生对本书的编写提供了大力帮助，在此一并表示感谢。

本书在编写过程中参考了相关的文献资料及有关参考书，在此对相关资料的作者表示衷心的感谢！

书中难免有疏漏之处，敬请批评指正！

编　者
2014 年 3 月

目　　录

第一章 绪 论

第一节 健康与亚健康

一、健康的概念

随着人们物质文化生活的改善和提高,健康已成为人们日常生活中的一个热门话题。但究竟什么是健康?如何才能保证真健康?世界卫生组织(WHO)给健康所下的定义是:生理、心理及社会适应三个方面全部良好的一种状况,即身体、精神和交往上的完美状态,而不仅仅是指身体无病或者身体健壮,即"健康是身体上、精神上和社会适应上的完好状态,而不仅仅是没有疾病和虚弱"。近年来世界卫生组织又提出了衡量健康的一些具体标准,例如:

①有充沛的精力,能从容不迫地担负日常生活和繁重的工作,而且不感到过分紧张疲劳。

②处世乐观,态度积极,乐于承担责任,事无大小,不挑剔。

③善于休息,睡眠好。

④应变能力强,能适应外界环境各种变化。

⑤能够抵抗一般性感冒和传染病。

⑥体质适当,身体匀称,站立时,头、肩、臂的位置协调。

⑦眼睛明亮,反应敏捷,眼睑不易发炎。

⑧牙齿清洁,无龋齿,不疼痛,牙龈颜色正常,无出血现象。

⑨头发有光泽,无头屑。

⑩骨肉丰满,有弹性。

此外,还有"五快三良"的衡量健康的指数:

"五快"即吃得快、睡得快、行得快、说得快、便得快。吃得快,说明肠胃功能好、消化能力强;睡得快,说明无烦心事、中枢神经好、内脏无病理信息干扰;行得快,说明行动灵敏、身体状况好;说得快,说明表达能力强、头脑反应快、心肺功能好;便得快,说明胃肠功能和肾功能好。

"三良"即良好的性格、良好的人际关系、良好的处事能力。良好的性格指个性温和、意志坚强、感情丰富、心胸宽阔、胸怀坦荡、情绪稳定;良好的人际关系指能与人为善、助人为乐、不过分计较;良好的处事能力指遇事冷静、能应付自如、很好地控制自己的情绪。

二、亚健康的概念

亚健康状态是指人的机体无临床症状和临床检查证据,但呈现出疲劳,活力、反应能力、适应能力减退,创造能力较弱,自我有种种不适症状的一种生理状态,也称为"机体第三种状态"

"灰色状态"。亚健康介于健康与疾病之间,是一种机体结构退化和生理功能减退的低质与心理失衡状态,又因为其主诉症状多样而且不固定,也被称为"不定陈述综合征"。"亚健康"这一提法在国外已有 30 年左右的时间,在我国是 1996 年 5 月才提出的。亚健康状态有 24 种典型的症状表现:浑身无力、容易疲倦、头脑不清爽、思想涣散、头痛、面部疼痛、眼睛疲劳、视力下降、鼻塞眩晕、起立时眼前发黑、耳鸣、咽喉异物感、胃闷不适、颈肩僵硬、早晨起床有不快感、睡眠不良、手足发凉、手掌发黏、便秘、心悸气短、手足麻木感、容易晕车、坐立不安、心烦意乱。

有关资料表明,美国每年有 600 万人被怀疑为"亚健康"状态;澳大利亚处于这种状态的人口达 37%;亚洲地区,处于"亚健康"状态的比例则更高。日本公共卫生研究所的一项调研发现,在接受调查的数以千计员工中,有 35% 的人正忍受着慢性疲劳综合征(CFS)的病痛。我国亚健康人群发生率在 45% ~ 70%,发生年龄主要在 35 ~ 60 岁,人群分布特点为:中年知识分子和从事脑力劳动为主的白领人士、领导干部、企业家、影视明星是亚健康问题高发的人群,青少年亚健康问题令人担忧,老年人亚健康问题复杂多变,特殊职业人员亚健康问题突出。

亚健康状态由四大要素构成:排除疾病原因的疲劳和虚弱状态;介于健康与疾病之间的中间状态或疾病前状态;在生理、心理、社会适应能力和道德上的欠完美状态;与年龄不相称的组织结构和生理功能的衰退状态。

亚健康状态不同于亚临床状态,尽管亚健康与上游的健康状态和下游的疾病状态有部分重叠,但区分也是明显的。亚临床状态是有主观检查证据而没有明显临床表现,如当前常见的中老年人亚临床颈动脉硬化,颈动脉超声检查发现有较明显的颈动脉内中膜增厚,甚至有斑块形成,而无临床表现;而亚健康状态者具有头痛、头晕和胸闷不适主诉,但血管心脏超声及心电图检查都未发现异常。

亚健康状态不等于慢性疲劳综合征:首先,CFS 具有国际统一标准,亚健康状态至今没有;其次,CFS 在 18 岁以上成人发生率仅为 0.004%,而亚健康则为 70%。

界定亚健康状态还应注意同临床功能性疾病和精神心理障碍性疾病及某些疾病的早期诊断相区别。需要指出的是,目前亚健康状态还没有建立统一的判断标准,中、西医对亚健康的理解和界定范围也存在很大差异,这些均是今后有待研究解决的问题。

三、亚健康的分类

以 WHO 四位一体的健康新概念为依据,亚健康可划分为:

①躯体亚健康:主要表现为不明原因或排除疾病原因的体力疲劳、虚弱、周身不适、性功能下降和月经周期紊乱等。

②心理亚健康:主要表现为不明原因的脑力疲劳、情感障碍、思维紊乱、恐慌、焦虑、自卑以及神经质、冷漠、孤独、轻率,甚至产生自杀念头等。

③社会适应性亚健康:突出表现为对工作、生活、学习等环境难以适应,对人际关系难以协调,集中表现为角色错位和不适应。

④道德方面的亚健康:主要表现为世界观、人生观和价值观上存在着明显的损人害己的偏差。

按照亚健康概念的构成要素分类：

①身心上有不适感觉，但又难以确诊的"不定陈述综合征"。

②某些疾病的临床前期表现（疾病前状态）。

③一时难以明确其病理意义的"不明原因综合征"，如更年期综合征、神经衰弱综合征、疲劳综合征等。

④某些病原携带状态：如乙肝病原携带者、结核菌携带者、某些病毒携带者等。

⑤某些临床检查的高、低限值状态，如血脂、血压、心率等偏高状态和血钙、血钾、血铁等偏低状态等。

⑥高致病危险因子状态，如超重、吸烟、过度紧张、血脂异常、血糖偏高、血压偏高等。

亚健康状态的形成与很多因素有关，比如遗传基因的影响、环境的污染、紧张的生活节奏、心理承受的压力过大、不良的生活习惯、工作生活的过度疲劳等，都可能使健康的人们逐渐转变为亚健康状态。采取积极主动的措施可阻断和延缓亚健康状态。

①改变不良生活习惯：吸烟、过度饮酒、高脂肪或过量饮食、缺乏运动、睡眠不足、不吃早饭等不良生活习惯都会使我们健康的身体逐渐转变成为亚健康状态，最后导致各种疾病发生。

②加强身心健康：心理压力过大，将导致心理失衡、神经系统功能失调、内分泌紊乱，引起各种疾病。

③消除疲劳、提高身体素质：经常疲劳是典型的"亚健康状态"，疲劳的积累成为过劳则会损害身体健康，是健康的"透支"，长期下去，必引发疾病。

④有针对性地选用功能性食品：比如，由于不良的饮食习惯造成的高血脂、动脉粥样硬化，虽然改变生活习惯是首位，但难以马上奏效，这时就需要服用帮助身体降低血脂的功能性食品；经常处于疲劳状态的人除了必要的休息外，为及时消除疲劳恢复体力，可服用西洋参含片，西洋参的作用之一就是抗疲劳、增强身体免疫力。

第二节　功能性食品的定义与分类

一、功能性食品的概念

功能（保健）性食品指具有调节人体生理功能、适宜特定人群食用，又不以治疗疾病为目的的一类食品。这类食品除了具有一般食品皆具备的营养和感官功能（色、香、味、形）外，还具有一般食品所没有或不强调的食品的第三种功能，即调节人体生理活动的功能，故称之为"功能性食品"。

根据日本功能食品专家千叶英雄的意见，功能性食品必须具备6项基本条件：

①制作目标明确，即具有明确的保健功能。

②含有已被阐明化学结构的功能因子。

③功能因子在食品中稳定存在，并具有特定的形态和含量。

④经口服摄取有效。

⑤安全性高。

⑥作为食品为消费者所接受。

二、功能性食品与药品的区别

名医张锡纯在《医学衷中参西录》中说:"食疗病人服之,不但疗病,并可充饥,不但充饥,更可适口,用之对症,病自渐愈,即不对症,亦无他患。"因此,食物疗法适应范围较广泛,主要针对亚健康人群,其次才是患者。食物疗法作为药物或其他治疗措施的辅助手段,随着日常饮食生活自然地被接受。

需要强调的是,功能性食品不同于药品,它不以治疗疾病为目的。二者的比较见表1.1。

表1.1　功能性食品与药品的比较

项目	功能性食品	药品
目的	调节生理功能,增进健康	治疗疾病
有效成分	单一或复合+未知物质	单一、已知
摄取决定者	消费者	医生
摄取时间	随时(多次)	生病时
摄取量	较随意(推荐量)	医生决定
毒性	一般无毒	几乎都有,程度不同
量效关系	不太严格	严格
制品规格	不太严密	严密

在具体操作上,大致有以下几点值得注意。

①有明确毒副作用的药物不宜作为开发功能性食品的原料。

目前卫生部已公布了59种功能性食品禁用的物品名单。它们大多数是具有较大毒性的中草药资源。对于可用于功能性食品的114种中草药原料,一个产品中也限制了使用数目,即不能超过4种。在名单外的物品,如要作为功能性食品的原料,要按食品新资源对待,必须单独进行食品安全性毒理学评价,而且一个产品中不得超过1种。

②经中药管理部门批准的中成药或已受国家保护的中药配方不能用来开发为功能性食品。

③功能性食品的原料如是中药,其用量应控制在临床用量的1/2以下。

总之,功能性食品可以声称保健功能而区别于一般食品,同时"不以治疗疾病为目的"而区别于药品。

三、功能性食品的分类

第一种类型:与减轻某些疾病的症状、辅助药物治疗及降低疾病风险有关的保健功能,是与某些疾病的"预防""症状减轻"及"辅助药物治疗"有关的16项保健功能。此类型可分成两类:一类属于同病因较复杂的常见病和生活方式性疾病有关的保健功能;另一类属于病因较简单,而且均是由外源性的有害因子作用于机体造成的,如电离辐射、缺氧及有害元素或化合物等有害因子对人体的损伤,而保健食品对这类损伤有一定的辅助保护作用。

　　第二种类型:与增强体质和增进健康有关的保健功能。当然严重的也会产生疾病,但总的都属调节生理活动范畴,这类功能有 11 项。详见表 1.2。

表 1.2　功能性食品的分类

与减轻某些疾病的症状、辅助药物治疗及降低疾病风险有关的保健功能(16 项)
- 与病因较复杂的常见病和生活方式性疾病有关的保健功能(12 项)
  - 辅助降血压功能
  - 辅助降血糖功能
  - 辅助降血脂功能
  - 缓解视疲劳功能
  - 调节胃肠道菌群功能
  - 促进消化功能
  - 通便功能
  - 对胃黏膜损伤有辅助保护功能
  - 改善营养性贫血功能
  - 改善睡眠功能
  - 清咽功能
  - 增加骨密度功能
- 与病因较简单的外源性有害因子作用有关的保健功能(4 项)
  - 对辐射危害有辅助保护功能
  - 促进排铅功能
  - 提高缺氧耐受力功能
  - 对化学性肝损伤有辅助保护功能

与增强体质和增进健康有关的保健功能(11 项)
- 抗氧化功能
- 增强免疫力功能
- 缓解体力疲劳功能
- 减肥功能
- 辅助改善记忆功能
- 祛黄褐斑功能
- 祛痤疮功能
- 改善皮肤水分功能
- 改善皮肤油分功能
- 促进泌乳功能
- 促进生长发育功能

第三节　中药基础知识

一、中药的性能

1. 性味

　　中药的性味即中药的性质和滋味,是中药的四气五味的统称,为药性理论的基本内容之一。中药的性质是根据实际疗效反复验证然后归纳起来的,是从性质上对药物多种医疗作用的高度概括。至于中药的滋味的确定,是由口尝而得,从而发现各种药物所具有的不同滋味与医疗作用之间的若干规律性的联系。因此,味的概念,不仅表示味觉感知的真实滋味,同时也反映药物的实际性能。

(1)四气

四气即寒、热、温、凉四种不同的药性,又称四性。它反映药物对人体阴阳盛衰、寒热变化的作用倾向,为药性理论的重要组成部分,是说明药物作用的主要理论依据。

药性的寒热温凉是由药物作用于人体所产生的不同反应和所获得的不同疗效而总结出来的。寒凉与温热是阴阳两类不同的属性。寒与凉、温与热仅是程度上的差异,微寒即是凉,大温即是热。寒凉药物多有清热泻火、解毒凉血、生津止渴等作用,能够治疗热性病症,如石膏、黄连、栀子、知母等;温热药物多有散寒温中、助阳通脉、温经止痛等作用,能够治疗寒性病症,如干姜、附子、吴茱萸、桂枝等。此外,还有一种平性药,其药性较平和,偏寒偏热不甚显著,仅是微凉微温之性,但也具偏温偏凉之不同,故仍称"四性"。疾病的发生,皆是机体阴阳失去相对平衡的结果。因此,治疗疾病就是通过药物的性能的偏热偏寒以纠正机体的阴阳失衡。即《内经》中所说的"热者寒之,寒者热之"的治疗原则。

四气都可随炮制而改变,如温性的天南星可治寒痰,用寒性的胆汁炮制后,成为凉性的胆南星,不治寒痰而治热痰;再如寒性的生地黄,经过蒸制后就转变为温性的熟地黄,作用也由凉血变为补血。

(2)五味

五味是指药物有辛、甘、酸、苦、咸五种不同的味道,后人增加淡味和涩味,但习惯仍称"五味"。古人在用药实践中发现,许多同味药物往往有相类似的治疗作用,如黄连、黄芩、黄檗、大黄都有苦味,都有清热泻火的功效;再如人参、甘草、黄芪、当归都有甘味,又都有补益作用;于是就用"苦"来代表"泻火";用"甘"来代表"补益"。后来形成这样的习惯:凡能泻火的药物都叫苦味药,凡能补益的药物都叫甘味药,而不论它是否有苦味或甘味。五味的产生,虽源于口尝,但更主要的则是通过长期的临床实践观察,从不同味道药物作用于人体所产生的不同反应和获得不同的治疗效果总结归纳出来的。即五味不仅是药物味道的反映,更重要的是对药物作用的高度概括,而后者构成了五味理论的主要内容。各种药味所代表的功效如下:

①辛:辛能散、能行,有发散、行气、行血的作用。如麻黄、荆芥之辛能发散风寒之邪以解表,木香、香附之辛可以行气滞除胀满,川芎、红花之辛可以活血行瘀等。

②甘:甘能补益、和中、缓急,常用于治疗虚弱病症,为滋补强壮药。如人参、黄芪之甘可补气,熟地之甘能补血滋肾,甘草、饴糖之甘能和中、缓急止痛。

③酸:酸有收敛固涩的作用,常用于久泻、多汗、遗精、带下等症。如诃子、乌梅可涩肠止泻,金樱子可涩精止带,五味子可收敛止汗。

④苦:苦能泄、能燥、能坚阴。泄,即通泄、降泄、清泄之意,如大黄之苦泻热通便,黄连之苦清热泻火,杏仁之苦降肺气以止咳平喘;燥,指燥湿,如苍术之苦,燥湿以除寒湿病痛,黄檗之苦,清热燥湿能疗湿热为患;坚阴,即保护津液之意,指苦寒泄热、清热以护阴,如黄檗之苦,能泻相火以坚肾阴。

⑤咸：咸能泻下、能软坚，常用于治疗痞块、瘰疬、痰核等。如芒硝之咸软坚通便；昆布、海藻之咸，软坚散结疗瘿瘤；牡蛎之咸，软坚散结治瘰疬、痰核。

2. 升降浮沉

升、降、浮、沉是指药物的四种作用趋向。升是上升，降是下降，浮是向外，沉是向内。中医认为，人体气机有升降出入四种基本运动形式，一旦升降出入反常便导致疾病的发生。例一，中焦脾气以上升为顺，若中气下陷会导致胃下垂、脱肛等病变，服用中药黄芪能提升下垂的脏腑，使之恢复正常位置，故认为黄芪有使气上"升"的性质；例二，中药半夏能治疗胃气上逆引起的呕吐，故认为半夏有使气向下"降"的性质；例三，正常人体在体温升高时便会出汗，向外散发阳气以降温，而风寒感冒表实证患者因邪郁气机，常见发高烧而无汗，服用中药麻黄可使汗出热退，故认为麻黄有使气向外"浮"的性质；例四，中药麻黄根能制止津气外泄引起的自汗盗汗，故认为麻黄根有使气向内"沉"的性质。中医有时还用升降浮沉表示药物所治疾病的大致部位。一般认为，能治上焦病症的药物具有升浮之性，能治下焦病症的药物具有沉降之性。大部分药物升降浮沉的作用是明显的，但有少部分药物升降浮沉的作用趋势不明显或存在双向性，如麻黄既能发汗（向外），又能平喘（向下）、利尿（向下）；川芎既能上行巅顶止头痛，又能下行血海通月经。

利用药物升降浮沉理论指导临床用药，必须参照病位与病势灵活运用。具体而言，一是逆其病势而治，即病势上逆者，宜降不宜升，病势下陷者，宜升不宜降；二是顺应病位而治，即病位在上在表者宜升浮不宜沉降，病位在下在里者宜沉降不宜升浮。总之，根据药物升降浮沉的性能，作用于相应的病位，因势利导，祛邪外出，从而调整脏腑气机的紊乱，达到治愈疾病的目的。

药物的升降浮沉与四气五味、炮制、配伍有密切关系。一般来说，性温热、味辛甘的药物，大多为升浮药；性寒凉、味苦酸咸的药物，大多为沉降药。在炮制理论中，有酒制升浮，姜制发散，醋制收敛，盐制下行等说法。在方剂配伍中，少量升浮药配大量沉降药则随其下降；少量沉降药与大量升浮药同用可随之上升。有些药物甚至可决定方剂中药物的作用趋向，如桔梗能载药上行，牛膝能引药下降等。

综上所述，药物的升降浮沉受多种因素的影响，升降浮沉在一定的条件下可以相互转化，正如李时珍所说："升降在物，亦在人也。"

3. 归经

归经是指药物对机体某部分的选择性作用。归经指明了药物治病的适用范围，说明了药效所在，药物的归经不同，治疗定位也就不同。归经是以脏腑经络理论为基础，以所治具体病症为依据的。

中医把人体的各个部位、各种生理功能，都分别归属心、肺、脾、肝、肾、心包、胆、胃、大肠、小肠、膀胱、三焦十二脏腑和十二经络，药物归某一经，则是药物对某一脏腑作用。如杏仁能治由肺气上逆引起的胸闷喘咳，则归肺经；朱砂能治由心神不安引起的心悸失眠，则归心经；天麻能治肝风内动之痉挛抽搐，归肝经等。有的药可归数经，则表示其可治多处病症，如当归能治疗血虚萎黄（心、脾经病）、眩晕（肝经病）、心悸（心经病）、月经不调（肝经病）等病症，所以当归就归心、肝、脾三经。

归经相同而性味不同或性味相同而归经不同的药物,其治疗作用也有所异同。如黄芩、干姜都归肺经,但黄芩甘寒,治肺热咳嗽;干姜辛热,治肺寒喘咳。又如黄芩、黄连性味苦寒,都归胃、大肠经,但黄芩又归肺经,治肺热咳嗽等症;黄连又归心经,治热病心烦等症。可见,必须把性味、归经结合起来,才能比较全面地反映出中药的治疗作用。

有些药物被称为"引经药",俗称"药引子",中医认为它们特别擅长治疗某经病变,并能引导其他药(不论是否归这一经)在这一经发挥作用,如桔梗可引药入肺经,柴胡可引药入肝经等。将中药用某些辅料炮制能起到"引经"作用,如醋制引药入肝、盐制引药入肾等。可见,中药的归经也是可以人为加以改变的。

4.毒性

毒性是指药物对人体的损害性。古代本草常在每种药物的性味之下标明"有毒"或"无毒";现代中药书一般只标明有毒的药,分为"有小毒""有毒""有大毒"三类。毒性药的用量不宜过大,超过国家药品标准规定的用量就有可能中毒。中药的有毒无毒、毒性大小都是相对的。所谓"无毒",仅是指在常规用法、用量情况下对人无害。其实任何药物使用不当、炮制不当、保管不当都会产生毒性。有毒的药物经过炮制或恰当配伍可消除毒性,增加用量。某些药物的有毒成分同时又是有效成分,具有"以毒攻毒"的特殊疗效,炮制时还必须保留一部分毒性成分。此外,有毒无毒、毒性大小还与服药者的体质、病情,药物的煎煮、饮食调养等因素有关。古人说的"毒性"也包括副作用在内。副作用是指在常用剂量时出现的与治疗需要无关的不适反应,一般比较轻微,对人体危害不大,停药后能自行消失。产生副作用的主要原因是,一味中药往往有多种作用,治疗时利用其中一种作用或一部分作用,其他作用便成为副作用了。如干姜有温中止呕作用,最宜用于治疗胃寒呕吐,若用于治疗胃热呕吐,那么它的"温中"作用就是副作用。可以说,一切中药用得不当都有副作用,但由于中医常用配伍或炮制等方法来改变药性,消除副作用,所以人们一般认为中药副作用小。

有毒中药的临床应用应注意以下几点:

第一,在应用毒药时要针对体质的强弱、疾病部位的深浅,恰当选择药物并确定剂量,不可过服,以防过量和蓄积中毒。同时要注意配伍禁忌,凡两药合用能产生剧烈毒副作用的禁止同用,并按要求严格执行毒药的炮制工艺,以降低毒性;对某些毒药要采用适当的制剂形式给药。此外,还要注意个体差异,适当增减用量,并嘱患者不可自行服药。医药部门应抓好药品鉴别,防止伪品混用,注意剧毒药品保管。

第二,根据中医"以毒攻毒"的原则,在保证用药安全的前提下,可以采用某些毒药治疗某些疾病。例如用雄黄治疗疔疮恶肿,水银治疗疥癣梅毒,砒霜治疗白血病等。

第三,掌握药物的毒性及其中毒后的临床表现,便于诊断中毒原因,及时采取合理、有效的抢救治疗手段。

二、中药的炮制

1.目的

中药炮制的目的是多方面的,往往一种炮制方法或者炮制一种药物,同时具有几方面的目的,这些虽有主次之分,但彼此之间又有密切的联系。

(1)使药材清洁,保证质量

这是药物炮制的共同目的。药材中常混有泥沙、虫卵、霉变品及其他非药用部位,入药前需拣除。如,种子类药去泥土、杂质;根类药去芦头;皮类药去粗皮等均是为了使药洁净,用量准确,疗效可靠。另外,花椒除椒目、麻黄除根、莲子去心等均是为了分离不同药用部位,确保药物质量。

(2)降低或消除药物的毒性或副作用

对于有毒性和刺激性的中药,通过炮制以减缓其毒副作用,特别是对乌头、附子、马钱子、半夏、巴豆、斑蝥、大戟、甘遂、芫花等毒性大和副作用剧烈的药材,以保证用药安全和有效。

(3)增强药物疗效

可通过炮制后改变药物质地,使其质地酥脆、易于粉碎、利于成分的煎出而提高疗效。如种子类药物炒黄;质地坚硬的矿物药、贝壳类煅制。还可借助辅料的作用增强疗效,如蜜炙款冬花、紫菀等,由于蜂蜜的协同作用,可增强其润肺止咳作用;羊脂炙淫羊藿可增强其治疗阳痿的效能;胆汁制南星能增强其镇惊作用。

(4)改变或缓和药物的性能

生品、制品药性不同,临床应用各异。如蒲黄生用性滑,活血化瘀,炒炭后性涩,止血;生甘草性凉,清热解毒,蜜炙后性温,补中益气;生地黄性寒,清热凉血,熟地黄性温,滋阴补血。因此,生用熟用各有其功。"生升熟降、生泄熟补、生猛熟缓、生毒熟减、生效熟增、生行熟止"是临床经验的总结。

(5)改变或增强药物作用的部位和趋向

中医对疾病的部位通常以经络、脏腑归纳,对药物作用趋向以升降浮沉来表示。炮制可以引药入经及改变作用部位和趋向。如大黄苦寒,其性沉而不浮,其用走而不守,酒制后能引药上行,能在上焦产生清降热邪的作用,治疗上焦实热引起的牙痛等症。前人从实践中总结出一些规律性的认识,即"生升熟降","酒制升提,姜制发散,醋制入肝,盐制入肾"。

(6)便于调剂和制剂

植物药切成片、段、块、丝等便于调剂时分剂量和配方。矿物、贝壳、动物骨骼类经煅、煅淬、砂烫等炮制方法处理使质地变酥脆,易于粉碎,而且使有效成分易于煎出。

(7)利于贮藏,防止霉变,保存药效

药物经过干燥处理,使药物含水量降低,避免霉烂变质,有利于贮存。一些昆虫类、动物类药物经过热处理,如蒸、炒等,能杀死虫卵,防止孵化,便于贮存,如桑螵蛸等。植物种子类药物经过蒸、炒等的加热处理,能终止种子发芽,便于贮存而不变质,如苏子、莱菔子等。加热处理可杀酶保苷,如黄芩、杏仁等。

(8)矫味矫臭,利于服用

动物类或其他有特异不快臭味的药物,往往难以口服或服后出现恶心、呕吐、心烦等不良反应,常采用漂洗、酒制、醋制、蜜炙、麸炒等法处理,如麸炒僵蚕、醋制乳香、没药等。

(9)制备新药,扩大用药范围

如谷芽、麦芽、豆卷、神曲、蛋黄馏油、血余炭等的制备,使药物改变其原有性能,增强或产生新功效,扩大用药品种,以适应临床多方面的要求。

2. 方法

中药炮制是药物在应用前或制成各种剂型以前必要的加工处理过程,包括对原药材进行一般修治整理和部分药材的特殊处理,古代称为炮炙、修治、修制等。由于中药材大都是生药,在制备各种剂型之前,一般应根据医疗、配方、制剂的不同要求,并结合药材的自身特点,进行一定的加工处理,才能使之既充分发挥疗效又避免或减轻不良反应,在最大程度上符合临床用药的目的。一般来讲,按照不同的药性和治疗要求而有多种炮制方法,有些药材的炮制还要加用适宜的辅料,并且注意操作技术和讲究火候。正如前人所说:"不及则功效难求,太过则性味反失。"炮制是否得当,直接关系药效,而少数毒性和烈性药物的合理炮制,更是确保用药安全的重要措施。药物炮制法的应用与发展,已有很悠久的历史,方法多样,内容丰富。炮制方法是历代逐渐发展和充实起来的,其内容丰富,方法多样。现代的炮制方法在古代炮制经验的基础上有了很大的发展和改进,根据目前的实际应用情况,可分为修治、水制和火制。

（1）修治

①洁净处理:采用挑、拣、簸、筛、刮、刷等方法,去掉灰屑、杂质及非药用部分,使药物清洁纯净。如,拣去合欢花中的枝、叶,刷除枇杷叶、石韦叶背面的绒毛,刮去厚朴、肉桂的粗皮等。

②粉碎处理:采用捣、碾、挫等方法,使药物粉碎,以符合制剂和其他炮制法的要求,如牡蛎、龙骨捣碎便于煎煮;川贝母捣粉便于吞服;水中角、羚羊角镑成薄片,或挫成粉末等。

③切制处理:采用切、铡的方法,把药物切制成一定的规格,便于进行其他炮制,也利于干燥、贮藏和调剂时称量。根据药材的性质和医疗需要,切片有很多规格。如天麻、槟榔宜切薄片;泽泻、白术宜切厚片;黄芪、鸡血藤宜切斜片;桑白皮、枇杷叶宜切丝;白茅根、麻黄宜铡成段;茯苓、葛根宜切成块等。

（2）水制

水制是指用水或其他液体辅料处理药物的方法。水制的目的主要是清洁和软化药材,以便于切制和调整药性。常用的方法有洗、淋、泡、润、漂、水飞等。其主要内容如下:

①洗:将药材放入清水中,快速洗涤,除去上浮杂物及下沉脏物,及时捞出晒干备用。除少数易溶或不易干燥的花、叶、果及肉类药材外,大多需要淘洗。

②淋:将不宜浸泡的药材,用少量清水浇洒喷淋,使其清洁和软化。

③泡:将质地坚硬的药材,在保证其药效的原则下,放入水中浸泡一段时间,使其变软。

④润:又称闷或伏。根据药材质地的软硬,加工时的气温、使用的工具,分为淋润、洗润、泡润、晾润、浸润、盖润、伏润、露润、包润、复润、双润等多种方法。使清水或其他液体辅料徐徐入内,在不损失或少损失药效的前提下,使药材软化,便于切制饮片,如淋润荆芥,泡润槟榔,酒洗润当归,姜汁浸润厚朴,伏润天麻,盖润大黄等。

⑤漂:将药物置宽水或长流水中浸渍一段时间,并反复换水,以去掉腥味、盐分及毒性成分的方法。如将昆布、海藻、盐附子漂去盐分,紫河车漂去腥味等。

⑥水飞:借药物在水中的沉降性质分取药材极细粉末的方法。将不溶于水的药材粉碎后置乳钵或碾槽内加水共研,大量生产则用球磨机研磨,再加入大量的水,搅拌,较粗的粉粒则下沉,细粗的粉粒混悬于水中,倾出,粗粒再飞再研,倾出的混悬液待沉淀后,分出,干燥即成极细

粉末。此法所制粉末既细又减少了研磨中粉末的飞扬损失,常用于矿物类、贝甲类药物的制粉,如飞朱砂、飞炉甘石、飞雄黄等。

（3）火制

火制是指用火加热处理药物的方法。本法是使用最为广泛的炮制方法,常用的火制法有炒、炙、煅、煨等,其主要内容如下:

①炒:有炒黄、炒焦、炒炭等程度不同的清炒法。用文火炒至药物表面微黄称炒黄;用武火炒至药材表面焦黄或焦褐色,内部颜色加深,并有焦香气者称炒焦;用武火炒至药材表面焦黑,部分炭化,内部焦黄,但仍保留有药材固有气味(即存性)者称炒炭。炒黄、炒焦使药物易于粉碎加工,并缓和药性。种子类药物炒后则煎煮时有效成分易于溶出。炒炭能缓和药物的烈性、副作用,或增强其收敛止血的功效。除清炒法外,还可拌固体辅料,如土、麸、米炒,可减少药物的刺激性,增强疗效,如土炒白术、麸炒枳壳、米炒斑蝥等。与砂或滑石、蛤粉同炒的方法习称烫,药物受热均匀酥脆,易于煎出有效成分或便于服用,如砂炒穿山甲、蛤粉炒阿胶等。

②炙:将药材与液体辅料拌炒,使辅料逐渐渗入药材内部。通常使用的液体辅料有蜜、酒、醋、姜汁、盐水等。如蜜制黄芪、蜜制甘草、酒炙川芎、醋炙香附、盐水炙杜仲等。炙可以改变药性,增强疗效或减少副作用。

③煅:将药材用猛火直接或间接煅烧,使质地松脆,易于粉碎,充分发挥疗效。其中直接放炉火上或容器内而不密闭加热者,称为明煅,此法多用于矿物药或动物甲壳类药,如煅牡蛎、煅石膏等。将药材置于密闭容器内加热煅烧者,称为密闭或焖煅,本法适用于质地轻松、可炭化的药材,如煅血余炭、煅棕榈炭等。

④煨:将药材包裹于湿面粉、湿纸中,放入热火灰中加热,或用草纸与饮片隔层分放加热。煨的主要作用在于缓和药性和减少副作用。其中以面糊包裹者称为面裹煨;以湿草纸包裹者称为纸裹煨;以草纸分层隔开者,称为隔纸煨;将药材直接埋入火灰中,使其高热发泡者称为直接煨。

三、中药的应用原则

1.配伍

药物配合使用时,必须有所选择,这就提出了配伍关系问题。前人把单味药的应用和药与药之间的配伍关系总结为七个方面,称为药物"七情"。

第一种为单行,就是指用单味药治病。有些病情比较单纯的病症,选用一种针对性较强的药物即可达到治疗目的,如清金散单用一味黄芩,治疗轻度的肺热出血病症;独参汤单用一味人参,治疗气虚欲脱症;现代单用鹤草芽驱除绦虫等,这些行之有效的"单方"符合简便廉价的要求,便于使用和推广。

第二种为相须,就是指两种以上性能功效相类似的药物,配合后能相互协同,明显增强原有疗效。如麻黄与桂枝配伍能明显增强其散寒解表功效;大黄配芒硝能明显增强其清热、泻下、通便的功效等。相须配伍构成了复方用药的配伍核心,是中药配伍应用的主要形式之一。

第三种是相使,是指在性能功效方面有某种共性的药物配合应用,能相互促进,共同提高疗效;或者性能、功效虽不相同,但可相互补充而提高疗效,其中以一种药物为主,另一种药物为辅。如补气利水的黄芪与利水健脾的茯苓配伍,茯苓能增强黄芪的补气利水功效;退虚热的青蒿与滋阴潜阳的鳖甲配伍,鳖甲能明显增强青蒿清退虚热的功效等。相使配伍不必同类,一主一辅,相辅相成,辅药能提高主药的疗效,即为相使配伍。

第四种为相畏,就是指一种药物的毒性反应或副作用,能被另一种药物减轻或消除。如生半夏和生南星的毒性能被生姜减轻或消除,则生半夏和生南星畏生姜;熟地黄滋腻碍脾、影响消化的副作用能被砂仁减轻,则熟地黄畏砂仁。

第五种为相杀,就是指一种药物能减轻或消除另一种药物的毒性或副作用。如生姜能减轻或消除生半夏和生南星的毒性或副作用,所以说生姜杀半夏、南星的毒。由此可见,相畏、相杀是同一配伍关系的两种不同的提法。对前者而言称"畏",对后者而言称"杀"。

第六种为相恶,就是指两种药物配合后,相互牵制,使原有功效降低或消失。如人参恶莱菔子,因莱菔子能降低人参的补气作用;干姜恶黄芩,因黄芩能降低干姜温中回阳之功效,而干姜也能降低黄芩的清热作用。

第七种为相反,就是指两种药物合用后,能产生毒性反应或副作用。详细见下文"禁忌"部分。

综上所述,除单行外,其他六个方面的配伍关系可概括为三类情况:①相须、相使的配伍,能产生协同作用,可增强疗效,临床用药时要充分利用;②相畏、相杀的配伍,能减轻、消除毒性或副作用,在应用毒剧药时应选择应用;③相恶、相反的配伍,前者由于相互牵制、颉颃而削弱或抵消原有功效,后者能产生毒性反应或强烈的副作用,两者属于配伍禁忌,原则上要避免应用。

2. 禁忌

(1)配伍禁忌

配伍禁忌是指某些药物一经配伍使用,就会降低或失去药效,甚至产生毒性和强烈的副作用,属于禁止使用的范畴。这就是上述"配伍"中所提到的"相恶"和"相反"。关于配伍禁忌历代说法不很一致,到金元时期概括为"十八反""十九畏",并编成歌诀,一直沿用至今。

①十八反:本草明言十八反,半蒌贝蔹及攻乌,藻戟遂芫俱战草,诸参辛芍叛藜芦。意思是:半夏、瓜蒌、贝母、白蔹、白及都与乌头相反;海藻、大戟、甘遂、芫花都与甘草相反;诸参(人参、丹参、沙参、玄参)、细辛、芍药都与藜芦相反。

②十九畏:硫黄原是火中精,朴硝一见便相争;水银莫与砒霜见,狼毒最怕密陀僧;巴豆性烈最为上,偏与牵牛不顺情;丁香莫与郁金见,牙硝难合荆三棱;川乌草乌不顺犀,人参最怕五灵脂;官桂善能调冷气,若逢石脂便相欺。意思是:硫黄畏朴硝;水银畏砒霜;狼毒畏密陀僧;巴豆畏牵牛子;丁香畏郁金;牙硝畏三棱;川乌、草乌畏犀角;人参畏五灵脂;官桂畏石脂。

(2)妊娠用药禁忌

某些药物具有损害胎儿甚至导致流产的副作用,应该作为孕妇禁忌的药物,一般分为禁用和慎用两类。

①禁用药大多是毒性较强或药性猛烈的药物。如水银、斑蝥、马钱子、川乌、草乌、生附子、雄黄、轻粉、巴豆、牵牛子、大戟、甘遂、芫花、商陆、麝香、蟾酥、三棱、莪术、水蛭、虻虫、穿山甲、

藜芦、瓜蒂等。凡属禁用药物,绝对不能使用。

②慎用药包括行气、活血、通经、祛瘀、通利、重镇、辛热类或有毒的药物。如枳实、枳壳、桃仁、红花、牛膝、川芎、王不留行、大黄、芒硝、番泻叶、芦荟、薏苡仁、冬葵子、礞石、代赭石、磁石、附子、干姜、肉桂、半夏、天南星等。凡属慎用药,可根据孕妇具体情况慎重选用,无特殊需要,应尽量避免应用。非用不可时要注意用量从小到大逐渐增加,一旦见效即可停药,避免长期使用,以防发生事故。

(3)饮食禁忌

服药的同时或治疗期间的饮食禁忌大体有以下两种情况:一是指在服药的同时,要求不能进食某种食物。如古代文献记载有常山忌葱;地黄、何首乌忌葱、蒜、萝卜;薄荷忌鳖肉;茯苓忌醋;土茯苓、使君子忌茶;鳖甲忌苋菜;蜂蜜忌生葱等。二是指从病症来讲,治疗期间要求忌食生冷、油腻、辛辣、不易消化及刺激性食物,以避免对病情产生不利影响。如水肿忌盐;黄疸、腹泻、消化不良忌食油腻;麻疹忌食油腻酸涩之物;疮痈肿毒、痔瘘、皮肤瘙痒忌食鱼、虾、牛、羊等腥膻及辛辣刺激之品;热症忌食辛辣油腻等食物;寒症忌食生冷瓜果等食物。

(4)症候禁忌

症候禁忌是指某类或某种中药不适用于某类或某种症候,在使用时应予以避忌。如体虚多汗者,忌用发汗药;阳虚里寒者,忌用寒凉药;阴虚内热者,慎用苦寒清热药;脾胃虚寒、大便溏稀者,忌用苦寒或泻下药;阴虚津亏者,忌用淡利渗湿药;火热内炽和阴虚火旺者,忌用温热药;妇女月经过多及崩漏者,忌用破血逐瘀之品;脱症神昏者,忌用香窜开窍药;邪实而正不虚者,忌用补虚药;表邪未解者,忌用固表止汗药;湿热泻痢者,忌用涩肠止泻药;体虚多汗者,忌用发汗力较强的麻黄;虚喘、高血压及失眠患者,慎用麻黄;湿盛胀满、水肿患者,忌用甘草;麻疹已透及阴虚火旺者,忌用升麻;哺乳期妇女不宜大量使用麦芽等。

3.剂量

剂量也叫"用量",一般以克(g)为单位。大多数药的常用量为10 g左右,一般质地较轻的药用量较小(多为3~10 g);质地坚硬的药用量较大(多为15~30 g)。中药调剂员在审方时要注意用量是否符合药典规定。

中药用量的大小,对疗效有直接影响,用量过小达不到治疗目的,用量过大不但达不到预期疗效,甚至会损伤正气造成不良后果。因此,掌握药物的用量是十分重要的。每种药物的用量,要根据药物的性质、配伍、剂型和人的年龄、体质、病情及季节气候、地域等多方面情况,予以全面考虑而确定。

一般原则如下:

①根据药物性能确定剂量:凡有毒、峻烈的药物,剂量宜小,应严格控制在安全范围内。一般药物,质轻、味浓较易浸提的花、叶类剂量宜小;质重、难于浸提的矿物、贝壳、鲜品、果实等,剂量宜重。

②根据配伍、剂型确定剂量:一般单味药应用时,剂量较复方为重。复方中主药用量宜重。同样的药物入汤剂,比入丸、散剂剂量宜大;作酒剂、浸膏剂量可稍大。

③根据病情、体质、年龄确定剂量:急病、重病者剂量宜大;慢性病、轻病者剂量宜小。年老、体弱、小儿、妇女产后剂量宜小;成人及平素体质壮实者剂量宜重。不同年龄的病人,药物

用量尚无严格规律可循。

④季节变化与剂量的关系:中医的整体观念中体现了人与自然界是一个有机的整体,这种天人相应的观点要求在应用药物时,其剂量应随着季节变化而变化。如夏季气候炎热,用辛温发散药时用量宜轻,而用苦寒降火药时用量宜重;冬季气候寒冷,用温里药时用量宜重等。

4. 用法

(1)汤剂的内服用法

一般汤剂应在温而不凉时服用,但热性病者应冷服,而寒性病者应热服。如发散风寒的药最好热服,服后避风寒,遍身微微出汗为宜。

每剂药物一般煎药汁两次,分头煎、二煎,有些滋补药也可以煎三次。可将头煎、二煎药汁混合后分服,也可将两次所煎药汁顿服、分数次服等,需视病情不同而分别对待。若遇到患急性病或高热不退、四肢冰冷等病情危急的病人,就应以重剂量急救,可以一日2~3剂,并昼夜观察酌情增减。如病缓者一天服一剂,病情紧急者可一次顿服,重病、急病者可隔4小时服药一次,以使药效持续。呕吐的患者或小儿宜小量频服。遇到复杂病理变化须根据医嘱或特定服法,以适应病情需要。

服药时间有饭前、饭后或早晚,应根据病情和药效选择合适时间。一般药物宜于饭后服,滋补药宜饭前服;驱虫和泻下药宜空腹服;安眠药宜睡前服;抗疟药宜在发作前1~2小时服用;健脾药和对胃刺激性较大的药宜饭后服。无论饭前或饭后服药,均应略有间隔,以免影响疗效。重病者不拘时间,迅速服用,有的也可煎汤代茶饮。

(2)汤剂的外用方法

外用汤剂主要是利用药物与皮肤接触而达到"外治内效"。常见的有熏蒸法,即以药物加水煎汤利用"蒸气"来熏蒸局部或肌体。洗浸法则用适量药物煎液或浸液来洗浸。洗浸是传统的"药浴"方法。

(3)中成药的内服法

一般中成药均以温开水送服,但有的中成药须配伍适当"药引"送服以增强疗效或起协同作用。

活络丹、醒消丸、跌打丸、七厘散等可用黄酒送服,增强其温通经络、活血散瘀的作用;藿香正气丸、附子理中丸等可用姜汤送服,以增强散寒、温胃、止呕作用;六味地黄丸、大补阴丸等可用淡盐水送服,取其引药入肾,增强滋阴补肾的作用;至宝锭用焦三仙煎汤送服,以增强消导之功;银翘解毒丸用鲜芦根煎汤送服,取其清热透表生津的协同作用;川芎茶调散用清茶送服,取其清热之功效;四神丸、更衣丸用米汤送服,以保护胃气等。

有的中成药需要含化,将中成药含于口中约一分钟,使其缓慢溶解发挥疗效,然后再咽下,此法多用于咽喉肿痛患者,如六神丸、草珊瑚含片等,以便迅速发挥消肿止痛之效。医师根据病情需要,有时也可将中成药入汤剂煎煮以增强疗效,如六一散、益元散、左金丸、越鞠丸等。

(4)中成药的外用方法

①调敷患处:将药物用适当的液体调成糊状,敷于患处,药物直接接触患处,达到治疗目的。常用的液体辅料有白酒、醋、香油、茶水等。如治疗跌打外伤的七厘散、五虎丹,用白酒调成糊状,敷于患处;治疗痈肿疮毒的紫金锭、蟾酥锭,用醋研成糊状敷于患处。此外还有用香油

调敷的黄水疮药,用花椒油调敷的四圣散,用茶水调敷的如意金黄散,用蛋清调敷的武力拔寒散等。

②涂患处:外用油膏、水剂多用此法。一般先洗净患处后直接涂抹,如貛油、癣药水等。

③贴患处:多为硬质膏药,如狗皮膏药,将膏药加热软化后贴于患处,以及橡皮膏制剂,如伤湿止痛膏,可直接贴于患处。

④撒布患处:外用散剂多采用此法。如生肌散、珍珠散等,将药粉直接撒布于患处。

⑤吹布患处:多为散剂,用小纸筒将少许药粉,吹散于患处,如吹耳的红棉散,吹咽喉的锡类散、珠黄散,吹牙龈的冰硼散等。

（5）毒性中药的使用

毒性中药是指毒性剧烈、治疗剂量与中毒剂量接近,使用不当会致人中毒或死亡的药物。毒性中药品种有砒石、砒霜、水银、雄黄、轻粉、红粉、白降丹、生川乌、生草乌、生白附子、生附子、生半夏、生南星、生狼毒、生甘遂、生藤黄、洋金花、闹羊花、雪上一枝蒿、斑蝥、青娘虫、蟾酥、生马钱子、生巴豆、生千金子、生天仙子。药品经营单位和医疗单位在经营和使用毒性中药时必须严格遵守有关法规规定,保证用药安全,防止出现中毒和死亡事故。

第四节　中国药膳

一、药膳的基本概念

药膳是在中医药基本理论指导下将食物与药物有机结合并经过适当烹饪之后用以养生保健和防治疾病的特殊食品。中医药理论是药膳的灵魂,美味和功效是药膳的特色,所以药膳既属于功能性食品的范畴,又是中药的一种特殊剂型。药膳是以药物和食物为原料,进行合理配伍,运用中国传统的烹调技术,结合现代食品工艺流程制作而成的,有一定保健治疗作用,色、香、味、形俱全的特殊食品。药膳是中国传统的医学知识与烹调经验相结合的产物,取药物之性、食物之味,借助食品的形式,食借药威,药助食势,相得益彰,既具有营养价值,又可防病治病、保健强身、延年益寿。

中国的中医药学对各种疾病的治疗具有卓越的疗效,但中医药学历来推崇"上工治未病",主张"三分医药七分养""药补不如食补"。药膳原本不属于普通的膳食,而是中医食疗性膳食的一个组成部分。膳食的形式涉及各种菜肴、羹汤、粥饭、膏滋、糕点、米面食品、酒类、饮料等,食品类型十分广泛。加用中药的膳食称之为"药膳",始于西周时期宫中官职人员掌管帝王的膳食保健工作,涉及药膳的书籍有《伤寒杂病论》《千金方·食治篇》《养老奉亲书》《饮膳正要》等。

二、药膳的应用原则

药膳不同于一般的中药方剂,中药方剂是治疗疾病和预防疾病的重要手段,为治病而设,适应范围较局限,主要针对不同的患者。在应用的时候,要遵医嘱,注意中药的四气五味、升降浮沉等特点与病症的虚实寒热相对应，用药必须十分审慎。药膳具有保健养生、治病防病等多方面的作用，在应用时应遵循一定的原则。药物是用来祛病救疾的，见效快，重在治病；药膳多用以养生防病，见效慢，重在养与防。药膳在保健、养生、康复中有很重要的地位，但药膳不能代替药物疗法。二者各有所长，各有不足，应视具体人与病情而选定合适之法，不可滥用。

1. 注重整体，辨证施膳

中医讲辨证施治，药膳的应用也应在辨证的基础上选料配伍。运用药膳时，首先要全面分析患者的体质、健康状况、患病性质、季节时令、地理环境等多方面情况，因症、因时、因人、因地而异，再确定相应的食疗原则。辨证施膳是从辨证论治发展而来的，它是根据食性理论，以食物的四气、五味、归经、阴阳属性等与人体的生理密切相关的理论和经验作为指导，针对病人的症候，根据"五味相调、性味相连"的原则，以及"寒者热之、热者寒之、虚者补之、实者泻之"的法则，应用相关的食物和药膳治疗调养病人，以达到治病康复的目的。病人的膳食基本上分成温补、清补、平补、专病食谱四大类。

例如，慢性胃炎患者，若征属胃寒者，宜服良附粥，征属胃阴虚者，则服玉石梅楂饮等；血虚的病人多选用补血的食物（如大枣、花生），阴虚的病人多食用枸杞子、百合、麦冬等。只有因症用料，才能发挥药膳的保健作用；中医认为，人与日月相应，人的脏腑气血的运行，和自然界的气候变化密切相关。"用寒远寒，用热远热"，意思是说在采用性质寒凉的药物时，应避开寒冷的冬天，而采用性质温热的药物时，应避开炎热的夏天，这一观点同样适用于药膳。人的体质年龄不同，用药膳时也应有所差异，小儿体质娇嫩，选择原料不宜大寒大热；老人多肝肾不足，用药不宜温燥；孕妇恐动胎气，不宜用活血滑利之品。这些都是在药膳中应注意的。在我国，不同的地区，气候条件、生活习惯有一定的差异，人体生理活动和病理变化亦有所不同，有的地处潮湿，饮食多温燥辛辣，有的地处寒冷，饮食多热而滋腻，而南方的饮食则多清凉甘淡，在应用药膳选料时也是同样的道理。

2. 防治兼宜，效果显著

药膳既可治病，又可强身防病，这是有别于药物治疗的特点之一。《内经》提出："药以祛之，食以随之"，食物疗法是综合疗法的一种重要的不可缺少的内容。古代医者主张在病邪炽盛阶段依靠药物，一旦病邪已衰，在用药物治疗的同时，饮食营养亦须及时予以保证，以恢复正气，增强其抗病能力。"金元四大家"张从正主张攻邪居先，食养善后，这是典型的药食结合。药膳多是平和之品，但其防治疾病和健身养生的效果却是比较显著的。如山东中医学院根据古代食疗和清宫保健经验研制而成的"八珍食品"，含有山药、莲子、山楂等8种食用中药，幼儿食用30天后食欲增加者占97%，生长发育也有所改善；再如，莱阳梨香菇补精，由莱阳梨汁和香菇、银耳提取物制成，中老年慢性病患者服用后不仅能显著改善各种症状，而且可使高脂血症患者血脂下降，并可使免疫功能得到改善。

3. 药膳的原料

药膳的原料主要分为食物和中药两部分。食物的种类十分广泛，涉及人们常见的各种谷物粮食和豆类；禽兽肉类，鱼类和龟鳖、蛙蛤、蟹虾，以及部分虫、蛇类；水果、干果和部分野果；各种蔬野菜。除此之外，调味品、香料、茶和代茶饮品实际上也属于食物。用于药膳的中药除用其药用功能外,还有不同程度的可食性,必须具备以下特点:首先,原料中药或经制备、烹饪的中药须无毒性,如党参、枸杞子、人参、白附片等。其次,原料中药或经制备、烹饪的中药可以咀嚼食下,如党参、山药、茯苓等;原料中药有较好的气味,比较适口,如小茴香、甘松、砂仁、草果、桂皮等。所以药膳应用的中药只是全部中药的一小部分。按中药功能分类,主要分布在补虚药、温里药、化湿药、消食药中,其他类别中药较少。由于一些中药是可食的,所以这一部分中药与食物有交叉,即有一部分原料既是食物又是中药,既有营养作用又有药物作用,在药膳中具有双重性质,是构成药膳的基础。

4.药膳的配方

药膳的配方遵循两个原则:在组成药膳配方时,所使用的原料应有主次辅佐关系,还要使药膳既有中药的特点又符合膳食的要求,有色、香、味、形、质等方面的美感。二者必须互相协调,以增强药膳的食疗效果。

药膳配方主次辅佐关系,除与配方中各种原料的作用有关外,也和各种原料的用量密切相关。一般来说,居于主要地位的原料,其用量应大于其他原料,而一般性食物原料(如大米、面粉和某些蔬菜、肉类),由膳食种类(如粥饭、糕点、菜肴)所决定,它们虽占有较大的分量,但一般并不居于主要地位。

5.药膳的用量

确定一种药膳的用量,首先是以一人食用为准,确定其总量,在总量的范围内,按比例决定各种原料的用量。每种原料的一日用量,食物部分,按个人的食量确定,并参照食物的营养素含量和膳食营养标准;中药部分,参照中药学或国家药典规定。

第二章　生活中的功能性食品及其活性成分

食物养生与疗病在我国很早就有记载,远在春秋战国时代,《内经》中就有"谷肉果菜,食养尽之"的条文,以后又有食疗专书相继问世,如唐朝的《食疗本草》、宋朝的《养老奉亲书》、元朝的《饮膳正要》、明朝李时珍的《本草纲目》、清代王孟英的《随息居饮食谱》等,对食物养生和疗病都提供了不少有价值的内容。

食疗有寒热虚实之分。食物疗病贵在区分寒热虚实和补泻的不同,以《本草纲目》记载为例,寒者热之,如以连根葱白和米煮粥、入醋少许,热食取汗,疗头痛发热感风寒;以肥羊肉一腿,密盖煮烂,取汁服,并食肉,疗五劳七伤之虚冷;鹿茸去毛酥炙微黄、制附片各二两,盐花三分,为末,枣肉和丸如梧子大,每服三十丸,空心温酒下,疗虚劳腰痛;炼牛髓四两,胡桃肉四两,杏仁泥四两,山药末半斤,炼蜜一斤,同捣成膏,以瓶盛汤煮一日,每服一匙,空腹服之,疗阳亏脾虚;猪心一个,坯片相连,以飞过朱砂末掺入,线缚,白水煮熟食之,疗心虚遗精;白扁豆炒为末,用米饮,每服三钱,疗脾虚带下;猪胰一具薄切,苦酒煮食,不过二服,疗肺气咳嗽;以胡桃肉三颗,生姜三片,卧时嚼服,即饮汤两三呷,又再胡桃、姜如前数,即静卧,疗肾虚咳喘;取乌骨母鸡一只,洗净,用豆蔻一两,草果二枚,烧存性,掺鸡腹内,扎实煮熟,空腹食之,疗脾虚滑泄;"夏日冷泄,胡椒丸服";取生藕汁、生地黄、葡萄汁各等分,每服七分盏,入蜜温服,疗小便热淋;取新百合捣汁,和水饮之,亦可煮食,疗肺部吐血。

食物入五脏,"五禁"又"五宜"。《内经》云:酸先入肝,苦先入心,甘先入脾,辛先入肺,咸先入肾。依此理论,李时珍在《本草纲目》中提出"五禁五宜"学说,肺克肝、肝克脾,故肝病禁辛,宜食甘,粳、牛、枣、葵之类;肾克心,肝生心,故心病禁咸,宜食酸,麻、犬、李、韭之类;肝克脾、脾克肾,故脾病禁酸,宜食咸,大豆、豕、栗、藿之类;脾克肾,肺生肾,故肾病禁甘,宜食辛,黄黍、鸡、桃、葱之类;唯独肺禁苦,却又宜食苦,麦、羊、杏、薤之类。这些论述对养生、疗病有一定的指导意义。另外,如狗心、羊心主治忧患;牛心、马心主治善忘;猪心煮食又可治心虚自汗;猪肝能补肝明目,疗肝虚浮肿;羊肝善疗目疾,治目热赤痛,小儿雀目;鱼肝煮粥食用,能治风热上攻,目暗不见物;猪脾煮羹食,治脾胃虚热;猪肚补中益气,治暴痢虚弱,水泻不止,清渴饮水;猪肺蘸苡仁同食治肺痿嗽血;羊肺煮食治鼻瘜。猪、羊、牛、鹿之肾皆能医治肾肝之疾,补肾强身。蹄类通乳汁;骨髓补肾生精充髓;阴茎治阳痿不起,精寒不育等。中医对食物的"色"与人体的健康早就有所论述。中医认为,食物与药物一样,除了具有温、热、寒、凉"四气"和酸、苦、甘、辛、咸"五味"外,还有青、赤、黄、白、黑"五色"。食物的五色又各有主味,即相对应于人体的五脏:青色入肝、赤色入心、黄色入脾、白色入肺、黑色入肾。

第一节　功能性谷物

五谷古指稻、粟、稷、麦、豆,现在的"五谷"泛指所有的粮食作物,包括谷类和豆类。

各种谷类种子除形态大小不一外,都由谷皮、胚乳、胚芽三部分组成。谷皮主要由纤维素和半纤维素组成,含有较高的灰分和脂肪;胚乳含有大量的淀粉和蛋白质;胚芽位于谷粒一端,富含脂肪、蛋白质、矿物质和各种维生素。

谷类含有蛋白质 7.5% ~15%,其必需氨基酸组成不平衡,赖氨酸、苏氨酸、色氨酸、苯丙氨酸和蛋氨酸含量偏低,所以谷类蛋白质的营养价值低于动物性食品。谷类是维生素 B 族的主要来源,如核黄素、尼克酸、硫胺素等,主要分布在胚芽和谷皮中。中国营养学会建议成人每日的谷物摄取量为 300 ~ 500 g。

菜豆

【简介】　菜豆,豆科,菜豆属,一年生草本植物,又名四季豆、芸豆等,以嫩荚或豆粒供食用。

【营养成分】　菜豆嫩荚约含蛋白质 6%、纤维 10%、糖 1% ~3%;干豆粒约含蛋白质 22.5%、淀粉 59.6%。据研究测定,每 100 g 菜豆所含营养素如下:热量(25 kcal(1 cal ≈ 4.2 J))、蛋白质(0.8 g)、脂肪(0.1 g)、碳水化合物(7.4 g)、膳食纤维(2.1 g)、维生素 A (40 μg)、胡萝卜素(240 μg)、硫胺素(0.33 mg)、核黄素(0.06 mg)、尼克酸(0.8 mg)、维生素 C (9 mg)、维生素 E (0.07 mg)、钙(88 mg)、磷(37 mg)、钠(4 mg)、镁(16 mg)、铁(1 mg)、锌 (1.04 mg)、硒(0.23 μg)、铜(0.24 mg)、锰(0.44 mg)、钾(112 mg)、碘(4.7 μg)。

【功能】　据我国古医籍记载,菜豆味甘平,性温和,具有温中下气、利肠胃、益肾补元气等功用,对虚寒呃逆、胃寒呕吐、跌打损伤、喘息咳嗽、腰痛、神经痛均有一定疗效。菜豆含有皂苷、尿毒酶和多种球蛋白等特殊成分,有利于提高人体自身的免疫能力,增强抗病的能力,激活 T 淋巴细胞,促进脱氧核糖核酸的合成,对肿瘤细胞的发展有抑制作用,受到医学界的重视。其所含的尿素酶应用于肝昏迷患者效果很好。菜豆尤其适合心脏病、动脉硬化、高血脂、低血钾症患者。

【食用方法】　煮食。

【健康提示】　因贮藏过久或煮沸不透而常发生中毒,一般在食后 2 ~4 h 内出现神经系统和消化系统的中毒症状,有头疼、头晕、四肢发麻、恶心、腹痛、急性喷射状呕吐和腹泻等。

蚕豆

【简介】　蚕豆,豆科,巢菜属,一年生或越年生草本植物,又称胡豆、佛豆、川豆、倭豆、罗汉豆。蚕豆株高 30 ~ 180 cm。

【营养成分】　蚕豆种子含巢菜碱苷 0.5%、蛋白质 28.1% ~28.9%,含磷脂、胆碱、哌啶酸-2,且含植物凝集素。据研究测定,每 100 g 蚕豆所含营养素如下:热量(446 kcal)、蛋白质 (26.7 g)、脂肪(20 g)、碳水化合物(39.9 g)、膳食纤维(0.5 g)、硫胺素(0.16 mg)、核黄素 (0.12 mg)、尼克酸(7.7 mg)、维生素 E (5.15 mg)、钙 (207 mg)、磷 (330 mg)、钠 (547.9 mg)、镁 (69 mg)、铁 (3.6 mg)、锌 (2.83 mg)、硒 (2.1 μg)、铜 (0.94 mg)、锰 (0.18 mg)、钾(742 mg)。

【功能】　中医认为,蚕豆具有益气健脾、利湿消肿等功能。蚕豆中所含的磷脂是神经组织和其他膜性组织的组成部分,蚕豆还含有丰富的胆碱,有增强记忆的作用。蚕豆皮中的粗纤维有降低胆固醇、促进肠蠕动的作用。蚕豆中的维生素 C 可以延缓动脉硬化。

【食用方法】　可炒食,炸食,煮食。

【健康提示】　蚕豆不可生吃,应将生蚕豆烹制成熟品再食用,否则易引起中毒。

大豆

【简介】　大豆,豆科,大豆属,一年生草本植物,重要的油料、食用和饲料作物,中国古名菽,常称黄豆、黑豆、黑皮青豆、青仁乌豆。小粒类型在中国南方称泥豆、马料豆,在东北称秣食豆等。它既可供食用,又可以榨油。由于大豆富含蛋白质,因此有"豆中之王"之称。大豆的发酵制品豆豉、黄酱和各种腐乳深受人们的喜爱。这些发酵产品经过微生物的作用产生的有机酸、醇、酯、氨基酸更易被人体消化吸收。

【营养成分】　据研究测定,每 100 g 大豆所含营养素如下:热量(359 kcal)、蛋白质(35 g)、脂肪(16 g)、碳水化合物(18.7 g)、膳食纤维(15.5 g)、维生素 A (37 μg)、胡萝卜素(220 μg)、硫胺素(0.41 mg)、核黄素(0.2 mg)、尼克酸(2.1 mg)、维生素 E (18.9 mg)、钙(191 mg)、磷(465 mg)、钾(1 503 mg)、钠(2.2 mg)、碘(9.7 μg)、镁(199 mg)、铁(8.2 mg)、锌(3.34 mg)、硒(6.16 μg)、铜(1.35 mg)、锰(2.26 mg)。

【功能】　大豆味甘,性平,具有健脾宽中、润燥消水、清热解毒、益气的功效,用于腹胀羸瘦、疳积泻痢、妊娠中毒、疮痈肿毒、外伤出血等。黄豆还能抗菌消炎,对咽炎、菌痢、结膜炎、口腔炎、肠炎有疗效。黄豆中的大豆蛋白质和豆固醇能明显地改善和降低血脂和胆固醇,从而降低患心脑血管疾病的概率。大豆脂肪富含不饱和脂肪酸和大豆磷脂,有保持血管弹性、健脑和防止脂肪肝形成的作用。大豆中富含皂角苷、蛋白酶抑制剂、异黄酮、钼、硒等抗癌成分,对于前列腺癌、皮肤癌、肠癌、食道癌等都有抑制作用。黄豆中的植物雌激素与人体中产生的雌激素在结构上十分相似,可以成为辅助治疗妇女更年期综合征的最佳食物。吃黄豆对治疗皮肤干燥粗糙、头发干枯大有好处,可以提高肌肤的新陈代谢,促进机体排毒,令肌肤常葆青春。黄豆中的皂苷类物质可以降低脂肪吸收功能,促进新陈代谢。

【食用方法】　可用来制作主食、糕点、小吃等。

【健康提示】　患有严重肝病、肾病、痛风、消化性溃疡、低碘者应禁食;患疮痘期间不宜食用黄豆及其制品。

豌豆

【简介】　豌豆,豆科,一年生缠绕草本植物,种子及嫩荚、嫩苗均可食用;种子含淀粉、油脂,药用有强壮、利尿、止泻的功效;茎叶能清凉解暑;并作绿肥和饲料。豌豆种子的形状因品种不同而有所不同,大多为圆球形,还有椭圆、扁圆、凹圆、皱缩等形状。颜色有黄白、绿、红、玫瑰、褐、黑等。豌豆既可作蔬菜炒食,子实成熟后又可磨成豌豆面粉食用。

【营养成分】　据研究测定,每 100 g 豌豆所含营养素如下:热量(105 kcal)、蛋白质

(7.4 g)、脂肪(0.3 g)、碳水化合物(21.2 g)、膳食纤维(3 g)、维生素 A (37 μg)、胡萝卜素(220 μg)、硫胺素(0.43 mg)、核黄素(0.09 mg)、尼克酸(2.3 mg)、维生素 C (14 mg)、维生素 E (1.21 mg)、钙(21 mg)、磷(127 mg)、钾(332 mg)、钠(1.2 mg)、碘(0.9 μg)、镁(43 mg)、铁(1.7 mg)、锌(1.29 mg)、硒(1.74 μg)、铜(0.22 mg)、锰(0.65 mg)。

【功能】　豌豆具有益中气、止泻痢、调营卫、利小便、消痈肿、解乳石毒之功效;用于脚气、痈肿、乳汁不通、脾胃不适、呃逆呕吐、心腹胀痛、口渴泻痢等病症。豌豆荚和苗中富含维生素 C 和能分解体内亚硝胺的酶,可以分解亚硝胺,具有抗癌防癌的作用。豌豆中富含胡萝卜素,食用后可防止人体致癌物质的合成,从而减少癌细胞的形成,降低人体癌症的发病率。豌豆中富含粗纤维,能促进大肠蠕动,保持大便通畅,起到清洁大肠的作用。

【食用方法】　豌豆可作主食,豌豆磨成豌豆粉是制作糕点、豆馅、粉丝、凉粉、面条、风味小吃的原料,豌豆的嫩荚和嫩豆粒可菜用也可制作罐头。

【健康提示】　豌豆粒多食会发生腹胀,引起消化不良,故不宜长期大量食用。

红豆

【简介】　红豆,豆科,豇豆属,又名赤豆、赤小豆、红赤豆、小豆。

【营养成分】　据研究测定,每100 g 红豆所含营养素如下:热量(309 kcal)、水(12.6 g)、蛋白质(20.2 g)、脂肪(0.6 g)、碳水化合物(55.7 g)、膳食纤维(7.7 g)、硫胺素(0.16 mg)、核黄素(0.11 mg)、烟酸(2 mg)、维生素 E (14.36 mg)、钙(74 mg)、磷(386 mg)、钠(2.2 mg)、铁(7.4 mg)。

【功能】　红豆味甘、酸,性平,入心、小肠经,具有健脾利水、解毒消痈、消利湿热的作用。红豆含有较多的皂角甙,可刺激肠道,因此它有良好的利尿作用,能解酒、解毒,对心脏病和肾病、水肿患者有益。同时,它还含有较多的膳食纤维,具有良好的润肠通便、降血压、降血脂、调节血糖、解毒抗癌、预防结石、健美减肥的作用。红豆也是富含叶酸的食物,产妇、乳母多吃红豆有催乳的功效。

【食用方法】　煮食,煎汤或研末服。

【健康提示】　久食红豆令人黑瘦结燥;阴虚而无湿热者及小便清长者忌食红豆;被蛇咬伤者百日内忌食红豆。

黑豆

【简介】　黑豆为豆科植物大豆的黑色种子,又名橹豆、乌豆、枝仔豆、黑大豆。

【营养成分】　据研究测定,每100 g 黑豆所含营养素如下:热量(381 kcal)、水(9.9 g)、蛋白质(36.1 g)、脂肪(15.9 g)、膳食纤维(10.2 g)、碳水化合物(23.3 g)、硫胺素(0.2 μg)、核黄素(0.33 mg)、维生素 E (17.36 mg)、钠(3 mg)、钙(224 mg)、铁(7 mg)、维生素 A (5 mg)。

【功能】　黑豆味甘,性平,归脾、肾经,具有消肿下气、润肺燥热、活血利水、祛风除痹、补血安神、明目健脾、补肾益阴、解毒的作用;用于水肿胀满、风毒脚气、黄疸浮肿、风痹痉挛、产后风疼、口噤、痈肿疮毒,可解药毒,有乌发以及延年益寿的功效。黑豆中含有丰富的维生素,其中 E 族和 B 族维生素含量最高，能清除体内自由基，尤其是在胃的酸性环境下，抗氧化效果好，滋阴养颜美容，增加肠胃蠕动。黑豆皮为黑色，含有花青素，花青素是很好的抗氧化剂来源。黑豆中粗纤维含量高达 4%，常食黑豆可提供食物中的粗纤维，促进消化，防止便秘。"黑豆乃肾之谷"。黑色属水，水走肾，所以肾虚的人食用黑豆可以祛风除热、调中下气、解毒利尿，可以有效地缓解尿频、腰酸、女性白带异常及下腹部阴冷等症状。

【食用方法】　煎汤，酒浸，作丸、散，或煮食。

【健康提示】　小儿不宜多食；黑豆炒熟后，热性大，多食易上火；《本草经集注》记载："黑豆恶五参、龙胆。"

豇豆

【简介】　豇豆，豆科，一年生缠绕草本植物，别名羊角、豆角、角豆、饭豆、腰豆、长豆、裙带豆。作蔬菜食用的豇豆品种很多，根据荚的皮色不同分成白皮豇、青皮豇、花皮豇、红皮豇等，根据各品种对光照长短的不同反应，对光照长短反应不敏感的品种有红嘴燕等，对光照长短反应敏感的有毛芋豇、北京豇等；种子入药，能健胃补气，滋养消食。

【营养成分】　豇豆种子含大量淀粉、脂肪油、蛋白质、烟酸、维生素 B_1、维生素 B_2。据研究测定，每 100 g 豇豆所含营养素如下：热量（29 kcal）、蛋白质（2.9 g）、脂肪（0.3 g）、碳水化合物（5.9 g）、膳食纤维（2.3 g）、维生素 A（42 μg）、胡萝卜素（250 μg）、硫胺素（0.07 mg）、核黄素（0.09 mg）、尼克酸（1.4 mg）、维生素 C（19 mg）、维生素 E（4.39 mg）、钙（27 mg）、磷（63 mg）、钠（2.2 mg）、镁（31 mg）、铁（0.5 mg）、锌（0.54 mg）、硒（0.74 μg）、铜（0.14 mg）、锰（0.37 mg）、钾（112 mg）。

【功能】　豇豆可健脾补肾，治脾胃虚弱、消渴、吐逆、泻痢、遗精、白带、白浊、小便频数。《本草纲目》中记载：豇豆"理中益气，补肾健胃，和五脏，调营卫，生精髓。止消渴、吐逆、泻痢、小便频数，解鼠莽毒"。豇豆中的优质蛋白质、适量的碳水化合物及多种维生素、微量元素等，可补充机体的营养成分；维生素 C 能促进抗体的合成，提高机体的抗病毒能力；维生素 B_1 能维持正常的消化腺分泌和胃肠道的蠕动功能，抑制胆碱酯酶活性，帮助消化，增进饮食；磷脂有助于促进胰岛素分泌，是糖尿病人的理想食品。

【食用方法】　蒸煮，做成凉菜、佳肴。

【健康提示】　适合糖尿病、肾虚、尿频、遗精及一些妇科功能性疾病患者，但气滞便结者应慎食豇豆；长豇豆不宜烹调时间过长，以免造成营养损失。

绿豆

【简介】　绿豆，豆科草本植物，绿豆的成熟种子，又叫青小豆，是我国的传统豆类食物，已有两千余年的栽培史，李时珍称其为"菜中佳品"。

【营养成分】　绿豆的化学成分有蛋白质、脂肪、碳水化合物、胡萝卜素、蒎硫酸、叶酸，以及矿物质钙、磷、铁和维生素 B_1、B_2。其中，蛋白质主要为球蛋白，富含赖氨酸、亮氨酸、苏氨酸，但蛋氨酸、色氨酸、酪氨酸比较少。据研究测定，每 100 g 绿豆所含营养素如下：热量

(316 kcal)、蛋白质(21.6 g)、脂肪(0.8 g)、碳水化合物(55.6 g)、膳食纤维(6.4 g)、维生素 A
(22 μg)、胡萝卜素(130 μg)、硫胺素(0.25 mg)、核黄素(0.11 mg)、尼克酸(2 mg)、维生素 E
(10.95 mg)、钙（162 mg)、磷（337 mg)、钠（3.2 mg)、镁（125 mg)、铁（6.5 mg)、锌
(2.18 mg)、硒(4.28 μg)、铜(1.08 mg)、锰(1.11 mg)、钾(787 mg)。

【功能】　绿豆性味甘凉,有清热解毒之功效。夏天在高温环境工作的人出汗多,水液损
失很大,体内的电解质平衡遭到破坏,用绿豆煮汤来补充水液是最理想的方法,能够清暑益气、
止渴利尿,不仅能补充水分,而且能及时补充无机盐,对维持水液电解质平衡有重要意义。

绿豆的具体功能很多,简介如下:

(1)抗菌抑菌作用

①绿豆中的某些成分直接有抑菌作用。根据有关研究,绿豆所含的单宁能凝固微生物原
生质,可产生抗菌活性;绿豆中的黄酮类化合物、植物甾醇等生物活性物质也有一定程度的抑
菌抗病毒作用。

②通过提高免疫功能间接发挥抗菌作用。绿豆中含有的众多生物活性物质,如香豆素、生
物碱、植物甾醇、皂苷等可以增强机体免疫功能,增加吞噬细胞的数量或提高吞噬功能。

(2)降血脂作用

绿豆中含有的植物甾醇结构与胆固醇相似,植物甾醇与胆固醇竞争酯化酶,使之不能酯化
而减少肠道对胆固醇的吸收,并可通过促进胆固醇异化或在肝脏内阻止胆固醇的生物合成等
途径使血清胆固醇含量降低。

(3)抗肿瘤作用

有实验发现,绿豆对吗啡与亚硝酸钠同食诱发的小鼠肺癌与肝癌有一定的预防作用。

(4)解毒作用

绿豆中含有丰富的蛋白质,生绿豆水浸磨成的生绿豆浆蛋白含量颇高,内服可保护胃肠黏
膜。绿豆蛋白、鞣质和黄酮类化合物可与有机磷农药、汞、砷、铅化合物结合形成沉淀物,使之
减少或失去毒性,并不易被胃肠道吸收。绿豆中的生物活性物质不少具有抗氧化作用,在治疗
有机磷农药中毒时,可否通过抗氧化作用从而减轻有机磷农药的细胞毒性和遗传毒性,有待于
进一步探讨。

(5)其他

绿豆磷脂中的磷脂酰胆碱、磷脂酰乙醇胺、磷脂酰肌醇、磷脂酰甘油、磷脂酰丝氨酸和磷脂
酸有增进食欲的作用。绿豆淀粉中含有相当数量的低聚糖(戊聚糖、半乳聚糖等)。这些低聚
糖因人体胃肠道没有相应的水解酶系统而很难被消化吸收,所以绿豆提供的能量值比其他谷
物低,对于肥胖者和糖尿病患者有辅助治疗的作用。而且低聚糖是人体肠道内有益菌——双
歧杆菌的增殖因子,经常食用绿豆可改善肠道菌群,减少有害物质吸收,预防某些癌症。

【食用方法】　绿豆可与大米、小米掺和起来制作干饭、稀饭等主食,也可磨成粉后制作糕
点及小吃;绿豆还可制成细沙做馅心;用绿豆熬制的绿豆汤,更是夏季清热解暑的饮料;绿豆还
可以作为外用药,嚼烂后外敷治疗疮疖和皮肤湿疹。如果得了痤疮,可以把绿豆研成细末,煮
成糊状,在就寝前洗净患部,涂抹在患处。"绿豆衣"能清热解毒,还有消肿、散翳明目等作用。

【健康提示】　绿豆不宜煮得过烂,以免使有机酸和维生素遭到破坏,降低清热解毒功效。

绿豆性寒凉,素体阳虚、脾胃虚寒、泄泻者慎食。未煮烂的绿豆腥味强烈,食后易恶心、呕吐。服药特别是服温补药时不要吃绿豆食品,以免降低药效。

> 高粱

【简介】　高粱,禾本科,高粱属,一年生草本植物,四大谷物中的"老四",可以蒸饭、煮粥、磨面,还可以蒸食、贴饼子。高粱秆实心,中心有髓。按性状及用途可分为食用高粱、饲料高粱、糖用高粱等。

【营养成分】　据研究测定,每 100 g 高粱所含营养素如下:热量(351 kcal)、蛋白质(10.4 g)、脂肪(3.1 g)、碳水化合物(74.7 g)、膳食纤维(4.3 g)、硫胺素(0.29 mg)、核黄素(0.1 mg)、尼克酸(1.6 mg)、维生素 E(1.88 mg)、钙(22 mg)、磷(329 mg)、钾(281 mg)、钠(6.3 mg)、镁(129 mg)、铁(6.3 mg)、锌(1.64 mg)、硒(2.83 μg)、铜(0.53 mg)。

【功能】　高粱味甘,性温、涩,入脾、胃经;具有温中散寒、涩肠止泻、止霍乱、凉血解毒等功效。对痢疾、腹泻、虚湿困、消化不良及湿热下痢有疗效。

【食用方法】　可制作干饭、稀粥,还可磨粉用于制作糕团、饼等;碾粉熟食,煮粥滋养,供脾虚有水湿者食用;民间常用高粱米、甘蔗汁,煮成高粱甘蔗粥,具有益气生津之功效,对老人痰热咳嗽、口干舌燥、唾液黏涎者有食疗作用。

【健康提示】　高粱米忌与瓠子和中药附子同食。

> 黑米

【简介】　黑米是一种药、食兼用的大米,米质佳。黑米种植历史悠久,是我国古老而名贵的水稻品种,黑米是由禾本科植物稻经长期培育形成的一类特色品种,长期食用可延年益寿,俗称"药米"和"长寿米"。由于它适于孕妇、产妇等补血之用,又称"月米""补血米"等。用黑米熬制的米粥清香油亮,软糯适口,营养丰富,具有很好的滋补作用,我国民间有"逢黑必补"之说。黑米外表墨黑,营养丰富,有"世界米中之王"和"黑珍珠"的美誉。

【营养成分】　黑米所含锰、锌、铜等无机盐大都比大米高 1~3 倍;更含有大米所缺乏的维生素 C、叶绿素、花青素、胡萝卜素及强心苷等特殊成分,因而黑米比普通大米更有营养。据研究测定,每 100 g 黑米所含营养素如下:热量(333 kcal)、蛋白质(9.4 g)、脂肪(2.5 g)、碳水化合物(72.2 g)、膳食纤维(3.9 g)、硫胺素(0.33 mg)、核黄素(0.13 mg)、尼克酸(7.9 mg)、维生素 E(0.22 mg)、钙(12 mg)、磷(356 mg)、钠(7.1 mg)、镁(147 mg)、铁(1.6 mg)、锌(3.8 mg)、硒(3.2 μg)、铜(0.15 mg)、锰(1.72 mg)、钾(256 mg)。

【功能】　中医认为,黑米有显著的药用价值,古农医书记载:黑米具有"滋阴补肾,健身暖胃,明目活血","清肝润肠","滑湿益精,补肺缓筋"等功效;可入药入膳,对头晕目眩、贫血白发、腰膝酸软、夜盲耳鸣症,疗效尤佳。黑米具有开胃益中、健脾暖肝、明目活血、滑涩补精之功,对于少年白发、妇女产后虚弱、病后体虚以及贫血均有很好的补养作用;黑米具有清除自由基、抗应激反应、改善缺铁性贫血以及免疫调节等多种生理功能;黑米中的黄酮类化合物能维持血管正常渗透压,减轻血管脆性,防止血管破裂和止血;黑米还有助于改善心肌营养,降低心肌耗氧量;黑米还具有抗菌、降低血压、抑制癌细胞生长等功效。黑米被营养专家认定为一种蛋白质含量高、维生素及纤维素含量丰富的食品;黑米还含有人体不能自然合成的多种氨基酸和矿物质等,具有滋阴补肾、明目聪耳的功效,适用于治疗肺燥咳嗽、大便秘结、小便不利、肾虚水肿、食欲不振、脾胃虚弱等症。

【食用方法】 煮粥食用。

【健康提示】 病后消化能力弱的人不宜急于吃黑米,可吃些紫米来调养。黑米粥若煮不烂,不仅大多数营养素不能溶出,而且多食后易引起急性肠胃炎,对消化功能较弱的孩子和老弱病者更是如此。因此,消化不良的人不要吃未煮烂的黑米。

荞麦

【简介】 荞麦,蓼科,荞麦属。

【营养成分】 根据中国医学科学院卫生研究所对我国主要粮食的营养成分分析,荞麦面粉的蛋白质含量明显高于大米、小米、小麦、高粱、玉米面粉及糌粑,氨基酸的组分与豆类作物蛋白质氨基酸的组分相似,脂肪含量也高于大米、小麦面粉和糌粑。荞麦脂肪含 9 种脂肪酸,其中油酸和亚油酸含量最多,占脂肪酸总量的 75%,还含有棕榈酸 19%、亚麻酸 4.8% 等。据研究测定,每 100 g 荞麦所含营养素如下:热量(324 kcal)、蛋白质(9.3 g)、脂肪(2.3 g)、碳水化合物(66.5 g)、膳食纤维(6.5 g)、维生素 A(3 μg)、胡萝卜素(20 μg)、硫胺素(0.28 mg)、核黄素(0.16 mg)、尼克酸(2.2 mg)、维生素 E(4.4 mg)、钙(47 mg)、磷(297 mg)、钠(4.7 mg)、镁(258 mg)、铁(6.2 mg)、锌(3.62 mg)、硒(2.45 μg)、铜(0.56 mg)、锰(2.04 mg)、钾(401 mg)。

【功能】 荞麦中镁元素参与人体细胞能量转换,调节心肌活动,促进人体纤维蛋白溶解,抑制凝血酶生成,降低血清胆固醇,预防动脉粥样硬化、高血压、心脏病。荞麦含有丰富的维生素 E 和可溶性膳食纤维,同时还含有烟酸和芦丁(芸香苷),有降低人体血脂和胆固醇、软化血管、保护视力和预防脑血管出血的作用。荞麦中的某些黄酮成分还具有抗菌、消炎、止咳、平喘、祛痰的作用,所以,荞麦还有"消炎粮食"的美称,另外这些成分还具有降低血糖的功效。

荞麦中还含有硒元素,有抗氧化和调节免疫功能,在人体内可与金属相结合形成一种不稳定的"金属硒蛋白"复合物,有助于排除体内的有毒物质。荞麦被国家种质库誉为宝贵的富硒资源,硒是联合国卫生组织确定的人体必需的微量元素,而且是该组织目前唯一认定的防癌抗癌元素。国内外医学研究证实:人体缺硒会造成重要器官的机能失调,人体有 40 多种疾病与饮食缺硒有关。美国癌症研究所医学专家指出,适量的硒几乎能防止一切癌变。美国倡导每人每日饮食硒的摄入量为 200 μg,我国因为有 71% 的地区处于低硒或缺硒状况,我国营养学会建议每人每日饮食硒的摄入量为 50 μg。目前,北京、太原等城市的调查结果多低于 50 μg。国外食品硒的来源多为将无机硒添加在饲料中转化,在食物链上为二级吸收,荞麦硒为天然有机硒,以绿色植物为载体,所以十分珍贵,开发前景广阔。

荞麦中还含有较多的 2,4-二羟基顺式肉桂酸,含有抑制皮肤生成黑色素的物质,有预防老年斑和雀斑发生的作用,还含有阻碍白细胞增殖的蛋白质阻碍物质。

【食用方法】 煮粥食用。

【健康提示】　适宜食欲不振、饮食不香、肠胃积滞、慢性泄泻之人食用;同时适宜出黄汗之人和糖尿病人;脾胃虚寒、消化功能不佳、经常腹泻、体质敏感之人不宜食用。尽量避免荞麦与黄鱼同食。

小米

【简介】　小米,谷类,禾本科,亦称粟米,通称谷子。谷子去壳即为小米。按籽粒黏性可分为糯粟和粳粟。

【营养成分】　据研究测定,每100 g小米所含营养素如下:热量(358 kcal)、蛋白质(9 g)、脂肪(3.1 g)、碳水化合物(73.5 g)、膳食纤维(1.6 g)、维生素 A (17 μg)、胡萝卜素(100 μg)、硫胺素(0.33 mg)、核黄素(0.1 mg)、尼克酸(1.5 mg)、维生素 E (3.63 mg)、钙(41 mg)、磷(229 mg)、钾(284 mg)、钠(4.3 mg)、碘(3.7 μg)、镁(107 mg)、铁(5.1 mg)、锌(1.87 mg)、硒(4.74 μg)、铜(0.54 mg)、锰(0.89 mg)。

【功能】　中医认为,小米味甘咸,有清热解渴、健胃除湿、安眠等功效,是病人及产妇宜用的滋补品;小米因富含维生素 B_1、B_{12} 等,具有防止消化不良及口舌生疮的功效。小米具有防止反胃、呕吐的功效。它还具有滋阴养血的功能,可以使产妇虚寒的体质得到调养,帮助她们恢复体力。

【食用方法】　可蒸饭、煮粥,磨成粉后可单独或与其他面粉掺和制作饼、丝糕、窝头、发糕等,糯性小米也可酿酒、酿醋、制糖等。

【健康提示】　气滞者忌用;素体虚寒,小便清长者少食;忌与杏仁同食,因为小米中蛋白质的氨基酸组成并不理想,赖氨酸过低而亮氨酸又过高,所以孕妇生产后不能完全以小米为主食,应注意与动物性食品或豆类食品搭配,以免缺乏其他营养。

燕麦

【简介】　燕麦,禾本科,燕麦草属,多年生禾草植物,须根入土深,呈棕黄色,别名莜面、油麦、玉麦,是一种高蛋白质、高脂肪、低糖、高能量食物。其营养成分丰富,在我国古代不仅作为一种耐饥抗寒食品,也作为一种药物,汉古籍中记载,燕麦可用于产妇催乳及治疗婴儿营养不良和老年人的年老体衰等症。

【营养成分】　据研究测定,每100 g燕麦片所含营养素如下:热量(353 kcal)、蛋白质(14.4 g)、脂肪(9.7 g)、碳水化合物(65.3 g)、膳食纤维(13.2 g)、维生素 A (420 μg)、硫胺素(0.55 mg)、核黄素(0.11 mg)、尼克酸(1.34 mg)、维生素 E (0.75 mg)、钙(45 mg)、磷(359 mg)、钠 (12.1 mg)、镁 (91 mg)、铁 (4.3 mg)、锌 (1.71 mg)、硒 (7.26 μg)、铜(0.38 mg)、锰(2.53 mg)、钾(356 mg)、碘(3.9 μg)、叶酸(30.1 μg)。

【功能】　经常食用燕麦可以帮助糖尿病患者降糖、减肥。燕麦还有通便的功效,改善血液循环,缓解生活、工作带来的压力。丰富的矿物元素可以预防骨质疏松、促进伤口愈合,是补钙佳品。现代研究发现,燕麦还有以下功能:

（1）降血脂功能

燕麦中含有丰富的油脂,在燕麦油中不饱和脂肪酸占脂肪酸总量的82.17%,其中油酸和亚油酸的含量最高,对降低血清总胆固醇有显著作用。燕麦的降脂作用可能与其含有较多亚油酸有关,亚油酸为不饱和脂肪酸,能与胆固醇结合成酯,进而降解为胆酸而排泄,尤其是大量的亚油酸可软化毛细血管,具有预防血管硬化、延缓人体衰老的功能。

（2）防癌功能

对采用单纯喂燕麦的动物进行研究,观察发现动物的肿瘤生长较小,生存期也较长,但是尚未达到肿瘤抑制率30%、生存期延长率50%的活性标准,然而这一结果和发现也足以证明燕麦中存在抑癌物质,只是其中起作用的成分及作用的机理研究尚有待于进一步深入。

（3）抗氧化功能

抗氧化性是燕麦较为突出的一个生理功能,早在20世纪30年代就有人发现燕麦中含有为数众多的抗氧化成分,并提出将燕麦作为一种抗氧化剂的来源。近年来,国外学者对燕麦中的抗氧化成分的研究表明:燕麦中的抗氧化成分主要是各种多酚类物质,如肉桂酸衍生物、对香豆酸、对羟基苯甲酸、邻羟基、苯甲酸、羟基苯乙酸、香草醛、儿茶酚等,这些组成形式不同的多酚类物质根据其溶解性的不同大致可分为醇溶性和脂溶性两种,它们都具有较好的抗氧化性能。近年来,燕麦的抗氧化活性已成为西方发达国家研究的热点之一,其中利用异丙醇提取燕麦抗氧化剂的技术成熟,成本较低,并极有可能实现产业化生产。

（4）抗高血黏度和抗血小板聚集功能

燕麦还具有抗高血黏度和抗血小板聚集功能。试验证明,燕麦面粉可显著降低高脂饲料组大鼠的血浆黏度和高切、低切变率下的全血黏度,同时能明显抑制ADP和胶原诱导的血小板聚集,因而燕麦粉具有预防血栓形成的作用和功效。

【食用方法】　可煮制成粥食用。

【健康提示】　燕麦虽然具有益肝和脾之功效,但是由于吃得过多容易造成滑肠、催产,所以孕妇忌食。

┌─────────┐
│　玉米　│
└─────────┘

【简介】　玉米,禾本科,玉米属,别名玉蜀黍、大蜀黍、棒子、苞米、苞谷、玉菱、玉麦、六谷、芦黍、珍珠米、红颜麦和薏米包。玉米的故乡在墨西哥和秘鲁,大约在公元10世纪初才传入我国。玉米是保健佳品,现在越来越受到人们的青睐。

【营养成分】　据研究测定,每100 g干玉米所含营养素如下:热量（335 kcal）、蛋白质（8.7 g）、脂肪（3.8 g）、碳水化合物（66.6 g）、膳食纤维（6.4 g）、维生素A（17 μg）、胡萝卜素（100 μg）、硫胺素（0.21 mg）、核黄素（0.13 mg）、尼克酸（2.5 mg）、维生素E（3.89 mg）、钙（14 mg）、磷（218 mg）、钠（3.3 mg）、镁（96 mg）、铁（2.4 mg）、锌（1.7 mg）、硒（3.52 μg）、铜（0.25 mg）、锰（0.48 mg）、钾（300 mg）。玉米中含有较多的粗纤维,比精米、精面高4～10倍。玉米的亚油酸含量达到2%,是谷实类饲料中含量最高者。玉米的蛋白质含量偏低,且品质欠佳,氨基酸不平衡,赖氨酸、色氨酸和蛋氨酸的含量不足。脂溶性维生素中维生素E较多,黄玉米中含有较多的胡萝卜素,维生素D和维生素K几乎没有。水溶性维生素中含硫胺素较多,核黄素和烟酸的含量较少,且烟酸是以结合型存在。

【功能】　玉米味甘,性平,可益肺宁心,健脾开胃,利水通淋;对于降胆固醇、健脑有一定功效。玉米中的膳食纤维具有刺激胃肠蠕动、加速粪便排泄的功能,可治疗便秘和预防肠癌。玉米胚尖所含的营养物质能增强人体新陈代谢、调整神经系统,使皮肤细腻光滑,延缓皱纹的产生。玉米中的谷胱甘肽,被誉为"长寿因子"。谷胱甘肽中含有硒,其作用比称为"抗衰老剂"的维生素 E 高许多倍。玉米还有利尿降压、止血止泻的作用。国外医学资料表明,以玉米为主食的地区,癌症发病率普遍较低,可能是其中富含镁、硒等元素,抑制肿瘤的生长。

【食用方法】　直接煮熟食用,或熬制成粥,或做成佳肴。

【健康提示】　发霉的玉米不能食用,发霉后易产生黄曲霉毒素,多食可致癌。玉米不宜与富含纤维素的食物经常搭配食用,因为玉米含有较多的木质纤维素。玉米忌和田螺同食,否则会中毒;尽量避免与牡蛎同食,否则会阻碍锌的吸收。

粳米

【简介】　粳米是粳稻的种仁,又称大米、嘉蔬。

【营养成分】　据研究测定,每 100 g 粳米所含营养素如下:热量(337 kcal)、水(13.9 g)、蛋白质(6.4 g)、脂肪(1.2 g)、碳水化合物(78.1 g)、膳食纤维(2.8 g)、硫胺素(0.06 mg)、核黄素(0.02 mg)、叶酸(11.5 μg)、烟酸(0.67 mg)、钙(3 mg)、磷(69 mg)、钾(86 mg)、钠(2.7 mg)、镁(25 mg)、铁(0.2 mg)、锌(1.76 mg)、硒(4.17 mg)、铜(0.23 mg)、锰(1.14 mg)。

【功能】　粳米味甘,性平,入脾、胃经,具有补中益气、健脾和胃、除烦渴、止泻痢等功效。粳米米糠层的粗纤维分子,有助于胃肠蠕动,对胃病、便秘、痔疮等疗效很好;粳米能提高人体免疫功能,促进血液循环,从而预防高血压;粳米能预防糖尿病、脚气病、老年斑等疾病;粳米中的蛋白质、脂肪、维生素含量都比较多,多吃能降低胆固醇,减少心脏病发作和中风的概率;粳米可防过敏性疾病,因粳米所供养的红细胞生命力强,又无异体蛋白进入血流,故能防止一些过敏性皮肤病的发生。

【食用方法】　蒸食,煮粥,或配制药膳、药粥等。

【健康提示】　粳米性温,多食生热,其粗纤维成分能促进胃肠蠕动,缓解便秘,但多食易导致大便干燥。

小麦

【简介】　小麦属于禾本科的小麦属,它是世界上最早栽培的农作物之一。小麦,古称麸麦,又称浮麦、浮小麦、空空麦、麦子软粒、麦。

【营养成分】　据研究测定,每 100 g 小麦粉所含营养素如下:热量(354 kcal)、水(9.9 g)、蛋白质(15.7 g)、脂肪(2.5 g)、碳水化合物(70.9 g)、膳食纤维(3.7 g)、硫胺素(0.46 mg)、核黄素(0.05 mg)、维生素 B_6(0.07 mg)、叶酸(23.3 μg)、烟酸(1.91 mg)、维生素 E(0.32 mg)、钙(31 mg)、磷(167 mg)、钾(190 mg)、钠(3.1 mg)、镁(50 mg)、铁(0.6 mg)、锌

(0.2 mg)、硒(7.42 mg)、铜(0.06 mg)、锰(0.1 mg)。

【功能】　小麦味甘、咸,性凉,入心、脾、肾经。新麦性热,陈麦性平。小麦可以除热,止烦渴及咽喉干燥,利小便,补养肝气,止漏血唾血,可以使女子易于怀孕。它补养心气,有心病的人适宜食用。将小麦煎熬成汤食用,可治淋病;磨成末服用,能杀蛔虫;将陈麦煎成汤饮用,可以止虚汗;烧成灰,用油调和,可治各种疮及汤火灼伤。

【食用方法】　煎汤,煮粥,或配制成面食常服;也可炮制研末外敷,治痈肿、外伤及烫伤。

【健康提示】　病湿热者忌食面条。

┌─────────┐
│　薏米　│
└─────────┘

【简介】　薏米是禾本科植物薏苡的干燥成熟种仁,又名薏苡仁、苡米、苡仁、土玉米、薏米、起实、薏珠子、草珠珠、回回米、米仁、六谷子。

【营养成分】　据研究测定,每100 g薏米所含营养素如下:热量(357 kcal)、水(11.6 g)、蛋白质(12.8 g)、脂肪(3.3 g)、碳水化合物(69.1 g)、膳食纤维(2 g)、硫胺素(0.22 mg)、核黄素(0.15 mg)、烟酸(2 mg)、维生素 E (2.08 mg)、钙(3.6 mg)、钠(42 mg)、铁(3.6 mg)。

【功能】　薏米味甘、淡,性微寒,无毒,入脾、胃、肺、大肠经。薏米清利湿热,除风湿,利小便,益肺排脓,健脾胃,强筋骨。薏米可用作粮食吃,味道和大米相似,且易消化吸收,煮粥、作汤均可。由于薏米营养丰富,对于久病体虚、病后恢复期患者,老人、产妇、儿童都是比较好的药用食物,可经常服用。不论用于滋补还是用于治病,作用都较为缓和,微寒而不伤胃,益脾而不滋腻。据报道,薏米治病的成分薏苡仁酯,不仅具有滋补作用,而且是一种抗癌剂,能抑制艾氏腹水癌细胞,可用于胃癌及子宫颈癌的辅助治疗。另外,薏米对面部粉刺及皮肤粗糙有明显的疗效,同时还对紫外线有吸收能力,其提炼物加入化妆品中还可达到防晒和防紫外线的效果。薏仁本身所具有的润泽肌肤、美白补湿、行气活血、调经止痛等功效十分卓著,应用于皮肤上又具有自然美白效果,具有促进肌肤新陈代谢与保湿的功能,可以有效防止肌肤干燥。

【食用方法】　煎汤,煮粥。

【健康提示】　脾虚无湿、大便燥结者及孕妇慎服。

┌─────────┐
│　黑芝麻　│
└─────────┘

【简介】　黑芝麻是胡麻科、胡麻属植物芝麻的干燥成熟种子,又称胡麻、巨胜、狗虱、乌麻、乌麻子、油麻、交麻、巨胜子、小胡麻。

【营养成分】　据研究测定,每100 g黑芝麻所含营养素如下:热量(531 kcal)、水(5.7 g)、蛋白质(19.1 g)、脂肪(46.1 g)、膳食纤维(14 g)、碳水化合物(10 g)、硫胺素(0.66 mg)、核黄素(0.25 mg)、烟酸(5.9 mg)、维生素 E (50.4 mg)、钠(8.3 mg)、钙(780 mg)、铁(22.7 mg)、叶酸(18 μg)。黑芝麻油中含油酸、亚油酸、棕榈酸、花生酸、廿二酸、廿四酸等的甘油酯,甾醇,芝麻素,芝麻酚等。

【功能】　黑芝麻味甘,性平,入肝、肾经,补肝肾,润五脏,主治肝肾不足、虚风眩晕、风痹、瘫痪、大便燥结、病后虚羸、须发早白、妇人乳少。黑芝麻中的钙含量远高于牛奶和鸡蛋,是补钙佳品。黑芝麻中钾含量也很高,这对于控制血压和保持心脏健康非常重要。现代研究证明,头发毛囊中黑素细胞分泌黑色素减少是白发的主要原因,其中酪氨酸酶数量减少是病理机制之一,研究发现,黑芝麻水提液能够促使酪氨酸酶表达,提高黑色素的合成量,使白发重新变得乌黑。黑芝麻中富含丰富的天然维生素E,其含量高居植物性食物之首,维生素E是良好的抗氧化剂,适当地补充维生素E可以起到润肤养颜的作用。黑芝麻油中大多是不饱和脂肪酸,而亚油酸就约占一半。亚油酸是理想的肌肤美容剂,当人体缺乏时,容易引起皮肤干燥、鳞屑肥厚、生长迟缓和血管中胆固醇沉积等症状。黑芝麻还富含镁元素,可以提高精子的活力,增强男性生育能力。另外,黑芝麻还可以降血脂、抗动脉硬化,抑菌防腐,润肠通便,保护肝脏,具有清除自由基、抗衰老、抗癌和降血糖等多种功效。

【食用方法】　煎汤,煮粥,入丸、散内服,煎水外浴或捣敷。

【健康提示】　脾弱便溏者忌用。食用黑芝麻过多会使内分泌紊乱,引发头皮油腻,导致毛皮枯萎、脱落。因此,黑芝麻比较适合的食量应是每天小半匙。另外,食欲不振、大便稀薄的人不宜多食黑芝麻。

第二节　功能性水果

菠萝

【简介】　菠萝,别名凤梨,果形美观,汁多味甜,有特殊香味。

【营养成分】　据研究测定,每100 g菠萝所含营养素如下:水分(87.1 g)、糖类物质(主要为还原糖和蔗糖)(8.5 g)、蛋白质(0.5 g)、脂肪(0.1 g)、纤维(1.2 g)、尼克酸(0.1 mg)、钾(126 mg)、钠(1.2 mg)、锌(0.08 mg)、钙(20 mg)、磷(6 mg)、铁(0.2 mg)、胡萝卜素(0.08 mg)、维生素 B_1(0.03 mg)、维生素 B_2(0.02 mg)、维生素 C(18 mg),另含多种有机酸及菠萝酶等。

【功能】　菠萝性平,味甘、微酸,入脾、肾经。菠萝清热解渴、消食止泻、祛湿利尿、抗炎消肿;对食欲不振、低血压、小便不利有疗效。菠萝的果肉除富含维生素C和糖分以外还含有不少有机酸,如苹果酸、柠檬酸等,另外还含有一种酶——菠萝蛋白酶,它能溶血栓,防止血栓形成,减少脑血管病和心脏病的死亡率。

【食用方法】　既可鲜食,也可加工成糖水菠萝罐头、菠萝果汁、菠萝酱等。

【健康提示】　菠萝酶对于口腔黏膜和嘴唇的幼嫩表皮有刺激作用,会产生刺痛的感觉,食盐能抑制菠萝酶的活性。

草莓

【简介】　草莓,蔷薇科,草莓属,多年生常绿草本植物,别名洋莓、地莓、地果、红莓等,在园艺上属浆果类果树。草莓外观呈心形,其色鲜艳粉红、果肉多汁、酸甜适口、芳香宜人、营养丰富,故有"水果皇后"之美誉。

【营养成分】 据研究测定,每100 g草莓所含营养素如下:热量(30 kcal)、蛋白质(1 g)、脂肪(0.2 g)、碳水化合物(7.1 g)、膳食纤维(1.1 g)、维生素A(5 μg)、胡萝卜素(30 μg)、硫胺素(0.02 mg)、核黄素(0.03 mg)、尼克酸(0.3 mg)、维生素C(47 mg)、维生素E(0.71 mg)、钙(18 mg)、磷(27 mg)、钾(131 mg)、钠(4.2 mg)、镁(12 mg)、铁(1.8 mg)、锌(0.14 mg)、硒(0.7 μg)、铜(0.04 mg)、锰(0.49 mg)。

【功能】 草莓中所含的胡萝卜素是合成维生素A的重要物质,具有养肝明目作用;草莓还含有果胶和丰富的膳食纤维,可以帮助消化、通畅大便;草莓是鞣酸含量丰富的植物,在体内可吸附和阻止致癌化学物质的吸收,具有防癌作用;草莓可以预防坏血病,对防治动脉硬化、冠心病有较好的效果;草莓中的天冬氨酸,可以清除体内的重金属离子,减少对机体的伤害。草莓对齿龈出血、口舌生疮、积食腹胀、胃口不佳、干咳无痰、烦热干咳、咽喉肿痛、声音嘶哑、酒后头昏不适、营养不良或病后体弱消瘦等症状有很好的作用。

【食用方法】 草莓的吃法很多:可直接食用,每天吃5~8颗即可满足我们所需要的维生素;将洗净的草莓加糖和奶油捣烂成草莓泥,冷冻后是冷甜、香软、可口的夏令食品;将草莓拌以奶油或鲜奶共食,其味极佳;草莓酱还可用于元宵、馒头、面饼馅心的制作。此外,草莓还可加工成果酱、果汁、果酒和罐头等。

【健康提示】 草莓必须洗净后再食用,以防农药残留,草莓表面粗糙,不易洗干净,用淡盐水或米汤水浸泡10 min,既能杀菌又较易清洗。

哈密瓜

【简介】 哈密瓜,古称甜瓜、甘瓜、又叫网纹瓜,维吾尔语称"库洪"。我国只有新疆和甘肃敦煌一带出产哈密瓜。哈密瓜风味独特,有"瓜中之王"的美称。

【营养成分】 据研究测定,每100 g哈密瓜所含营养素如下:热量(34 kcal)、蛋白质(0.5 g)、脂肪(0.1 g)、碳水化合物(7.9 g)、膳食纤维(0.2 g)、维生素A(153 μg)、胡萝卜素(920 μg)、核黄素(0.01 mg)、维生素C(12 mg)、维生素E(0.2 mg)、钙(4 mg)、磷(19 mg)、钾(190 mg)、钠(26.7 mg)、镁(19 mg)、锌(0.13 mg)、硒(1.1 μg)、铜(0.01 mg)、锰(0.01 mg)。哈密瓜的干物质中,含有4.6%~15.8%糖分,2.6%~6.7%纤维素,苹果酸,果胶物质,维生素A、B、C,以及尼克酸、钙、磷、铁等元素。其中铁的含量比鸡肉多2~3倍,比牛奶高17倍。

【功能】 哈密瓜有清凉消暑、除烦热、生津止渴的作用,而且能够有效防止晒斑。食用哈密瓜对人体造血机能有显著的促进作用,可以用来作为贫血的食疗补品。中医认为,甜瓜类的果品性质偏寒,还具有利便、益气、清肺热止咳的功效,适宜于胃病、肾病、咳嗽哮喘、贫血和便秘患者。

【食用方法】 直接食用。

【健康提示】 哈密瓜糖度较高,糖尿病人应慎食;哈密瓜性凉,不宜吃得过多,以免引起腹泻;患有黄疸、脚气病、腹胀、寒性咳喘以及产后、病后的人不宜多食。

橘子

【简介】 橘子,芸香科,柑橘亚科果实,品种繁多,包括早橘、乳橘、水橘、包橘、温橘、金橘、沙橘、蜜橘、绵橘等。

【营养成分】 据研究测定,每 100 g 橘子所含营养素如下:热量(43 kcal)、蛋白质(0.8 g)、脂肪(0.1 g)、碳水化合物(10.2 g)、膳食纤维(0.5 g)、维生素 A (82 μg)、胡萝卜素(490 μg)、硫胺素(0.04 mg)、核黄素(0.03 mg)、尼克酸(0.2 mg)、维生素 C (35 mg)、维生素 E (1.22 mg)、钙(24 mg)、磷(18 mg)、钠(0.8 mg)、镁(14 mg)、铁(0.2 mg)、锌(0.13 mg)、硒(0.7 μg)、铜(0.11 mg)、锰(0.03 mg)、钾(128 mg)。

【功能】 中医认为,橘子具有润肺、止咳、化痰、顺气、止渴、健脾的药效,是男女老幼(尤其是老年人、急慢性支气管炎以及心血管病患者)皆宜的上乘果品。橘子含有丰富的糖类(果糖、葡萄糖、蔗糖)、维生素、蛋白质、脂肪、苹果酸、柠檬酸、食物纤维以及多种矿物质等。澳洲科学及工业研究机构的一项最新研究显示,每天吃 1 个橘子可以使人们避免某些癌症(如口腔癌、喉癌和胃癌)的侵袭,并满足一个人一天对维生素 C 的需要量。

柑橘类水果富含钾元素,有助于调节血压、维持正常心律。维生素 C、类胡萝卜素和黄酮类化合物均有抗脂质氧化作用,可阻止动脉粥样硬化的发生和发展。

【食用方法】 剥皮生食,或绞汁取液饮。

【健康提示】 橘子若食用过多,过量摄入维生素 C 时,体内的草酸会增多,易引起尿路结石、肾结石。吃橘子前后 1 小时不要喝牛奶,因为牛奶中的蛋白质遇到果酸会凝固,影响消化吸收。橘子不宜多吃,吃完应及时漱口,以免伤害牙齿。

蓝莓

【简介】 蓝莓,杜鹃花科,蓝莓属。全世界分布的蓝莓属植物有 400 余种。

【营养成分】 蓝莓果实中除了含有常规的糖、酸和维生素 C 外,还富含维生素 E、维生素 A、维生素 B、SOD、熊果苷、蛋白质、花青苷和食用纤维。据研究测定,每 100 g 蓝莓鲜果所含营养素如下:花青苷色素(163 mg)、蛋白质(400~700 mg)、脂肪(500~600 mg)、碳水化合物(12.3~15.3 mg)、维生素 E (2.7~9.5 μg)、钙(220~920 μg)、磷(98~274 μg)、镁(114~249 μg)、锌(2.1~4.3 μg)、铁(7.6~30 μg)、锗(0.8~1.2 μg)、铜(2~3.2 μg)。

【功能】 蓝莓能够延缓记忆力衰退和预防心脏病的发生,因此被人们视为超级水果。多吃蓝莓或喝蓝莓汁有助于预防结肠癌的发生,因为蓝莓中含有一种叫紫檀芪的天然化合物,它有助于阻止癌症前期各种有害物质对身体造成的损害。蓝莓含有丰富的银杏总黄酮,能直接扩张循环系统中的毛细血管,可增加脑部的血液循环及氧气流量,控制脑细胞的老化过程;其所含抗氧化物有助于提高记忆力与学习能力。蓝莓有改善视力的作用,同时蓝莓中所含的蓝色色素——花青素,具有促进眼部血液微循环、维持正常眼压的作用。多吃蓝莓和奶酪,不仅能让瞳仁变得漂亮,还可以有效地缓解眼部疲劳。

【食用方法】 可制成蓝莓饮料,也可直接食用。

【健康提示】 由于蓝莓可能会同其他药物产生相互作用,增加出血风险,建议服用补血药的病人应避免服用蓝莓产品。

梨

【简介】 梨,蔷薇目,蔷薇科,苹果亚科,梨属,亚洲梨亚属。我国国内栽培有白梨、砂梨和秋子梨。

【营养成分】 梨富含糖、蛋白质、脂肪、碳水化合物、膳食纤维、矿物质及多种维生素,对人体健康有重要作用。据研究测定,每 100 g 梨所含营养素如下:热量(43 kcal)、蛋白质(0.2 g)、脂肪(0.2 g)、碳水化合物(11.1 g)、膳食纤维(1.1 g)、维生素 A(2 μg)、胡萝卜素(10 μg)、硫胺素(0.03 mg)、核黄素(0.03 mg)、尼克酸(0.2 mg)、维生素 C(4 mg)、维生素 E(0.31 mg)、钙(4 mg)、磷(14 mg)、钾(77 mg)、钠(1.5 mg)、镁(5 mg)、铁(0.9 mg)、锌(0.1 mg)、硒(0.28 μg)、铜(0.19 mg)、锰(0.06 mg)。

【功能】 梨果肉可助消化、润肺清心,有消痰止咳、退热、解毒疮的功效,还有利尿、润便的作用,此外还有生津、润燥、清热、化痰等功效,适用于热病伤津烦渴、消渴症、热咳、痰热惊狂、噎膈、口渴失音、眼赤肿痛、消化不良等症;梨果皮有清心、润肺、降火、生津、滋肾、补阴功效;根、枝叶、花有润肺、消痰、清热、解毒之功效;梨籽含有木质素,是一种不可溶纤维,能在肠中溶解,形成胶质的薄膜,在肠中与胆固醇结合而排除;梨籽含有硼,可以预防妇女骨质疏松症。此外,梨含有较多糖类物质和多种维生素,易被吸收,增进食欲,对肝脏具有保护作用;梨中含有丰富的 B 族维生素,能保护心脏,增强心肌活力,降低血压;梨性凉,能清热镇静,常食能使血压恢复正常,改善头晕目眩等症状;食梨能防止动脉粥样硬化,抑制致癌物质亚硝胺的形成,从而防癌抗癌;梨中的果胶含量很高,有助于消化、通利大便。梨对咳嗽痰稠或无痰者,咽喉发痒干疼者,慢性支气管炎、肺结核患者,高血压、肝炎、心脏病、肝硬化患者,饮酒后或宿醉未醒者尤其适合。

【食用方法】 梨果实供鲜食,肉脆多汁,酸甜可口,风味芳香优美;还可以加工制作梨干、梨脯、梨膏、梨汁、梨罐头等,也可用来酿酒、制作果醋。

【健康提示】 梨忌与螃蟹、鹅肉同食;慢性肠炎、胃寒病、糖尿病患者忌食生梨。

荔枝

【简介】 荔枝,无患子科,荔枝属,别名大荔、丹荔,有"果王"之称。

【营养成分】 据研究测定,每 100 g 荔枝所含营养素如下:热量(70 kcal)、蛋白质(0.9 g)、脂肪(0.2 g)、碳水化合物(16.6 g)、膳食纤维(0.5 g)、维生素 A(2 μg)、胡萝卜素(10 μg)、硫胺素(0.1 mg)、核黄素(0.04 mg)、尼克酸(1.1 mg)、维生素 C(41 mg)、钙(2 mg)、磷(24 mg)、钠(1.7 mg)、镁(12 mg)、铁(0.4 mg)、锌(0.17 mg)、硒(0.14 μg)、铜(0.16 mg)、锰(0.09 mg)、钾(151 mg)。

【功能】 荔枝果实营养丰富,具有一定的药效和滋补作用。根:消肿止痛,用于胃脘胀痛;假种皮(果肉):益气补血,用于病后体弱、脾虚久泻、血崩;核:理气、散结、止痛,用于疝气痛、鞘膜积液、睾丸肿痛、胃痛、痛经。荔枝能明显改善失眠、健忘、神疲等症;有消肿解毒、止血止痛的作用;荔枝肉含丰富的维生素 C 和蛋白质,有助于增强机体免疫功能;荔枝拥有丰富的维生素,可以促进微细血管的血液循环,防止雀斑的发生,令皮肤更加光滑。荔枝适合产妇、体质虚弱者、老人、病后调养者食用;对贫血、胃寒和口臭者也很适合。

【食用方法】 制作冷金香、荔枝茶。因为荔枝与高粱酒泡出来的酒色呈金黄,加入冰块,有冰凉的甜香味,是许多女性朋友的最爱,所以它有另一个浪漫的别称——冷金香,是适合女性的另类伏特加。

【健康提示】 糖尿病人慎食;阴虚火旺、有上火症状者忌食,以免加重上火症状;患有阴虚所致的咽喉干疼、牙龈肿痛、鼻出血等症者忌食;荔枝含有单宁、甲醇等,多食容易生内热。

猕猴桃

【简介】 猕猴桃,猕猴桃科,别名藤梨、阳桃、白毛桃、毛梨子、布冬、奇异果,在世界上被誉为"水果之王"。

【营养成分】 每 100 g 新鲜猕猴桃果肉中维生素 C 的含量,比苹果高 20 ~ 80 倍,比柑橘高 5 ~ 10 倍。据研究测定,每 100 g 猕猴桃所含营养素如下:热量(56 kcal)、蛋白质(0.8 g)、脂肪(0.6 g)、碳水化合物(14.5 g)、膳食纤维(2.6 g)、维生素 A (22 μg)、胡萝卜素(130 μg)、硫胺素(0.05 mg)、核黄素(0.02 mg)、尼克酸(0.3 mg)、维生素 C (62 mg)、维生素 E (2.43 mg)、钙(27 mg)、磷(26 mg)、钠(10 mg)、镁(12 mg)、铁(1.2 mg)、锌(0.57 mg)、硒(0.28 μg)、铜(1.87 mg)、锰(0.73 mg)、钾(144 mg)。

【功能】 猕猴桃甘酸性寒,有生津解热、调中下气、止渴利尿、滋补强身之功效。猕猴桃中的维生素 C 作为一种抗氧化剂,能够阻止体内发生氧化反应,发挥抗癌作用;含有的血清促进素具有稳定情绪、镇静心情的作用;所含的天然肌醇,有助于脑部活动,因此能帮助忧郁之人走出情绪低谷;猕猴桃中的膳食纤维,能降低胆固醇,促进心脏健康;所含猕猴桃碱和多种蛋白酶,具有开胃健脾、帮助消化、防止便秘的功能;用于治疗风湿性关节炎、丝虫病、跌打损伤、肝炎、痢疾、淋巴结结核、痈疖肿毒、癌症。

叶黄素是猕猴桃中的一种重要的功能成分,与防治前列腺癌和肺癌有关,叶黄素在视网膜上积累能防止斑点恶化导致永久失明;猕猴桃富含精氨酸,能有效地改善血液流动,阻止血栓的形成,对降低冠心病、高血压、心肌梗塞、动脉硬化等心血管疾病的发病率和治疗阳痿有特别功效;猕猴桃含有抗突变成分谷胱甘肽,有利于抑制癌症基因的突变,对肝癌、肺癌、皮肤癌、前列腺癌等多种癌细胞病变有一定的抑制作用;猕猴桃含有大量的天然糖醇类物质肌醇,能有效地调节糖代谢,调节细胞内的激素和神经的传导效应,对防止糖尿病和抑郁症有独特功效;猕猴桃含有丰富的叶酸,叶酸能预防胚胎发育的神经管畸形。猕猴桃可用于消化不良、食欲不振、呕吐、烧烫伤等的辅助治疗。

【食用方法】 可直接食用,也可去皮后与蜂蜜煎汤服,还可绞汁,加生姜汁服。

【健康提示】 食用猕猴桃前后,不要马上喝牛奶或吃其他乳制品;由于猕猴桃中维生素 C 含量颇高,易与奶制品中的蛋白质凝结成块,不但影响消化吸收,还会使人出现腹胀、腹痛、腹泻等症状;脾虚便溏、风寒感冒、疟疾、寒湿痢、慢性胃炎、痛经、闭经、小儿腹泻者不宜食用。

~~~
  葡萄
~~~

【简介】 葡萄,葡萄科,葡萄属,别名草龙珠、蒲桃、山葫芦。

【营养成分】 据研究测定,每 100 g 葡萄所含营养素如下:蛋白质(0.2 g)、钙(4 mg)、磷(15 mg)、铁(0.6 mg)、胡萝卜素(0.04 mg)、硫胺素(0.04 mg)、核黄素(0.01 mg)、尼克酸(0.1 mg)、维生素 C (4 mg)、维生素 A (0.4 mg)、钾(252 mg)、钠(2 mg)、镁(6.6 mg)、氯(2.2 mg),还含有葡萄糖、果糖、蔗糖、木糖以及酒石酸、草酸、柠檬酸、苹果酸等多种营养成分。

【功能】 葡萄具有补气益血、滋阴生津、强筋健骨、通利小便之功效,对气血虚弱、肺虚久咳、肝肾阴虚、心悸盗汗、腰腿酸痛、筋骨无力、风湿痹痛、面肢浮肿、小便不利等病症均有疗效。

葡萄中含有聚合苯酚,能与病毒或细菌中的蛋白质化合,使之失去传染疾病的能力,尤其对肝炎病毒、脊髓灰质炎病毒等有很好的杀灭作用;葡萄中含有白藜芦醇的化合物质,可以防止正常细胞癌变,并能抑制已恶变细胞扩散,有较强的防癌抗癌功能;葡萄中含具有抗恶性贫血作用的维生素 B_{12},尤其是带皮的葡萄发酵制成的红葡萄酒,每升中约含维生素 B_{12} 12~15 mg,因此,常饮红葡萄酒,有益于治疗恶性贫血;葡萄果实中,葡萄糖、有机酸、氨基酸、维生素的含量都很丰富,可补益和兴奋大脑神经,对治疗神经衰弱和消除过度疲劳有一定效果;葡萄中钾元素含量较高,能帮助人体积累钙质,促进肾脏功能,调节心搏次数;葡萄的根、藤、叶等有很好的利尿、消肿、安胎作用,可治疗妊娠恶阻、呕吐、浮肿等病症。

现代药理研究证明,葡萄中还含有维生素 P,用葡萄种子油 15 g 口服即可降低胃酸毒性,12 g 口服即可达到利胆的作用,因而可治疗胃炎、肠炎及呕吐等。

研究发现,葡萄酒在增加血浆中高密度脂蛋白(HDL)的同时,能减少低密度脂蛋白(LDL)含量。低密度脂蛋白可引起动脉粥样硬化,而高密度脂蛋白有抗动脉粥样硬化的作用,因此常食葡萄(喝葡萄酒),可减少冠心病引起的死亡。

【食用方法】 可直接食用,也可用于制作罐头或葡萄酒。

【健康提示】 糖尿病患者、便秘者不宜多吃;脾胃虚寒者不宜多食,多食则令人泄泻。

~~~
  山楂
~~~

【简介】 山楂,又叫山里红、胭脂果,它具有很高的营养和药用价值。

【营养成分】 山楂含多种维生素、酒石酸、柠檬酸、苹果酸、绿原酸、咖啡酸、山楂酸、齐菊果酸、槲皮素、金丝桃苷、表儿茶精等,还含有黄酮类、内酯、糖类、蛋白质、脂肪和钙、磷、铁等矿物质。

【功能】 中医认为,山楂具有消积化滞、收敛止痢、活血化淤等功效。用于饮食积滞、胸膈痞满、疝气、血淤闭经等症。山楂以果实作药用,性微温,味酸甘,入脾、胃、肝经,有消食健胃、收敛止痢之功能,对肉积痰饮、痞满吞酸、泻痢肠风、腰痛疝气、产后儿枕痛、恶露不尽、小儿乳食停滞等,均有疗效。

山楂所含的解脂酶有促进脂肪类食物的消化,促进胃液分泌和增加胃内酶素等功能。

山楂内的黄酮类化合物牡荆素,是一种抗癌作用较强的药物,山楂提取物对癌细胞体内生长、增殖和浸润转移均有一定的抑制作用。山楂中含有三萜类及黄铜类等药物成分,具有显著的扩张血管及降压作用,有增强心肌、抗心律不齐、调节血脂及胆固醇含量的功能。

对于吃肉或油腻物后感到饱胀的人,吃些山楂、山楂片或山楂丸等,均可消食,为老年人的保健食品;此外山楂还可促进胆汁分泌。

由于山楂富含多种有机酸,它能保持山楂中的维生素 C 即使在加热的情况下也不致被破坏,所以,制成山楂糕等制品后,维生素 C 仍能保存;山楂还富含胡萝卜素、钙、齐墩果酸、鸟素酸、山楂素等三萜类烯酸和黄酮类等有益成分(黄酮类多聚黄烷、三聚黄烷、鞣质等多种化学成分),能舒张血管、加强和调节心肌、增大心室和心运动振幅及冠状动脉血流量、降低血清胆固醇和降低血压;此外,山楂对心脏活动功能障碍、血管性神经官能症、颤动性心律失常等症也有辅助治疗作用;山楂还含有槲皮苷,它有扩张血管、促进气管纤毛运动、排痰平喘之功能,故山楂是防治心血管病的理想保健食品和有较好疗效的食品,应用于高血压、高血脂、冠心病等的防治,均有较好效果。

【食用方法】　可直接食用,也可制成饮品(如山楂汤、山楂茶、山楂银菊饮、山楂橘皮饮、山楂瓜皮饮、健美消脂茶、双根茶等),还可制成山楂片、果丹皮、山楂糕、红果酱、果脯、山楂酒等,其中山楂片和果丹皮是最普遍、最流行的品种。

【健康提示】　山楂与柠檬同食影响消化;忌与海鲜、猪肝、人参同食;山楂含有多种果酸,有收敛和刺激胃黏膜的作用,老人脾胃功能薄弱,儿童脾胃功能发育尚未完臻,吃山楂多了会耗伤胃气,降低消化能力,引起消化不良或消瘦等;山楂不仅能耗气,还能使消化排泄加快,而影响有益物质的吸收利用,应少食用;孕妇忌食山楂,因为山楂可以刺激子宫收缩,可能诱发流产。

```
┌─────────┐
│  西瓜   │
└─────────┘
```

【简介】　西瓜,被子植物亚门,双子叶植物纲,葫芦目,葫芦科,西瓜属,一年生蔓性草本植物,别名夏瓜、寒瓜、青门绿玉房。

【营养成分】　据研究测定,每100 g西瓜肉所含营养素如下:热量(25 kcal)、蛋白质(0.6 g)、脂肪(0.1 g)、碳水化合物(5.8 g)、膳食纤维(0.3 g)、维生素 A (75 μg)、胡萝卜素(450 μg)、硫胺素(0.02 mg)、核黄素(0.03 mg)、尼克酸(0.2 mg)、维生素 C (6 mg)、维生素 E (0.1 mg)、钙(8 mg)、磷(9 mg)、钾(87 mg)、钠(3.2 mg)、镁(8 mg)、铁(0.3 mg)、锌(0.1 mg)、硒(0.17 μg)、铜(0.05 mg)、锰(0.05 mg)。

【功能】　西瓜性寒,味甘,归心、胃、膀胱经;具有清热解暑、生津止渴、利尿除烦的功效;用于满闷不舒、小便不利、口鼻生疮、暑热、中暑等症。西瓜果肉所含瓜氨酸、精氨酸成分,能增加大鼠肝中的尿素形成,而起到利尿作用;西瓜籽有降血压作用,能缓解急性膀胱炎症状。西瓜籽壳及西瓜皮专供药用,可治口疮、口疳、牙疳、急性咽喉炎及一切喉症;西瓜果肉(瓤)有清热解暑、解烦渴、利小便、解酒毒等功效,用来治疗热症、暑热烦渴、咽喉疼痛、口腔发炎、小便不利、酒醉。西瓜籽有清肺润肺功效,和中止渴、助消化,可治吐血、久咳;籽壳用于治疗肠风下血、血痢;西瓜皮用来治肾炎水肿、肝病黄疸、糖尿病。西瓜所含的糖和盐能利尿并消除肾脏炎症;蛋白酶能把不溶性蛋白质转化为可溶的蛋白质,增加肾炎病人的营养;它还含有配糖体,能降低血压。

新鲜的西瓜汁和鲜嫩的瓜皮可增加皮肤弹性,减少皱纹,增添光泽,这是因为瓜皮特别是白色部分,含有能增加皮肤光泽的蛋白质酶,其刺激性远比柑橘和柠檬小。

【食用方法】　瓜瓤直接食用,瓜皮可以腌制。

【健康提示】　西瓜忌与羊肉同食,糖尿病患者少食,建议两餐中食用;脾胃虚寒、湿盛便溏者不宜食用。

香瓜

【简介】　香瓜,香瓜属,葫芦科,一年蔓生草本植物,别名甘瓜、甜瓜。香瓜是夏令消暑瓜果,其营养价值可与西瓜媲美。

【营养成分】　据研究测定,香瓜除了水分和蛋白质的含量低于西瓜外,其他营养成分均不少于西瓜,而芳香物质、矿物质、糖分和维生素 C 的含量则明显高于西瓜。据研究测定,每 100 g 香瓜所含营养素如下:热量(26 kcal)、蛋白质(0.4 g)、脂肪(0.1 g)、碳水化合物(6.2 g)、膳食纤维(0.4 g)、维生素 A (5 μg)、胡萝卜素(30 μg)、硫胺素(0.02 mg)、核黄素(0.03 mg)、尼克酸(0.3 mg)、维生素 C (15 mg)、维生素 E (0.47 mg)、钙 (14 mg)、磷(17 mg)、钾(139 mg)、钠(8.8 mg)、镁(11 mg)、铁(0.7 mg)、锌(0.09 mg)、硒(0.4 μg)、铜(0.04 mg)、锰(0.04 mg)。

【功能】　香瓜味甘,性寒,无毒,归心、胃经;具有清热解暑、除烦止渴、利尿的功效。香瓜籽治肠痈、肺痈;香瓜含大量碳水化合物及柠檬酸等,可消暑清热、生津解渴、除烦;香瓜中的转化酶可将不溶性蛋白质转变成可溶性蛋白质,能帮助肾脏病人吸收营养;香瓜蒂中的葫芦素 B 能保护肝脏,减轻慢性肝损伤;据有关专家鉴定,各种香瓜均含有苹果酸、葡萄糖、氨基酸、甜菜茄、维生素 C 等,对感染性高烧、口渴等,具有很好的疗效。

【食用方法】　果肉生食,止渴清燥,可消除口臭;香瓜蒂外用治急性黄疸型传染性肝炎、鼻炎、鼻中息肉。

【健康提示】　香瓜不宜与田螺、螃蟹等共同食用;出血及体虚者,脾胃虚寒、腹胀便溏者忌食;瓜蒂有毒,生食过量,易中毒。

香蕉

【简介】　香蕉,芭蕉科,芭蕉属,多年生常绿大型草本单子叶植物,无主根,别名甘蕉。

【营养成分】　香蕉果实香甜味美,富含碳水化合物,营养丰富。据研究测定,每 100 g 香蕉果肉所含营养素如下:热量(91 kcal)、蛋白质(1.4 g)、脂肪(0.2 g)、碳水化合物(22 g)、膳食纤维(1.2 g)、维生素 A (10 μg)、胡萝卜素(60 μg)、硫胺素(0.02 mg)、核黄素(0.04 mg)、尼克酸(0.7 mg)、维生素 C (8 mg)、维生素 E (0.24 mg)、钙 (7 mg)、磷 (28 mg)、钾(256 mg)、钠(0.8 mg)、镁(43 mg)、铁(0.4 mg)、锌(0.18 mg)、硒(0.87 μg)、铜(0.14 mg)、锰(0.65 mg)。

【功能】　香蕉味甘,性寒,有清热通便、解酒降压、止渴除烦、润肺肠、通血脉、填精髓等作用,特别能润肺滑肠;香蕉中钾离子可强化肌力及肌耐力,对人体的钠具有抑制作用,可降低血压,预防高血压和心血管疾病;香蕉内含丰富的可溶性纤维,也就是果胶,可帮助消化,调整肠胃机能;香蕉中含有泛酸等成分,能减轻精神紧张,缓解心理压力,使人的心情变得快活安宁,起到“人体开心激素”的作用,对于狂躁、抑郁等症有一定的疗效,睡前吃一些香蕉,可起到镇静催眠的作用;香蕉富含维生素A,能有效维护皮肤毛发的健康,对手足皮肤皲裂十分有效,还能令皮肤光润细滑。

【食用方法】　可直接食用,也可做菜肴(如油炸香蕉夹、香蕉煎饼、拔丝香蕉);鲜果除可作粮食、蔬菜外,还可加工罐头、果酱、果泥、蕉干、炸蕉片、酿酒等。

【健康提示】　脾胃虚寒、便溏腹泻者不宜多食、生食;急慢性肾炎及肾功能不全者忌食;糖尿病患者也应忌食或少食。

柚子

【简介】　柚子,芸香科,常绿果树柚树的成熟果实,别名柚、雪柚,俗称团圆果。

【营养成分】　据研究测定,每100 g柚子所含营养素如下:热量(41 kcal)、蛋白质(0.8 g)、脂肪(0.2 g)、碳水化合物(9.5 g)、膳食纤维(0.4 g)、维生素A(2 μg)、胡萝卜素(10 μg)、核黄素(0.03 g)、尼克酸(0.3 g)、维生素C(23 g)、维生素E(3.4 g)、钙(4 g)、磷(24 g)、钠(3 g)、镁(4 g)、铁(0.3 g)、锌(0.4 g)、硒(0.7 μg)、铜(0.18 g)、锰(0.08 g)、钾(119 g)、维生素P(480 g)。

【功能】　柚子性寒味甘,具有生津止渴、开胃下气、化痰止渴、解酒毒的作用;柚子富含维生素,特别是维生素C,是苹果、梨等水果的3~5倍;含有丰富的膳食纤维、特殊果酸,有降血压、祛痰润肺、消食醒酒、降火利尿的作用,对脊柱炎、脓肿症、便秘、糖尿病等有一定的辅助疗效;还能预防动脉硬化、癌症等疾病;柚子果酸含量丰富,能刺激胃肠黏膜,影响营养物质的吸收,抑制亢性食欲;含有特殊氨基酸,能够抑制胰岛素分泌,抑制血糖在肝脏中转化为脂肪;含有钾,几乎不含钠,是心脑血管病及肾脏病患者最佳的食疗水果;柚子所含的天然叶酸,对于服用避孕药或怀孕中的妇女,有预防贫血症状发生和促进胎儿发育的功效;柚子中含有大量的维生素C,能降低血液中的胆固醇;新鲜柚子中含有的类胰岛素成分铬,有降低血糖的作用;柚子所含的有机酸,大部分为枸橼酸,具有消除疲劳的功效;柚子所含的天然维生素P具有加强皮肤毛细孔的功能,可以加速复原受伤的皮肤组织;将柚子切片贴于面部,有去皱美肤养颜的功效。

【食用方法】　直接食用。

【健康提示】　脾虚便溏者慎食;苦味太重的柚子不能吃;高血压患者不宜吃柚子,特别是葡萄柚,因为它能与高血压病人日常服用的药物发生相互作用,增加该药物的血药浓度,使血压大幅下降,对身体健康造成威胁。

苹果

【简介】 苹果,蔷薇科,苹果属,又称奈、奈子、平安果、智慧果、记忆果、林檎、联珠果、频婆、严波、超凡子、天然子、苹婆等。

【营养成分】 据研究测定,每 100 g 苹果所含营养素如下:热量(218 kcal)、水分(85.9 g)、蛋白质(0.2 g)、脂肪(0.2 g)、膳食纤维(1.2 g)、碳水化合物(12.3 g)、胡萝卜素(20 μg)、视黄醇(3 μg)、硫胺素(0.06 mg)、核黄素(0.02 mg)、尼克酸(0.2 mg)、维生素 C(4 mg)、维生素 E (2.12 mg)、钾(119 mg)、钠(1.6 mg)、钙(4 mg)、镁(4 mg)、铁(0.6 mg)、锰(0.03 mg)、锌(0.19 mg)、铜(0.06 mg)、磷(12 mg)、硒(0.12 μg)。

【功能】 苹果味甘,性凉,有生津、润肺、除烦、解暑、开胃、醒酒之功效。苹果中的胶质和微量元素铬能保持血糖的稳定,所以苹果不仅是糖尿病患者的健康小吃,而且是想要控制血糖的人必不可少的水果。苹果中的纤维、果胶、抗氧化物等能降低体内坏胆固醇并提高好胆固醇含量,经常食用苹果可有效预防心脏病。

苹果中的纤维,对儿童的生长发育有益。苹果中的锌对儿童的记忆有益,能增强儿童的记忆力。但苹果中的酸能腐蚀牙齿,吃完苹果后应漱口。幼儿容易出现缺铁性贫血,而铁质必须在酸性条件下和在维生素 C 存在的情况下才能被吸收,所以食用苹果对婴儿的缺铁性贫血有较好的防治作用。苹果中含有丰富的矿物质和多种维生素,婴儿常吃苹果,可预防佝偻病。

苹果中富含镁,可以使皮肤红润光泽、有弹性。苹果中的粗纤维可促进肠胃蠕动,并富含铁、锌等微量元素,可起到美容瘦身的作用。如果一个苹果用 15 min 吃完的话,苹果中的有机酸和果酸质就可以把口腔中的细菌杀死,起到保护牙齿的作用。苹果可以促进乙酰胆碱的产生,该物质有助于神经细胞相互传递信息。因此,食用苹果能帮助老年人增强记忆,降低老年痴呆症的发病率。

【食用方法】 生食,捣汁,熬果酱。

【健康提示】 溃疡性结肠炎的病人不宜生食苹果,尤其是在急性发作期,由于肠壁溃疡变薄,苹果质地较硬,又加上 1.2% 粗纤维和 0.5% 有机酸的刺激,不利于肠壁溃疡面的愈合,且会因对肠壁的机械性作用而诱发肠穿孔、肠扩张、肠梗阻等并发症。白细胞减少症的病人、前列腺肥大的病人均不易生吃苹果,以免使症状加重或影响治疗效果;冠心病、心肌梗塞、肾病、糖尿病患者慎食苹果;平时有胃寒症状者忌生食苹果。

桑葚

【简介】 桑葚是桑科植物桑的果穗,又称桑实、文武实、黑椹、桑枣、桑葚子、葚、乌椹、桑果、桑粒、桑薦。桑葚嫩时色青,味酸,老熟时色紫黑,多汁,味甜。

【营养成分】 据研究测定,每 100 g 桑葚所含营养素如下:热量(48 kcal)、水分(81.8 g)、蛋白质(1.6 g)、脂肪(0.4 g)、碳水化合物(12.9 g)、膳食纤维(3.3 g)、维生素 A (3 μg)、胡萝卜素(20 μg)、核黄素(0.05 mg)、维生素 E (12.78 mg)、钙(30 mg)、磷(33 mg)、钾(32 mg)、钠(1.9 mg)、铁(0.3 mg)、锌(0.25 mg)、硒(6.5 mg)、铜(0.06 mg)、锰(0.29 mg)

等。此外,桑葚还含有鞣酸、苹果酸、维生素 C 和脂肪酸等;其脂肪主要为亚油酸、油酸、软脂酸、硬脂酸和少量辛酸、壬酸、癸酸、肉豆蔻酸、亚麻酸等。

【功能】　桑葚味甘、酸,性寒,归心、肝、肾经,可补血滋阴,生津润燥。桑葚有改善皮肤血液供应、营养肌肤以及乌发的作用,并能延缓衰老。桑葚是中老年人健体美颜、抗衰老的佳果。常食桑葚可以明目,缓解眼睛疲劳干涩的症状。桑葚还具有免疫促进作用。桑葚可防止人体动脉硬化、骨骼关节硬化,促进新陈代谢;可以促进血红细胞的生长,防止白细胞减少,并对治疗糖尿病、贫血、高血压、高血脂、冠心病、神经衰弱等病症具有辅助功效。桑葚具有生津止渴、促进消化、帮助排便等作用,适量食用能促进胃液分泌,刺激肠蠕动及解除燥热。

【食用方法】　生食,捣汁,熬果酱。

【健康提示】　体虚便溏者不宜食用,儿童不宜大量食用。

桂圆

【简介】　桂圆,无患子科龙眼属,又称龙眼、益智、比目、荔枝奴、亚荔枝、木弹、骊珠、燕卵、鲛泪、圆眼、蜜脾、元眼肉等。

【营养成分】　据研究测定,每 100 g 鲜桂圆所含营养素如下:热量(70 kcal)、水分(81.4 g)、蛋白质(1.2 g)、脂肪(0.1 g)、膳食纤维(0.4 g)、碳水化合物(16.2 g)、胡萝卜素(20 μg)、视黄醇(3 μg)、硫胺素(0.01 mg)、核黄素(0.14 mg)、尼克酸(1.3 mg)、维生素 C(43 mg)、钾(248 mg)、钠(3.9 mg)、钙(6 mg)、镁(10 mg)、铁(0.2 mg)、锰(0.07 mg)、锌(0.4 mg)、铜(0.1 mg)、磷(30 mg)、硒(0.83 μg)等。

【功能】　桂圆味甘,性温,归心、脾经。桂圆肉能够抑制脂质过氧化和提高抗氧化酶活性,有一定的抗衰老作用。桂圆肉具有提高机体免疫功能、抑制肿瘤细胞、降血脂、增加冠状动脉血流量、增强机体素质等作用。桂圆可补益心脾、养血安神、润肤美容,很适合失眠健忘、神经衰弱、贫血和病后体虚的人食用。中老年人和体虚的人在冬天经常食用桂圆,可补气血,恢复元气,抵御风寒,延缓衰老。桂圆中含有葡萄糖、维生素、蔗糖等物质,营养丰富,有补心安神、养血益脾之功效。桂圆肉还具有生津、益气、补脑、强心之功效。它不但适宜于一切妇孺、病后体虚者,且对女性具有很好的嫩肤美容功效。

【食用方法】　生食,煲汤,煮粥等。

【健康提示】　内有痰火及湿滞停饮者忌服。妇女怀孕后,大都阴血偏虚,阴虚则生内热,中医主张胎前宜凉,而桂圆性热,因此,孕妇应慎食桂圆。

石榴

【简介】　石榴,石榴科,石榴属,又称安石榴、若榴、丹若、金罂、金庞、涂林、天浆等。

【营养成分】　每 100 g 鲜石榴所含营养素如下:热量(63 kcal)、水分(78.7 g)、蛋白质(1.3 g)、脂肪(0.1 g),膳食纤维(4.9 g),碳水化合物(14.5 g)、硫胺素(0.05 mg)、核黄素(0.03 mg)、维生素 C (13 mg)、维生素 E (3.72 mg)、钾(218 mg)、钠(0.8 mg)、钙(16 mg)、镁(16 mg)、铁(0.2 mg)、锰(0.18 mg)、锌(0.19 mg)、铜(0.17 mg)、磷(76 mg)。

【功能】　石榴味甘、酸、涩,性平,入肺、肾、大肠经。石榴具有生津止渴、收敛固涩、止泻止血的功效;主治津亏口燥咽干、烦渴、久泻、久痢、便血、崩漏等病症。石榴皮中含有多种生物碱,抑菌试验证实,石榴的醇浸出物及果皮水煎剂,具有广谱抗菌作用,其对金黄色葡萄球菌、溶血性链球菌、霍乱弧菌、痢疾杆菌等有明显的抑制作用,其中对志贺氏痢疾杆菌作用最强,石榴皮水浸剂在试管内对各种皮肤真菌也有不同程度的抑制作用,石榴皮煎剂还能抑制流感病毒。

【食用方法】　生食,捣汁。

【健康提示】　便秘者、尿道炎患者、糖尿病患者、实热积滞者慎食。

```
┌─────────┐
│  枇杷   │
└─────────┘
```

【简介】　枇杷,蔷薇科,苹果亚科,枇杷属,又称芦橘、金丸、芦枝等。

【营养成分】　据研究测定,每100 g鲜枇杷所含营养素如下:热量(39 kcal)、水分(89.3 g)、蛋白质(0.8 g)、脂肪(0.2 g)、膳食纤维(0.8 g)、碳水化合物(8.5 g)、维生素A(117 μg)、硫胺素(0.01 mg)、核黄素(0.03 mg)、烟酸(0.3 mg)、维生素C(8 mg)、维生素E(3.24 mg)、钠(0.8 mg)、钙(17 mg)、铁(1.1 mg)等。

【功能】　枇杷味甘、酸,性平,入脾、肺、肝经。枇杷有润肺、止渴、下气之功效,可治肺痿咳嗽吐血、衄血、燥渴、呕逆。枇杷核中含有苦杏仁甙,能够镇咳祛痰,治疗各种咳嗽。枇杷果实及叶有抑制流感病毒作用,可以预防四季感冒。枇杷含有多种营养素,能够有效地补充机体营养成分,提高机体抗病能力,发挥强身健体的作用。枇杷叶泄热苦降,下气降逆,为止呕之良品,可治疗各种呕吐呃逆。

【食用方法】　生食,捣汁,煮汤等。

【健康提示】　多食助湿生痰,脾虚滑泄者慎食。

```
┌─────────┐
│   柿    │
└─────────┘
```

【简介】　柿,柿树科,别名朱果、猴枣。

【营养成分】　据研究测定,每100 g鲜柿所含营养素如下:能量(71 kcal)、水分(80.6 g)、蛋白质(0.4 g)、脂肪(0.1 g)、膳食纤维(1.4 g)、碳水化合物(17.1 g)、维生素A(20 μg)、硫胺素(0.02 mg)、核黄素(0.02 mg)、烟酸(0.3 mg)、维生素C(30 mg)、维生素E(1.12 mg)、钠(0.8 mg)、钙(9 mg)、铁(0.2 mg)等。

【功能】　柿味甘、涩,性寒,有清热去燥、润肺化痰、软坚、生津止渴、健脾、治痢、止血等功效,可以缓解大便干结、痔疮疼痛或出血、干咳、喉痛、高血压等症。所以,柿是慢性支气管炎、高血压、动脉硬化、内外痔疮患者的天然保健食品。如果用柿叶子煎服或冲开水当茶饮,也有促进机体新陈代谢、降低血压、增加冠状动脉血流量及镇咳化痰的作用。

【食用方法】　鲜食,煎汁饮汤。

【健康提示】　适宜大便干结者、高血压患者、甲状腺疾病患者、长期饮酒者。糖尿病人及脾胃泄泻、便溏、体弱多病、产后、外感风寒者忌食;慢性胃炎、排空延缓、消化不良等胃动力功能低下者及胃大部切除术后慎食。

樱桃

【简介】　樱桃,蔷薇科,樱属,又称车厘子、朱果、含桃、家樱桃、鷪桃、莺桃、缨桃、樱珠、楔桃、英桃、荆桃、牛桃、奈英、朱英、麦樱、崖蜜、中国樱桃、毛樱桃、甜樱桃、酸樱桃等。

【营养成分】　据研究测定,每100 g樱桃所含营养素如下:能量(46 kcal)、水分(88 g)、蛋白质(1.1 g)、脂肪(0.2 g),膳食纤维(0.3 g)、碳水化合物(9.9 g)、胡萝卜素(210 μg)、视黄醇(35 μg),硫胺素(0.02 mg)、核黄素(0.02 mg)、尼克酸(0.6 mg)、维生素C(900 mg)、维生素E(2.22 mg)、钾(232 mg)、钠(8 mg)、钙(11 mg)、镁(12 mg)、铁(0.4 mg),锰(0.07 mg)、锌(0.23 mg)、铜(0.1 mg)、磷(27 mg)、硒(0.21 μg)等。

【功能】　樱桃味甘,性热,益脾养胃、涩精止泻、生津止渴、调中、益脾、养颜、美容。樱桃含铁量高,位于各种水果之首。铁是合成人体血红蛋白、肌红蛋白的原料,在人体免疫、蛋白质合成及能量代谢等过程中,发挥着重要的作用,同时也与大脑及神经功能、衰老过程等有着密切关系。常食樱桃可补充体内对铁元素的需求,促进血红蛋白再生,既可防治缺铁性贫血,又可增强体质,健脑益智。樱桃性温热,兼具补中益气之功效,能祛风除湿,对风湿腰腿疼痛有良效。樱桃树根还具有很强的驱虫、杀虫作用,可驱杀蛔虫、蛲虫、绦虫等。樱桃可以治疗烧烫伤,起到收敛止痛、防止伤处起泡化脓的作用。同时樱桃还能治疗轻、重度冻伤。樱桃营养丰富,所含蛋白质、糖、磷、胡萝卜素、维生素C等均比苹果、梨高,常用樱桃汁涂擦面部及皱纹处,能使面部皮肤红润嫩白,去皱消斑。

【食用方法】　鲜食,煎汁饮汤。

【健康提示】　樱桃性温热,热性病及虚热咳嗽者忌食;樱桃核仁含氰甙,水解后产生氢氰酸,药用时应小心中毒;有溃疡症状者、上火者慎食;糖尿病患者忌食。

李子

【简介】　李子,蔷薇科,李属,又称布朗。

【营养成分】　据研究测定,每100 g李子所含营养素如下:热量(36 kcal)、蛋白质(0.7 g)、脂肪(0.2 g)、碳水化合物(8.7 g)、膳食纤维(0.9 g)、维生素A(25 μg)、胡萝卜素(150 μg)、硫胺素(0.03 mg)、核黄素(0.02 mg)、尼克酸(0.4 mg)、维生素C(5 mg)、维生素E(0.74 mg)、钙(8 mg)、磷(11 mg)、钠(3.8 mg)、镁(10 mg)、铁(0.6 mg)、锌(0.14 mg)、硒(0.23 μg)、铜(0.04 mg)、锰(0.16 mg)、钾(144 mg)。

【功能】　李子味甘酸、性凉,具有清热生津、泻肝涤热、活血解毒、利水消肿之功效。果实有养肝、治肝腹水、破瘀等功能;核仁有活血、利水、滑肠的功能。李子果汁饮料可预防中暑;李干为醒酒和解渴镇呕的佳物,并有解酒毒的作用,适宜于治疗胃阴不足、口渴咽干、大腹水肿、小便不利等症状;新鲜李肉中含有多种氨基酸,如谷酰胺、丝氨酸、甘氨酸、脯氨酸等,生食之对于治疗肝硬化腹水大有神益;李子核仁中含苦杏仁苷和大量的脂肪油,有显著的利水降压作用,促进干燥的大便排出,同时具有止咳祛痰的作用;李子中的维生素B_{12}有促进血红蛋白再生的作用,适度食用对于贫血者大有益处。

【食用方法】　鲜食,制作成易储藏的罐头、果脯等。

【健康提示】　李子一般人都能食用,尤其适宜肝病患者、发热病人以及声音嘶哑或失音患者食用。李子性寒,未熟透的李子不要吃;即使熟透的李子也不能多食,因为李子含大量的果酸,过量食用易引起胃痛,容易诱发虚热和痢疾,甚至引起脑涨;多食李子会使人生痰、助湿,故脾胃虚弱者宜少食,胃酸过多的胃溃疡病人、体虚气弱者也不宜多食李子。

```
┌─────────┐
│    桃    │
└─────────┘
```

【简介】　桃,蔷薇科,桃属,在民间素有"仙桃"和"寿桃"的美称。在我国,桃约有 800 个品种。

【营养成分】　据研究测定,每 100 g 鲜桃所含营养素如下:热量(48 kcal)、蛋白质(0.9 g)、脂肪(0.1 g)、碳水化合物(12.2 g)、膳食纤维(1.3 g)、维生素 A (3 μg)、胡萝卜素(20 μg)、硫胺素(0.01 mg)、核黄素(0.03 mg)、尼克酸(0.7 mg)、维生素 C (7 mg)、维生素 E (1.54 mg)、钙(6 mg)、磷(20 mg)、钾(166 mg)、钠(5.7 mg)、镁(7 mg)、铁(0.8 mg)、锌(0.34 mg)、硒(0.24 μg)、铜(0.05 mg)、锰(0.07 mg)。

【功能】　桃具有补中益气、养阴生津、润肠通便的功效,尤其适合有气血两亏、面黄肌瘦、心悸气短、便秘、闭经、淤血肿痛等症状的人。桃的果肉中富含蛋白质、脂肪、糖、钙、磷、铁和维生素 B、维生素 C 及大量的水分,对慢性支气管炎、支气管扩张症、肺纤维化、肺不张、矽肺、肺结核等患者出现的干咳、咳血、盗汗等症,可起到养阴生津、补气润肺的保健作用;桃富含胶质物,这类物质到大肠中能吸收大量的水分,达到预防便秘的效果;桃仁有活血化淤、润肠通便作用,可用于闭经、跌打损伤等的辅助治疗;桃仁提取物有抗凝血作用,并能抑制咳嗽中枢而止咳,同时能使血压下降,可用于高血压病人的辅助治疗。

【食用方法】　鲜食,煎汁饮汤。

【健康提示】　内热偏盛、易生疮疖、糖尿病患者不宜多吃;婴儿、糖尿病患者、孕妇、月经过多者忌食;没有成熟的桃子不能吃,否则会引发肚胀;糖尿病患者、血糖过高的人不宜食用;胃肠功能不良者及老人、小孩不宜多吃。

```
┌─────────┐
│    杏    │
└─────────┘
```

【简介】　杏,蔷薇科,梅亚科,梅属。

【营养成分】　据研究测定,每 100 g 鲜杏所含营养素如下:热量(36 kcal)、维生素 B₆ (0.05 mg)、蛋白质(0.9 g)、脂肪(0.1 g)、泛酸(0.3 mg)、碳水化合物(9.1 g)、叶酸(2 μg)、膳食纤维(1.3 g)、生物素(11 μg)、维生素 A (75 μg)、胡萝卜素(450 μg)、维生素 P (220 mg)、硫胺素(0.02 mg)、核黄素(0.03 mg)、尼克酸(0.6 mg)、维生素 C (4 mg)、维生素 E (0.95 mg)、钙(14 mg)、磷(15 mg)、钾(226 mg)、钠(2.3 mg)、镁(11 mg)、铁(0.6 mg)、锌(0.2 mg)、硒(0.2 μg)、铜(0.11 mg)、锰(0.06 mg)。

【功能】　杏酸、甘、温和,有小毒,有生津止渴、润肺定喘、清热解毒之功效;用于风寒肺病;杏果肉富含糖、蛋白质、钙、磷、胡萝卜素、硫胺素、核黄素、尼克酸及维生素 C;杏仁含苦杏仁苷、脂肪油、糖分、蛋白质、树脂、扁豆苷、杏仁油;杏的果肉对治疗菌痢、肠炎效果好;苦杏仁主治咳逆上气;杏中含维生素 B_{17},具有抗癌作用。

【食用方法】　直接食用,制成杏干、杏脯等加工品。

【健康提示】　产妇、幼儿、病人特别是糖尿病患者,不宜吃杏或杏制品。

```
┌─────────┐
│   枣    │
└─────────┘
```

【简介】　枣,双子叶植物纲,鼠李科,别名红枣、美枣、良枣。

【营养成分】　据研究测定,每 100 g 鲜枣所含营养素如下:热量(122 kcal)、蛋白质(1.1 g)、脂肪(0.3 g)、碳水化合物(30.5 g)、膳食纤维(1.9 g)、维生素 A (40 μg)、胡萝卜素(240 μg)、硫胺素(0.06 mg)、核黄素(0.09 mg)、尼克酸(0.9 mg)、维生素 C (243 mg)、维生素 E (0.78 mg)、钙 (22 mg)、磷 (23 mg)、钠 (1.2 mg)、镁 (25 mg)、铁 (1.2 mg)、锌(1.52 mg)、硒(0.8 μg)、铜(0.06 mg)、锰(0.32 mg)、钾(375 mg)。

【功能】　枣味甘,性平,入脾、胃经;有补益脾胃、滋养阴血、养心安神、缓和药性的功效。枣能促进白细胞的生成,提高人体免疫力;降低血清胆固醇,提高血清白蛋白,保护肝脏。红枣中还含有抑制癌细胞,使癌细胞向正常细胞转化的物质。枣中富含钙和铁,是贫血者理想的食疗佳品;含芦丁,具有软化血管的作用。鲜枣中丰富的维生素 C,使体内多余的胆固醇转变为胆汁酸,胆固醇少了,结石形成的概率也就随之减少了。

【食用方法】　直接食用;红枣配鲜芹菜根同煎服。

【健康提示】　有宿疾者应慎食;脾胃虚寒者不宜多吃;牙病患者不宜食用;便秘患者应慎食;忌与海鲜同食。

第三节　功能性坚果

坚果果皮坚硬,是植物的精华部分,一般都营养丰富,蛋白质、油脂、矿物质、维生素含量较高,对人体生长发育、增强体质、预防疾病有极好的功效。

```
┌─────────┐
│  板栗   │
└─────────┘
```

【简介】　板栗,壳斗科,落叶乔木属。

【营养成分】　板栗营养价值很高,甘甜芳香,含淀粉51% ~ 60%、蛋白质5.7% ~ 10.7%、脂肪2% ~ 7.4%,还含有糖,淀粉,粗纤维,胡萝卜素,维生素 A、B_1、B_2、C 及钙、磷、钾等矿物质,可供人体吸收和利用的养分高达98%。以 10 粒计算,热量为 204 cal,脂肪含量则少于1 g,是有壳类果实中脂肪含量最低的。

【功能】　板栗性味甘寒,有养胃健脾、补肾强筋的功用。吃板栗可以益气血、养胃、补肾、健肝脾;生食还有治疗腰腿酸疼、舒筋活络的功效。栗子所含高淀粉质可提供高热量,而钾有助于维持正常心跳规律,纤维素则能强化肠道,保持排泄系统正常运作。板栗含有丰富的维生素 C,能够维持牙齿、骨骼、血管肌肉的正常功用,可以预防和治疗骨质疏松、腰腿酸软、筋骨疼痛、乏力等,延缓人体衰老;还能帮助脂肪代谢,具有益气健脾、厚补胃肠的作用。

【食用方法】　可生吃、炒食或煮食。

【健康提示】　板栗生吃难消化,熟食又易滞气,所以,一次不宜多食。新鲜板栗容易发霉变质,吃了发霉的板栗会引起中毒,所以,变质的板栗不能吃;糖尿病人忌食;婴幼儿、脾胃虚弱、消化不良、患有风湿病的人不宜多食。

核桃

【简介】　核桃,胡桃科,核桃属,别名胡桃、合桃、羌桃。在国际市场上,它与扁桃、腰果、榛子一起,并称为世界四大干果,堪称"抗氧化之王"。

【营养成分】　据研究测定,每 100 g 核桃所含营养素如下:热量(627 kcal)、蛋白质(14.9 g)、脂肪(58.8 g)、碳水化合物(9.6 g)、膳食纤维(9.5 g)、维生素 A (5 μg)、硫胺素(0.15 mg)、核黄素(0.14 mg)、尼克酸(0.9 mg)、维生素 E (43.21 mg)、钙(56 mg)、磷(294 mg)、钠 (6.4 mg)、镁 (131 mg)、铁 (2.7 mg)、锌 (2.17 mg)、硒 (4.62 μg)、铜(1.17 mg)、锰(3.44 mg)、钾(385 mg)。

【功能】　核桃性温、味甘、无毒,有健胃、补血、润肺、养神等功效。现代医学研究认为,核桃中的磷脂,对脑神经有良好的保健作用。核桃仁的镇咳平喘作用也十分明显,尤其是在冬季,对慢性支气管炎和哮喘病患者疗效极佳。核桃是食疗佳品,有补血养气、补肾填精、润燥通便等良好功效。核桃仁含有较多的蛋白质及人体营养必需的不饱和脂肪酸,能滋养脑细胞,增强脑功能;核桃仁含有大量维生素 E,经常食用有润肌肤、乌须发的作用,可以令皮肤滋润光滑、富有弹性;核桃油含有不饱和脂肪酸,有防治动脉硬化的功效和降低胆固醇的作用;核桃仁有缓解疲劳和压力的作用。核桃还广泛用于治疗神经衰弱、高血压、冠心病、肺气肿、胃痛等症。

【食用方法】　可生吃、水煮、作糖蘸、烧菜,也可配药用。核桃的食法很多,将核桃加适量盐水煮,喝水吃渣可治肾虚腰痛、遗精、阳痿、健忘、耳鸣、尿频等症;核桃与薏仁、栗子等同煮作粥吃,能治尿频、遗精、大便溏泻、五更泻等病症;核桃与芝麻、莲子同作糖蘸,能补心健脑,还能治盗汗;生吃核桃与桂圆肉、山楂,能改善心脏功能。

【健康提示】　由于核桃能助火生痰,所以痰发内热、腹泻便溏者忌食;核桃壳面有水湿痕迹,说明核桃仁已经返油变质;如果果仁肉色油质,则是泛油变质的表现;果仁已经变成褐色,有哈喇味,则已经严重变质,不可食用。

花生

【简介】　花生别名落花生、长生果、地豆、落花参、落地松、成寿果、番豆无花果、地果、唐人豆,和黄豆一样被誉为"植物肉"和"素中之荤"。

【营养成分】　据研究测定,花生果内脂肪含量为44% ~45%,蛋白质含量为24% ~36%,特别是含有人体必需的氨基酸,有促进脑细胞发育,增强记忆的功能,含糖量为20%左右,并含有硫胺素、核黄素、尼克酸等,矿物质含量也很丰富。每 100 g 花生所含营养素如下:热量(298 kcal)、蛋白质(12 g)、脂肪(25.4 g)、碳水化合物(13 g)、膳食纤维(7.7 g)、维生素 A(2 μg)、胡萝卜素(10 μg)、核黄素(0.04 mg)、尼克酸(14.1 mg)、维生素 C(14 mg)、维生素 E(2.93 mg)、钙(8 mg)、磷(250 mg)、钠(3.7 mg)、镁(110 mg)、铁(3.4 mg)、锌(1.79 mg)、硒(4.5 μg)、铜(0.68 mg)、锰(0.65 mg)、钾(390 mg)、维生素 K(100 μg)。

【功能】　花生适用于营养不良、脾胃失调、咳嗽痰喘、乳汁缺少等症;花生中的维生素 K 有止血作用;花生红衣对多种出血性疾病都有良好的止血功效;花生含有维生素 E 和一定量的锌,能够增强记忆,延缓脑功能衰退,滋润皮肤;花生中的微量元素硒和另一种生物活性物质白藜醇可以防治肿瘤类疾病,同时也是降低血小板聚集症,预防和治疗动脉粥样硬化、心脑血管疾病的化学预防剂。花生含有大量的蛋白质和脂肪,特别是不饱和脂肪酸的含量很高,很适宜制造营养食品;花生的内皮含有抗纤维蛋白溶解酶,可防治各种外伤出血、肝病出血、血友病等。

【食用方法】　可生食、炒食、煮食或煎汤服;将花生连红衣一起与红枣配合使用,既可补虚,又能止血,最适宜用于身体虚弱的出血病人;炖吃既避免了营养素的破坏,又具有不温不火、入口好烂、易于消化的特点,老少皆宜。

【健康提示】　肠胃虚弱者慎食;不宜与黄瓜、螃蟹同食,否则易导致腹泻。

开心果

【简介】　开心果,漆树科,黄连木属的阿月浑子的果实,别名“无名子”。

【营养成分】　开心果种仁含蛋白质约 20%,含糖 15% ~ 18%,果仁还含有维生素 E。据研究测定,每 100 g 开心果所含营养素如下:热量(614 kcal)、蛋白质(20.6 g)、脂肪(53 g)、碳水化合物(21.9 g)、叶酸(34.5 μg)、膳食纤维(8.2 g)、硫胺素(0.45 mg)、核黄素(0.1 mg)、尼克酸(1.05 mg)、维生素 E(19.36 mg)、钙(108 mg)、磷(468 mg)、钾(735 mg)、钠(756.4 mg)、碘(37.9 μg)、镁(118 mg)、铁(4.4 mg)、锌(3.11 mg)、硒(6.5 μg)、铜(0.83 mg)、锰(1.69 mg)。

【功能】　开心果有抗衰老的作用,能增强体质、润肠通便,有助于机体排毒。开心果富含维生素 B₆ 和铜,能增强人体的活力。

【食用方法】　老少皆宜的休闲食品。

【健康提示】　高血脂患者、肥胖者不宜多食。

葵花子

【简介】　葵花子又名向日葵子、天葵子,是向日葵的种子,不但可以作为零食,还可以作为制作糕点的原料,同时也是重要的榨油原料,是高档健康的油脂来源。

【营养成分】　葵花子仁的蛋白质含量可与大豆、瘦肉、鸡蛋、牛奶相比;脂肪的含量优于动物脂肪和植物类油脂,因为它含有不饱和脂肪酸,其中亚油酸占 55%;钾、铁、钙、磷、镁也十分丰富,尤其是钾的含量较高。据研究测定,每 100 g 葵花子仁所含营养素如下:热量

（606 kcal）、蛋白质（19.1 g）、碳水化合物（12.2 g）、脂肪（53.4 g）、水分（7.8 g）、膳食纤维（4.5 g）、灰分（3 g）、维生素 B_1（1.89 mg）、维生素 B_2（0.16 mg）、烟酸（4.5 mg）、维生素 E（79.09 mg）、钾（547 mg）、钠（50 mg）、钙（1 mg）、镁（287 mg）、铁（2.9 mg）、锰（1.07 mg）、锌（0.5 mg）、铜（0.56 μg）、磷（604 mg）。

【功能】　葵花子有补虚损、补脾润肠、止痢消痈、化痰定喘、平肝祛风、驱虫的功效；葵花子有助于降低人体血液胆固醇水平，保护心血管健康，可安定情绪、防止细胞衰老、预防成年人疾病；葵花子还可以防止贫血、治疗失眠、增强记忆力，对癌症、动脉粥样硬化、冠心病、高血压、神经衰弱有一定预防功效；葵花子油中的主要成分是不饱和脂肪酸、油酸、亚油酸等，可以提高人体免疫能力，抑制血栓的形成，预防胆固醇、高血脂的发生，是抗衰老的理想食品；葵花子能治疗抑郁症、神经衰弱、失眠症及各种心因性疾病，还能增强人的记忆力。美国癌症研究所在有关实验中已经证明，食用纤维可以降低结肠癌的发病率。葵花子中铁的含量是葡萄干和花生的 2 倍，所以可以预防贫血的发生。另外，在葵花子的蛋白质当中含有精氨酸，精氨酸是制造精液不可缺少的成分。在提供抗氧化物保护方面，葵仁可与坚果和干果媲美。硒是土壤中一种重要的微量矿物质，人体缺硒通常会导致心脏病和癌症。向日葵可以把土壤中的硒转化成自然有机物，从而被人体吸收。

【食用方法】　可以炒熟食用，也可以腌制。

【健康提示】　患有肝炎的病人，最好不要吃葵花子，因为它会损伤肝脏，引起肝硬化。

榛子

【简介】　榛子，桦木科，榛属植物，别名榧子、平榛、山反栗。

【营养成分】　榛油中溶解有维生素 C、维生素 E、维生素 B 等。榛子果仁含碳水化合物 16.5%，蛋白质 16.2% ~18%，脂肪 50.6% ~77%，灰分 3.5%；榛子果实含淀粉 15%；榛子叶含鞣质 5.95% ~14.58%。据研究测定，每 100 g 榛子（干）所含营养素如下：热量（542 kcal）、蛋白质（20 g）、脂肪（44.8 g）、碳水化合物（24.3 g）、膳食纤维（9.6 g）、维生素 A（8 μg）、胡萝卜素（50 μg）、硫胺素（0.62 mg）、核黄素（0.14 mg）、尼克酸（2.5 mg）、维生素 E（36.43 mg）、钙（104 mg）、磷（422 mg）、钠（4.7 mg）、镁（420 mg）、铁（6.4 mg）、锌（5.83 mg）、硒（0.78 μg）、铜（3.03 mg）、锰（14.94 mg）、钾（1.244 g）。

【功能】　榛子味甘，性平，有补益脾胃、滋养气血、益气力、止泻、明目、驱虫的功效；榛子维生素 E 含量很高，可以延缓衰老、防治动脉硬化、润泽肌肤；榛仁里的紫杉酚有抗癌的作用，可以治疗卵巢癌和乳腺癌以及其他一些癌症；榛子中丰富的膳食纤维还有助消化、防治便秘、降低胆固醇的作用；榛子富含脂肪，而且所含的脂溶性维生素更易为人体所吸收。

【食用方法】　生食，炒食。

【健康提示】　存放较长时间的榛子不宜食用；榛子含有丰富的油脂，胆功能严重不良者应慎食。

松子

【简介】　松子为松科植物红松、白皮松、华山松等多种松树的种子,又称松籽、松子仁、海松子、罗松子、红松果。

【营养成分】　据研究测定,每100 g松子所含营养素如下:热量(530 kcal)、水分(3.4 g)、蛋白质(12.9 g)、脂肪(40.4 g)、碳水化合物(40.3 g)、膳食纤维(11.6 g)、硫胺素(0.14 mg)、核黄素(0.17 mg)、维生素 B_6(0.21 mg)、烟酸(1.36 mg)、维生素 E(28.25 mg)、钙(14 mg)、磷(453 mg)、钾(1 007 mg)、钠(666 mg)、镁(272 mg)、铁(3.9 mg)、锌(4.32 mg)、硒(0.59 μg)、铜(1.01mg)、锰(1.36 mg)、碘(9.7 μg)等。

【功能】　松子味甘,性温,入肝、肺、大肠经,可养液、熄风、润肺、滑肠,主治风痹、头眩、燥咳、吐血、便秘。松子中富含不饱和脂肪酸,如亚油酸、亚麻油酸等,它们是人体多种组织细胞的有效成分,也是脑髓和神经组织的主要成分。多食松子能够促进儿童的生长发育和病后身体恢复。松子中所含的不饱和脂肪酸和大量矿物质,如钙、铁、磷等,能够增强血管弹性,维护毛细血管的正常状态,降低血脂,预防心血管疾病;并能给机体组织提供丰富的营养成分,强壮筋骨,消除疲劳,对老年人保健有极大的益处。松子的油脂也有润肠通便的功效。松子也可滋润五脏,补益气血,乌发白肤,养颜驻容,是良好的美容食品。松子含有丰富的维生素 E,维生素 E 是一种很强的抗氧化剂,能起到抑制细胞内和细胞膜上的脂质过氧化作用,保护细胞免受自由基的损害,从而保护细胞的完整性,使细胞内许多重要的酶保持正常功能。

【食用方法】　炒香熟食,煎汤,入药剂。

【健康提示】　便溏、滑精或有痰湿者忌食。

甜杏仁

【简介】　甜杏仁是蔷薇科植物杏或山杏的干燥种子,又称杏核。

【营养成分】　据研究测定,每100 g 甜杏仁所含营养素如下:热量(626 kcal)、水分(1.7 g)、蛋白质(25.1 g)、脂肪(58.4 g)、碳水化合物(11 g)、膳食纤维(11 g)、硫胺素(0.06 mg)、核黄素(0.66 mg)、烟酸(2.61 mg)、维生素 E(35.54 mg)、钙(240 mg)、磷(565 mg)、钾(668 mg)、钠(195.8 mg)、镁(218 mg)、铁(2.7 mg)、锌(2.21 mg)、硒(3.33 μg)、铜(1 mg)、锰(1.93 mg)等。

【功能】　甜杏仁味甘,性平,入肺、大肠经,有润肺、平喘、通便之功效,主治虚劳咳喘、肠燥便秘。甜杏仁和日常吃的干果大杏仁,有一定的补肺作用。杏仁还含有丰富的黄酮类和多酚类成分,这种成分不但能够降低人体内胆固醇的含量,还能显著降低心脏病和很多慢性病的发病危险。杏仁还有美容功效,能促进皮肤微循环,使皮肤红润有光泽。

【食用方法】　生食,煎汤饮,入丸、散。

【健康提示】　甜杏仁有轻泻作用,便溏者慎食。

榧子

【简介】 榧子为红豆杉科植物榧的种子,又称彼子、榧实、柀子、玉山果、赤果、玉榧、香榧、野杉子等。

【营养成分】 据研究测定,每100 g榧子所含营养素如下:热量(618 kcal)、水分(1.1 g)、蛋白质(12.4 g)、脂肪(57 g)、碳水化合物(26.9 g)、膳食纤维(13 g)、硫胺素(0.04 mg)、核黄素(0.1 mg)、叶酸(36.9 mg)、维生素 E (14.16 mg)、钙(83 mg)、磷(248 mg)、钾(664 mg)、钠(215.6 mg)、镁(291 mg)、铁 (1.8 mg)、锌(1.94 mg)、硒 (1.5 μg)、铜 (0.38 mg)、锰 (0.74 mg)等。

【功能】 榧子味甘,性平,可杀虫消积,润燥通便。榧子含脂肪油、草酸、葡萄糖、多糖、挥发油、鞣质等,脂肪油中有棕榈酸、硬脂酸、油酸、亚油酸的甘油酯等。榧仁内含多种脂碱,对淋巴细胞性白血病有明显的抑制作用,对治疗和预防淋巴肉瘤有益,可用于治疗多种肠道寄生虫病,杀虫能力较强;脂肪酸和维生素 E 含量较高,常食可润泽肌肤、延缓衰老;含较多维生素 A,对眼睛干涩、易流泪、夜盲等症状有预防和缓解的功效;能消除痔积、润肺滑肠、化痰止咳,适用于便秘、疝气、痔疮、消化不良、食积、咳痰症状。炒香常食,可强筋、明目、轻身。

【食用方法】 炒食,煎汤服,入丸、散。

【健康提示】 榧子有缓泻作用,脾胃虚弱便溏者不可多食。

腰果

【简介】 腰果,漆树科,腰果属,又称鸡腰果、介寿果、槚如树、肾果、树花生。

【营养成分】 据研究测定,每100 g腰果所含营养素如下:热量(594 kcal)、水分(2.1 g)、蛋白质(24 g)、脂肪(50.9 g)、碳水化合物(20.4 g)、膳食纤维(10.5 g)、硫胺素(0.24 mg)、核黄素 (0.13 mg)、叶酸 (24.6 μg)、烟酸 (1.28 mg)、维生素 E (6.7 mg)、钙 (19 mg)、磷 (639 mg)、钾 (680 mg)、钠 (35.7 mg)、镁 (595 mg)、铁 (7.4 mg)、锌 (5.3 mg)、硒 (10.93 μg)、铜(2.57 mg)、锰(1.19 mg)等。

【功能】 腰果味甘,性平,归脾、胃、肾经,有补脑养血、补肾、健脾、下逆气、止久渴等功效。腰果中的某些维生素和微量元素成分有很好的软化血管的作用,对保护血管、防治心血管疾病大有益处。腰果含有丰富的油脂,可以润肠通便、润肤美容、延缓衰老。经常食用腰果可以提高机体抗病能力、增进性欲。

【食用方法】 炒食,烤食,煎汤服。

【健康提示】 腰果含油脂丰富,故不适合胆功能严重不良者,肠炎、腹泻患者和痰多患者食用;腰果含有多种过敏原,对于过敏体质的人来说,可能会造成一定的过敏反应。

南瓜子

【简介】 南瓜子为葫芦科植物南瓜的种子,又称南瓜仁、白瓜子、金瓜子、窝瓜子、倭瓜子。

【营养成分】 据研究测定,每 100 g 南瓜子所含营养素如下:热量(597 kcal)、水分(3.2 g)、蛋白质(26.6 g)、脂肪(52.8 g)、碳水化合物(12.9 g)、膳食纤维(13 g)、维生素 A(14 μg)、胡萝卜素(81 μg)、硫胺素(0.2 mg)、核黄素(0.1 mg)、叶酸(143.8 μg)、烟酸(2.96 mg)、维生素 E(31.06 mg)、钙(26 mg)、磷(1 034 mg)、钾(610 mg)、钠(145.1 mg)、镁(424 mg)、铁(9.1 mg)、锌(7.77 mg)、硒(2.42 μg)、铜(1.32 mg)、锰(4.38 mg)、碘(11 μg)。

【功能】 南瓜子味甘,性温,入脾、胃经,具有补中益气、消炎止痛、解毒杀虫、降糖止渴的功效。南瓜子富含锌,对预防和改善男子前列腺疾病具有很好的药用功效。南瓜子对高血脂症、高胆固醇症和防止血栓形成以及抗机体氧化均有预防作用。南瓜子中含有大量磷质,可防止矿物质在人的尿道系统凝结,使之随尿排出,达到预防肾结石的目的,还可促进已有结石的排出。南瓜子有很好的杀灭人体内寄生虫(如蛲虫、钩虫等)的作用;对血吸虫也具有很好的杀灭作用,是血吸虫症的首选食疗之品。南瓜子富含维生素 B₁、维生素 E,可安定情绪,防止细胞衰老,预防成人疾病,治疗失眠,增强记忆力。

【食用方法】 生嚼,炒食,研末,煎汤。

【健康提示】 胃热病人宜少食,否则会感到脘腹胀闷。

第四节　功能性蔬菜

白菜

【简介】 白菜,十字花科,芸薹属,一年生、二年生草本植物。

【营养成分】 白菜含有蛋白质、脂肪、多种维生素和钙、磷等矿物质以及大量粗纤维;白菜含较多维生素,与肉类同食,既可增添肉的鲜美味,又可减少肉中的亚硝酸盐类物质,减少致癌物质亚硝酸胺的产生。

【功能】 白菜性味甘平,有清热除烦、解渴利尿、通利肠胃的功效,经常吃白菜可以预防维生素 C 缺乏症(坏血病),还可以治疗肺热咳嗽、咽干口渴、头痛、大便干结、痔疮出血等症。白菜中有一种化合物,它能帮助分解同乳腺癌相联系的雌激素,这种化合物叫吲哚-3-甲醇,约占干白菜质量的 1%。妇女每天吃 450 g 的白菜就能吸收 500 mg 的这种化合物,从而使体内一种重要的酶数量增加,这种酶能帮助分解雌激素。

【食用方法】 白菜食法颇多,从烹调方法上看,无论是炒、熘、烧、煎、烩、扒、涮、凉拌、腌制,都可做成美味佳肴,特别是同鲜菇、冬菇、火腿、虾米、肉、栗子等同烧,可以做出很多特色风味的菜肴。

【健康提示】 忌食隔夜的熟白菜和未腌透的大白菜;腐烂的大白菜不能吃,由于在细菌的作用下,大白菜中的硝酸盐转变为有毒的亚硝酸盐,亚硝酸盐可使血液中的低血红细胞氧化,变为高铁血红蛋白,更新换代去携氧能力,使人发生严重的缺氧引起中毒,导致头晕、头痛、恶心、心跳加快、昏迷,甚至有生命危险。

┌─────────┐
│ 番茄   │
└─────────┘

【简介】 番茄,茄科,番茄亚属,别名臭柿、西番柿、西红柿、柑仔蜜、洋柿子、番李子、火柿子。

【营养成分】 据研究测定,每 100 g 番茄所含营养素如下:热量(19 kcal)、蛋白质(0.9 g)、脂肪(0.2 g)、碳水化合物(4 g)、膳食纤维(0.5 g)、维生素 A (92 μg)、胡萝卜素(550 μg)、硫胺素(0.03 mg)、核黄素(0.03 mg)、尼克酸(0.6 mg)、维生素 C (19 mg)、维生素 E (0.57 mg)、钙(10 mg)、磷(23 mg)、钠(5 mg)、镁(9 mg)、铁(0.4 mg)、锌(0.13 mg)、硒(0.15 μg)、铜(0.06 mg)、锰(0.08 mg)、钾(163 mg)、碘(2.5 μg)、维生素 B_6 (0.08 mg)、泛酸(0.17 mg)、叶酸(22 μg)、维生素 K (4 μg)、维生素 P (700 mg)。

【功能】 番茄具有生津止渴、健胃消食、清热解毒、凉血平肝、补血养血和增进食欲的功效,可缓解热病、津伤口渴、食欲不振、肝阳上亢、胃热口苦、烦热等病症;番茄内含有谷胱甘肽,可抑制酪氨酸酶的活性,使人沉着的色素减退消失,雀斑减少,起到美容作用;所含维生素 B 还可保护血管,防治高血压;番茄含有胡萝卜素,可保护皮肤弹性,促进骨骼钙化,还可以防治小儿佝偻病,夜盲症和眼干燥症;番茄中的柠檬酸、苹果酸和糖类,有促进消化的作用;番茄红素是目前人类发现的最强的抗氧化剂之一,它的抗氧化能力可以达到维生素 E 的 100 倍,维生素 C 的 1 000 倍,具有消除自由基、调控肿瘤增殖、减轻对淋巴细胞损害等功能,多吃番茄红素可预防胃癌、结肠癌、直肠癌、口腔癌、乳腺癌和子宫癌等,而且番茄红素在抑制癌细胞增殖方面比胡萝卜素更有效。

【食用方法】 一般人都可食用。每天吃 2 ~ 3 个,便可满足日常需要;也可制作成羹和菜肴:西红柿豆腐羹、西红柿炒肉片、糖拌西红柿、牛奶西红柿。

【健康提示】 急性肠炎、菌痢及溃疡活动期病人不宜食用;青番茄含有生物碱苷(龙葵碱),食用后轻则口腔感到苦涩,重时还会有中毒现象;不宜和青瓜(黄瓜)同食;服用肝素、双香豆素等抗凝血药物时不宜食用;空腹时不宜食用。

┌─────────┐
│ 花菜   │
└─────────┘

【简介】 花菜学名花椰菜,也称番芥蓝、菜花、花椰菜、椰菜花,属十字花科植物甘蓝的变种。

【营养成分】 花菜含有丰富的维生素及矿物质,尤以维生素 C 的含量特别突出,比同类的白菜、油菜等多一倍以上,比芹菜、苹果多一倍。据研究测定,每 100 g 花菜所含营养素如下:热量(24 kcal)、蛋白质(2.1 g)、脂肪(0.2 g)、碳水化合物(4.6 g)、膳食纤维(1.2 g)、维生素 A (5 μg)、胡萝卜素(30 μg)、硫胺素(0.03 mg)、核黄素(0.08 mg)、尼克酸(0.6 mg)、维生素 C (61 mg)、维生素 E (0.43 mg)、钙(23 mg)、磷(47 mg)、钾(200 mg)、钠(31.6 mg)、镁(18 mg)、铁(1.1 mg)、锌(0.38 mg)、硒(0.73 μg)、铜(0.05 mg)、锰(0.17 mg)。

【功能】 花菜性平味甘,有强肾壮骨、补脑填髓、健脾养胃、清肺润喉作用;花菜是防癌、抗癌的保健佳品,所含的多种维生素、纤维素、胡萝卜素、微量元素硒都对抗癌、防癌有益,其中绿花菜所含维生素C更多,加之所含蛋白质及胡萝卜素,可提高细胞免疫功能。花菜中提取物萝卜子素可激活分解致癌物的酶,从而减少恶性肿瘤的发生。花菜中含有多种吲哚衍生物,能降低雌激素水平,可以预防乳腺癌的发生。花菜中的类黄酮可以防止感染,阻止胆固醇氧化,防止血小板凝结成块,减少心脏病与中风的危险;多吃花菜还会使血管壁加强,不容易破裂。

【食用方法】 花菜烹饪时爆炒时间不可过长,也不要高温长时间处理,以防养分丢失及变软影响口感,可热水短时焯过之后加调料食用。常用的烹调方法是采用焯水或划油的方法断生,然后再入锅调味,迅速出锅,以保其清香脆嫩。此外还有多种烹调方法,如拌、熘、烩、炝和渍等,也可以作汤菜,荤素皆宜。

【健康提示】 花菜烧煮和加盐时间不宜过长,防止丧失和破坏防癌抗癌的营养成分;适宜生长发育期的儿童和希望抵制癌瘤染身的人们食用;对食欲不振、消化不良者有帮助。

黄瓜

【简介】 黄瓜,葫芦科,黄瓜属。

【营养成分】 据研究测定,每100 g黄瓜所含营养素如下:蛋白质(0.6~0.8 g)、脂肪(0.2 g)、碳水化合物(1.6~2 g)、灰分(0.4~0.5 g)、钙(15~19 mg)、磷(29~33 mg)、铁(0.2~1.1 mg)、胡萝卜素(0.2~0.3 mg)、硫胺素(0.02~0.04 mg)、核黄素(0.04~0.4 mg)、尼克酸(0.2~0.3 mg)、抗坏血酸(4~11 mg);此外,还含有葡萄糖、鼠李糖、半乳糖、甘露糖、木米糖、果糖、咖啡酸、绿原酸、多种游离氨基酸以及挥发油、葫芦素、黄瓜酶等。

【功能】 黄瓜清热利水、解毒消肿、生津止渴,用于身热烦渴、咽喉肿痛、风热眼疾、湿热黄疸、小便不利等病症;黄瓜中所含的葡萄糖苷、果糖等不参与通常的糖代谢,糖尿病人吃黄瓜血糖非但不会升高,甚至会降低;黄瓜所含的丙氨酸、精氨酸和谷氨酸对酒精性肝硬化患者有一定辅助治疗作用,可防治酒精中毒;黄瓜中所含的丙醇二酸,可抑制糖类物质转变成脂类;黄瓜中的纤维素对促进人体肠道内腐败物质的排除和降低胆固醇有一定的作用;黄瓜中含有丰富的维生素E,抗衰老,可起到延年益寿的作用;黄瓜中的黄瓜酶,能有效地促进机体的新陈代谢;用黄瓜捣汁涂擦皮肤,有润肤、舒展皱纹的功效;黄瓜含有维生素B_1,对改善大脑和神经系统功能有利,可辅助治疗失眠症。

【食用方法】 可直接食用,也可做成菜肴:糖醋黄瓜片、紫菜黄瓜汤、山楂汁拌黄瓜、黄瓜蒲公英粥。

【健康提示】 黄瓜不宜与西红柿同食,因为黄瓜中含有一种维生素C分解酶,会破坏西红柿中含量丰富的维生素C。

黄花菜

【简介】 黄花菜,百合科,萱草属,是一种多年生草本植物的花蕾,别名金针菜、忘忧草、萱草花、健脑菜。

【营养成分】　黄花菜营养丰富,含有丰富的花粉、糖、蛋白质、维生素C、钙、脂肪、胡萝卜素、氨基酸等人体所必需的养分,其所含的胡萝卜素甚至超过西红柿的几倍。据研究测定,每100 g黄花菜所含营养素如下:热量(199 kcal)、蛋白质(19.4 g)、脂肪(1.4 g)、碳水化合物(34.9 g)、膳食纤维(7.7 g)、维生素A(307 μg)、胡萝卜素(1840 μg)、硫胺素(0.05 mg)、核黄素(0.21 mg)、尼克酸(3.1 mg)、维生素C(10 mg)、维生素E(4.92 mg)、钙(301 mg)、磷(216 mg)、钠(59.2 mg)、镁(85 mg)、铁(8.1 mg)、锌(3.99 mg)、硒(4.22 μg)、铜(0.37 mg)、锰(1.21 mg)、钾(610 mg)。

【功能】　黄花菜具有止血、消肿、镇痛、通乳、健胃和安神的功能,能治疗肝炎、黄疸、大便下血、感冒、痢疾等多种病症。黄花菜含有丰富的卵磷脂,对增强和改善大脑功能有重要作用,同时能清除动脉内的沉积物,对注意力不集中、记忆力减退、脑动脉阻塞等症状有特殊疗效,故人们称之为"健脑菜";黄花菜能滋润皮肤,增强皮肤的韧性和弹力,可使皮肤细嫩饱满、润滑柔软、皱褶减少、色斑消退;黄花菜有抗菌免疫功能,具有中轻度的消炎解毒功效,并在防止传染方面有一定的作用。

【食用方法】　鲜黄花菜中含有一种叫"秋水仙碱"的物质,它本身虽无毒,但经过肠胃道的吸收,在体内氧化为"二秋水仙碱",则具有较大的毒性。所以在食用鲜品时,每次不要多吃;由于鲜黄花菜的有毒成分在60 ℃时可减弱或消失,因此食用时,应先将鲜黄花菜用开水焯过,再用清水浸泡2 h以上,捞出用水洗净后再进行炒食,这样秋水仙碱就能被破坏掉,食用鲜黄花菜就安全了。

【健康提示】　黄花菜是近于湿热的食物,溃疡损伤、胃肠不和的人,以少吃为好;平素痰多,尤其是哮喘病患者,不宜食用。

```
茭白
```

【简介】　茭白,禾本科,水生草本植物,别名水笋、茭白笋、脚白笋、菰、菰菜、高笋,中国植物志上称水生菰。

【营养成分】　茭白含蛋白质、脂肪、糖类、维生素B_1、维生素B_2、维生素E、微量胡萝卜素和矿物质等成分。据研究测定,每100 g茭白所含营养素如下:热量(23 kcal)、蛋白质(1.2 g)、脂肪(0.2 g)、碳水化合物(5.9 g)、膳食纤维(1.9 g)、维生素A(5 μg)、胡萝卜素(30 μg)、硫胺素(0.02 mg)、核黄素(0.03 mg)、尼克酸(0.5 mg)、维生素C(5 mg)、维生素E(0.99 mg)、钙(4 mg)、磷(36 mg)、钠(5.8 mg)、镁(8 mg)、铁(0.4 mg)、锌(0.33 mg)、硒(0.45 μg)、铜(0.06 mg)、锰(0.49 mg)、钾(209 mg)、维生素B_6(0.08 mg)、泛酸(0.25 mg)、叶酸(43 μg)、维生素K(2 μg)。

【功能】　茭白甘寒、性滑而利,既能利尿祛水,辅助治疗四肢浮肿、小便不利等症,又能清暑解烦而止渴;夏季食用尤为适宜,可清热通便、除烦解酒,还能解除酒毒、治酒醉不醒;茭白含较多的碳水化合物、蛋白质、脂肪等,能补充人体的营养物质,具有健壮机体的作用。

【食用方法】　茭白适用于炒、烧等烹调方法,或做配料和馅心;做法有凉拌茭白、咖喱茭白、酱淋茭白、油焖茭白、糟溜茭白、麻辣茭白、茭白五丝、葱油茭白。

【健康提示】　适宜高血压病人、产后乳汁缺少的妇女、黄疸肝炎患者、酒精中毒的患者;

不适宜阳痿、遗精、肾脏疾病、脾虚胃寒、尿路结石患者。

```
┌──────────┐
┊  蕨菜   ┊
└──────────┘
```

【简介】　蕨菜,凤尾蕨科,别名龙头菜、如意菜等。

【营养成分】　据研究测定,每 100 g 蕨菜所含营养素如下:热量(39 kcal)、蛋白质(1.6 g)、脂肪(0.4 g)、碳水化合物(9 g)、膳食纤维(1.8 g)、维生素 A (183 μg)、胡萝卜素(1 100 μg)、维生素 C (23 mg)、维生素 E (0.78 mg)、钙(17 mg)、磷(50 mg)、镁(30 mg)、铁(4.2 mg)、锌(0.6 mg)、铜(2.79 mg)、锰(2.31 mg)、钾(292 mg)。

【功能】　蕨菜性甘、寒涩、无毒,清热解毒,安神利尿。经常食用可治疗高血压、头昏、子宫出血、关节炎等症,并对麻疹、流感有预防作用;蕨菜素可抑制细菌,用于发热不退、湿疹、肠风热毒、疮疡等病症,具有良好的清热解毒、消除炎症的功效;蕨菜所含粗纤维能促进胃肠蠕动,具有通便的作用;蕨菜能清肠排毒,民间常用蕨菜治疗痢疾及小便淋沥不通,有一定效果;蕨菜某些有效成分能扩张血管,降低血压。

【食用方法】　蕨菜可鲜食或晒干菜,制作时用沸水烫后晒干即成;吃时用温水泡发,再烹制成各种美味菜肴;鲜品在食用前先在沸水中浸烫一下后过凉,以清除其表面和祛除土腥味;蕨菜还可制成粉皮。

【健康提示】　脾胃虚寒者慎用;常人也不宜多食。

```
┌──────────┐
┊  苦瓜   ┊
└──────────┘
```

【简介】　苦瓜,葫芦目,葫芦科;苦瓜虽苦,却从不会把苦味传给"别人",如用苦瓜烧鱼,鱼块绝不沾苦味,所以苦瓜又有"君子菜"的雅称。

【营养成分】　据研究测定,每 100 g 苦瓜所含营养素如下:热量(19 kcal)、蛋白质(1 g)、脂肪(0.1 g)、碳水化合物(4.9 g)、膳食纤维(1.4 g)、维生素 A (17 μg)、胡萝卜素(100 μg)、硫胺素(0.03 mg)、核黄素(0.03 mg)、尼克酸(0.4 mg)、维生素 C (56 mg)、维生素 E (0.85 mg)、钙(14 mg)、磷(35 mg)、钠(2.5 mg)、镁(18 mg)、铁(0.7 mg)、锌(0.36 mg)、硒(0.36 μg)、铜(0.06 mg)、锰(0.16 mg)、钾(256 mg)、维生素 B_6 (0.06 mg)、泛酸(0.37 mg)、叶酸(72 μg)、维生素 K (41 μg)。

【功能】　苦瓜味苦、无毒、性寒,入心、肝、脾、肺经;清热祛心火、解毒、明目、补气益精、止渴消暑、治痢,用于中暑、暑热烦渴、暑疖、痱子过多、目赤肿痛、痈肿丹毒、烧烫伤、少尿等病症;苦瓜能产生苦味的生物碱奎宁,这种物质具有促进食欲、利尿、活血、消炎、提神的效果,并且对癌细胞有较强的杀伤力;苦瓜中含有铬和胰岛素等物质,有明显的降血糖作用,促进糖分分解,使过剩的糖分转化为热量,改善体内的脂肪平衡,是糖尿病患者理想的食疗食物;苦瓜含有金鸡纳霜,能抑制过度兴奋的体温中枢,起到消暑解热的作用。

【食用方法】　可做家常小菜,如苦瓜拌芹菜、苦瓜泥汁,也可做成饮品:苦瓜茶、苦瓜汁。

【健康提示】　用苦瓜做菜时,要先切成丝,再用热水稍烫后投入凉水中漂一下,这样可以减少苦味;苦瓜、鸡蛋同食能保护骨骼、牙齿及血管,使铁质吸收得更好,还有健胃的功效;能治疗胃气痛、眼痛、感冒、伤寒和小儿腹泻呕吐等;苦瓜性凉,脾胃虚寒者不宜食用。

南瓜

【简介】　南瓜,葫芦科植物南瓜的果实,别名倭瓜、番瓜、麦瓜、饭瓜。

【营养成分】　据研究测定,每100 g南瓜所含营养素如下:蛋白质(0.6 g)、脂肪(0.1 g)、碳水化合物(5.7 g)、粗纤维(1.1 g)、灰分(0.6 g)、钙(10 mg)、磷(32 mg)、铁(0.5 mg)、胡萝卜素(0.57 mg)、核黄素(0.04 mg)、尼克酸(0.7 mg)、抗坏血酸(5 mg)。此外,还含有瓜氨素、精氨酸、天门冬素、葫芦巴碱、腺嘌呤、葡萄糖、甘露醇、戊聚糖、果胶等。

【功能】　南瓜性温、味甘、无毒,入脾、胃经,能润肺益气、化痰排脓、驱虫解毒、治咳止喘、疗肺痈与便秘,并有利尿、美容等作用。南瓜多糖是一种非特异性免疫增强剂,能提高机体的免疫功能,通过活化补体等途径对免疫系统发挥多方面的调节功能;南瓜含有人体所需的多种氨基酸,其中赖氨酸、亮氨酸、异亮氨酸、苯丙氨酸、苏氨酸等含量较高;南瓜中的抗坏血酸氧化酶基因型与烟草中相同,但活性明显高于烟草,表明了在南瓜中免疫活性蛋白的含量较高;南瓜种子中的脂类物质对泌尿系统疾病及前列腺增生具有良好的治疗和预防作用;南瓜中丰富的类胡萝卜素,对上皮组织的生长分化、维持正常视觉、促进骨骼的发育具有重要的生理功能;南瓜中高钙、高钾、低钠,特别适合中老年人和高血压患者,有利于预防骨质疏松和高血压;南瓜内含有维生素和果胶,果胶能黏结和消除体内细菌毒素和其他有害物质,起到解毒作用;果胶消化可以保护胃肠道黏膜,免受粗糙食品刺激,促进溃疡面愈合,适宜于胃病患者;南瓜中含有丰富的锌,是肾上腺皮质激素的固有成分;南瓜中所含的甘露醇有通大便的作用,可减少粪便中毒素对人体的危害,防止结肠癌的发生。

【食用方法】　可蒸、煮食,也可煎汤服。

【健康提示】　适宜肥胖者、糖尿病患者和中老年人食用;南瓜性温,胃热炽盛者、气滞中满者、湿热气滞者应少吃;患有脚气、黄疸、气滞湿阻病者忌食。

芹菜

【简介】　芹菜,伞形花科植物芹菜的全草,别名香芹、药芹、水芹、旱芹。

【营养成分】　据研究测定,每100 g芹菜所含营养素如下:水分(94 g)、蛋白质(2.2 g)、脂肪(0.3 g)、碳水化合物(1.9 g)、粗纤维(0.6 g)、灰分(1 g)、胡萝卜素(0.11 mg)、维生素 B_1(0.03 mg)、维生素 B_2 (0.04 mg)、尼克酸(0.3 mg)、维生素 C (6 mg)、钙(160 mg)、磷(61 mg)、铁(8.5 mg)、钾(163 mg)、钠(328 mg)、镁(31.2 mg)、氯(280 mg)。此外,还含有挥发油、芹菜苷、佛手苷内酯、有机酸等物质。

【功能】　芹菜味甘、苦,性凉,无毒,归肺、胃、肝经。芹菜是高纤维食物,它经肠内消化作用产生一种木质素或肠内脂的物质,这类物质高浓度时可抑制肠内细菌产生的致癌物质,加快粪便在肠内的运转时间,减少致癌物与结肠黏膜的接触,达到预防结肠癌的目的。芹菜中含酸性的降压成分,最适宜于预防高血压、动脉硬化和降低胆固醇,是辅助治疗高血压病及其并发症的首选之品。还有研究发现,口服芹菜苷或芹菜素能够对抗可卡因引起的小鼠兴奋,有利于安定情绪,消除烦躁。此外,芹菜中还含有利尿成分,能够消除体内水钠潴留,利尿消肿;含铁量较高,是缺铁性贫血患者的蔬菜佳品。

【食用方法】　既可热炒,又能凉拌:芹菜拌干丝、芹菜粥、糖醋芹菜、芹菜汤。

【健康提示】　特别适合高血压、动脉硬化、高血糖、缺铁性贫血、经期妇女食用;芹菜性凉质滑,脾胃虚寒、大便溏薄者不宜多食;芹菜有降血压作用,故血压偏低者慎用。

土豆

【简介】　土豆,茄科,茄属,一年生草本植物,又称马铃薯、洋芋、山药蛋、薯仔等。

【营养成分】　马铃薯所含的蛋白质和维生素 C、维生素 B_1、维生素 B_2 比苹果高得多,钙、磷、镁、钾含量也很高,尤其是钾的含量,可以说在蔬菜类里排第一位。据研究测定,每 100 g 土豆所含营养素如下:热量(88 kcal)、蛋白质(1.7 g)、脂肪(0.3 g)、碳水化合物(19.6 g)、膳食纤维(0.3 g)、维生素 A (5 μg)、胡萝卜素(0.01 μg)、硫胺素(0.1 mg)、核黄素(0.03 mg)、尼克酸(0.4 mg)、维生素 C (16 mg)、维生素 E (0.34 mg)、钙 (47 mg)、磷 (64 mg)、钠 (0.7 mg)、镁 (23 mg)、铁 (0.5 mg)、锌 (0.18 mg)、硒 (0.78 μg)、铜 (0.12 mg)、锰 (0.14 mg)、钾(302 mg)、碘(1.2 μg)、维生素 B_6 (0.18 mg)、泛酸(1.3 mg)、叶酸(21 μg)。

【功能】　土豆性平味甘,具有和胃调中、补气健脾、强身益肾、消炎、活血消肿等功效;土豆含有大量的优质纤维素,有预防便秘和防治癌症等作用;土豆含有大量淀粉以及蛋白质、B族维生素、维生素 C 等,能促进脾胃的消化功能;土豆富含黏液蛋白,能促进消化道、呼吸道以及关节腔、浆膜腔的润滑,预防心血管系统的脂肪沉积,保持血管的弹性,有利于预防动脉粥样硬化的发生;土豆同时又是一种碱性蔬菜,有利于体内酸碱平衡,中和体内代谢后产生的酸性物质,从而有一定的美容、抗衰老作用;土豆含有丰富的维生素及钙、钾等微量元素,钾能取代体内的钠,同时能将钠排出体外,有利于高血压和肾炎水肿患者的康复。

【食用方法】　适合炒、炖、烧、炸等烹调方法。

【健康提示】　食用前要检查一下土豆是否发芽,如果发芽,绝对不能吃,以免中毒;另外,土豆宜去皮吃,有芽眼的部分应挖去,防止中毒;把土豆片或土豆丝放入水中,去掉一些淀粉,烹调时可以方便一点;注意不要泡得太久,否则将导致水溶性维生素等营养流失;西红柿与土豆相克,西红柿中含有大量的酸类物质,能与土豆在胃中形成不易消化的物质,极易导致腹痛、腹泻和消化不良。

莴苣

【简介】　莴苣,菊科,莴苣属,别名千金菜、石苣;莴苣可分为叶用和茎用两类,叶用莴苣又称生菜,茎用莴苣又称莴笋、香笋;莴笋的肉质嫩,茎可生食、凉拌、炒食、干制或腌渍。

【营养成分】　据研究测定,每 100 g 莴笋所含营养素如下:热量(14 kcal)、蛋白质(1 g)、脂肪(0.1 g)、碳水化合物(2.8 g)、膳食纤维(0.6 g)、维生素 A (25 μg)、胡萝卜素(150 μg)、硫胺素 (0.02 mg)、核黄素 (0.02 mg)、尼克酸 (0.5 mg)、维生素 C (4 mg)、维生素 E (0.19 mg)、钙(23 mg)、磷(48 mg)、钠(36.5 mg)、镁(19 mg)、铁(0.9 mg)、锌(0.33 mg)、硒

(0.54 μg)、铜(0.07 mg)、锰(0.19 mg)、钾(212 mg)。

【功能】 莴笋味甘、苦,性凉,具有利五脏、通经脉、清胃热、清热利尿的功效;适用于小便不利、尿血、乳汁不通等症;莴苣茎叶中含有莴苣素,能增强胃液、刺激消化、增进食欲,并具有镇痛和催眠的作用;其乳状浆液,可增强胃液、消化腺的分泌和胆汁的分泌,从而促进各消化器官的功能,对消化功能减弱、消化道中酸性降低和便秘的病人尤其有利;莴苣含有多种维生素和矿物质,具有调节神经系统功能的作用,其所含有机化合物中富含人体可吸收的铁元素,对缺铁性贫血病人十分有利;莴苣的含钾量比较高,有利于促进排尿,减少对心房的压力,对高血压和心脏病患者极为有益;莴苣含有大量植物纤维素,能促进肠壁蠕动,通利消化道,帮助大便排泄,可用于治疗各种便秘。每100 g莴苣中含碘8 μg,这种微量元素对于人的基础代谢、心智和体格发育甚至情绪的调节都有重大作用,也能起到防治血管硬化的作用。

【食用方法】 适合烧、拌、炝、炒等烹调方法,也可用它做汤或配料等。

【健康提示】 莴笋中的某种物质对视神经有刺激作用,故视力弱者不宜多食;有眼疾特别是夜盲症的人也应少食。

苋菜

【简介】 苋菜,苋科,苋属植物,别名青香苋、红苋菜、野刺苋、米苋;苋菜中所含的蛋白质比牛奶更能充分被人体吸收,所含胡萝卜素比茄果类高2倍以上,有"长寿菜"之称。

【营养成分】 据研究测定,每100 g苋菜所含营养素如下:水分(90.1 g)、蛋白质(1.8 g)、脂肪(0.3 g)、碳水化合物(5.4 g)、粗纤维(0.8 g)、灰分(1.6 g)、胡萝卜素(1.95 mg)、尼克酸(1.1 mg)、维生素C(28 mg)、钙(180 mg)、磷(46 mg)、铁(3.4 mg)、钾(577 mg)、钠(23 mg)、镁(87.7 mg)、氯(160 mg)。

【功能】 苋菜性微寒,味微甘,入肺、大肠经;有清热利湿、利尿除湿、通利大便、凉血止血等功效;用于赤白痢疾、二便不通、目赤咽痛、鼻衄等病症;苋菜含有丰富的铁、钙和维生素K,具有促进凝血、增加血红蛋白含量并提高携氧能力、促进造血等功能,能促进小儿的生长发育,对骨折的愈合具有一定的食疗价值;苋菜是减肥餐桌上的主角,常食可以减肥轻身,促进排毒,防止便秘。

【食用方法】 可以炒、炝、拌、做汤、下面和制馅,家常吃法有凉拌苋菜、苋菜豆腐汤、炒苋菜、紫苋粥。

【健康提示】 脾胃虚寒者忌食;平素胃肠有寒气、易腹泻的人也不宜多食;苋菜忌与甲鱼和龟肉同食;在夏季多食用红苋菜,具有清热解毒,治疗肠炎痢疾、大便干结和小便赤涩的功效。

油菜

【简介】 油菜,十字花科植物油菜的嫩茎叶,别名芸薹、寒菜、胡菜、苦菜、薹芥、青菜;油菜按其叶柄颜色不同有青梗菜和白梗菜两种。

【营养成分】 据研究测定,每100 g油菜所含营养素如下:水分(93 g)、蛋白质(2.6 g)、脂肪(0.4 g)、碳水化合物(2 g)、维生素(0.5 g)、钙(140 mg)、磷(30 mg)、铁(1.4 mg)、维生素 A (3.15 mg)、维生素 B_1 (0.08 mg)、维生素 B_2 (0.11 mg)、维生素 C (51 mg)、尼克酸(0.9 mg)、胡萝卜素(3.15 mg)。

【功能】　中医认为,油菜有活血化瘀、解毒消肿、宽肠通便、强身健体之功效,用于游风丹毒、手足疔肿、乳痈、习惯性便秘、老年人缺钙等病症;油菜促进血液循环;孕妇产妇淤血腹痛、丹毒、肿痛脓疮者可通过食用油菜来辅助治疗;油菜中含有丰富的钙、铁和维生素 C,胡萝卜素也很丰富,对于抵御皮肤过度角化大有裨益,是美容的佳品;油菜还含有能促进眼睛视紫质合成的物质,起到明目的作用;油菜为低脂肪蔬菜,含有膳食纤维,能与胆酸盐和食物中的胆固醇及甘油三酯结合,并从粪便中排出,从而减少脂类的吸收,故可用来降血脂;油菜中含有大量的植物纤维素,能促进肠道蠕动,增加粪便的体积,缩短粪便在肠腔停留的时间,从而治疗多种便秘,预防肠道肿瘤;油菜中所含的植物激素,能够增加酶的形成,对进入人体内的致癌物质有吸附排斥作用,故有防癌功能;油菜还能增强肝脏的排毒机制,对皮肤疮疖、乳痈有治疗作用。

【食用方法】　可炒、烧、炝、扒制菜肴,油菜心可做配料,如清炒油菜、油菜炒虾仁、凉拌油菜。

【健康提示】　痧痘、孕早期妇女、目疾患者、小儿麻疹后期、疥疮、狐臭等慢性病患者要少食;没有吃完的熟油菜过夜后就不能再吃了,否则可能会造成亚硝酸盐沉积,易引发癌变。

雪菜

【简介】　雪菜,十字花科,芸薹属,芥菜种,别名雪里蕻、九头芥、烧菜、排菜。

【营养成分】　据研究测定,每 100 g 雪菜所含营养素如下:水分(91 g)、蛋白质(1.9 g)、脂肪(0.4 g)、碳水化合物(2.9 g)、灰分(3.9 g)、钙(73 ~ 235 mg)、磷(43 ~ 64 mg)、铁(1.1 ~ 3.4 mg)。

【功能】　雪菜含有大量的抗坏血酸(维生素 C),是活性很强的还原物质,参与机体重要的氧化还原过程,能增加大脑中氧含量,激发大脑对氧的利用,有醒脑提神、解除疲劳的作用。

【食用方法】　雪菜一般不宜鲜食,只作为腌菜和梅干菜供人食用;腌制加工后的雪菜色泽鲜黄、香气浓郁、滋味清脆鲜美,无论是炒、蒸、煮、汤作为佐料,还是单独上桌食用,都深受城乡居民喜爱。

小白菜

【简介】　小白菜,十字花科,芸薹属,别名青菜、鸡毛菜、油白菜。

【营养成分】　小白菜所含胡萝卜素是大白菜的 74 倍,可以护眼明目。另外,小白菜中的维生素 B_1、B_6 及泛酸等,具有缓解紧张的功能,多吃有助于保持平静的心态。据研究测定,每 100 g 小白菜所含营养素如下:热量(15 kcal)、蛋白质(1.5 g)、脂肪(0.3 g)、碳水化合物(2.7 g)、膳食纤维(1.1 g)、维生素 A (280 μg)、胡萝卜素(1680 μg)、硫胺素(0.02 mg)、核黄素(0.09 mg)、尼克酸(0.7 mg)、维生素 C (28 mg)、维生素 E (0.7 mg)、钙(90 mg)、磷(36 mg)、钠(73.5 mg)、镁(18 mg)、铁(1.9 mg)、锌(0.51 mg)、硒(1.17 μg)、铜(0.08 mg)、锰(0.27 mg)、钾(178 mg)、碘(10 μg)。

【功能】　小白菜中的钙、磷等元素能促进骨骼发育,加速人体的新陈代谢和增强机体的造血功能;小白菜中含有大量胡萝卜素,比豆类、番茄、瓜类都多,小白菜中所含的维生素C,在体内形成一种"透明质酸抑制物",这种物质具有抗癌作用;小白菜中含有大量粗纤维,其进入人体内与脂肪结合后,可防止血浆胆固醇形成,促使胆固醇代谢物胆酸得以排出体外,以减少动脉粥样硬化的形成,从而保持血管弹性,还可促进大肠蠕动,增加大肠内毒素的排出,达到防癌抗癌的目的。

【食用方法】　炒、熬均可。

【健康提示】　脾胃虚寒、大便溏薄者,不宜多食小白菜。

┌─────────┐
│　紫菜　│
└─────────┘

【简介】　紫菜,红藻门、原红藻纲、红毛菜目、红毛菜科、紫菜属的统称,又名紫英、索菜、灯塔菜。

【营养成分】　据研究测定,每100 g紫菜所含营养素如下:水分(10.3 g)、蛋白质(28.2 g)、脂肪(0.2 g)、碳水化合物(48.3 g)、钙(343 mg)、磷(457 mg)、铁(33.2 mg)、胡萝卜素(1.23 mg)、维生素 B_1 (0.44 mg)、维生素 B_2 (2.07 mg)、尼克酸(5.1 mg)、维生素 C(1 mg)、碘(1.8 mg)。

【功能】　紫菜性寒,味甘咸,有化痰软坚、清热利水、补肾养心的功效,用于甲状腺肿、水肿、慢性支气管炎、咳嗽、脚气、高血压等;紫菜含有一定量的甘露醇,有很强的利尿作用,所以可作为治疗水肿的辅助食品;紫菜含有高达29% ~ 35%的蛋白质以及碘、多种维生素和无机盐类,味鲜美,除食用外还可用以治疗甲状腺肿大和降低胆固醇;紫菜中还含有丰富的胆碱成分,有增强记忆的作用;紫菜中含有丰富的钙、铁元素,可以治疗贫血,补钙;紫菜的有效成分对艾氏癌的抑制率可达53.2%,有助于脑肿瘤、乳腺癌、甲状腺癌、恶性淋巴瘤等肿瘤的防治。

【食用方法】　可凉拌、炒食、制馅、炸丸子、脆爆,也可作为配菜或主菜与鸡蛋、肉类、冬菇、豌豆尖和胡萝卜等搭配做菜。

【健康提示】　紫菜适宜于所有人食用,尤其适宜于水肿、脚气、肺病初期、甲状腺肿大、心血管病和各类肿块、增生的患者食用;腹痛便秘的人忌食。

┌─────────┐
│　冬瓜　│
└─────────┘

【简介】　冬瓜为葫芦科植物冬瓜的果实,又称白瓜、水芝、地芝、枕瓜、濮瓜、白冬瓜、东瓜等。

【营养成分】　据研究测定,每100 g冬瓜所含营养素如下:能量(8 kcal)、水分(96.6 g)、蛋白质(0.4 g)、脂肪(0.2 g)、膳食纤维(0.7 g)、碳水化合物(1.9 g)、胡萝卜素(80 μg)、视黄醇(13 μg)、硫胺素(0.01 mg)、核黄素(0.01mg)、尼克酸(0.3 mg)、维生素 C (18 mg)、维生素 E (0.08 mg)、钾(78 mg)、钠(1.8 mg)、钙(19 mg)、镁(8 mg)、铁(0.2 mg)、锰(0.03 mg)、锌(0.97 mg)、铜(0.02 mg)、磷(13 mg)、硒(0.3 μg)等。

【功能】 冬瓜味甘、淡,性凉,入肺、大肠、小肠、膀胱经,利水、消痰、清热、解毒,主治水肿胀满、脚气、淋证、咳喘痰鸣、暑热烦闷、消渴、泻痢、痈肿、痔漏,解鱼毒、酒毒。经研究发现,冬瓜中富含丙醇二酸,其有助于有效控制体内的糖类转化为脂肪,防止体内脂肪堆积,还能把多余的脂肪消耗掉,对减肥有良好的效果。

油酸主要存在于冬瓜籽中,具有抑制体内黑色素沉积的活性,是良好的润肤美容成分。

冬瓜中的膳食纤维含量很高,现代医学研究表明,膳食纤维含量高的食物对改善血糖水平效果好,人的血糖指数与食物中膳食纤维的含量成负相关。此外,膳食纤维还能降低体内胆固醇,降血脂,防止动脉粥样硬化。冬瓜中的粗纤维,能刺激肠道蠕动,使肠道里积存的致癌物质尽快排泄出去。

【食用方法】 煎汤,煨食,做药膳,捣汁饮。

【健康提示】 冬瓜性凉,不宜生食,脾胃虚弱、肾脏虚寒、久病滑泄者忌食。

┌─────────┐
│ 山药 │
└─────────┘

【简介】 山药为薯蓣科植物薯蓣的块茎,又称薯蓣、山芋、诸薯、延草、薯药、淮山药等。

【营养成分】 山药含皂苷、黏液质、胆碱、淀粉、糖蛋白、自由氨基酸、止杈素、多酚氧化物、维生素C、3,4羟基苯乙胺,其黏液质中含甘露聚糖与植酸。据研究测定,每100 g山药所含营养素如下:热量(56 kcal)、水分(84.8 g)、蛋白质(1.9 g)、脂肪(0.2 g)、膳食纤维(0.8 g)、碳水化合物(11.6 g)、视黄醇(13 μg)、硫胺素(0.05 mg)、核黄素(0.02 mg)、烟酸(0.3 mg)、维生素E(0.24 mg)、钠(18.6 mg)、钙(16 mg)、铁(0.3 mg)、维生素C(5 mg)。

【功能】 山药味甘,性平,入肺、脾、肾经,可健脾、补肺、固肾、益精,主治脾虚泄泻、久痢、虚劳咳嗽、消渴、遗精、带下、小便频数。山药中含有丰富的抗性淀粉,能防止普通淀粉的水解,延缓在消化道中的水解速度,从而减慢血糖效应。同时山药含有黏液蛋白,有降低血糖的作用,可用于治疗糖尿病,是糖尿病人的食疗佳品。山药中的山药多糖能促进脾脏中T淋巴细胞的增生和自然杀伤细胞对淋巴癌细胞的毒杀作用;可增加小鼠脾脏质量,增加炭粒廓清作用和抗环磷酰胺的免疫抑制作用。

山药中的薯蓣皂苷经水解后的薯蓣皂苷元,部分可在肠道中转化成脱氢表雄甾酮(DHEA),DHEA富含于肾上腺中,是体内雌激素、睾丸酮等内分泌素的前体物质,已知DHEA会随着年龄的增长而逐渐减少,与许多老化、退化现象有关。补充山药的薯蓣皂苷,可增加血液中DHEA的浓度。山药富含多酚类化合物,具有较好的清除自由基的能力。

【食用方法】 去皮鲜炒,晒干煎汤、煮粥。

【健康提示】 食用山药一般无明显禁忌症,但因其有收敛作用,所以患感冒、大便燥结者及肠胃积滞者忌用。

┌─────────┐
│ 萝卜 │
└─────────┘

【简介】 萝卜为十字花科植物莱菔的新鲜根,又称莱菔、芦根、罗服、萝白、紫菘、秦菘等。

【营养成分】 据研究测定,每100 g萝卜所含营养素如下:热量(15 kcal)、水分(94.6 g)、蛋白质(0.4 g)、脂肪(0.1 g)、碳水化合物(4 g)、膳食纤维(1.8 g)、硫胺素(0.02 mg)、核黄素(0.01 mg)、维生素 B_6(0.06 mg)、叶酸(6.8 μg)、烟酸(0.14 mg)、维生素 C (19 mg)、钙(47 mg)、磷(16 mg)、钾(167 mg)、钠(54.3 mg)、镁(12 mg)、铁(0.2 mg)、锌(0.14 mg)、硒(0.12 mg)、铜(0.01 mg)、锰(0.05 mg)等。

【功能】　萝卜味辛、甘,性凉,入肺、胃经,消积滞、化痰热、下气、宽中、解毒,主治食积胀满、痰嗽失音、吐血、衄血、消渴、痢疾、偏正头痛。萝卜含丰富的维生素 C 和微量元素锌,有助于增强机体的免疫功能,提高抗病能力,萝卜中的芥子油能促进胃肠蠕动,增加食欲,帮助消化。萝卜中的淀粉酶能分解食物中的淀粉、脂肪,使之得到充分吸收。萝卜含有木质素,能提高巨噬细胞的活力,吞噬癌细胞。此外,萝卜所含的多种酶,能分解致癌的亚硝酸胺,具有防癌作用。萝卜含有大量胶质,生成血小板,有止血功效。萝卜也可润喉去燥,化痰止咳,使人清爽舒适,适宜口干、眼干、思虑过度、睡眠不足、讲话过多的人群。

【食用方法】　生食,炒食,做药膳,煮食,煎汤,捣汁饮。

【健康提示】　脾胃虚寒者勿食。

```
胡萝卜
```

【简介】　胡萝卜为伞形科植物胡萝卜的根,又称红萝卜、胡芦菔、黄萝卜、金笋、丁香萝卜、红芦菔。

【营养成分】　据研究测定,每100 g胡萝卜所含营养素如下:热量(25 kcal)、水分(90 g)、蛋白质(1 g)、脂肪(0.2 g)、碳水化合物(8.1 g)、膳食纤维(3.2 g)、维生素 A (685 μg)、胡萝卜素(4 107 μg)、核黄素(0.02 mg)、维生素 B_6(0.16 mg)、叶酸(4.8 μg)、维生素 C (9 mg)、维生素 E (0.31 μg)、钙(27 mg)、磷(38 mg)、钾(119 mg)、钠(120.7 mg)、镁(18 mg)、铁(0.3 mg)、锌(0.22 mg)、硒(0.6 mg)、铜(0.07 mg)、锰(0.08 mg)等。

【功能】　胡萝卜味甘,性平,入肺、脾经,健脾、化滞,主治消化不良、久痢、咳嗽。胡萝卜中富含维生素 A 与 β 胡萝卜素,这两种物质具有促进眼内感光色素生成的能力,并能加强眼睛的辨色能力,也能优化眼睛疲劳与眼睛干燥的问题,可治疗夜盲症。维生素 A 是骨骼正常生长发育的必需物质,有助于细胞增殖与生长,是机体生长的要素,对促进婴幼儿的生长发育具有重要意义。胡萝卜素有助于增强机体的免疫功能,在预防上皮细胞癌变的过程中具有重要作用。胡萝卜含有植物纤维,吸水性强,在肠道中体积容易膨胀,是肠道中的"充盈物质",可加强肠道的蠕动,从而利膈宽肠,通便防癌。胡萝卜中的核酸物质和双歧因子,可以有效保护肠黏膜,并能增殖肠道内的有益菌群,能够有效地预防肠道功能紊乱,对预防腹泻和腹痛有确切作用。胡萝卜中的木质素也能提高机体免疫机制,间接消灭癌细胞。胡萝卜素还有维护上皮细胞的正常功能、防治呼吸道感染、促进人体生长发育及参与视紫红质合成等重要功效。胡萝卜还含有降糖物质,是糖尿病人的良好食品。其所含的某些成分,如槲皮素、山柰酚能增加冠状动脉血流量,降低血脂,促进肾上腺素的合成,还有降压、强心作用,是高血压、冠心病患者的食疗佳品。近年来,国内外资料均报道,胡萝卜具有突出的防癌抗癌作用。

【食用方法】　生、熟食均可。

【健康提示】　体弱气虚者不宜食用。

> **藕**

【简介】　藕为睡莲科植物莲的肥大根茎,又称莲藕、藕节、湖藕、果藕、菜藕、水鞭蓉、荷藕、光旁等。

【营养成分】　藕含淀粉、蛋白质、维生素C、新绿原酸、无色矢车菊素、无色飞燕草素等。据研究测定,每100 g藕所含营养素如下:能量(42 kcal)、水分(80.5 g)、蛋白质(1.9 g)、脂肪(0.2 g)、膳食纤维(1.2 g)、碳水化合物(15.2 g)、胡萝卜素(20 μg)、视黄醇(3 μg)、硫胺素(0.09 mg)、核黄素(0.03 mg)、尼克酸(0.3 mg)、维生素C (44 mg)、维生素E (0.73 mg)、钾(243 mg)、钠(44.2 mg)、钙(39 mg)、镁(19 mg)、铁(1.4 mg)、锰(0.23 mg)、铜(0.11 mg)、磷(58 mg)、硒(0.39 μg)等。

【功能】　藕味甘,性凉,能清热生津、凉血止血、散瘀血。熟用微温,能补益脾胃、止泻、益血、生肌。藕中含有黏液蛋白和膳食纤维,能与人体内胆酸盐、食物中的胆固醇及甘油三酯结合,使其从粪便中排出,从而减少脂类的吸收。藕散发出一种独特的清香,还含有鞣质,有一定的健脾止泻作用,能增进食欲,促进消化,开胃健中,有益于胃纳不佳、食欲不振者恢复健康。藕富含铁、钙等微量元素,植物蛋白质、维生素以及淀粉含量也很丰富,有明显的补益气血、增强人体免疫力作用,故中医称其"主补中焦,养神,益气力"。藕含有大量的单宁酸,有收缩血管作用,可用来止血。藕还能凉血、散血,中医认为其止血而不留瘀,是热病血症的食疗佳品。

【食用方法】　生食,烹食,捣汁饮,晒干磨粉煮粥。

【健康提示】　由于藕性偏凉,故产妇不宜过早食用。食用藕要挑选外皮呈黄褐色、肉肥厚而白的,如果发黑、有异味,则不宜食用。

> **笋**

【简介】　笋为禾本科植物毛竹的苗,又称竹萌、竹芽、春笋、冬笋、生笋等。

【营养成分】　笋含有丰富的蛋白质、氨基酸、脂肪、糖类、钙、磷、铁、胡萝卜素,以及维生素 B_1、B_2、C 等营养成分。据研究测定,每100 g笋所含营养素如下:热量(19 kcal)、蛋白质(2.6 g)、脂肪(0.2 g)、碳水化合物(3.6 g)、膳食纤维(1.8 g)、硫胺素(0.08 mg)、核黄素(0.08 mg)、尼克酸(0.6 mg)、维生素C (5 mg)、维生素E (0.05 mg)、钙(9mg)、磷(64 mg)、钠 (0.4 mg)、镁 (1 mg)、铁 (0.5 mg)、锌 (0.33 mg)、硒 (0.04 μg)、铜 (0.09 mg)、锰(1.14 mg)、钾(389 mg)等。

【功能】　笋味甘,性寒,入大肠、肺、胃经,清热化痰,和中润肠,主治痰热壅盛、食胀、大便不畅、麻疹不发。笋含有多种抗癌营养成分,例如,一种可抑制癌细胞生长的组织蛋白,及大量叶酸、核酸和天门冬酰胺酶以及其含有的微量元素如硒、钼、锰、铬等,能很好地抑制癌细胞生长,并防止癌细胞扩散。笋提取物能促使癌细胞DNA双链断裂,这就使笋对于抗癌具有最理想的选择性:既可以直接杀灭癌细胞,对正常细胞又没有副作用。笋中含有的芦丁、皂角甙、维生素 E、天门冬氨酸、叶酸以及多种甾体皂苷物质和微量元素硒、钼、铬、锰等,具有调节机体代谢、提高机体免疫力的功效。笋提取物可以有效地改变人体内淋巴细胞亚群之间的比例,提高各种免疫细胞的活性,从而增加机体免疫功能。笋能够降低人体器官的脂质过氧化物(LPO)的含量,提高超氧化物歧化酶(SOD)的活性,从而延缓衰老。

【食用方法】 煎汤,煮食,炒食。

【健康提示】 小儿脾虚者不宜多食。

蘑菇

【简介】 蘑菇由菌丝体和子实体两部分组成,菌丝体是营养器官,子实体是繁殖器官。蘑菇有白蘑、金针菇、香菇、草菇、猴头菇等种类。

【营养成分】 以白蘑为例,据研究测定,每 100 g 白蘑所含营养素如下:水分(91.4 g)、热量(27 kcal)、蛋白质(3.5 g)、脂肪(0.4 g)、碳水化合物(3.8 g)、膳食纤维(1.8 g)、硫胺素(0.02 mg)、核黄素(0.3 g)、维生素 B_6(0.02 mg)、烟酸(3.5 mg)、维生素 C(0.1 mg)、钙(6 mg)、磷(93 mg)、钾(11 mg)、钠(57 mg)、镁(11 mg)、铁(1 mg)、锌(0.6 mg)等。

【功能】 蘑菇味甘,性凉,入肠、胃、肺经,有开胃、理气、化痰、悦神、解毒、透疹、止吐、止泻之功效,可主治热病中后期体倦气弱、口干不食、咳嗽有痰、胸膈闷满、呕吐泄泻、小儿麻疹透发不畅等。蘑菇的有效成分可增强 T 淋巴细胞功能,从而提高机体抵御各种疾病的免疫力。蘑菇提取液用动物实验,发现其有明显的镇咳、稀化痰液的作用。蘑菇中含有人体难以消化的粗纤维、半粗纤维和木质素,可保持肠内水分平衡,还可吸收余下的胆固醇、糖分,将其排出体外,对预防便秘、肠癌、动脉硬化、糖尿病等都十分有利。蘑菇含有酪氨酸酶,对降血压有明显效果。

各种蘑菇也因成分的差异,在营养功能上有所差别。如金针菇中赖氨酸的含量特别高,含锌量也比较高,有促进儿童智力发育和健脑的作用,被誉为“益智菇”。金针菇能有效地增强机体的生物活性,促进人体内的新陈代谢,有利于食物中各种营养素的吸收和利用,对生长发育也大有益处。经常食用金针菇,可以预防肝病及胃、肠道溃疡,特别适合高血压患者、肥胖者和中老年人食用,这主要是因为它是一种高钾低钠食品。

香菇不但美容养颜,还能起到降低胆固醇、降血压的作用。香菇中含有一般蔬菜缺乏的麦淄醇,它可转化为维生素 D,促进体内钙的吸收,并增强人体抵抗力。多吃香菇对于预防感冒等疾病有一定帮助。正常人多吃香菇能起到防癌作用,癌症患者多吃香菇能抑制肿瘤细胞的生长。

草菇的维生素 C 含量高,能促进人体新陈代谢,提高机体免疫力。它具有解毒作用,如铅、砷、苯进入人体时,可与其结合,形成抗坏血元,随小便排出。它能够减慢人体对碳水化合物的吸收,是糖尿病患者的上选食品。草菇还能消食祛热、滋阴壮阳、增加乳汁、防止坏血病、促进创伤愈合,护肝健胃,是优良的食药兼用型的营养保健食品。

猴头菇所含的不饱和脂肪酸,有利于血液循环,能降低血液中的胆固醇含量,是高血压、心血管疾病患者的理想食品。猴头菇能提高人体免疫功能,对消化道肿瘤患者大有裨益。猴头菌对消化不良、神经虚弱、身体虚弱等均有作用。

【食用方法】　炒食,煮食,煲汤等。

【健康提示】　蘑菇性滑,便泄者慎食;禁食有毒野蘑菇。

> 木耳

【简介】　木耳为担子菌纲,木耳目,木耳科,又名黑木耳、光木耳、云耳、木檽、木蕊、木菌等。

【营养成分】　木耳营养极为丰富,含有大量的碳水化合物、蛋白质、铁、钙、磷、胡萝卜素、维生素等营养物质。据研究测定,每 100 g 干木耳所含营养素如下:热量(205 kcal)、水分(15.5 g)、蛋白质(12.1 g)、脂肪(1.5 g)、膳食纤维(29.2 g)、碳水化合物(35.7 g)、维生素 A(17 mg)、硫胺素(0.17 mg)、核黄素(0.44 mg)、烟酸(2.5 mg)、维生素 E(11.34 mg)、钠(48.5 mg)、钙(247 mg)、铁(97.4 mg)等。

【功能】　木耳味甘,性平,补气血,润肺,止血,用于气虚血亏、四肢搐搦、肺虚咳嗽、咯血、吐血、衄血、崩漏、高血压病、便秘。

现代医学研究表明,如果每人每天食用 5～10 g 黑木耳,它所具有的抗血小板聚集作用与每天服用小剂量阿司匹林的功效相当,因此人们称黑木耳为食品阿司匹林。同时,黑木耳具有显著的抗凝作用,它能阻止血液中的胆固醇在血管上的沉积和凝结。由于黑木耳具有抗血小板聚集和降低血凝作用,可以减少血液凝块,防止血栓形成,对延缓中年人动脉硬化的发生十分有益,不仅对冠心病,对其他心脑血管疾病以及动脉硬化症也具有较好的防治和保健作用。黑木耳含有丰富的植物胶原成分,它具有较强的吸附作用,对无意食下的难以消化的头发、谷壳、木渣、沙子、金属屑等异物也具有溶解与氧化作用。常吃黑木耳能起到清理消化道、清胃涤肠的作用。黑木耳被营养学家誉为"素中之荤"和"素中之王",每 100 g 黑木耳中含铁 97.4 mg左右,比绿叶蔬菜中含铁量最高的菠菜还要高。黑木耳中含有丰富的纤维素和一种特殊的植物胶原,这两种物质能够促进胃肠蠕动,促进肠道脂肪食物的排泄,减少食物中脂肪的吸收,从而防止肥胖;同时,由于这两种物质能促进胃肠蠕动,防止便秘,有利于体内大便中有毒物质的及时清除和排出,从而起到预防直肠癌及其他消化系统癌症的作用。所以,老年人特别是便秘的老年人,坚持食用黑木耳,对预防多种老年疾病、抗癌、防癌和延缓衰老都有良好的效果。

【食用方法】　煮食,炒食,蒸食。

【健康提示】　鲜木耳含有毒素不可食用;黑木耳有活血抗凝的作用,有出血性疾病的人不宜食用;孕妇不宜多吃。

> 银耳

【简介】　银耳,银耳科,银耳属,又称白木耳、白耳、桑鹅、五鼎芝、白耳子等。

【营养成分】　据研究测定,每 100 g 干银耳所含营养素如下:热量(200 kcal)、水分(14.6 g)、蛋白质(10 g)、脂肪(1.4 g)、膳食纤维(30.4 g)、碳水化合物(36.9 g)、维生素 A(8 mg)、硫胺素(0.05 mg)、核黄素(0.25 mg)、烟酸(5.3 mg)、维生素 E(1.26 mg)、钠(82 mg)、钙(36 mg)、铁(4 mg)等。

【功能】　银耳味甘,性平,归肺、胃、肾经,有滋补生津、润肺养胃之功效,可治虚劳咳嗽、痰中带血、津少口渴、病后体虚、气短乏力。据研究报道,银耳多糖可使小鼠的外周血中的 T 淋巴细胞和 B 淋巴细胞的数量增加,具有提高免疫条件的能力。银耳提取物可提高肿瘤细胞中的磷脂腺苷的含量,从而影响其核酸和蛋白质代谢,改变肿瘤细胞的分裂特性,使之向正常方向转化。银耳也可明显降低高血压大鼠血清中的胆固醇水平。同时经兔试验,银耳可明显延长特异性血栓和纤维蛋白血栓的形成时间,缩短血栓长度,降低血栓质量,降低血小板黏附率和血液黏度,降低血浆纤维蛋白原含量,增强纤维溶解酶的活力。

【食用方法】　煮食、炒食、蒸食。

【健康提示】　银耳能清肺热,故外感风寒者忌用。

荠菜

【简介】　荠菜为十字花科植物荠菜的全草,又名荠、荠菜花、菱角菜、护生草、荠荠菜、沙荠、粽子菜、香荠、地菜、地地菜、地菜花、三角菜、香善菜、清明草、护生菜、芨菜、细菜、鸡心菜、净肠草、枕头草、细细菜、田儿菜、家荠菜、榄豉菜、班菜等。

【营养成分】　荠菜含草酸、酒石酸、苹果酸、丙酮酸、对氨基苯磺酸、延胡索酸等有机酸、精氨酸、天冬氨酸、脯氨酸、蛋氨酸、亮氨酸、谷氨酸、甘氨酸、丙氨酸、胱氨酸、半胱氨酸等氨基酸,蔗糖、山梨糖、乳糖、氨基葡萄糖、山梨糖醇、甘露糖醇、侧金盏花醇等糖分。据研究测定,每 100 g 荠菜所含营养素如下:热量(27 kcal)、水分(90.6 g)、蛋白质(2.9 g)、脂肪(0.4 g)、膳食纤维(1.7 g)、碳水化合物(3 g)、胡萝卜素(2 590 μg)、视黄醇(432 μg)、硫胺素(0.04 mg)、核黄素(0.15 mg)、尼克酸(0.4 mg)、维生素 C(12 mg)、维生素 E(1.01 mg)、钾(280 mg)、钠(31.6 mg)、钙(294 mg)、镁(37 mg)、铁(5.4 mg)、锰(0.65 mg)、锌(0.68 mg)、铜(0.29 mg)、磷(81 mg)、硒(0.51 μg)。

【功能】　荠菜味甘,性平,入肝、心、肺、脾经,有和脾、利水、止血、明目作用,主治痢疾、水肿、淋证、乳糜尿、吐血、衄血、便血、月经过多、崩漏、目赤肿痛等。荠菜所含的荠菜酸,是有效的止血成分,能缩短出血及凝血时间。荠菜含有乙酰胆碱、谷甾醇和季胺化合物,不仅可以降低血液及肝里胆固醇和甘油三酯的含量,而且有降血压的作用。荠菜所含的橙皮苷能够消炎抗菌,能增强体内维生素 C 的含量,还能抗病毒,预防冻伤,对糖尿病性白内障病人也有疗效。荠菜中所含的二硫酚硫酮,具有抗癌作用。荠菜还含有丰富的维生素 C,可防止硝酸盐和亚硝酸盐在消化道中转变成致癌物质亚硝胺,预防胃癌和食管癌。荠菜含有大量的粗纤维,食用后可增强大肠蠕动,促进排泄,从而促进新陈代谢,有助于防治高血压、冠心病、肥胖症、糖尿病、肠癌及痔疮等。荠菜含有丰富的胡萝卜素,因胡萝卜素为维生素 A 原,所以是治疗干眼病、夜盲症的良好食物。

【食用方法】　煎汤,炒菜,做馅。

【健康提示】　荠菜可宽肠通便,故便溏者慎食;体质虚寒者不宜食用荠菜。

马齿苋

【简介】 马齿苋为马齿苋科植物马齿苋的全草,又称长命菜、马屈菜、马叶菜、五行草、安乐菜、马细菜、酸米菜、长寿菜、麻子菜、马思汗、马斯汗、麻生菜等。

【营养成分】 马齿苋含大量去甲肾上腺素、钾盐、二羟基苯乙胺、二羟基苯丙氨酸、苹果酸、柠檬酸、谷氨酸、天冬氨酸及蔗糖、葡萄糖、果糖等。据研究测定,每100 g 马齿苋所含营养素如下:蛋白质(2.3 g)、脂肪(0.5 g)、糖(3 g)、钙(85 mg)、磷(56 mg)、铁(1.5 mg)、胡萝卜素(2.23 mg)、硫胺素(0.03 mg)、核黄素(0.11 mg)、尼克酸(0.7 mg)、维生素 C (23 mg)等。

【功能】 马齿苋味酸,性寒,入大肠、肝、脾经,可清热解毒、散血消肿,主治热痢脓血、热淋、血淋、带下、痈肿恶疮。马齿苋含有 ω-3 脂肪酸,能够抑制和消除人体血清胆固醇和甘油三酯的生成,防止胆固醇在血管壁沉积而发生动脉硬化。ω-3 脂肪酸还可以是血栓素 A(一种强烈的血管收缩剂和血小板聚集剂)减少,从而使血管扩张,血液黏稠度下降,防止血栓形成和冠状动脉痉挛,有效防治冠心病。马齿苋的醇提取物或水煎剂对多种痢疾杆菌有显著的抑制作用,还对大肠杆菌、伤寒杆菌、金葡萄球菌及杜央氏小丫孢藓菌等致病性皮肤真菌有抑制作用;其所富含的维生素 A、维生素 C 能促进溃疡面上皮细胞愈合,针对溃疡病治疗的"肠溃舒"中就重用了马齿苋,以达到溃疡面上皮细胞的愈合。

【食用方法】 煎汤服或沸水汆后蒜调食,炒食,捣汁饮。

【健康提示】 腹部受寒引起腹泻的人不适合食用。

丝瓜

【简介】 丝瓜为葫芦科植物丝瓜的鲜嫩果实,又称天罗、绵瓜、布瓜、天络瓜、天丝瓜、天罗瓜、天吊瓜、倒阳菜、絮瓜、喜瓜、胜瓜等。

【营养成分】 丝瓜除含蛋白质、脂肪、碳水化合物、钙、磷、铁及维生素 B_1、维生素 C 外,还含有皂苷、植物黏液、木糖胶、丝瓜苦味质、瓜氨酸等。据研究测定,每100 g 丝瓜所含营养素如下:能量(16 kcal)、水分(94.1 g)、蛋白质(1.3 g)、脂肪(0.2 g)、膳食纤维(1.7 g)、碳水化合物(4 g)、胡萝卜素(155 μg)、硫胺素(0.02 mg)、核黄素(0.04 mg)、叶酸(22.6 μg)、烟酸(0.32 mg)、维生素 C (4 mg)、维生素 E (0.08 mg)、钾(121 mg)、钙(37 mg)、镁(19 mg)、铁(0.3 mg)、锰(0.07 mg)、锌(0.22 mg)、铜(0.05 mg)、磷(33 mg)等。

【功能】 丝瓜味甘,性凉,入肝、胃经,有清暑凉血、解毒通便、祛风化痰、润肌美容、通经络、行血脉、下乳汁、调理月经不顺等功效,还能用于治疗热病身热烦渴。鲜嫩丝瓜提取物腹腔注射时对刚断奶小鼠皮下感染乙型脑炎病毒有明显的预防作用,感染病毒前注射,保护率可达60% ~80%。但在感染病毒后注射,保护率只有20% ~27%。初步实验提示,丝瓜提取物富含一种干扰素诱生剂,其有效成分可能是单链 RNA。

【食用方法】 煲汤,炒食,蒸食。

【健康提示】 体虚内寒、腹泻者不宜多食。

第五节　功能性调味品

调味品也称调味料、佐料,是指少量加入其他食物中用来改善味道的食品成分。有些调味料也可以在其他情况下被用来作主食或主要成分来食用。

葱

【简介】　葱,百合科,葱属,多年生宿根草本植物,别名芤、鹿胎、莱伯、四季葱、和事草、葱白、大葱。葱按照生长时间的长短又有羊角葱、地羊角葱、小葱、改良葱、水沟葱、青葱、老葱等品种。

【营养成分】　据研究测定,每 100 g 葱所含营养素如下:水分(90 g)、蛋白质(2.5 g)、脂肪(0.3 g)、碳水化合物(5.4 g)、钙(54 mg)、磷(61 mg)、铁(2.2 mg)、胡萝卜素(0.46 mg)、维生素 C (15 mg)。此外,还含有原果胶、水溶性果胶、硫胺素、核黄素、尼克酸和大蒜素等多种成分。

【功能】　葱含果胶,可明显地减少结肠癌的发生;葱含有微量元素硒,可降低胃液内的亚硝酸盐含量,预防胃癌;葱含有具有刺激性气味的挥发油和辣素,能祛除腥膻等油腻菜肴中的异味,并有较强的杀菌作用,可以刺激消化液的分泌,增进食欲;葱还含有"前列腺素 A",所以具有舒张小血管、促进血液循环的功效,有助于防止血压升高所致的头晕,有使大脑保持灵活和预防老年痴呆的作用;挥发性辣素通过汗腺、呼吸道、泌尿系统排出时能轻微刺激相关腺体的分泌,而起到发汗、祛痰、利尿作用;葱蒜辣素,也叫植物杀菌素,具有较强的杀菌作用,特别是对痢疾杆菌及皮肤真菌抑制作用更强。

【食用方法】　葱含有挥发性硫化物,具有特殊辛辣味,是重要的解腥调味品,可根据口味在炒菜过程中适量加入。

【健康提示】　患有胃肠道疾病特别是溃疡病的人不宜多食;葱对汗腺刺激作用较强,有腋臭的人在夏季应慎食;表虚、多汗者应忌食;过多食用葱会损伤视力;葱与蜂蜜不可同食,容易引起痢疾。

洋葱

【简介】　洋葱,百合科,葱属,二年生草本植物,别名球葱、圆葱、玉葱、葱头。根据其皮色可分为白皮、黄皮和红皮三种,白皮种鳞茎小,外表白色或略带绿色,肉质柔嫩,品质佳,适于生食。在国外洋葱被誉为"菜中皇后",营养价值不低。

【营养成分】　洋葱以肥大的肉质鳞茎为食用器官,营养丰富。据研究测定,每 100 g 鲜洋葱所含营养素如下:水分(88 g)、蛋白质(1~1.8 g)、脂肪(0.3~0.5 g)、碳水化合物(5~8 g)、粗纤维(0.5 g)、热量(130 kJ)、钙(12 mg)、磷(46 mg)、铁(0.6 mg)、维生素 C(14 mg)、尼克酸(0.5 mg)、核黄素(0.05 mg)、硫胺素(0.08 mg)、胡萝卜素(1.2 mg)。此外,还含有咖啡酸、芥子酸、桂皮酸、柠檬酸盐、多糖和多种氨基酸;挥发油中富含大蒜素、硫醇、三硫化物等;花蕾、花粉、花药等均含胡萝卜素。

【功能】　洋葱含有与降血糖药甲磺丁脲相似的有机物,具有强力利尿、刺激胰岛素合成及释放的作用。糖尿病患者每餐食洋葱 25～50 g 能起到较好的降低血糖和利尿的作用;洋葱可以抑制组织胺的活动,而组织胺正是一种会引起哮喘过敏症状的化学物质;据德国的研究,洋葱可以使哮喘的发作概率降低一半左右;洋葱里所含的化合物能阻止血小板凝结,并加速血液凝块溶解;洋葱可以预防胆固醇过高,据哈佛医学院心脏科教授克多格尔威治博士指出,每天生吃半棵洋葱,或喝等量的洋葱汁,平均可增加心脏病人约 30% 的 HDL 含量;最新研究报告指出,洋葱预防骨质流失的效果,甚至比骨质酥松症治疗药还要好;洋葱中含糖、蛋白质及各种无机盐、维生素等营养成分,对机体代谢起一定作用,较好地调节神经,增长记忆,其挥发成分亦有较强的刺激食欲、帮助消化、促进吸收等功能;其所含二烯丙基二硫化物及蒜氨酸等,也可降低血中胆固醇和甘油三酯含量,从而可起到防止血管硬化的作用;洋葱中含有植物杀菌素如大蒜素等,因而有很强的杀菌能力;洋葱中含有微量元素硒,硒是一种抗氧化剂,它的特殊作用是能使人体产生大量谷胱甘肽,谷胱甘肽的生理作用是输送氧气供细胞呼吸,人体内硒含量增加,癌症发生率就会大大下降;洋葱具有发散风寒的作用,因为洋葱鳞茎和叶子含有一种称为硫化丙烯的油脂性挥发物,具有辛辣味,这种物质能抗寒,抵御流感病毒,有较强的杀菌作用。

【食用方法】　生、熟食均可,也可以它为原料做菜,如洋葱炒肉丝、洋葱焖猪排。

【健康提示】　洋葱一次不宜食用过多,否则容易引起发热;有皮肤瘙痒性疾病、患有眼疾以及胃病、肠胃发炎者应少吃;洋葱辛温,热病患者应慎食;洋葱所含辛辣味对眼睛有刺激作用,患有眼疾、眼部充血时,不宜食洋葱。

韭菜

【简介】　韭菜,百合科,多年生草本植物,又名起阳草、韭、山韭、丰本、扁菜、草钟乳、起阳草、长生韭、懒人菜。

【营养成分】　据研究测定,每 100 g 韭菜所含营养素如下:蛋白质(2～2.85 g)、脂肪(0.2～0.5 g)、碳水化合物(2.4～6 g)、纤维素(0.6～3.2 g),还有大量的维生素,如胡萝卜素(0.08～3.26 mg)、核黄素(0.05～0.8 mg)、尼克酸(0.3～1 mg)、维生素 C (10～62.8 mg),韭菜含的矿质元素也较多,如钙(10～86 mg)、磷(9～51 mg)、铁(0.6～2.4 mg)。此外,韭菜含有挥发性的硫化丙烯,因此具有辛辣味,有促进食欲的作用。

【功能】　韭菜味甘、辛,性温,无毒,具健胃、提神、止汗固涩、补肾助阳、固精等功效;为振奋性强壮药,有健胃、提神、温暖作用;根、叶捣汁有消炎止血、止痛之功;适用于肝肾阴虚盗汗、遗尿、阳痿、阳强、噎膈、反胃,下痢、腹痛、妇女月经病以及跌打损伤、吐血、鼻衄等症。韭菜活血散瘀,理气降逆,温肾壮阳,韭汁对痢疾杆菌、伤寒杆菌、大肠杆菌、葡萄球菌均有抑制作用;韭菜含有挥发性精油及含硫化合物,具有促进食欲和降低血脂的作用,对高血压、冠心病、高血脂等有一定疗效。

【食用方法】　宜作菜肴的配料,亦可炒食、拌食、衬底、制馅。

【健康提示】　韭菜中含有大量的硝酸盐,炒熟后不宜存放过久,特别是隔夜的熟韭菜不宜再吃;阴虚火旺者以及有眼疾的人不宜多吃。

辣根

【简介】　辣根,十字花科,辣根属,又名西洋葵菜、山葵萝卜、马萝卜。

【营养成分】　据研究测定,每 100 g 辣根所含营养素如下:热量(92 kcal)、蛋白质(3.2 g)、脂肪(0.2 g)、钙(160 mg)、磷(59 mg)、铁(0.7 mg)、钾(695 mg)。

【功能】　辣根具有很好的保健功能,有利尿、兴奋神经的功效;近年研究发现,它还具有较强的抗癌效果;辣根是良好的利尿剂及通经剂,适于有闭经与水肿等问题的女性;可用来预防坏血病;可减轻风湿症引起的疼痛和僵硬。

【食用方法】　辣根主要用于调味,为鱼、肉菜肴增香,还可防止食物的腐败,常用作肉类食物的调味品和保存剂;辣根有特殊辣味,含烯丙(基)硫氰酸(C_3H_5CNS),磨碎后干藏,备作煮牛肉及奶油食品的调料,或切片入罐头中调味。

【健康提示】　辣根是治疗肠胃疾病的良药,遇消化不良或肠胃胀气时,可以用来刺激消化;应尽量使用新鲜的辣根,一次不可服用太多,否则会引起腹泻及大量出汗。

辣椒

【简介】　辣椒,茄科,辣椒属,又叫番椒、海椒、辣子、辣角、秦椒等。

【营养成分】　辣椒中含有丰富的维生素 C、β-胡萝卜素、叶酸、镁及钾。

【功能】　果:温中散寒,健胃消食,用于胃寒疼痛、胃肠胀气、消化不良,外用治冻疮、风湿痛、腰肌痛;根:活血消肿,外用治冻疮。辣椒富含丰富的维生素 C,可以控制心脏病及冠状动脉硬化,降低胆固醇;辣椒含有较多抗氧化物质,可预防癌症及其他慢性疾病的发生;可以使呼吸道畅通,用于治疗咳嗽、感冒。辣椒含有隐黄素、辛辣红素等物质,能够刺激唾液腺以及胃腺分泌唾液、胃液,加速食物消化,促使心脏加快跳动,加速血液循环,预防风湿性关节炎、风湿热等症,可以改善怕冷、冻伤、血管性头痛等症状;辣椒含有一种特殊物质,能通过加速新陈代谢以达到燃烧体内脂肪的效果,从而起到减肥作用;这种物质还促进荷尔蒙分泌,对皮肤有很好的美容保健作用,是女性的"美容补品"。

【食用方法】　适用于炒、拌、炝和做泡菜或做配料。

【健康提示】　过多食用辣椒素会剧烈刺激胃肠黏膜,引起胃痛、腹泻并使肛门烧灼刺痛,诱发胃肠疾病,促使痔疮出血,不宜多食;阴虚有热者勿食;辣椒具有较强的刺激性,容易引起口干、咳嗽、咽痛、便秘等;眼疾患者、食管炎、胃肠炎、胃溃疡、痔疮患者应少吃或忌食;高血压病、肺结核病患者也应慎食。

生姜

【简介】　姜,姜科,姜属,别名姜根、百辣云、勾装指、因地辛、炎凉小子、鲜生姜、蜜炙姜、生姜汁。

【营养成分】　姜含有辛辣和芳香成分。辛辣成分为一种芳香性挥发油脂中的"姜油酮",其中主要为姜油萜、水茴香、樟脑萜、姜酚、桉叶油精、淀粉、黏液等。据研究测定,每 100 g 姜所含营养素如下:热量(41 kcal)、蛋白质(1.3 g)、脂肪(0.6 g)、碳水化合物(10.3 g)、膳食纤维(2.7 g)、维生素 A (28 μg)、胡萝卜素(170 μg)、硫胺素(0.02 mg)、核黄素(0.03 mg)、尼克酸(0.8 mg)、维生素 C (4 mg)、钙(27 mg)、磷(25 mg)、钠(14.9 mg)、镁(44 mg)、铁(1.4 mg)、锌(0.34 mg)、硒(0.56 μg)、铜(0.14 mg)、锰(3.2 mg)、钾(295 mg)。

【功能】　姜为芳香性辛辣健胃药,有温暖、兴奋、发汗、止呕、解毒等作用,特别对于鱼蟹毒、半夏、天南星等药物中毒有解毒作用;适用于外感风寒、头痛、痰饮、咳嗽、胃寒呕吐;在遭受冰雪、水湿、寒冷侵袭后,饮姜汤,可增进血行,驱散寒邪;生姜具有解毒杀菌的作用,生姜有抑制癌细胞活性、降低癌的毒害作用;生姜中所含的大量姜酚,能抑制前列腺素的分泌过多,减少胆汁中黏蛋白含量,不至于因黏蛋白过多而与胆汁中钙离子和胆红素结合,从而可以预防胆结石的形成;生姜中含有较多的油树脂,有较强的利胆作用;生姜中的有效成分能防止脂肪食物中的过氧反应,可减慢其氧化变质的速度,生姜中的姜辣素进入体内吸收消化后,能产生一种抗衰老活性的抗氧化酶,抑制体内脂质过氧化物和脂褐质色素——老年斑的产生,延缓衰老的出现;生姜含有姜酚,能够产生抗氧化作用的强自由基分子;姜酚可以抑制和减少消化道内那些会引起恶心的氧化物;生姜能够抑制胃中的血清素受体在引起恶心中所发挥的作用;生姜可以抗衰老防血栓:现代科学研究表明,生姜中含有过氧化物歧化酶,它是一种抗衰老的物质。生姜还含有一种特殊物质,其化学结构和阿司匹林乙酰水杨酸相似,这种物质,可防止血小板聚集,防止血栓形成的效果十分理想;生姜可以调节前列腺素的水平,而前列腺素也具有降低血小板聚集的作用。

【食用方法】　生姜是重要的调味品,因为其味清辣,可将食物的异味挥散,常作荤腥菜的矫味品;姜可加工成姜干、糖姜片、咸姜片、姜粉、姜汁、姜酒和糖渍、酱渍,还可作香料和药材。

【健康提示】　大枣常与生姜配伍,生姜可以助卫气发汗,大枣又可补益营血、防止汗多伤营,合之有共奏调和营卫之功;阴虚内热及邪热亢盛者忌食;烂姜、冻姜不要吃,因为姜变质后会产生致癌物。

```
┌─────────────────┐
╎  蒜             ╎
└─────────────────┘
```

【简介】　蒜,百合科,葱属(葱亚科),古称葫,又称葫蒜;大蒜既可调味,又能防病健身,常被人们称誉为"天然抗生素"。

【营养成分】　含有丰富的蛋白质、脂肪、糖类及维生素 A、B_1、B_2、C,矿物质、钙、磷、铁、镁及植物纤维。

【功能】　大蒜集100多种药用和保健成分于一身,其中含硫挥发物43种、硫化亚磺酸(如大蒜素)酯类13种、氨基酸9种、肽类8种、苷类12种、酶类11种;蒜氨酸是大蒜独具的成分,当它进入血液时便成为大蒜素,即使稀释10万倍仍能在瞬间杀死伤寒杆菌、痢疾杆菌、流感病毒等;蒜素与维生素 B_1 结合可产生蒜硫胺素,具有消除疲劳、增强体力的奇效;大蒜具有明显的降血脂及预防冠心病和动脉硬化的作用,并可防止血栓的形成;大蒜中含硒较多,对人体中胰岛素的合成起到一定的作用;常食大蒜能延缓衰老。它的抗氧化活性优于人参;经常接触铅或有铅中毒倾向的人食用大蒜,能有效地防治铅中毒;大蒜含有的肌酸酐是参与肌肉活动不可缺少的成分,对精液的生成也有作用,可使精子数量大增,所谓吃大蒜精力旺盛即指此而言;大蒜外用可促进皮肤血液循环,去除皮肤的老化角质层,软化皮肤并增强其弹性,还可防日晒、防黑色素沉积,去色斑增白;近年来国内外研究证明,大蒜可阻断亚硝胺类致癌物在体内的合成,在大蒜100多种成分中,几十种成分都有单独的抗癌作用。

【食用方法】　调味或直接食用。

【健康提示】　过多食用刺激胃肠黏膜,引起胃痛、腹泻;阴虚有热者勿食;眼疾患者及食管炎、胃肠炎、胃溃疡、痔疮患者应少食或忌食。

　香菜

【简介】　香菜,伞形科,一年生或二年生草本,别名香荽、胡菜、原荽、园荽、芫荽、胡荽、莞荽、莛荽菜、莛葛草、满天星。

【营养成分】　据研究测定,每100 g香菜所含营养素如下:热量(31 kcal)、蛋白质(1.8 g)、脂肪(0.4 g)、碳水化合物(6.2 g)、膳食纤维(1.2 g)、维生素A(193 μg)、胡萝卜素(1 160 μg)、硫胺素(0.04 mg)、核黄素(0.14 mg)、尼克酸(2.2 mg)、维生素C(48 mg)、维生素E(0.8 mg)、钙(101 mg)、磷(49 mg)、钠(48.5 mg)、镁(33 mg)、铁(2.9 mg)、锌(0.45 mg)、硒(0.53 μg)、铜(0.21 mg)、锰(0.28 mg)、钾(272 mg)。此外,香菜还含有挥发油、右旋甘露糖醇、黄酮苷等。

【功能】　香菜性温,味甘,入肺、胃经,能健胃消食、发汗透疹、利尿通便、祛风解毒;生食香菜可帮助改善代谢,利于减肥美容;香菜中含有许多挥发油,能祛除肉类的腥膻味,因此在一些菜肴中加些香菜,能起到祛腥膻、增味道的独特功效;香菜提取液具有显著的发汗清热透疹的功能,其特殊香味能刺激汗腺分泌,促使机体发汗。

【食用方法】　可为其他菜调味,也可洗净直接蘸调味品生吃。

【健康提示】　患口臭、狐臭、严重龋齿、胃溃疡、生疮者应少吃香菜;香菜性温,麻疹已透或虽未透出而热毒壅滞者不宜食用;服用补药和中药白术、丹皮时,不宜吃香菜,以免降低补药的疗效。

　花椒

【简介】　花椒,芸香科,花椒属,别名香椒、大花椒、川椒、蜀椒。

【营养成分】　据研究测定,每100 g花椒所含营养素如下:热量(258 kcal)、蛋白质(6.7 g)、脂肪(8.9 g)、碳水化合物(66.5 g)、膳食纤维(28.7 g)、维生素A(23 μg)、胡萝卜素(140 μg)、硫胺素(0.12 mg)、核黄素(0.43 mg)、尼克酸(1.6 mg)、维生素E(2.47 mg)、钙(639 mg)、磷(69 mg)、钠(47.4 mg)、镁(111 mg)、铁(8.4 mg)、锌(1.9 mg)、硒(1.96 μg)、铜(1.02 mg)、锰(3.33 mg)、钾(204 mg)。

【功能】　花椒健胃、驱蛔虫,并有温暖强壮作用,广泛用于各种积食停饮、心腹冷痛、呕吐咳逆、风寒湿痹、泻痢寒疝、虫积腹痛、口臭齿痛、阴痒疮疥、皮肤皲裂、冻疮等病症的治疗;花椒可以促进唾液分泌,增加食欲;使血管扩张,从而起到降低血压的作用;花椒含有的挥发油,对多种致病细菌及某些皮肤真菌有抑制作用;对局部有麻醉止痛作用。

【食用方法】　为四川菜使用最多的调料,常用于配制卤汤、腌制食品或炖制肉类。

【健康提示】　孕妇、阴虚火旺者忌食。

桂皮

【简介】　桂皮,樟科常绿乔木植物肉桂的干皮和粗枝皮,气味芳香,别名肉桂、官桂或香桂,是最早被人类使用的香料之一。

【营养成分】　桂皮含有挥发油,油中主要成分为桂皮醛,少量乙酸桂皮酯,桂皮酸和肉桂醇 D_1、D_2 等。

【功能】　肉桂味辛、甘,性热;具有温肾助阳、散寒止痛、温经通脉的功效;用于肾阳不足、畏寒肢冷、腰肌酸软、宫冷不孕、阳痿遗精、小便不利或遗尿、尿频、短气喘促、浮肿尿少;上热下寒、面赤足冷、头晕耳鸣、口舌糜烂;虚寒腰痛、寒湿痹痛、寒疝、痛经经闭、产后瘀滞腹痛;桂皮还有增进消化、温肾补肾、祛寒去痛的作用;在日常饮食中适量添加桂皮,有助于预防或延缓因年老而引起的Ⅱ型糖尿病;《新科学家》杂志报道:桂皮能够重新激活脂肪细胞对胰岛素的反应能力,大大加快葡萄糖的新陈代谢。桂皮中的苯丙烯酸类化合物对前列腺增生有治疗作用,而且能增加前列腺组织的血流量。

【食用方法】　调味及药用。

【健康提示】　受潮发霉的桂皮不可食用;桂皮香气浓郁,含有可致癌的黄樟素,所以食用量越少越好,且不宜长期食用;桂皮性热,所以夏季忌食;桂皮有活血的作用,孕妇应少食;便秘、痔疮患者忌用。

酒

【简介】　酒为米、麦黍、高粱等和曲酿成的一种饮品,有烧酒、白酒、黄酒、葡萄酒等种类。

【营养成分】　因原料、酿造、加工、贮藏等条件不同,酒的品种甚多,其成分差异也很大。在制法上,酒可分为蒸馏酒(如高粱酒)和非蒸馏酒(如绍兴酒)两大类。凡酒类都含乙醇。蒸馏酒除乙醇的含量高于非蒸馏酒外,尚含高级醇类、脂肪酸类、酯类、醛类、少量挥发酸和不挥发酸,或含少量糖类。非蒸馏酒的成分为水、乙醇、麦芽糖、葡萄糖、糊精、甘油、酸类、含氮物质、酯类、醛类、矿物质等,酸类中主要含乙酸、乳酸、氨基酸、琥珀酸等。

【功能】　酒味苦、甘、辛,性温,入心、肝、肺、胃经,可通血脉、御寒气、醒脾温中、行药势,主治风寒痹痛、筋挛急、胸痹、心腹冷痛。

【食用方法】　佐餐温饮,和药同煎或浸药服。

【健康提示】　阴虚、失血及温热甚者忌服。

盐

【简介】　盐为海水或盐井、盐池、盐泉中的盐水经晒而成的结晶,又称食盐、咸醝等。

【营养成分】　主要为氯化钠,夹杂的杂质有氯化镁、硫酸镁、硫酸钠、硫酸钙及不溶物质等。

【功能】　食盐味咸,性寒,入胃、肾、大肠、小肠经,有涌吐消痰、凉血清火、解毒之功效,主治食停上脘、心腹胀痛、胸中痰癖、二便不通、齿龈出血、喉痛、牙痛、目翳、疮疡、毒虫螫伤。

【食用方法】　沸汤溶化服,或为烹菜佐料。

【健康提示】　水肿患者忌服。

醋

【简介】　醋为以米、麦、高粱或酒、酒糟等酿成的含有乙酸的液体,又称食醋、醯、苦酒等。

【营养成分】　醋一般含有浸膏质、灰分、挥发酸、不挥发酸、还原糖,具体物质有高级醇类、3-羟基丁酮、二羟基丙酮、乙醛、甲醛、乙缩醛、乙酸(含量3%~5%)、琥珀酸、草酸及山梨糖等。

【功能】　醋味酸、苦,性温,入肝、胃经,有散瘀、止血、解毒、杀虫之功效,主治产后血晕、黄疸、黄汗、吐血、衄血、大便下血、阴部瘙痒、痈疽疮肿,又可解鱼肉菜毒。

【食用方法】　烹调菜肴,佐餐。

【健康提示】　脾胃湿盛、痿痹、筋脉拘挛及外感初起者忌服。

酱

【简介】　酱是用面粉或豆类,经蒸罨发酵,加盐、水制成的糊状物,分豆瓣酱和甜面酱两类。

【营养成分】　据研究测定,每100 g豆瓣酱所含营养素如下:水分(39 g)、蛋白质(20.9 g)、脂肪(11.2 g)、碳水化合物(2 g)、灰分(24.9 g)、钙(245 mg)、磷(174 mg)、铁(16.1 mg)、硫胺素(0.05 mg)、核黄素(0.78 mg)、尼克酸(2.1 mg);每100 g甜面酱所含营养素如下:水分(47 g)、蛋白质(5.8 g)、脂肪(1.2 g)、碳水化合物(37 g)、灰分(3.6 g)、钙(32 mg)、磷(104 mg)、铁(5.7 mg)等。

【功能】　酱咸,寒,入胃、脾、肾经,除热,解毒,主治蜂螫虫伤、烫火伤、热病烦满。

【食用方法】　作菜肴调料。

【健康提示】　多食易生痰动气。

蜂蜜

【简介】　蜂蜜为蜜蜂科昆虫蜜蜂等所酿的蜜糖,又称石蜜、石饴、食蜜、蜜、白蜜、白沙蜜、蜜糖、蜂糖等。

【营养成分】　蜂蜜含果糖、葡萄糖约70%,尚含少量的蔗糖、麦芽糖、糊精、树胶、含氮化合物、有机酸、挥发油、色素、蜡、植物残片、酵母及无机盐等。

【功能】　蜂蜜味甘,性平,入肺、脾、大肠经,可补中润燥、缓急解毒,主治肺燥咳嗽、肠燥便秘、胃脘疼痛、鼻渊、口疮、汤火烫伤,解乌头毒。

【食用方法】　冲服。

【健康提示】　痰湿内蕴、中满痞胀及肠滑泄泻者忌服。

冰糖

【简介】　冰糖为白砂糖煎炼而成的冰块状结晶。

【营养成分】　冰糖的主要成分为葡萄糖。

【功能】　冰糖味甘,性平,入肺、脾经,可补中益气、和胃润肺,用于肺燥、肺虚、风寒、劳累所致的咳喘、小儿疟疾、噤口痢、口疮、风火牙痛。

【食用方法】　煎汤内服,佐餐。

【健康提示】　患有高血压、动脉硬化、冠心病者,以及孕妇、儿童宜少食,糖尿病、高血糖患者忌食。

第六节　功能性动物食品

猪肉

【简介】　猪又名豕、豚,为日常食用肉最多的一种。

【营养成分】　据研究测定,每 100 g 猪肉(瘦)所含营养素如下:热量(143 kcal)、蛋白质(20.3 g)、脂肪(6.2 g)、碳水化合物(1.5 g)、维生素 A (44 μg)、硫胺素(0.54 mg)、核黄素(0.1 mg)、尼克酸(5.3 mg)、维生素 E (0.34 mg)、钙(6 mg)、磷(189 mg)、钠(57.5 mg)、镁(25 mg)、铁(3 mg)、锌(2.99 mg)、硒(9.5 μg)、铜(0.11 mg)、锰(0.03 mg)、钾(305 mg)、胆固醇(81 mg)。

【功能】　猪肉性平味甘咸,微寒,有补中益气、丰肌体、滋养脏腑、滑润肌肤、生津液、润肠胃、强身健体的功效,适宜阴虚不足和营养不良的人食用;猪肝能养血补肝、明目去翳,患夜盲、目暗、浮肿、萎黄等疾病者可常食之;猪皮含有胶质成分,能营养肌肤,将猪皮煮熟成冻子食之,能使人皮肤光洁细腻;猪蹄有补血、通乳、托疮的作用,可用于产后乳少、痈疽、疮毒等症;猪肉煮汤饮下可急补由于津液不足引起的烦躁、干咳、便秘和难产;猪肉可以促进维生素的吸收和利用,获得丰富的卵磷脂和胆固醇,促进发育,使人精力充沛,不易疲劳,提高免疫力;猪肉可提供血红素铁(有机铁)和促进铁吸收的半胱氨酸,能改善缺铁性贫血。

【食用方法】　可配菜,也可直接煮食。

【健康提示】　食用猪肉后不宜大量饮茶,不但易造成便秘,而且增加了有毒物质和致癌物质的吸收,影响健康;患有伤寒病、大病初愈者以及有痰之人忌食猪肉;肥胖和血脂较高者不宜多食。

牛肉

【简介】　牛肉是中国人的第二大肉类食品,仅次于猪肉,牛肉以菜牛肉和黄牛肉为佳。

【营养成分】　据研究测定,每 100 g 黄牛肉所含营养素如下:蛋白质(20 g)、脂肪(10.2 g)、碳水化合物(2.6 g)、维生素 B$_1$ (0.07 mg)、维生素 B$_2$ (0.15 mg)、尼克酸(6 mg)、维生素 A（少量）、钙（7 mg），磷（170 mg），铁（0.9 mg）、胆固醇（45～122 mg）、能量（502.4 kJ）。

【功能】　牛肉性甘、咸、微寒、无毒。中医认为，牛肉有补中益气、滋养脾胃、强健筋骨、化痰息风、止渴止涎的功效，适用于气短体虚、筋骨酸软、贫血久病以及面黄肌瘦等人；牛肉中的肌氨酸含量比任何其他食品都高，这使它对增长肌肉、增强力量特别有效；牛肉含有足够的维生素 B_6，可增强免疫力，促进蛋白质的新陈代谢和合成，从而有助于紧张训练后身体的恢复；牛肉中的肉毒碱和肌氨酸含量较高，促进脂肪的新陈代谢，产生支链氨基酸，是对健美运动员增长肌肉起重要作用的一种氨基酸；牛肉中富含结合亚油酸，可以有效对抗举重等运动中造成的组织损伤；牛肉中的锌是另外一种有助于合成蛋白质、促进肌肉生长的抗氧化剂；锌与谷氨酸盐和维生素 B_6 共同作用，能增强免疫系统功能。

【食用方法】　吃法很多，可以做成牛肉汤、牛肉拉面、烤牛肉、水煮牛肉等。

【健康提示】　患皮肤病、肝病、肾病的人应慎食；西方现代医学研究认为，牛肉属于红肉，含有一种恶臭乙醛，容易诱发肠癌，尤其是结肠癌，所以食之不宜太多，一般一周吃一次即可。另外，牛脂肪更应少食为妙，否则容易增加体内的胆固醇和脂肪的积累；牛肉中含有丰富的蛋白质，而红糖含有多种有机酸和营养物质，同时食用会影响蛋白质的吸收。

┌─────────┐
│ 羊肉 │
└─────────┘

【简介】　羊肉是我国人民食用的主要肉类之一，因为羊是纯食草动物，所以羊肉较牛肉的肉质要细嫩，较猪肉和牛肉的脂肪、胆固醇含量都要少，而含钙、铁最多，蛋白质也更加优良。冬季食用，可收到进补和防寒的双重效果。

【营养成分】　据研究测定，每 100 g 羊肉（肥瘦）所含营养素如下：热量（203 kcal）、蛋白质（19 g）、脂肪（14.1 g）、胆固醇（92 mg）、维生素 A（22 μg）、硫胺素（0.05 mg）、核黄素（0.14 mg）、尼克酸（4.5 mg）、维生素 E（0.26 mg）、钙（6 mg）、磷（146 mg）、钾（232 mg）、钠（80.6 mg）、镁（20 mg）、铁（2.3 mg）、锌（3.22 mg）、硒（32.2 μg）、铜（0.75 mg）、锰（0.02 mg）。

【功能】　羊肉味甘、性温，温补脾胃，用于治疗脾胃虚寒所致的反胃、身体瘦弱、畏寒等症；肾阳虚所致的腰膝酸软冷痛、阳痿；补血温经，用于产后血虚经寒所致的腹冷痛；冬季常吃羊肉，能增加消化酶，保护胃壁，修复胃黏膜，帮助脾胃消化，起到抗衰老的作用；羊肉对肺结核、气管炎、哮喘、贫血、腹部冷痛、产后气血两虚、体虚畏寒、腰膝酸软、营养不良、阳痿早泄以及一切虚寒病症均有很大裨益；具有补肾壮阳、补虚温中等作用。

【食用方法】　以涮羊肉常食。

【健康提示】　发热、牙痛、口舌生疮、咳吐黄痰等上火症状者不宜食用；肝病、高血压、急性肠炎或其他感染性疾病及发热期间不宜食用；外感病邪、素体有热者慎用。

┌─────────┐
│ 马肉 │
└─────────┘

【简介】　马肉是游牧民族经常食用的肉食之一。马肉的品质比鸡肉或牛肉，含有更高的蛋白质。

【营养成分】　据研究测定,每 100 g 马肉所含营养素如下:热量(122 kcal)、蛋白质(20.1 g)、脂肪(4.6 g)、碳水化合物(0.1 g)、胆固醇(84 mg)、维生素 A(28 μg)、硫胺素(0.06 mg)、核黄素(0.25 mg)、尼克酸(2.2 mg)、维生素 E(1.42 mg)、钙(5 mg)、磷(367 mg)、钾(526 mg)、钠(115.8 mg)、镁(41 mg)、铁(5.1 mg)、锌(12.26 mg)、硒(3.73 μg)、铜(0.15 mg)、锰(0.03 mg)。

【功能】　马肉味甘、酸,性寒,有补中益气、补血、滋补肝肾、强筋健骨之功效;马肉中的蛋白质、维生素及钙、磷、铁、镁、锌、硒等矿物质含量丰富,具有恢复肝脏机能并有预防贫血、促进血液循环、预防动脉粥样硬化、增强人体免疫力的作用;马肉脂肪近似于植物油,其含有的不饱和脂肪酸较多,对预防动脉硬化有特殊作用。

【食用方法】　煮食较为常见。

【健康提示】　马肉宜以清水漂洗干净,除尽血水后煮熟食用,不宜炒食;孕妇忌食;患有痢疾、疥疮者忌食。

狗肉

【简介】　狗又名黄耳,古代称地羊。

【营养成分】　据研究测定,每 100 g 狗肉所含营养素如下:热量(116 kcal)、蛋白质(16.8 g)、脂肪(4.6 g)、碳水化合物(1.8 g)、维生素 A(12 μg)、硫胺素(0.34 mg)、核黄素(0.2 mg)、尼克酸(3.5 mg)、维生素 E(1.4 mg)、钙(52 mg)、磷(107 mg)、钠(47.4 mg)、镁(14 mg)、铁(2.9 mg)、锌(3.18 mg)、硒(14.75 μg)、铜(0.14 mg)、锰(0.13 mg)、钾(140 mg)、胆固醇(62.5 mg)。

【功能】　狗肉味甘、性温、咸,有温补脾胃、补肾助阳、壮力气、补血脉的功效;温肾壮阳,用于肾阳虚所致的腰膝冷痛、小便清长、小便频数、浮肿、耳聋、阳痿等症;温补脾胃,用于脾胃阳气不足所致的脘腹胀满、腹部冷痛等症。

【食用方法】　一般用炒、爆、烧、炖、卤等烹调方法。

【健康提示】　凡患咳嗽、发热、感冒、腹泻和阴虚火旺等非虚寒性疾病的人均不宜食用;脑血管病、高血压病、心脏病、中风后遗症患者不宜食用;大病初愈的人不宜食用。

鸡肉

【简介】　鸡肉肉质细嫩,味道鲜美,因其味较淡,因此可用于各种料理中。

【营养成分】　据研究测定,每 100 g 鸡肉所含营养素如下:热量(167 kcal)、蛋白质(19.3 g)、脂肪(9.4 g)、碳水化合物(1.3 g)、维生素 A(48 μg)、硫胺素(0.05 mg)、核黄素(0.09 mg)、尼克酸(5.6 mg)、维生素 E(0.67 mg)、钙(9 mg)、磷(156 mg)、钠(63.3 mg)、镁(19 mg)、铁(1.4 mg)、锌(1.9 mg)、硒(11.75 μg)、铜(0.07 mg)、锰(0.03 mg)、钾(251 mg)、碘(12.4 μg)、胆固醇(106 mg)。

【功能】　鸡肉性平、温、味甘,可温中益气,补精添髓;用于治疗虚劳瘦弱、泄泻、头晕心悸、月经不调、产后乳少、消渴、水肿、小便数频、遗精、耳聋耳鸣等症;常吃鸡肉炒菜花可增强肝脏的解毒功能,提高免疫力,防止感冒和坏血病;鸡肉含有对人体生长发育有重要作用的磷脂类,可以增加脑部营养,增强记忆能力;鸡肉中甲硫氨酸的含量很丰富,可弥补牛肉及猪肉的不足;由于鸡肉比其他肉类的维生素 A 含量多,而在量方面虽比蔬菜或肝脏差,但和牛肉和猪肉相比,其维生素 A 的含量却高出许多。

【食用方法】 可炒、炖汤、凉拌。

【健康提示】 患有感冒发热、内火偏旺、痰湿偏重、肥胖症、热毒疖肿、高血压、血脂偏高、胆囊炎、胆石症者忌食;口腔糜烂、皮肤疖肿、大便秘结者不宜食用;动脉硬化、冠心病和高血脂患者忌饮鸡汤。

乌鸡肉

【简介】 乌鸡又名泰和鸡(本草纲目)、竹丝鸡、药鸡、松毛鸡、羊毛鸡、黑脚鸡、丛冠鸡、毛腿鸡、穿裤鸡等,属于鸟纲、鸡形目、雉科、鸡属,在全国各地均有分布。乌骨鸡是我国特有的药用鸡种,因具有丰富的营养和特殊的药用价值,为古今中外学者重视。

【营养成分】 据研究测定,每 100 g 乌鸡肉所含营养素如下:能量(111 kcal)、水分(73.9 g)、蛋白质(22.3 g)、脂肪(2.3 g),碳水化合物(0.3 g)、硫胺素(0.02 mg)、核黄素(0.02 mg)、烟酸(7.1 mg)、维生素 E(1.77 mg)、钠(64 mg)、钙(17 mg)、铁(2.3 mg)等。

【功能】 乌鸡性平,味甘,入肝、肾经,具有滋阴清热、补肝益肾、健脾止泻等作用。食用乌鸡,可提高生理机能、延缓衰老、强筋健骨,对防治骨质疏松、佝偻病、妇女缺铁性贫血症等有明显功效。

据研究,乌骨鸡粉能明显增强小鼠网状内皮系统的吞噬功能。乌骨鸡血清中的免疫球蛋白含量明显高于普通鸡,达 44.14%,该球蛋白具有免疫增强作用。所以一般认为,乌鸡肉有增强人体免疫力的功能。

乌骨鸡中的黑色素能明显延长雌果蝇的平均寿命。将乌鸡粉液喷于商业上后饲养家蚕,能明显延长家蚕平均寿命,延缓家蚕幼虫期体重和身高的增长速度。因此,认为乌骨鸡具有延缓衰老的作用。

据报道,乌鸡也有抗疲劳和抗应激的功能性。

【食用方法】 用乌鸡进补既可单用,也可配以其他补品、药物,制成菜肴、药粥、药膳。

【健康提示】 乌鸡虽是补益佳品,但多食能生痰助火,生热动风,故体肥及邪气亢盛、邪毒未清和患严重皮肤疾病者宜少食或忌食,患严重外感疾患时也不宜食用,同时还应忌辛辣油腻及烟酒等。

鹌鹑肉

【简介】 鹌鹑,雉科,又称鹑鸟、宛鹑、赤喉鹑等。

【营养成分】 据研究测定,每 100 g 鹌鹑肉所含营养素如下:能量(110 kcal)、水分(75.1 g)、蛋白质(20.2 g)、脂肪(3.1 g),碳水化合物(0.2 g)、维生素 A(40 mg)、硫胺素

（0.04 mg）、核黄素（0.32 mg）、烟酸（6.3 mg）、维生素 E（0.44 mg）、钠（48.4 mg）、钙（48 mg）、铁（2.3 mg）等。

【功能】　鹌鹑肉味干，性平，入脾、胃、大肠经，补五脏、清湿热、止泻痢，用于身体虚弱、泻痢、疳积、湿痹等。鹌鹑肉适宜于营养不良、体虚乏力、贫血头晕、肾炎浮肿、泻痢、高血压、肥胖症、动脉硬化症等患者食用。所含丰富的卵磷脂，可生成溶血磷脂，抑制血小板凝聚的作用，可阻止血栓形成，保护血管壁，阻止动脉硬化。磷脂是高级神经活动不可缺少的营养物质，具有健脑作用。

【食用方法】　煮食、炒、炸、煎汤，或做补益药膳主料。

【健康提示】　鹌鹑肉不宜与猪肉、猪肝、蘑菇、木耳同食。

雁肉

【简介】　雁，鸭科，又称大雁、白额雁、鸿雁等。

【营养成分】　据研究测定，每 100 g 大雁肉所含营养素如下：卵磷脂（4.7～8 g）、脱氧核糖核酸和核糖核酸（9～13.5 g）、蛋白质（20.98 g）、脂肪（11.62 g）、磷（196.5 mg）、钙（48.05 mg）、铁（8.71 mg）、锌（1.36 mg）、硒（17.68 μg）、无机盐（1.17 g）及维生素 A、钾、钠等多种微量元素。

【功能】　雁肉味甘，性平，入肺、肝、肾经，有去湿通络、活血养颜、滋阴、壮阳、抗衰老、清热解毒、益气、耐暑、助气、壮筋骨等功效。科学分析充分说明，大雁肉营养十分丰富，是理想的高蛋白，低脂肪低胆固醇的最佳绿色动物源保健食品。

【食用方法】　煮，炒，或煎汤饮。

【健康提示】　雁肉配麦的主副食搭配方式。

雀肉

【简介】　雀，文鸟科，又称家雀、瓦雀、宾雀、麻雀等。

【营养成分】　麻雀肉含有蛋白质，脂肪，胆固醇、碳水化合物、钙、锌、磷、铁等多种营养成分，还含有维生素 B_1、B_2，能补充人体的营养所需。特别适合中老年人。

【功能】　雀肉味甘，性温，入心、小肠、肾、膀胱经，壮阳益清、暖腰膝、缩小便，主治阳虚羸瘦、阳痿、腰膝酸痛、崩漏、带下、小便频数、疝气等。身体虚弱、头晕眼花、终日精神萎靡不振、阳痿、性功能减退、小便频数、妇人白带清稀过多、老人畏寒肢冷、脏腑虚损，均可常食雀肉进行疗补。

【食用方法】　炒、炸、煮、煨或熬膏食。

【健康提示】　春夏不宜食，冬季为食雀季节。

燕窝

【简介】　燕窝为雨燕科动物金丝燕及多种同属燕类用唾液或唾液与绒羽等混合凝结所筑成的巢窝，又称燕菜、燕根、燕蔬菜等。

【营养成分】　燕窝主要成分有:水溶性蛋白质、碳水化合物;微量元素有钙、磷、铁、钠、钾及对促进人体活力起重要作用的氨基酸(赖氨酸、胱氨酸和精氨酸)。据研究测定,每100 g 干燕窝所含营养素如下:蛋白质(49.9 g)、碳水化合物(30.6 g)、水分(10.4 g)、钙(42.9 mg)、磷(3 mg)、铁(4.9 mg)等。蛋白质中精氨酸含量最高占 13.95%,组氨酸为6.22%,赖氨酸为2.46%。

【功能】　燕窝味甘,性平,入肺、脾、肾经,有养阴润燥、益气补中之功效,可辅助治疗虚损、痨瘵、咳嗽痰喘、咯血、吐血、久痢、久疟、噎膈、反胃。燕窝能促进细胞分裂,刺激淋巴腺细胞,促进肾脏发育,有免疫抗菌作用,维护青春活力。燕窝含多种氨基酸,婴幼儿和儿童常吃能长智慧、增加思维、抗敏感、补其先后天之不足。孕妇在妊娠期间、产前产后进食,则有安胎、补胎之功效。燕窝是天然增津液的食品,并含多种氨基酸,对食道癌、咽喉癌、胃癌、肝癌、直肠癌等有抑制和抗衡作用。凡经电疗、化疗而引起的后遗症,如咽干、咽痛、肿胀、便秘、声嘶、作呕等,食燕窝都有明显的改善。

【食用方法】　汤炖,或做菜肴、药膳。食前以温水浸泡,去净羽毛、血液及杂质。

【健康提示】　蛋白质过敏不宜食用,癌症晚期或未经治疗不宜食用。

第七节　功能性水产品

鲤鱼

【简介】　鲤鱼,鲤科,又称赤鲤鱼。

【营养成分】　鲤鱼的蛋白质不但含量高,而且质量也佳,人体消化吸收率可达96%,并能供给人体必需的氨基酸、矿物质、维生素 A 和维生素 D。据研究测定,每100 g 鲤鱼肉所含营养素如下:热量(109 kcal)、水分(76.7 g)、蛋白质(17.6 g)、脂肪(4.1 g)、碳水化合物(0.5 g)、维生素 A (25μg)、硫胺素(0.03 mg)、核黄素(0.09 mg)、烟酸(2.7 mg)、维生素 E (1.27 mg)、钠(53.7 mg)、钙(50 mg)、铁(1 mg)等。

【功能】　鲤鱼味甘,性平,入脾、肾经,有利水、消肿、下气、通乳之功效,主治水肿胀满、脚气、黄疸、咳嗽气逆、乳汁不通。鲤鱼的脂肪多为不饱和脂肪酸,能最大限度地降低胆固醇,可以防治动脉硬化、冠心病。

【食用方法】　清汤煮,清蒸,糖醋,醇酒煮或煨。

【健康提示】　风热者慎服,过敏者不易服用。

鲫鱼

【简介】　鲫鱼,鲤科,又名鲋、鲚鱼、鲫瓜子、鲫皮子、肚米鱼等。

【营养成分】　据研究测定,每100 g 鲫鱼肉所含营养素如下:热量(89 kcal)、蛋白质(18 g)、脂肪(1.6 g)、碳水化合物(0.7 g)、胆固醇(21 mg)、硫胺素(0.08 mg)、核黄素(0.06 mg)、维生素 B_6 (0.1 mg)、烟酸(2.38 mg)、维生素 E (0.34 mg)、钙(79 mg)、磷

(157 mg)、钾（290 mg）、钠（41.2 mg）、镁（41 mg）、铁（1.3 mg）、锌（0.53 mg）、硒（22.96 μg)、铜(0.01 mg)。

【功能】　鲫鱼味甘,性平,入脾、胃大肠经,有健脾利湿之功效,主治脾胃虚弱、纳少无力、痢疾、便血、水肿、淋证、痈肿、溃疡。鲫鱼含有全面而优质的蛋白质,对肌肤的弹力纤维构成能起到很好的强化作用。尤其对压力、睡眠不足等精神因素导致的早期皱纹,有较好的缓解功效。鲫鱼有健脾利湿,和中开胃,活血通络、温中下气之功效,对脾胃虚弱、水肿、溃疡、气管炎、哮喘、糖尿病有很好的滋补食疗作用;产后妇女炖食鲫鱼汤,可补虚通乳。

鲫鱼肉嫩味鲜,可做粥、做汤、做菜、做小吃等。尤其适于做汤,鲫鱼汤不但味香汤鲜,而且具有较强的滋补作用,非常适合中老年人和病后虚弱者食用,也特别适合产妇食用。

【食用方法】　清汤煮,清蒸,煎食。

【健康提示】　感冒发热期间不宜多吃。

鳝鱼

【简介】　鳝鱼,合鳃鱼目,合鳃鱼科,黄鳝属,又称黄鳝、鳣鱼、罗鳝、蛇鱼、长鱼等。

【营养成分】　据研究测定,每100 g黄鳝所含营养素如下:热量(89 kcal)、水分(78 g)、蛋白质(18 g)、脂肪(1.4 g)、碳水化合物(1.2 g)、维生素 A (50 mg)、硫胺素(0.06 mg)、核黄素(0.98 mg)、烟酸(3.7 mg)、维生素 E (1.34 mg)、钠(70.2 mg)、钙(42 mg)、铁(2.5 mg)等。

【功能】　鳝鱼味甘,性大温,入肝、脾、肾经,可补虚损、除风湿、强筋骨。鳝鱼富含 DHA和卵磷脂它是构成人体各器官组织细胞膜的主要成分,而且是脑细胞不可缺少的营养。鳝鱼含降低血糖和调节血糖的"鳝鱼素",且所含脂肪极少,是糖尿病患者的理想食品。鳝鱼含丰富维生素 A,能增进视力,促进皮膜的新陈代谢。

黄鳝含有较多的维生素 A,可以增进视力,能够防治夜盲症和视力减退,防治糖尿病患者并发眼部疾病。同时,维生素 A 还有抗呼吸系统感染的作用,能促进发育,强壮骨骼;同时,黄鳝中富含 DHA 和卵磷脂,有健脑的功效,卵磷脂还可以促进肝细胞的活化和再生,增强肝功能,从而有效降低脂肪肝等疾病的患者。

【食用方法】　清汤煮,清蒸,做药膳。

【健康提示】　因为鳝鱼体内含有较多的组氨酸和氧化三甲胺,鳝鱼死后,组胺酸便会在脱羧酶和细菌的作用下分解,生成有毒物质,成人一次摄入 100 mg 组氨酸即可中毒。氧化三甲胺也极易还原为三甲胺而加重鳝鱼的泥腥味。

鳖

【简介】　鳖,鳖科,鳖属,又称甲鱼、水鱼、团鱼、王八等。

【营养成分】　鳖的主要营养成分为蛋白质、脂肪、铁、钙、动物胶、角质白及多种维生素。据研究测定,每100 g甲鱼所含营养素如下:热量(118 kcal)、水(75 g)、蛋白质(17.8)、脂肪(4.3 g)、碳水化合物(2.1 g)、维生素 A (139 mg)、硫胺素(0.07 mg)、核黄素(0.14 mg)、烟酸(3.3 mg)、维生素 E (1.88 mg)、钠(96.9 mg)、钙(70 mg)、铁(2.8 mg)等。

【功能】　甲鱼味甘,性平,入肝经,可滋阴凉血、补虚疗损。甲鱼中含有大量的牛磺酸及众多的维生素和无机盐,可帮助人体抵抗疲劳。同时甲鱼含有还原性谷胱甘肽和维生素,可以有助于改善慢性肝障碍。据研究,食用甲鱼将有助于血液中的还原性谷胱甘肽和超氧化物歧化酶的含量的提高,因此甲鱼被认为具有抗衰老的作用。甲鱼中含有较多的 EPA 和 DHA,对降低胆固醇有益。甲鱼提取液可帮助降低肠癌细胞的代谢活性,破坏肠癌细胞的线粒体结构,影响其 DNA 合成,从而抑制癌细胞的增殖。

【食用方法】　熬汤,清蒸,做药膳。

【健康提示】　脾胃阳虚及孕妇忌食。

```
虾
```

【简介】　虾是一种生活在水中的长身动物,属节肢动物甲壳类,种类很多,包括青虾、河虾、草虾、小龙虾、对虾、明虾、基围虾、琵琶虾、龙虾等。

【营养成分】　据研究测定,每100 g 虾所含营养素如下:热量(93 kcal)、水分(76.5 g)、蛋白质(18.6 g)、脂肪(0.8 g)、碳水化合物(2.8 g)、维生素 A (15 mg)、硫胺素(0.01 mg)、核黄素(0.071 mg)、烟酸(1.7 mg)、维生素 E (0.62 mg)、钠(165.2 mg)、钙(62 mg)、铁(1.5 mg)等。

【功能】　虾性温味甘、微温,入肝、肾经。虾肉有补肾壮阳,通乳抗毒、养血固精、化瘀解毒、益气滋阳、通络止痛、开胃化痰等功效;适宜于肾虚阳痿、遗精早泄、乳汁不通、筋骨疼痛、手足抽搐、全身瘙痒、皮肤溃疡、身体虚弱和神经衰弱等病人食用。虾营养丰富,且其肉质松软,易消化,对身体虚弱以及病后需要调养的人是极好的食物。虾中含有丰富的镁,镁对心脏活动具有重要的调节作用,能很好地保护心血管系统,它可减少血液中胆固醇含量,防止动脉硬化,同时还能扩张冠状动脉,有利于预防高血压及心肌梗死。虾的通乳作用较强,并且富含磷、钙、对小儿、孕妇尤有补益功效。

科学家最近发现,虾体内的虾青素有助于消除因时差反应而产生的“时差症”。同时虾青素具有很强的抗氧化和清除自由基的作用,虾青素的抗氧化活性是维生素 E 的 10 ~ 15 倍。同时虾青素还具有预防肿瘤和增强免疫能力的作用。

【食用方法】　熬汤,清蒸,做药膳。

【健康提示】　对吃虾过敏及患有过敏性疾病,如过敏性鼻炎、过敏性皮炎、哮喘患着,应慎食。

```
蟹
```

【简介】　蟹是十足目短尾次目的甲壳动物,又称为郭索、蛫蜅、螃蟹、毛蟹、稻蟹、坩钳钳等。

【营养成分】　据研究测定,每100 g 蟹所含营养素如下:热量(103 kcal)、水分(75.8 g)、蛋白质(17.5 g)、脂肪(2.59 g)、碳水化合物(2.3 g)、维生素 A (389 mg)、硫胺素(0.06 mg)、核黄素(0.28 mg)、烟酸(1.7 mg)、维生素 E (6.09 mg)、钠(193.5 mg)、钙(126 mg)、铁

(2.9 mg)等。

【功能】　蟹,味咸,性寒,入肝、胃经,可清热、散血、接骨续损。螃蟹营养丰富,含有多种维生素,其中,维生素 A 高于其他陆生及水生动物,维生素 B_2 是肉类的 5～6 倍,比鱼类高出 6～10 倍,比蛋类高出 2～3 倍;维生素 B_1 及磷的含量比一般鱼类高出 6～10 倍。螃蟹还含有丰富的蛋白质及微量元素,对身体有很好的滋补作用,还有抗结核作用,吃蟹对结核病的康复大有裨益。螃蟹壳除含丰富的钙外,还含有蟹红素、蟹黄素等。现代研究发现,蟹壳含有一种物质——甲壳质,甲壳质中可提炼出一种称为 ACOS-6 的物质,它具有低毒性免疫激活性质,动物实验已证实,该物质可抑制癌细胞的增殖和转移。

【食用方法】　煮食,蒸食。

【健康提示】　外邪未清、脾胃虚寒及素患风疾者慎服。

田鸡

【简介】　田鸡为蛙科动物黑斑蛙或金线蛙的肉,又称青蛙、蛙鱼、青鸡、坐鱼、长股、蛤鱼等。

【营养成分】　据研究测定,每 100 g 田鸡所含营养素如下:热量(93 kcal)、水分(79.4 g)、蛋白质(20.5 g)、脂肪(1.2 g)、维生素 A (7 mg)、硫胺素(0.26 mg)、核黄素(0.28 mg)、烟酸(9 mg)、维生素 E (0.55 mg)、钠(11.8 mg)、钙(127 mg)、铁(1.5 mg)等。

【功能】　田鸡味甘,性凉,入膀胱、肠、胃经,清热解毒、补虚、利水消肿。田鸡含有丰富的蛋白质、钙和磷,有助于青少年的生长发育和缓解更年期骨质疏松。所含维生素 E 和锌、硒等微量元素,能延缓机体衰老,润泽肌肤,防癌抗癌。而且蛙肉性凉味咸而无毒,是大补元气治脾虚的营养食品,可以治阴虚牙痛,腰痛及久痢,适宜于低蛋白血症,精力不足,产生缺乳,肝硬化腹水和神经衰弱者食用

【食用方法】　煎汤,煮食,炒食。

【健康提示】　脾虚、泻泄、痰湿、外感初起咳嗽者不宜食用。

海参

【简介】　海参为棘皮动物门海参纲海产动物的统称,又称刺参、海鼠等。

【营养成分】　据研究测定,每 100 g 海参所含营养素如下:热量(71 kcal)、水分(77.1 g)、蛋白质(16.5 g)、脂肪(0.2 g)、碳水化合物(0.9 g)、硫胺素(0.03 mg)、核黄素(0.04 mg)、烟酸(0.1 mg)、维生素 E (3.14 mg)、钠(502.9 mg)、钙(285 mg)、铁(13.2 mg)等。

【功能】　海参味咸,性温,入心、肾经,可补肾益精、养血润燥。海参富含蛋白质、矿物质、维生素等,其中酸性粘多糖和软骨素可明显降低心脏组织中脂褐素和皮肤脯氨酸的数量,起到延缓衰老的作用。海参体内所含的 18 种氨基酸能够增强组织的代谢功能,增强机体细胞活力,适宜于生长发育中的青少年。海参能调节人体水分平衡,适宜于孕期腿脚浮肿的女士。海参能消除疲劳,提高人体免疫力,增强人体抵抗疾病的能力,因此非常适合经常处于疲劳状态的中年女士与男士,易感冒、体质虚弱的老年人和儿童等亚健康人群。

海参体内的精氨酸含量很高,号称精氨酸大富翁。精氨酸是构成男性精细胞的主要成分,具有改善脑、性腺神经功能传导作用,减缓性腺衰老,提高勃起能力。一天一个海参,足可起到固本培元、补肾益精的效果。刺参含有丰富的铁及海参胶原蛋白,具有显著的生血、养血、补血作用,特别适用于妊娠期妇女、手术后的病人,绝经期的妇女。

海参中的牛磺酸、赖氨酸等在植物性食品中几乎没有。海参特有的活性物质海参素,对多种真菌有显著的抑制作用,刺参素 A 和 B 可用于治疗真菌和白癣菌感染,具有显著的抗炎、成骨作用,尤其对肝炎患者、结核病、糖尿病、心血管病有显著的治疗作用。刺参中含 EPA 和 DHA。其中 DHA 对胎儿大脑细胞发育起至关重要的作用。

在海参的体壁、内脏和腺体等组织中含有大量的海参毒素,又叫海参皂苷。海参毒素是一种抗毒剂,对人体安全无毒,但能抑制肿瘤细胞的生长与转移,有效防癌、抗癌,临床上已广泛应用于肝癌、肺癌、胃癌、鼻咽癌、骨癌、淋巴癌、卵巢癌、子宫癌、乳腺癌、脑癌白血病及手术后患者的治疗。

【食用方法】 水发煮汤,炒食。

【健康提示】 脾虚腹泻、痰多者忌食。

海带

【简介】 海带,海带科,又称江白菜、昆布、海马蔺、海草、大叶藻等。

【营养成分】 据研究测定,每 100 g 鲜海带所含营养素如下:能量(77 kcal)、水分(94.4 g)、蛋白质(1.2 g)、脂肪(0.1 g)、膳食纤维(0.5 g)、碳水化合物(1.6 g)、硫胺素(0.02 mg)、核黄素(0.15 mg)、尼克酸(1.3 mg)、维生素 E(1.85 mg)、钾(246 mg)、钠(8.6 mg)、钙(46 mg)、碘(0.28 mg)、镁(25 mg)、铁(0.9 mg)、锰(0.07 mg)、锌(0.16 mg)、磷(22 mg)、硒(9.54 μg)及藻胶酸(高达32%)和昆布素等。

【功能】 海带味咸,性寒,软坚化痰、利水泻热。海藻类食物中还含有丰富的锌,是补锌的良好食品。海带所含的昆布素有着消除血脂的作用,能够使得血中胆固醇含量降低,海带淀粉硫酸脂为通常是糖类物质,也能够有降血脂的功效,这样对于防止心血管疾病有好处。海带析出物甘露醇是一种渗透性利尿剂,它进入人体后有降低颅内压、眼内压、减轻脑水肿、浮肿等功效,是水肿、小便不利病人的食疗佳品。甘露醇与碘、钾、烟酸等协同作用,对防治动脉硬化、高血压、慢性气管炎、慢性肝炎、贫血、水肿等疾病,都有较好的效果。海带中的优质蛋白质和不饱和脂肪酸,对心脏病、糖尿病、高血压有一定的防治作用。

海带中含有60%的岩藻多糖,是极好的食物纤维,糖尿病患者食用后,能延缓胃排空和食物通过小肠的时间,如此,即使在胰岛素分泌量减少的情况下,血糖含量也不会上升,而达到治疗糖尿病的目的。

【食用方法】 煎汤,煮食,蒸食。

【健康提示】 脾胃虚寒者忌食。

第三章　缓解亚健康的中国药膳

据 WHO 的一项全球性调查结果表明，全世界有 75% 的人处于亚健康状态，而全世界真正健康的人只有 5%，经医生检查，诊断为患病的也只占 20%，处于亚健康状态的人口在许多国家和地区呈上升趋势。美国已将亚健康和艾滋病列为 21 世纪人类健康的最大敌人。目前，美国疾病预防控制中心（CDC）已把持续和症状突出的亚健康状态（严重疲劳、肌肉疼痛、失眠等）作为一种疾病来对待，法国把亚健康视为"人类的新传染病"。我国近 10 年才开始重视和关注亚健康问题，并进行了大量的研究工作。社会竞争日趋激烈，人际关系日趋复杂，人们的心身应激明显增加，很多人出现了容易疲劳、食欲不振、头痛头昏、记忆力下降、心情郁闷、情绪不稳等多种症状，功能性食品和传统的中国药膳在缓解亚健康方面起着重要的作用。

说起食疗，起源甚早。在古代原始社会中，人们在寻找食物的过程中发现了各种食物和药物的性味和功效，认识到许多食物可以药用，许多药物也可以食用，两者之间很难严格区分。这就是"药食同源"理论的基础，也是食物疗法的基础。传说先民尝味草，开拓食物来源并发明医药，故有"药食同源"之说。昔人谓安身之本必资于食，救疾之速必凭于药，将饮食与药物并论，认为可供饮食的动、植物及加工制品，虽种类繁多，但其五色、五味以及寒热、补泻之性，亦皆禀于阴阳五行，从这个意义上讲，实与药物应用的道理并无二致。所以医家对于饮食的宜、忌及调制方法亦颇有研究，用饮食治病积累了许多可贵的知识，在古医籍中亦多有论及且有专门著述。

中医药膳食疗具有深厚的文化历史渊源、理论基础和临床实践经验。我们的祖先很早就懂得食物和医疗保健的密切关系。我国最早的一部药学专著《神农本草经》就记载了大枣、芝麻、蜂蜜、葡萄、莲子、山药、核桃等食物具有补肾益精助阳的功能。古代的医学家也创立了药食同源学说，发明了药膳，巧妙地利用具有医疗作用的食物增加营养，达到强身健体的目的。漫长的生存与发展实践活动中，人们发现动、植物具有食疗作用，这就形成了原始的药膳食疗；随着中医精气学说，阴阳、五行学说的形成，药膳食疗在中医思想的指导下，有了进一步的发展，四时进补、辨证施食、以脏补脏及以形补形的思想相继形成；加之古代食医的出现，使药膳食疗正式融入传统医学。药食同源的学说奠定了中医药膳食疗学的理论基础。

食物疗病与养生在我国很早就有记载，远在春秋战国时期，《内经》中有"谷肉果菜，食养尽之"的条文，还有"大毒治病，十去其六；常毒治病，十去其七；小毒治病，十去其八；无毒治病，十去其九；谷肉果菜，食养尽之，无使过之，伤其正也"的理论。《淮南子·修务训》称："神农尝百草之滋味，水泉之甘苦，令民知所避就。当此之时，一日而遇七十毒。"可见神农时代药与食不分，无毒者可就，有毒者当避。以后又有唐朝的《食疗本草》、宋朝的《养老奉亲书》、元朝的《饮膳正要》、明朝李时珍的《本草纲目》、清代王孟英的《随息居饮食谱》等，对食物养生和疗病都提供了不少精彩的内容。例如唐朝时期的《黄帝内经太素》一书中写道："空腹食之为食物，患者食之为药物"，反映出"药食同源"

的思想。即许多食物亦可为药物,许多药物亦可作食物。

　　食疗包括两个主要方法,一是将食物经过一定的调制烹饪,充分发挥其医疗作用;一是配入适当的药物,虽然用药,但通过技术处理而赋予食物的形式。近年来,一些中医院开设了食疗辅助治疗,有些地方还开办了药膳堂与药膳馆,把治病强身的中草药与传统文化的中国菜结合起来,形成了中医特色的有防治作用的色香味美的药膳,各种保健饮料、茶、糖、滋补药酒等都深受群众的喜爱。古代医学家将中药的"四性""五味"理论运用到食物之中,认为每种食物也具有"四性""五味"。中药有寒热温凉之性相分和酸苦咸辛甘之味相异,其功效有补养攻泻之别。食物也如此,因而谷、豆、菜、果、鱼及禽、兽肉也各具不同性味和功效。如《本草纲目》云:"高粱随色而异,黄色甘平,为补脾胃之平剂;白与青色甘而微寒,为补脾胃之凉剂"。"韭,生者辛温,熟者又为甘温,补中益气,治脾胃虚寒"。"食品以荔子为贵,而益资则以龙眼为良,盖荔子性热,而龙眼性和平也。"

　　"药食同源"之说,表明医药与饮食属同一个起源。实际上,饮食的出现,比医药要早得多,因为人类为了生存、繁衍后代,就必须摄取食物,以维持身体代谢的需要。经过长期的生活实践,人们逐渐了解了哪些食物有益,可以进食;哪些有害,不宜进食。通过讲究饮食,使某些疾病得到医治,而逐渐形成了药膳食疗学。

　　药膳是中国传统医学知识与烹调经验相结合的产物,是以药物和食物为原料,经过烹饪加工制成的一种具有食疗作用的膳食。它"寓医于食",既将药物作为食物,又将食物赋以药用;既具有营养价值,又可防病治病、强身健体、延年益寿。因此,药膳是一种兼有药物功效和食品美味的特殊膳食。它可以使食用者得到美食享受,又在享受中,使其身体得到滋补,疾病得到治疗。

第一节　增强免疫功能的食品及中国药膳

一、基本原理

1. 免疫的概念

　　免疫是指机体的一种生理性保护功能,包括机体对异物(病原生物性或非病原生物性的)的识别、排除或消灭等一系列过程。

　　人体免疫系统由免疫器官、免疫细胞和免疫分子组成。免疫器官根据其作用,可分为中枢免疫器官和周围免疫器官。免疫细胞是泛指所有参与免疫应答或与免疫应答有关的细胞及其前身,包括造血细胞、淋巴细胞等。执行固有免疫功能的细胞有吞噬细胞、NK 细胞(自然杀伤细胞)等,执行适应性免疫功能的有 T 淋巴细胞及 B 淋巴细胞,各种免疫细胞均源于造血干细胞。免疫分子是指免疫细胞分泌的具有免疫功能的多种化学物质。概括起来说,免疫系统的功能主要表现为三方面:防御功能、稳定功能及免疫监视作用,这些功能一旦失调,即产生免疫病理反应。

　　人体的免疫功能包括天然免疫(非特异性免疫)和获得性免疫(特异性免疫)两部分。天然免疫是机体在长期进化过程中逐步形成的防御功能,广泛且与生俱来,所以又称为非特异性免疫,如正常组织(皮肤等)的屏障作用、正常体液的杀菌作用。获得性免疫是指机体在个体发育过程中,与抗原异物接触后产生的防御功能。免疫细胞初次接触抗原异物时并不立即发生免疫效应,而是在高度分辨自我和非我的信号过程中被致敏,启动免疫应答,逐渐发展为具有高度特异性功能的细胞和产生免疫效应的分子,随后在遇到同样的抗原异物时即发挥免疫防御功能。因此,获得性免疫具有以下特性:①特异性,具有高度选择性,只针对引起免疫应答的同一抗原起作用;②异质性,此免疫是由不同类型的免疫细胞对相应的抗原异物分别产生应答;③记忆性,免疫细胞被特异致敏原保存记忆的信息遇到同样的抗原异物时,能增强或加速发挥其免疫力;④可转移性,特异性免疫可通过将免疫活细胞和抗体转移给正常个体,使受体对原始抗原异物发生特异反应。特异性免疫和非特异性免疫有着密切的关系:前者是建立在后者的基础上,而又大大增强后者对特异性病原体或抗原性物质的清除能力,显著提高机体防御功能。免疫功能是机体逐步完善和进化的结果,其中非特异性免疫是生物赖以生存的基础。

2. 免疫力低下的原因

免疫作为维持生物体的防御和自身稳定的重要功能必然要受机体的调节,然而免疫系统调节过程既不像神经系统调节那样有明晰的反射通路,也不像内分泌系统那样仅通过释放一些激素分子来完成生理机能的调节。免疫系统功能受多种因素调节,有抗原、抗体调节也有细胞及细胞分泌的各种因子的调节。甚至遗传因素、神经系统及内分泌系统对免疫功能也具有重要的调节作用。各调节因素之间关系也错综复杂,有正的调节,也有负的调节。一旦失去调节,免疫系统便会失去平衡而导致免疫性疾病、感染及肿瘤等的发生。

均衡营养关系到人体免疫系统行使其正常功能。当人们营养不良时,便表现出免疫系统退化病变。免疫系统的异常会导致免疫应答的不健全,引起吞噬作用减弱,细胞和体液免疫功能下降。随着各种学科间的相互渗透,免疫学发展到食品科学和营养学研究的许多领域。免疫反应的特异性与敏感性使它能够检测和定量地研究食品蛋白、有毒性的植物与动物成分、食品传播性细菌的毒素与病毒。另外,通过营养免疫的研究,可以提供安全的食品原料和利用新的食物来源,尤其是蛋白质;常见的食品蛋白质有:肉类蛋白、大豆蛋白、大麦种子蛋白、小麦蛋白、花生蛋白和鸟类卵蛋白。这些蛋白一方面提供人体充分的蛋白质,另一方面,它们是免疫性很强的免疫原。

3. 免疫调节

祖国医学将机体机能活动及抵御消除各种有害因素称之为"正气",即正气具有维持机体正常机能和抵御病邪的能力,这种能力包括现代医学的免疫功能在内。中医中药从整体出发,强调正气与疾病斗争的指导思想,利用天然药物的有效成分(如多糖、有机酸、苷类等)作为一种免疫增强剂,作用于人体的免疫系统,来增强人体的整体抗病能力。中医研究证明,大多数天然药物的粗多糖提取物(多糖、有机酸、生物碱)具有显著增加肝脾核酸和蛋白的合成、促进免疫活性细胞的功能,抵御致病、致癌物质的侵袭,抵抗辐射损伤等提高人体的抗病能力的作用,对炎性物质有颉颃作用。

现代医学、细胞生物学及分子生物学的发展,使人们认识到免疫系统的紊乱不仅会诱发多种疾病,而且与人体衰老及老年人多发病有关。近年来,随着大量广谱抗菌、抗病毒和抗肿瘤药物的问世,为治疗细菌、病毒感染及肿瘤提供了越来越多的手段。但同时,耐药菌株的变迁及抗肿瘤药物的毒性作用,使患者免疫机能受到不同程度的抑制或损害。因此,对免疫调节功能食品的研究已被人们广泛重视。

4. 中医病因病机

中医有"正气存内,邪不可干"之说,这与免疫系统三大功能(防御、自稳与监视)相似。防御即清除病原微生物及其他抗原,与中医所说祛除病邪、正气抗邪外出的作用相似;自稳指清除损伤或衰老细胞,与正气调节自身阴阳平衡的作用相似;监视指清除突变或畸变的恶性细胞,与正气协调脏腑经络,气血津液,使之条达舒畅,不致形成气滞血瘀痰凝,从而引发积聚的作用相似。

中医学根据人体生理、病理特点与制定的扶正与祛邪的治疗法则,实际是为了调节人体免疫机能的两大医疗措施。当人体受到病邪侵袭后,由于个体差异,机体的抗病能力(正气)有强有弱,对疾病免疫反应则表现为过于亢盛或过于低下,导致各种疾病的发生。因此,在辨证施治过程中,对于过亢的免疫反应,如正邪交争,邪正俱盛,造成对机体的损伤,而导致病变的,多采用以祛邪为主的治疗原则,如祛风散寒、清热燥湿、泻火解毒等,使过亢的免疫反应恢复正常,达到"邪去则正安",而治愈疾病的目的。对于免疫反应低下者,如久病体弱、正虚邪恋或邪正两衰等病变,多以扶正为主,如益气温阳、滋阴降火、养血疏风等,使免疫低下现象得到纠正,达到"扶正以祛邪",而恢复健康的目的。

二、增强免疫功能的食品

1. 壮阳补益类增强免疫功能的食品

(1)狗肉

狗肉补中益气、温肾壮阳,用于腰膝冷痛、小便频多、脾胃虚弱、胀满少食、水肿等症。

(2)鸡肉

鸡肉温中补脾、滋补血液、补肾益精,用于饮食减少、疲乏无力、面色萎黄、产后缺乳、腰膝酸软、精少精冷等症,乌骨鸡尤胜。

(3)黄牛肉

黄牛肉温补脾胃、益气养血、强壮筋骨、消肿利水,用于腹痛泄泻、精血亏虚、消瘦乏力、筋骨酸软等症。

(4)芥菜(雪里蕻)

芥菜宣肺豁痰、温中利气,用于寒饮内盛、咳嗽痰滞、胸膈满闷等症。

(5)糯米

糯米补中益气、健脾暖胃、固表止汗,用于脾胃虚寒、反胃、食少泄泻、消化道慢性疾病等症。

(6)原蚕蛾

原蚕蛾补肝益肾、壮阳涩精,用于阳痿早泄、遗精滑精、尿血白浊、腰膝酸痛、阴茎涩痛等症。

(7)蜂乳

蜂乳益肝血、健脾气、补肾精,用于气血不足、少气乏力、易感冒、失眠多梦、腰膝酸软、早衰健忘、男子精少不育、女子闭经或不孕以及多病或久病所致的体弱、神经衰弱等症。

(8)海参

海参补肾益精、养血润燥,用于肾精亏虚、阳痿遗精、腰酸乏力、阴血亏虚、形体消瘦、潮热咳嗽、咯血、消渴、大便秘等症。

(9)虾

虾补肾壮阳、上乳汁、托毒,用于阳痿早泄、腰膝酸软、气血虚弱、体倦乏力、产妇乳汁不下、产后缺乳或无乳等症。

2. 滋阴生津类增强免疫功能的食品

梨、甘蔗、蜂蜜、西瓜、苹果、酸乳等,其中酸乳能提高抗感染的能力,延长衰老过程,提高免疫系统的防御能力。

3. 健脾益气类增强免疫功能的食品

(1)薏苡仁

薏苡仁可"破毒肿,治肺痿,肺气积脓血",与白米煮粥食用,或与红豆同煮可利水消肿。体虚者不可多食,以免伤正。

(2)鲤鱼

鲤鱼健脾和胃、消肿。

(3)海带、紫菜、海蜇、牡蛎等

海带、紫菜、海蜇、牡蛎等富含蛋白质且能促进食欲,又能软坚散结。适合肿瘤病人食用。

(4)鲍鱼、海参、发菜等

鲍鱼、海参、发菜等富含蛋白质,能滋阴化痰,适合慢性疾病患者、老人及癌症患者食用。

(5)青鱼、沙丁鱼

青鱼、沙丁鱼富含核酸,能抗癌,又能延年益寿。

4. 活血类增强免疫功能的食品

(1)螃蟹

螃蟹有解瘀散结作用,且味鲜美,能增加食欲。但蟹性寒、蟹黄不易消化,故阳虚怕冷体质,或消化不良者不宜食用。

(2)山楂

山楂能消积散结、活血化瘀、开胃止痛。

三、增强免疫功能的中国药膳

1. 粥类

┌─────────────────┐
│　　天冬枸杞粥　　│
└─────────────────┘

【原料】　天冬 30 g,枸杞子 15 g,粳米 60 g。每日分 2 次服食。5～7 天为一疗程。

【制作】　天冬、枸杞子加水煎取浓汁,入粳米煮粥。

【功效】　益肾养阴,适合肾阴不足、口渴、手足心热、腰膝酸软、糖尿病患者。

百合花生粥

【原料】　百合 15 g,花生仁 15 g,糯米 30 g。

【制作】　花生仁加水煮 20 min,入糯米煮粥,煮沸后,入百合,再煮 2~3 min 即可。每日睡前服食。3~5 天为一疗程。

【功效】　补肺养阴、健脾宁嗽,适用于慢性支气管炎、肺气肿、哮喘、肺心病、肺结核以及肺脓疡、百日咳恢复期的调养。

羊乳山药粥

【原料】　羊乳 250 ml,山药粉 30 g。

【制作】　羊乳煮沸,入山药粉煮粥。每日早晨空腹服食。可连续服食。

【功效】　滋阴益气、润胃补肾,适用于慢性胃炎、慢性肾炎及气阴不足、口渴、腰酸等症。

沙参粥

【原料】　沙参 15~30 g,粳米 60 g,冰糖适量。

【制作】　沙参加水煎取浓汁,去渣,入粳米煮粥,少许冰糖调味。早晚服食。3~5 天为一疗程。

【功效】　润肺养胃、祛痰止咳,适用于肺热燥咳少痰、久咳无痰、咽干、热病后津伤口渴。

【禁忌】　受凉感冒、伤风咳嗽患者忌服。

银耳粥

【原料】　银耳 10 g(水浸发透),糯米 60 g,冰糖 60 g。

【制作】　三种原料加水煮粥,煮沸后改文火熬煮。每日早晚服食。5~7 天为一疗程,可间隔服食。

【功效】　滋阴生津、润肺养胃,适用于虚劳咳嗽、痰中带血、阴虚口渴、高血压、血管硬化等症。

【禁忌】　风寒咳嗽、湿热厌食者忌服。

燕窝粥

【原料】　燕窝 6 g,糯米 60 g,冰糖 100 g。

【制作】　燕窝浸泡发胀,浸入凉水中,用小镊子将燕毛择净。糯米加水煮粥,煮沸后,入燕窝、冰糖,文火熬煮。每日早晚服食。

【功效】　养阴润肺,适用于虚损、肺结核、慢性咳嗽、咯血、盗汗、大便干燥等症。

【禁忌】　脾胃虚寒、痰湿停滞及患感冒者忌服。

薏米莲子粥

【原料】　薏苡仁100 g,白米100 g,莲子3枚。

【制作】　加水煮粥,入少量白糖调味,早晚服用。

【功效】　莲子功能补虚损,薏苡仁清热利湿,能增强免疫力。

八宝什锦粥

【原料】　白扁豆、红豆、绿豆各10 g,白米30 g,小米30 g,核桃、花生仁各15 g,红枣1枚。

【制作】　白扁豆、红豆、绿豆加水煮至半熟,再加白米、小米,核桃、花生仁、红枣10枚共煮成粥,加红糖适量调味。

【功效】　本品供点心食用,可补充营养和微量元素,能增强免疫力。

神仙粥

【原料】　糯米90 g,带须葱白7根,生姜7片,米醋100 ml。

【制作】　糯米、带须葱白、生姜共入锅加水适量,小火熬煮15 min,熟后兑入米醋100 ml,去葱、姜,感冒时趁热饮下,盖被取微汗。如作早餐,用于防治感冒,则不必取汗。

【功效】　调和营卫、益气解表,适用于老人体虚感冒,特别是主药醋能有效杀灭流感病毒。

猪肚粥

【原料】　猪肚1具,粳米100 g。

【制作】　取猪肚洗净入锅,加水适量,煮至7成熟,捞出改刀切细丝备用;再以粳米、猪肚丝、猪肚汤适量,熬煮成粥;最后酌加葱、姜等五味调料,经常代餐食用。

【功效】　健脾益气,适用于气虚食少、神疲乏力、消渴尿频等多种老年流行性病变。

2. 汤煲类

煲汤前要了解各种药材的习性,最好选择温和平补的中药,如百合、莲子、当归、枸杞、黄芪等,再加上一些肉类,如乌鸡、排骨等,放料切忌一味求多。煲汤的时候,最好不要添加任何调味料,要用小火慢炖细熬,其间不要加水,也不要随意揭开盖子,直到将体积较大的食物和材料熬至软烂的程度,熬出多种材料相互交融的鲜味。

利用蒸汽将原料中的味道与营养完全溶解在汤水里。紫砂杯能吸收一些药材的药味与毒性,使汤味更香醇。汤中除了放盐外,不加任何其他调料,所有的味道都来自原料中,正所谓原汁原味,汤色清而味悠远。

猪骨煲

【原料】　猪棒骨、薏仁、淮山、枸杞、马蹄。

【制作】 将猪棒骨焯水去油去腥,再与各类配料一同放入砂锅内,用大火煮沸后改用微火慢熬 5 h,以骨酥肉软而又不脱骨为度。

【功效】 汤色浓白,既可喝汤又可吸髓,满口肉香而无丝毫猪腥气;有很好的补钙功效。

老火煲汤

【原料】 猪肘、无花果。

【制作】 将无花果与猪肘按大致 1:1 的比例放入砂锅内,先用大火煮开再用微火慢熬,一共煲 10 h 左右。原料的味道与营养在煲制过程中已完全融入汤里,煮好后将汤盛出即可,食之无味的汤渣则可丢弃。老火煲汤制作方法比较简单,但要煲得够味,主要在于时间的把握和火候的掌握上。火太大或时间太长,汤容易干,营养成分也易流失;熬制时间过短,则不够入味。

【功效】 无花果有降血压、利肠胃的功效,汤品口感微微鲜甜,味浓而不腻。

雪梨银耳南北杏煲筒骨

【原料】 雪梨、银耳、南北杏、猪筒骨等。

【制作】 将原料按特殊的先后顺序放入锅内,同老火煲汤方法一样,煲制 10 h 左右,至银耳微黏、雪梨微化的状态为最佳,然后将原料与汤一同盛上桌即可。

【功效】 雪梨有润肺止咳的功效,银耳则是上好的美容佳品,汤味咸鲜;除品尝汤外,银耳与雪梨还可以食用,风味独特。

沉鱼落雁滋补女汤

【原料】 甲鱼、鸡块、乌鸡、小枣、桂圆、花旗参片、桂圆肉、花胶、瑶柱等。

【制作】 用老鸡、老鸭、瑶柱等放在一起小火慢炖数小时制成汤底;各种原料洗净,凉水下锅,加少许料酒缓缓加热,水开捞出,以去除原料中的杂质;将所有原料加汤底用小火炖 4 h 即可。

【功效】 美容养颜,花胶吃起来很筋道。

气宇轩昂滋补男汤

【原料】 人参、甲鱼、辽参、牛鞭、小枣、枸杞、肉苁蓉、锁阳、牛蛋。

【制作】 将原料洗净后焯水,放在一起煲制数小时,做法和"沉鱼落雁滋补女汤"一样,直到汤味鲜浓为止。

【功效】 人参有强身健体、滋阴壮阳的功效,一般来说,每 20 盅汤只需要放置半根养殖参就足够了。其他的原料最好均衡搭配,起到温补的效果。

馨怡芦笋汤

【原料】 芦笋、淡奶油、纯牛奶、洋葱、牛油、面粉、干白葡萄酒。

【制作】　先将芦笋去皮焯水（呈半透明状即可），然后搅碎或者切成碎末备用；将洋葱和牛油炒香，和碎的芦笋放在一起，兑水煮成糊状；最后浇上纯牛奶，加一片烤好的面包。

【特点】　保持芦笋原汁原味，口感富含奶香和芦笋的清香。

> ## 咖喱海鲜酥皮汤

【原料】　鳕鱼、澳带、青口贝、鲜虾、三文鱼、淡奶油、咖喱粉、酥皮、法葱、干白葡萄酒、蛋液。

【制作】　将鳕鱼、澳带、青口贝、鲜虾、三文鱼放在锅里炒出香味，然后加入炒好的法葱，再加入葡萄酒、淡咖喱一起炒好放在杯子里；将酥皮放在杯子上面，酥皮下面靠杯沿的地方抹一层蛋液；将杯子放在180 ℃的烤箱中烤5 min；直到酥皮起酥呈金黄色。

【功效】　海鲜强身、滋补，这道汤男女老幼都适宜喝。

> ## 美容养颜汤

【原料】　雪蛤为主料，猪肺、瘦肉为辅料，配以野生藏红花、野生蜂巢、花粉、枸杞、桂圆等30多种药材。

【制作】　将雪蛤与配料一同放入紫砂杯内，加入高汤，原料与汤水的比例大概为1∶2，盖上杯盖，放入蒸锅内隔水蒸7 h，放入适量盐。蒸好后，将紫砂杯取出，直接端上桌，即可饮用。

【功效】　打开杯盖，清香扑鼻。汤汁呈清澈的淡墨绿色，味道层次丰富，但无中药味。汤内瘦肉酥嫩，与其他配料的味道相互渗透，口感独特，清爽不油腻。雪蛤有很好的滋补功效，含丰富的雌性激素，能起到调理女性内分泌的作用。而其他中药配料，则有不同程度的养颜滋补效果。

> ## 椰子炖鸡

【原料】　整只椰子、鸡肉、生姜。

【制作】　将椰子从顶部横着切开，将鸡肉和切成片的生姜放入椰汁内，然后将刚切下的椰子壳盖上，把整个椰子放入蒸锅内，隔水蒸7 h后取出，然后将椰子端上桌，打开即可食用。

【功效】　椰子性甘温，可暖脾胃、补虚益气、补脑养颜。汤味清润，且有浓浓的椰香，味道鲜美。（据店主介绍，将椰子与鸡一起炖，这种独特的做法，是店主家族五代之前的长辈在新加坡经营汤品和凉茶时自己研制出来的独家配方。）

> ## 南北杏炖老鸽

【原料】　南北杏、鸽肉、无花果等。

【制作】　将原料放入紫砂杯内，加入高汤，同样是隔水蒸7 h，然后直接将紫砂杯端上桌即可。

【功效】　秋天较为干燥，鸽子稍带凉性，正好适合这个季节饮用；南北杏对呼吸道有滋润作用，清肠润肺；汤清而味不寡，油而不腻。

猪脊羹

【原料】　猪脊骨 1 具,大枣 150 g、白莲肉 100 g、广木香 3 g、甘草 10 g。

【制作】　取猪脊骨,洗净剁碎,大枣、白莲肉、广木香、甘草,广木香用纱布袋盛装缝口,一同放入锅中,加水适量,小火炖 4 h,分顿食用,喝汤并食肉、枣、莲子。

【功效】　益肾滋胃、养阴生津,适用于眩晕、口目干涩、手足心热、躁动难寐等阴虚火旺的老人,特别适用于饮多、食多、尿多的糖尿病"三多"症。

龙马童子鸡

【原料】　海马 20 g,海龙 20 g,仔公鸡 1 只,姜、葱、盐、胡椒粉、味精、料酒各适量。

【制作】　将海龙、海马用白酒浸泡 2 h,洗净泥沙,备用;将鸡宰杀后,去毛桩、内脏及爪,洗净,在沸水锅内汆去血水,剁成 6 cm 见方的大块;姜、葱洗干净,姜拍松,葱切段;将鸡、海马、海龙、姜、葱、料酒放入炖锅内,加入清水适量;将炖锅置武火上烧开,打去浮沫,再用文火炖熟,加入盐、味精、胡椒粉即成。

【功效】　补肾壮阳。

党参红枣炖排骨

【原料】　党参 30 g,红枣 8 枚,排骨 500 g,姜、葱、盐、味精、胡椒粉、料酒各适量。

【制作】　将党参洗净,切 3 cm 的节;红枣洗净,去核;排骨洗干净,剁成 4 cm 长的段;将姜、葱洗干净,姜拍松,葱切段,将排骨、党参、红枣、姜、葱、料酒放入炖锅内,加入清水适量,置武火上烧开,再用文火炖熟,加入盐、味精、胡椒粉即成。

【功效】　补气血,益健康。

山药炖猪肘子

【原料】　山药 30 g,党参 60 g,红枣 8 枚,肘子 1 个,姜、葱、盐、味精、胡椒粉、料酒各适量。

【制作】　山药浸泡 24 h,切成薄片;党参用水浸泡 24 h,去皮,切成 4 cm 长的节;红枣洗净,去核;猪肘子去毛桩,去骨,用沸水汆去血水,再剁成 6 cm 见方的块状;姜拍松,葱切段;将猪肘子、山药、红枣、姜、葱、料酒放入炖锅内,加入清水适量。将炖锅置武火上烧开,再用文火炖熟,加入盐、味精、胡椒粉即成。

【功效】　补脾胃,益气血。

3. 菜品

清炒刀豆子

【原料】　刀豆子 60 g、虾米 10 g。

【制作】　刀豆子、虾米,加油葱、姜适量微炒即可(不可久炒),加盐、味精调味,佐膳食用。

【功效】　刀豆能刺激人体 T 淋巴球转化,增强免疫功能,提高白血球数目。

> ### 京葱海参

【原料】　海参 500 g,肉汤 250 ml,米酒、盐、味精适量。

【制作】　海参洗净切块加油与葱微炒,再加入肉汤,米酒、盐、味精适量煮熟食用佐膳。

【功效】　本方能提高免疫力及防癌。

> ### 笋菇肉丝

【原料】　芦笋 500 g、香菇 50 g、猪肉丝 250 g。

【制作】　芦笋、香菇、猪肉丝,加油炒熟,盐、味精调味佐膳食用。

【功效】　芦笋、香菇均有抗癌及增加免疫力的作用,且不怕热炒,为常用之佳肴。

> ### 清汤银耳

【原料】　鸡汤 1 500 ml,银耳 12 g。

【制作】　用鸡汤加盐、酒适量调味烧开后放入银耳(泡发),待银耳发软入味即可当点心食用。

【功效】　本方滋阴润肺和胃,适合老年、慢性病及癌症之体质。

> ### 牛肉脯

【原料】　牛肉 2 500 g,白胡椒 15 g、荜茇 15 g、炒陈皮 7 g、煨草果 6 g、缩砂仁 6 g、高良姜 6 g,姜汁 500 ml、葱汁 100 ml、食盐 100 g。

【制作】　取牛肉洗净切碎,白胡椒、荜茇、炒陈皮、煨草果、缩砂仁、高良姜晒干或烘干后碾为细末,再取生姜汁、葱汁、食盐,入牛肉药末内拌匀,腌制 2 日,取出焙干作脯,任意食之。

【功效】　健脾温胃、益气养血,适用于食欲不振、虚损赢瘦、素有胃肠疾患的脾胃虚弱的老人。

> ### 鸡蛋豆浆

【原料】　生鸡蛋 1 个,浓豆浆。

【制作】　将生鸡蛋 1 个打入大碗中并搅开,以滚沸的浓豆浆冲入碗中,调蜂蜜或白糖食用。

【功效】　功能益肺养胃、宁嗽补虚,适用于体虚久咳的老人日常食用,或作慢性肺系疾病的康复治疗。此外,黑芝麻、核桃肉、板栗、菠菜等都是老人冬令养生的平补佳品,可与相应的补肝肾、补脾胃的可食性中药配伍成冬令养生药膳。

第二节 缓解体力疲劳的功能食品及中国药膳

随着生活节奏的加快,慢性疲劳综合征的发病率正在逐渐增加。美国约有14%的成年男性和29%的妇女患有此症;日本工作人口中有30%以上遭受此症袭击,其中有40%的患者不能正常工作和学习。我国亦有越来越多的人群患此症,如从事科研、IT行业人事及记者、演艺人员、市场营销者,企业中、高层管理者,发病率高达50%。

一、基本原理

1. 疲劳的概念

在第五届国际运动生物化学会议上,对疲劳的概念取得了统一认识:疲劳是"机体生理过程不能持续其机能在一特定水平上和(或)不能维持预定的运动强度"。生理性疲劳是工作或活动本身引起的,区别于诸如疾病、环境、营养等原因所致。这一疲劳概念的特点是:①把疲劳时体内组织和器官的机能水平与运动能力结合起来评定疲劳的发生和疲劳程度;②有助于选择客观指标评定疲劳,如心率、血乳酸、最大吸氧量和输出功率,在某一特定水平工作时,单一指标或各指标的同时改变都可用来判断疲劳。

疲劳的症状可分为一般症状和局部症状。全身性剧烈肌肉运动,可引起肌肉疲劳、呼吸肌的疲劳、心率增加、自觉心悸和呼吸困难。当疲劳继续加强,中枢神经活动就要加强活动而补偿,逐渐又陷入中枢神经系统的疲劳,因而恶性循环。疲劳过度可加速死亡。当人体长期处于疲劳状态下,可产生未老先衰和疲劳综合征。疲劳综合征可出现:不易消除的疲惫、厌倦、烦躁、注意力不集中、不明原因的心慌意乱、头晕、头痛、便秘或腹泻、皮肤出现色斑、厌食、腹胀、性能力下降、高血压、高血脂、脂肪肝。出现上述二项者为轻度,四项者为中度,六项及以上者为重度疲劳。

疲劳的出现分为三个阶段:潜伏期,表面上正常,但经检查可发现有疲劳的症状并继续;明显期,疲劳继续显著;蓄积期,由于没有充分的恢复,反复继续工作,使疲劳终于成为蓄积性疲劳。

2. 疲劳产生的机制

疲劳的产生常常是多因素共同作用和综合效应的结果。目前关于疲劳的产生主要有以下6种主要的学说,分别是:"衰竭"学说,认为疲劳是体内能源物质耗竭,导致能源物质短缺,肌肉工作能力下降,不能完成预定的工作强度,出现疲劳;"堵塞"学说,认为疲劳是由于体内物质代谢产物的累积过多而又不能及时消除而引起肌肉工作能力下降;"保护抑制"学说,认为疲劳是大脑皮质保护性抑制发展的结果,工作时,大量冲动刺激皮质相应细胞,神经细胞长期兴奋导致"消耗"增多,为了避免进一步消耗,当消耗达到一定程度时便会产生保护性抑制;"突变"学说,认为运动疲劳是由于运动过程中的能量消耗、肌肉力量下降及兴奋性丧失三维空间关系改变所致,细胞内能量消耗和肌肉兴奋性丧失的过程中,存在一个急剧下降的突变峰,兴奋性突然崩溃以拯救能量储备下降,肌肉力量和输出功率的突然衰退,表现为疲劳;"内环境稳态失调"学说,运动时血液 pH 值过分降低,严重脱水导致血液渗透压及电解质浓度的变化都是足以引起疲劳的原因;自由基学说,认为在细胞内,线粒体、内质网、细胞核和质膜中都可以产生自由基,由于自由基性质活泼,可以与机体内糖类、蛋白质、核酸及脂类等发生反应,因此能造成细胞结构和功能的损伤。另外,目前许多研究者认为疲劳的产生是由内分泌调节紊乱造成的,因为运动应激引起疲劳时内分泌调节受影响。

3. 抗疲劳机制

虽然到目前为止对于疲劳产生的原因还没有一个统一的结论,但大多数人都同意疲劳的产生与自由基的累积有关。所以抵抗疲劳,除了增加能源物质的补充、平衡运动所引起的体液内环境的改变外,有效地补充外源性抗氧化剂也是一种重要手段。

近年我国对中医药抗氧化作用研究做了大量工作,并取得了一定成果。中药有效成分中,酚类、黄酮类、鞣质类及植物甾醇类、苷类等都具有抗氧化作用。并推测中药抗氧化作用的机制可能是:

①提高抗氧化酶类活性和(或)含量。

②含有抗氧化剂成分,直接清除自由基。

③加速细胞代谢,避免自由基及其产物在细胞内聚集。

在人劳动或运动中,葡萄糖和糖原大量消耗,从而造成中枢疲劳、运动能力降低。如果使人体内糖的贮量增加,则可以延缓上述现象的出现,提高运动和劳动的耐久力。人体的运动将引起蛋白质分解加速,因此蛋白质对疲劳的产生有重要影响。增加脂肪,对于由长期剧烈运动引起的疲劳有一定好处。在长期剧烈运动中会产生大量乳酸,降低血的酸碱度,因此碱性食物或饮料对抗疲劳也有好处。维生素对人体的代谢功能有重要调节作用,现证实有提高机体运动能力的维生素包括维生素 E、维生素 C 和 B 族维生素。不同的无机盐在体内具有不同的生理功能,对高强度劳动者和运动员来说,影响较大且易缺乏的无机元素主要有钙、磷、铁、钾、钠、锌等。服用 SOD、辅酶 Q 以及还原型谷胱甘肽 GSH,都有抗疲劳作用。

许多实验研究表明皂苷能够提高机体乳酸脱氢酶活力,肌糖原和肝糖原的含量,同时能降低血乳酸含量从而对机体具有抗疲劳作用。并且皂苷资源丰富,许多植物中都含有,因此皂苷是具有缓解体力疲劳功效成分的优选之一。

慢性疲劳综合征又称雅痞症(Yuppie Disease),慢性伯基特淋巴瘤病毒(EBV)、慢性类单核白血球增多症等等,其症状包括喉咙痛、淋巴结肿大、极度疲劳、失去食欲、复发性上呼吸道感染、小肠不适、黄疸、焦虑、忧郁、烦躁及情绪不稳、睡眠中断、对光及热敏感、暂时失去记忆力、无法集中注意力、头痛、痉挛、肌肉与关节痛。这些症状与感冒及其他病毒感染相似,因此容易误判。

具有缓解体力疲劳功效物质常见的有人参、西洋参、黄芪、蜂王浆、当参、三七、刺五加、葛根、乌骨鸡、灵芝、鹿茸、中华鳖、枸杞、红景天、虫草、螺旋藻、大枣等中药以及二十八醇、牛磺酸、鱼鳔胶、牡蛎提取物、麦芽油、碱性盐、天门冬氨酸盐类、咖啡因、抗自由基及抗脂质过氧化物质等。

4. 中医病因病机

"疲劳"属于中医学"虚""虚劳""虚损"等范畴,在《黄帝内经》中,疲劳多称为"倦""解堕""困薄""身重""体重"等。《素问·示从容论篇》中指出"肝虚、肾虚、脾虚,皆令人体重烦冤"。根据中医藏象学说,疲劳与五脏都有联系,主要责之于脾、肝、肾,也与心、肺有关。脾失健运,则气血生化无源,四肢肌肉得不到濡养,表现为四肢倦怠乏力,肌肉松软,甚或痿废不用。又因脾主运化水湿,脾的运化水湿功能减退,易生湿聚痰,痰湿困阻于四肢肌肉,则表现为肢体困重无力,甚至酸楚疼痛。肝主藏血、主筋,为"罢极之本",肝储藏血液,并调节血量,能保证运动过程中血液的正常输布。肾为先天之本,藏精,主骨生髓。恣情纵欲,过度疲劳,肾精亏损,髓海不足,则精神萎靡,眩晕耳鸣,记忆力减退,思维迟钝,腰膝酸软,肢体痿弱不用,疲乏无力。体力疲劳还与心、肺的脏腑功能有关。心主血脉,心气推动全身血液在脉中运行,流注全身发挥营养和滋润作用。心藏神,具有主宰人体五脏六腑、形体官窍的一切生理功能和人体精神意识思维活动的功能,包括脾之运化、肝之疏泄、肾之藏精、胃之受纳、四肢屈伸、骨之运动均由心来主宰。心血充足,心气旺盛,心神有主,则血液得行,血脉通利,生命力旺盛。肺主气司呼吸,朝汇百脉而助心行血。劳役过度,耗气伤肺,肺气虚弱,不能助心行血,则出现血行瘀滞,表现为心悸、胸闷等症状。肺又为"华盖之官",在体合皮,是机体的最外层屏障,李杲《内外伤辨惑论·辨气少气盛》谓:"内伤饮食劳役者,心肺之气先损,为热所伤,热既伤气,四肢无力以动……"因而疲劳常伴有倦怠、懒言等气虚症状。体力的产生以血、阴、津、液为物质基础,以气、阳的功能为外在表现。疲劳的产生与气、血、阴、阳的损耗有密切的关系。另外,在运动过程中,汗出溱溱,伤津耗液,易致阴液不足,可见疲劳也耗伤气血津液。总之,中医认为,疲劳主要是各种原因导致脾、肝、肾三脏功能异常,心、肺受累及气血阴阳失调而造成的。临床上,以虚证及虚实夹杂证多见。虚主要以阴、阳、气、血不足为主;实则主要由脏腑功能失调,导致外感邪气侵袭、气郁及痰湿、湿热等邪壅阻。

二、缓解体力疲劳的功能食品

饮食原则:多吃新鲜蔬菜,少吃多餐,多喝蔬菜汁以补充维生素,如萝卜汁、胡萝卜汁、青菜汁或小麦草汁等,也可服用叶绿素片,大约60%感染 EBV 病毒的人也同时带有念珠菌,因此要在饮食中补充嗜酸菌。

1. 辅助缓解体力疲劳的营养素

(1)抗坏血酸片(缓冲过的)加生物类黄酮

每日 500 ~ 1 000 mg,有强力的抗病毒功效。

(2)辅酶 Q10

每日 70 mg,增强免疫效力。

(3)蛋黄卵磷脂

必须与正餐一起服用,增强体力并提升免疫力。

(4)嗜酸菌

依据产品标示服用,EBV 病毒与念珠菌常常一并出现,念珠菌会破坏肠内必需的良性并生菌。

(5)蛋白质分解酵素

两餐之间及睡前空腹时使用,各 2～3 锭。将未消化的食物由血液中去除,并减少发炎。

(6)维生素 A 及 E 乳剂

维生素 A 50 000IU,维生素 E400-800IU。一个月后,慢慢降至维生素 A 25 000IU、维生素 E400IU;强力的自由基清除者及破坏者,乳剂较快被吸收利用;此病可能影响肝功能,故不宜使用片剂形式的维生素 A;每日依照产品说明使用,用以修护组织及器官;每日 3 次,各 100 mg,是提升体力及促进脑部功能所必需的。

2.辅助缓解体力疲劳的食品

(1)豆类

铁质是产生人体能量的主要介质,它担负着向人体器官和肌肉输送氧气的重要任务。虽然猪肝和瘦肉是铁质的最佳来源,但经常吃一些赤豆、黑豆或黄豆,也能起到补充铁质的作用,并能有效地改善疲惫、无力的状况。

(2)菠菜

菠菜中含有女性比较容易缺乏的矿物质——镁。女性每日摄入的镁如果少于 280 mg,就会感到疲乏。镁在人体内的作用是将肌肉中的碳水化合物转化为可利用的能量。每天 200～700 mg,可以提升肌体能量。

(3)香蕉

香蕉含有极易为人体吸收的碳水化合物,同时还富含钾。钾在人体内能够帮助维持肌肉和神经的正常功能,但它不能在体内储存很多时间,人在剧烈运动后,体内的钾会降得很低,会导致肌肉疼痛、心律不齐、反应迟缓等。

(4)草莓

草莓含有丰富的维生素 C,有助于人体吸收铁质,使细胞获得滋养,因此多吃草莓能使人精力充沛,能迅速缓解人的不良情绪。

(5)金枪鱼

在高蛋白质的鱼类中,金枪鱼含有丰富的酪胺酸,酪胺酸在人体内能帮助产生大脑的神经传递物质,使人注意力集中,思维敏捷。

(6)燕麦片

燕麦片是一种富含纤维的食物,能量释放缓慢而又均衡,可使人体血糖水平一直维持在较高水平,因而不会很快感到饥饿且会精神饱满。

(7)洋白菜

洋白菜可降低甲状腺的活力;吃洋白菜沙拉,会使人的情绪稳定。

(8)胡萝卜

胡萝卜可以帮助记忆,促进大脑的新陈代谢。

(9)油梨

油梨是增强短期记忆的能量来源,因为它富含核酸。

三、缓解体力疲劳的中国药膳

1. 粥类

> **枣仁莲子粥**

【原料】 酸枣仁 10 g,莲子 20 g,枸杞 20 g,粳米和大米共 100 g。

【制作】 洗净加水共同煮粥,可适量加糖。

【功效】 安神、补脑。

> **人参糯米粥**

【原料】 人参 10 g,山药、糯米各 50 g,红糖适量。

【制作】 先将人参切成薄片,与糯米、山药共同煮粥,待粥熟时加入红糖,趁温服用,每日 1 次。

【功效】 该粥具有补益元气、抗疲劳、强心等多种作用。

注意:高血压、发烧患者不宜食用。

> **鳗鱼山药粥**

【原料】 活鳗鱼 1 条,山药、粳米各 50 g,各种调料适量。

【制作】 将鳗鱼剖开去内脏,切片放入碗中,加入料酒、姜、葱、食盐调匀,与山药、粳米共同煮粥服用,每天 1 次。

【功效】 该粥具有气血双补、强筋壮骨等作用,经常服用该粥,利于消除疲劳。

2. 汤煲类

> **三稔煲荠菜**

【原料】 三稔 4 ~ 5 枚,荠菜 500 g,精盐适量。

【制作】 将三稔切开,荠菜洗净,同煎汤,不加油,加精盐调味;1 次饮服。

【功效】 清热、止渴、除烦、抗疲劳、利小便,适用于头痛发热、咳嗽、口干舌燥、口鼻气热、大便秘结、小便短黄等症;日常活动后肌肉酸痛,服之透汗解肌、祛除疲劳、恢复精力。

> **天门冬萝卜汤**

【原料】 天门冬 15 g,萝卜 300 g,火腿 150 g,葱花 5 g,精盐 3 g,味精、胡椒粉各 1 g,鸡汤 500 ml。

【制作】 将天门冬切成 2 ~ 3 mm 厚的片,加水约 100 ml,以中火煎至 1 杯量时,用布过滤,留汁备用。火腿切成长条形薄片;萝卜切丝。锅内放鸡汤 500 ml,将火腿肉先下锅煮,煮沸后放入萝卜丝,并将煎好的天门冬药汁加入,盖锅煮沸后,加精盐调味,再略煮片刻即可。食用前加葱花、胡椒粉、味精调味;佐餐食。

【功效】　止咳祛痰、消食轻身、抗疲劳;常食能增强呼吸系统功能、增强精力、消除疲劳。

3. 菜品

双参肉

【原料】　鲜人参 15 g,海参 150 g,瘦猪肉 250 g,香菇 30 g,青豌豆、竹笋各 60 g,味精、精盐、香油各适量。

【制作】　将海参发好,切块;香菇洗净,切丝;瘦猪肉洗净,切小块;竹笋切片。将以上原料与人参、青豌豆一齐放入砂锅内,加清水适量炖煮,以瘦猪肉熟烂止,加入味精、精盐、香油即可。每日 1~2 次,每次适量,每周 2 剂。

【功效】　大补气血、强壮身体、消除疲劳,适用于久病体虚不复、年老体衰、精神萎靡、身体疲倦等症。

黄芪鸡

【原料】　黄芪 30 g,陈皮 15 g,肉桂 12 g,公鸡 1 只。

【制作】　将中药用纱布包好,与公鸡一起放入锅中,小火炖熟,食盐调味,吃肉喝汤。

【功效】　适用于躯体疲劳、体力下降者调养。

4. 茶及小吃

枸杞羊脑

【原料】　羊脑一具,枸杞 30 g。

【制作】　将羊脑洗净与枸杞盛在碗中,加适量葱末、姜末、料酒、盐,上锅蒸制,形状似"豆腐脑"。

【功效】　补脑、调养躯体疲劳。

枸汁滋补饮

【原料】　鲜枸杞叶 100 g,苹果 200 g,胡萝卜 150 g,蜂蜜 15 g,冷开水 150 ml。

【制作】　将鲜枸杞叶、苹果、胡萝卜洗净,苹果去皮、核,将鲜枸杞叶切碎,苹果、胡萝卜切片,一同放入榨汁机内,加冷开水榨成汁,加入蜂蜜调匀即可。每日 1 剂,可长期饮服。

【功效】　强身壮阳、美颜、抗疲劳;枸杞叶味甘性平,能补肾益精、清热明目止渴;在工作过于劳累及运动过量时饮用,能消除困倦疲劳、恢复元气、增强体力。

西洋参药茶

【原料】　西洋参、牛蒡根、枸杞、蒲公英、菊花。

【制作】 可以综合或交替饮用这些茶,每天喝4~6杯。

【功效】 西洋参茶对提升免疫力、恢复体力、缓解疲劳非常有效。

冰糖薄荷茶

【原料】 薄荷叶5~10片,冰糖或蜂蜜、果汁。

【制作】 将刚买来的中药薄荷叶用冷水洗净后放到茶杯中,加入热水200 ml,加盖15~20 min,直到药香散出即可,等凉的时候根据个人的喜好加入冰糖、蜂蜜或者果汁,可以使茶的口感提升。

【功效】 薄荷可以防止痉挛、放松肌肉、减轻肌肉僵硬与疼痛感;薄荷茶可以刺激食物在消化道内的运动,帮助消化,尤其适合肠胃不适或是吃了太过油腻的食物后饮用。工作在计算机前的上班族,当感到精神不济时应喝杯清凉的薄荷茶,有利于提神醒脑、缓解压力。另外,由于薄荷具有一种独特的芳香,将薄荷茶拿来漱口或饮用,不仅能齿颊留香、口气清新,还可以消除牙龈肿痛。

玫瑰薄荷茶

【原料】 玫瑰花干花蕾4~5颗,薄荷少量,2~3钱(1钱=5 g)即可。

【制作】 将干玫瑰花与薄荷一同放入杯中,加盖10~15 min,待茶凉后饮用提神效果更佳。

【功效】 人的情绪在春季的时候容易出现波动,玫瑰花常常深受办公室女性的喜爱,具有活血化淤、舒缓情绪的作用;薄荷可驱除疲劳,使人感觉焕然一新,并且玫瑰花的甘甜纯香可以冲淡薄荷之中苦涩味,一举两得。

薄荷菊花茶

【原料】 薄荷3钱,菊花2钱。

【制作】 将菊花与薄荷一起放入茶杯中,加盖冲泡5~10 min 即可。

【功效】 菊花可清热解毒、缓解疲劳,与具有提神效果的薄荷一起冲饮可使效果更佳。

菊花人参茶

【原料】 菊花干花蕾4~5颗,人参2~4钱。

【制作】 将人参切成细断,放入菊花花蕾,用热水加盖浸泡10~15 min 即可。

【功效】 人参含有皂苷及多种维生素,对人的神经系统具有很好的调节作用,可以提高人的免疫力,有效驱除疲劳,而菊花气味芬芳、具有祛火、明目的作用,两者合用具提神的作用。

注意:有高血压的人不宜食用人参;人参不宜与茶叶、咖啡、萝卜一起服用。

> 熏衣草柠檬茶

【原料】　熏衣草干花蕾 5~6 颗,柠檬片或柠檬汁。

【制作】　将干燥的熏衣草花蕾、柠檬片一起放入茶杯中,加入沸水加盖 5~10 min,如果是与柠檬汁一起搭配,待茶呈淡绿色温凉后加入即可。

【功效】　熏衣草香气为广大女性所喜爱,有滋补、舒缓压力、消除疲劳的作用,柠檬具有利尿、促进消化与血液循环、缓解头痛的作用,并且其散发出淡淡的香味可使人精神振奋。

注意:孕妇不宜饮用含有柠檬的茶。

第三节　缓解视疲劳的功能食品及中国药膳

计算机视力综合征被称为"21 世纪职业病",其主要表现为视疲劳,主要职业人群为司机、学生、会计、长时间使用计算机的人等。由于学习环境不佳、不良用眼习惯、近视遗传史、户外活动和体育锻炼时间少、日均学习时间长等原因,近视在学龄儿童中呈高患病率状态,已经成为损坏儿童视力的主要眼病,因此被世界卫生组织列为"视觉 2020"行动中,要求改善消除的五类眼病之一。

一、基本原理

1. 视疲劳的概念

视疲劳在临床上较为常见,是由多种原因引起的眼不能久视,久视后出现头痛、头晕、目胀昏花、眼干涩不欲睁等症候,病人主诉多为眼酸胀且痛、视物不能持久,常伴有头痛、眩晕、恶心等症状,由于视疲劳是以患者自觉症状为基础,眼或全身器质性因素(心理)相互交织的综合征,并非独立的眼病,因而被称为视疲劳综合征,属身心医学范畴。

2. 视疲劳的产生机制

视疲劳症状复杂多变,症状出现的轻重与个人性格、心理状态、生活和工作环境有关。其发病原因可归纳为以下 3 种。

(1)眼部因素

视疲劳可由屈光不正、隐斜或其他眼病所致,调节功能的过分使用或衰弱、眼外肌力量平衡失调、集合作用异常是引发视疲劳的主要原因。调节性视疲劳是指近距离工作或阅读时眼有疲劳感,常发生在远视、老视,视疲劳时有精神不振、思睡、头痛、眩晕等症状,如果给予眼镜矫正或适当休息,疲劳感即可消失。肌性视疲劳常发生在隐斜、眼肌麻痹、集合功能不全、屈光不正,由于双眼的眼外肌失去平衡,而造成视疲劳。单纯由于眼外肌力量不平衡失调者较少见。近距离工作或阅读时,为了保持双眼单视,双眼内直肌共同收缩,距离越近所需集合功能越大,内直肌收缩也越强,当集合功能不足时,可发生视疲劳。近视眼不戴眼镜时,由于近点距离近不需要或少用调节力,集合与调节平衡关系遭到破坏、集合多于调节而发生视疲劳,如果戴合适的眼镜即可好转;长期戴矫正过度的远视眼镜,也可造成集合功能不足,逐渐成为外斜视。无论是调节性视疲劳或肌性视疲劳,在光线过量或不足时,症状都会加重。视像不等性视疲劳正视眼中约有10%有视像不等,通常双眼视网膜视像差最大忍受为5%,超过此限度,常有视物模糊、头晕、复视等视疲劳症状。症状性视疲劳常为部分眼病或某些全身病所致的眼部症状,如结膜炎、睑缘炎、角膜炎、眶上神经痛、感冒等。近视矫正过度、远视矫正不足、不规则散光、眼镜制作材料不合适等,都可发生症状性视疲劳。

（2）环境因素

工作、生活与环境中的异常刺激,都可引发视疲劳。如照明工作场所、工作物体大小、室温、墙壁颜色、噪声、生活节奏紧张、昼夜更换等,都可以使健康者发生视疲劳。最典型的事例为长时间使用计算机,长时间专注电视、监视仪等,极易发生视疲劳,常伴有手、颈、肩、腰、脚的疲劳和酸痛,严重者可发生全身症状,称为VDT综合征。环境因素是诸多因素相互影响、相互作用的结果。

（3）体质因素

临床上常由于神经官能症、精神病早期、更年期、癔病、甲亢、高血压、低血压、贫血、糖尿病、心功能不全、分娩期和哺乳期、病后恢复期、长期过度紧张的脑力劳动等,而致视疲劳症状,多数顽固不易清除。也有精神因素造成者,患者表现为精神十分紧张和忧郁,实际器质性病变与自觉症状不成比例,前者往往被夸大。在排除眼部症状外,仅合并有植物神经不稳定和其他精神（心理）症状,难以用药物或矫正眼镜消除症状,这是一种神经官能症,亦称为神经性视疲劳,属心身医学范畴。多数学者认为,视疲劳的发生和发展与身体和精神（心理）内在环境的不平衡有重要关系。虽然视疲劳首先表现在眼部,但病因往往是全身性疾病。

中医文献中无视疲劳综合征的病名,根据其近距离久视过劳而出现眼胀、头痛等症状,中医认为与肝、精气有关。"目为肝窍","肝受血而能视","五脏六腑之精气皆上注于目而为之精"。唐代孙思邈撰著的《千金要方·七窍门》中曰:"其读书、博弈等过度用目者,名曰肝劳。"首次将其称为肝劳。明代李挺所著《医学入门·杂病分类·眼》指出:"读书针刺过度而（目）痛者,名曰肝劳,但须闭目调护。"并进一步指出其病因为"极目远视,夜书细字,镂刻博弈伤神,皆伤目之本"。古代医家已认识到本病的发生主要系用目不当,主要与肝、心、肾有关。现代中医对视疲劳综合征病因病机的研究多以传统病机结合历代眼科古籍进行论述,主要以肝肾阴虚、脾胃虚弱、气滞血瘀为基础,而过用目力、劳心伤神则是其发病诱因。

3. 缓解视疲劳机制

引发视疲劳的原因是由眼部因素、环境因素以及体质性因素相互交织形成的。目前,现代医学针对视疲劳等目系疾病的防治主要是尽可能消除不利因素、做好预防工作和营养疗法,如给予平衡膳食,保证蛋白质、脂肪、碳水化合物和水的摄入,补充维生素和矿物质等。

眼睛疲劳的一般症状是视物稍久则模糊,有的甚至无法写作或阅读,眼睛干涩、头昏痛,严重时可出现恶心、呕吐等。视疲劳还导致成年人发生近视或提前花眼,白内障、青光眼、视网膜剥离等眼疾也会伴随着用眼过度而来。保护眼睛、防止视力伤害、减缓视疲劳,除了光线适宜、保持正确的操作姿势、保证休息和做眼保健操之外,还有一条非常重要,那就是要给眼睛补充营养。现代医学研究表明,维生素与眼疾的发生、视力的好坏有着非常密切的关系。用眼过多者,需要更多的眼睛所需的维生素及矿物质。合理补充眼睛所需的营养素,对保护眼睛、防止视力伤害、防治眼疾、提高视力非常重要。

视力减退是临床上常见的一种症状,可见于多种眼病,但主要是指用眼不当、用眼过度,或年老、体弱等,以致出现近视、远视、散光、视物模糊等。中医学认为,视力减退主要在于先天禀赋不足,或疾病耗伤,引起肝肾不足、气血虚弱,使目失所养而成,食疗关键在于滋补肝肾、益气养血。临床辨证主要分为肝肾不足、气血虚弱两个证型。

4. 中医病因病机

中医认为眼之所以能视万物,辨五色,必须依赖五脏六腑之精气上行灌注,心主血,肝藏血,心血充足,肝血畅旺,肝气条达时,肾脏所藏五脏六腑之精气,就能借助脾肺之气的转输和运化,循经络上注于眼,在心神的支使下,发挥正常的生理功能。正如《灵枢·大惑论》说:"五脏六腑之精气皆上注于目而为之精。""精"是指眼的视觉功能。可见,正常的视觉功能离不开脏腑所受藏化生之精、气、血、津液的濡养以及神的主宰。若脏腑功能失调,精气不能充足流畅地上注于目,就会引起视功能障碍。

视疲劳属中医眼科"肝劳"的范畴,《医学入门·杂病分类·眼》指出:"读书针刺过度而痛者,名曰肝劳"。目为肝窍,生于肾,用于心,究其病机,主要与肝心肾有关。此外,《黄帝内经·素问》认为:"久视者必劳心,故伤血。"《审视瑶函·内外二障论》较全面地论述了其病因病机,"心藏乎神,运光于目,凡读书作字,与夫妇女描刺,匠作雕跸,凡此皆以目不转睛而视,又必留心内营。心主火,内营不息,则心火动。心火一动,则眼珠隐隐作痛",认为"肾水亏弱之人,难以调治"。西医认为,视疲劳的发生与眼肌的使用不当或过度紧张有关,脾主肌肉,故视疲劳也与脾关系密切。可见,视疲劳多由久视劳心伤神,损脾耗气,或劳瞻竭视,肝肾精血亏耗,不能濡养目窍所致。其主要表现为长时间近距离工作或学习,眼干不适,目珠胀痛,头额闷痛,甚则眩晕、头痛,心烦欲呕,经休息后,症状缓解。同时,视疲劳与患者的耐受性、年龄、全身健康状况、精神状态、从事工作性质、工作耐受时间、工作环境和生活条件等有密切关系,近视、远视、散光、老视患者更容易出现视疲劳的症候。

二、缓解视疲劳的功能食品

保护眼睛,除了平时注意劳逸结合,不要长时间连续看书、看电视,定时做眼睛保健操外,经常吃些有益于眼睛的食品,对保护眼睛也能起到很大的作用。那么,对眼睛有益的食物有哪些呢?

首先是瘦肉、禽肉、动物的内脏、鱼虾、奶类、蛋类、豆类等,它们含有丰富的蛋白质,而蛋白质又是组成细胞的主要成分,组织的修补更新需要不断地补充蛋白质。

素有"护眼之必需"之称的维生素 A,是预防眼干、视力衰退、夜盲症的良方。缺乏维生素 A 时,眼睛对黑暗环境的适应能力减退,严重的时候容易患夜盲症。维生素 A(及 β-胡萝卜素)含量丰富的食物有:肝脏、河鳗、胡萝卜、番瓜、甘薯(红)、油菜、茼蒿、韭菜花、芥菜、青江菜、番薯叶、空心菜、芒果、蛋、鱼肝油。

维生素 B 是视觉神经的营养来源之一,维生素 B_1 不足,眼睛容易疲劳;维生素 B_2 不足,容易引起角膜炎。维生素 B 群含量丰富的食物有:全谷类、肝脏、酵母、酸酪、小麦胚芽、豆类、牛奶(维生素 B_2)、肉类(维生素 B_1、烟碱酸)。

维生素 C 是组成眼球水晶体的成分之一。如果缺乏维生素 C 就容易患水晶体浑浊的白内障病。维生素 C 丰富的食物有各种新鲜蔬菜和水果,其中尤以青椒、黄瓜、菜花、小白菜、鲜枣、生梨、橘子、芒果、木瓜等含量最高。

维生素 E 含量丰富的食物有:甘薯、豆制品、蛋类、全谷类、坚果类、植物油、绿叶蔬菜。建议应从新鲜的食物去摄取营养充足的蔬菜水果、适量的乳制品、鱼、瘦肉及全谷类食品,对于眼睛的健康是有帮助的,如果要摄取营养补充剂,则应遵照医师的建议。

枸杞子具有清肝明目的疗效,因为它含有丰富的胡萝卜素,维生素 A、B_1、B_2、C、钙、铁等,是健康眼睛的必需营养。枸杞子的三种食疗配方:①枸杞子+米:煮成粥后,加入一点白糖,能够治疗视力模糊及流泪的现象;②枸杞子+菊花:用热水冲泡饮用,能使眼睛轻松、明亮;③枸杞子+猪肝:煲汤具有清热、消除眼涩、消除因熬夜出现的黑眼圈。

决明子具有清肝明目及润肠的功效,能改善眼睛肿痛、红赤多泪,防止视力减弱。

三、缓解视疲劳的中国药膳

庞万敏川根据不同病因,辨证分五型:

①肝气郁结型:治以舒肝解郁,方用逍遥散加减。

②肝血不足型:治以柔肝养血,方用滋阴养血和肝汤。

③肝肾不足型:治以滋阴养血,方用十珍汤。

④心脾两虚型:治以健脾益气、养心安神,方用归脾汤加减。

⑤脾胃虚弱型:治以健脾益气、升清降浊,方用补中益气汤加减,取得较好疗效。

陆绵绵分三型论治:

①肝阳上亢型,治以平肝潜阳,选用制何首乌、沙苑子、刺五加、夏枯草、珍珠母、石决明、菊花、白芍、枸杞子。

②阴虚火旺型,治以滋阴降火,选用生地黄、玄参、知母、黄檗、当归、白芍、天冬、麦冬、枸杞子、黄芩、菊花,成药选用知柏地黄丸或杞菊地黄丸。

③气虚清阳不升型,治以益气升阳,选用柴胡、升麻、黄芪、党参、白术、当归、蔓荆子、荆芥、防风、炙甘草,成药选用补中益气丸或益气聪明丸。

廖品正认为本病以虚证为主,亦分为三型治疗:

①心血亏虚型,治以滋阴养血、补心宁神,方用天王补心丹加减。

②肝肾不足型,治以补养肝肾,方用杞菊地黄丸或驻景丸加减。

③气血两亏型,治以益气养血,方用八珍汤加减。

1. 粥类

    枸杞菊花粥

【原料】 枸杞子 15 g,白菊花 4 g,糯米 150 g。

【制作】 将枸杞子、白菊花切碎,与糯米一同加水放置 30 min 后,再用文火煮制成粥。

【功效】 养阴清热,补肝明目。

枸杞桑葚粥

【原料】 枸杞子 5 g,桑葚子 5 g,山药 5 g,红枣 5 个,粳米 100 g。

【制作】 将上述原料熬成粥食用。

【功效】 此方中的枸杞子、桑葚子能补肝肾,山药、红枣健脾胃。视力疲劳者如能每日早晚两餐,较长时间服用,既能消除视疲劳症状,又能增强体质。

2. 汤煲类

冬虫夏草炖鸡

【原料】 冬虫夏草 4 枚,鸡 120 g。

【制作】 每次用冬虫夏草、鸡,水适量,隔水炖熟后加调味品,吃肉喝汤,隔天一次。

【功效】 有补气血、益肺肾之功效,可辅助治疗各类视力减退等症。

3. 菜品

太子参青葙猪肝

【原料】 青葙子 10 g,太子参 10 g,猪肝 200 g。

【制作】 先将猪肝切片,与太子参、青葙子、生姜、料酒、盐、葱末一起放入砂锅内煮沸,再改文火煎 20 min,加葱花等调味。

【功效】 益气养血,清肝明目。

枸杞炒猪肝

【原料】 枸杞子 15 g,猪肝 200 g。

【制作】 将猪肝切成薄片,用料酒、葱、姜汁和盐腌渍 10 min,加入枸杞子、酱油、味精、生粉和油,拌匀,放于盘内,在微波炉内高功率转 4 min,中途翻拌两次。佐餐食用。

【功效】 补益肝肾,养血明目。

4. 茶及小吃

养血明目酒

【原料】 熟地、首乌、丹参各 10 g,低度白酒 250 ml。

【制作】 将熟地、首乌、丹参浸泡于低度白酒中,盖上瓶盖,放置 2 个月即可。每日 1 小杯,可经常食用。

【功效】 滋阴补肾,养血明目。

桂圆枸杞炖鸽蛋

【原料】 鸽蛋 3 个,桂圆肉、枸杞各 6 g,冰糖 5 g。

【制作】 加开水适量蒸熟食用。功能滋补精血。

【功效】 适用于老年人精血不足引起之头晕耳鸣、心悸、失眠、视物模糊、视力减退者。

黑豆核桃冲牛奶

【原料】 黑豆粉 1 匙,核桃仁泥 1 匙,牛奶 1 包,蜂蜜 1 匙。

【制作】 将黑豆 500 g,炒熟后待冷,磨成粉;核桃仁 500 g,炒微焦去衣,待冷后捣如泥。取以上两种食品各 1 匙,冲入煮沸过的牛奶 1 杯后加入蜂蜜 1 匙,每天早晨或早餐后服用,或与早点共进。

【功效】 黑豆含有丰富的蛋白质与维生素 B_1 等,营养价值高,又因黑色食物入肾,配合核桃仁,可增强补肾功效,再加上牛奶和蜂蜜,这些食物含有较多的维生素 B_1、钙、磷等,能增强眼内肌力,加强调节功能,改善视疲劳的症状。

第四节 具有美容功能的食品及中国药膳

一、基本原理

1. 皮肤的衰老

在幼龄和青年阶段,机体新陈代谢旺盛,分泌的性激素直接刺激了皮脂腺的生长。因此表现为精力充沛,肌肉丰满,面色红润,肤色亮泽、洁白,皮肤弹性好。人至中年以后,蛋白质合成能力下降,真皮层的成纤维细胞活性减退或丧失,胶原纤维和弹力纤维减少,真皮层基质中的透明质酸减少和黏多糖类变性,导致皮肤弹性减退;皮肤的血液供应也逐渐减少,皮肤含水量下降,导致皮肤缺乏湿润,角质层脱水变脆,细胞大量脱落,皮肤干燥变薄。皮脂腺、汗腺也有不同程度萎缩和功能减退,也导致了皮肤干燥和缺乏光泽。

2. 皮肤衰老的机制

皮肤的衰老与体内的自由基水平增加,内分泌、免疫等系统功能衰退有关。紫外线辐射和体内自由基的双重攻击会引起胶质蛋白发生交联,使胶原蛋白含量下降,弹性纤维和胶原纤维生成减少,使皮肤失去应有的弹性。而大量的脂质过氧化物最终以脂褐质沉积在皮下产生色素斑(俗称"老年斑")。随着年龄的增长,丘脑-垂体轴的功能和形态逐渐退化,腺体细胞萎缩,皮脂腺的分泌量逐步减少。内分泌功能紊乱导致新陈代谢的失衡,皮肤细胞失去正常的排泄功能,故常见皮肤缺乏色泽而干燥或皲裂、瘙痒以及色素斑的淤积。随着年龄的增长,机体血管壁的弹性降低,脆性增强,管内阻力升高,毛细血管区痉挛或完全闭塞,维持皮肤生理功能所需营养物质因循环障碍得不到及时供应,而代谢废物也难以及时排泄。久而久之,皮肤细胞功能产生紊乱,最终发生衰竭、死亡。最常见的皮肤微循环障碍特征如皮肤苍白、粗糙、皱纹丛生、色素斑沉着、疣目等。

3. 常见的三种皮肤瑕疵

（1）痤疮

痤疮是一种毛囊皮脂腺的慢性炎症性疾病,好发于青年人的颜面、上胸、肩、背等皮脂腺丰富的部位,常表现为粉刺、丘疹、脓包、结节、囊肿及斑痕,常伴皮脂溢出。最早损害为粉刺,粉刺有白头与黑头两种。黑头粉刺也称开放性粉刺,针尖或芝麻大小的毛囊炎性丘疹,周围红晕,丘疹顶端有黑色小点因毛孔开放、皮脂栓塞顶端干燥,皮脂容易被空气氧化和尘埃污染而呈黑色,如用手挤压,可挤出 1 mm 左右的乳白色脂栓;白头粉刺亦称封闭性粉刺,为灰白色小丘疹,约针头大小,毛囊口不开放,不易挤出脂栓;粉刺易继续发展为炎性丘疹、结节、脓包、囊肿、瘢痕等。炎性丘疹由米粒至绿豆大小,淡红至暗红,有的中心有黑头。炎性丘疹如炎症较重或化脓感染就会发展为脓包。青春期雄激素增多,特别是皮肤中双氢睾丸酮的增加,使皮脂腺肥大,皮脂腺分泌亢进,同时使毛囊及皮脂腺导管角化,导致皮脂排泄障碍,皮脂储留,形成粉刺。遗传因素、胃肠功能障碍、化学物质刺激等对发病也起着重要作用。此外,食用过多的脂类及糖类食物、辛辣食物或者膳食中缺乏维生素 B_2、维生素 B_6 和维生素 A,或者过度疲劳、睡眠不足,以及在高温和空气污染较严重的环境工作、生活时,皮肤易受细菌感染,皆可诱发痤疮或使症状加剧。除丘疹外,病者皮肤尚有皮脂溢出过多、毛孔扩大等改变。病程经过缓慢,青春期过后可逐渐自愈。中医学认为,本病是由于血热偏盛,又偏食肥厚辛辣,肺胃积热,郁滞皮肤而发。临床主要分为肺胃热盛和热壅血瘀两个证型。

（2）黄褐斑

黄褐斑又称肝斑,多见于中年女性。有的妇女在妊娠早期出现,分娩后逐渐消退,但也有部分人持续存在多年。皮损为淡褐色至深褐色斑片,两颊对称出现,呈蝶形,亦可见于额、眉、颧、鼻及口周等处,边界清楚,日晒后色斑颜色加深,部分女性月经前颜色加深。很多黄褐斑是身体内部疾病的面部表现,一些生殖器官疾病、内分泌腺病变或其他慢性疾病,如慢性肝肾疾病等,会导致肾上腺皮质功能或垂体分泌亢进,从而生成较多的黑色素导致黄褐斑形成。另外,机体内过氧化氢酶活性降低,导致酪氨酸酶活性升高,使黑色素形成增多,也导致黄褐斑形成。还有学者认为黄褐斑与血液流变学的改变有密切关系,治疗上酌加活血化淤的药品可提高疗效,但具体机理尚不清楚。

（3）老年斑

随着年龄增长,表皮基底层的色素细胞分泌增加,且出现不规则色素细胞局部聚集现象,色素增多。多见于暴露于阳光的部位,直径一般为 0.5 cm,可稍高于皮肤表面,称为老年性色素斑,又称老年斑。有研究者发现老年斑中有胆固醇等脂类沉积。衰老机体细胞中普遍会出现脂褐素。脂褐素首先在神经细胞中发现,心、脑、肝、肾上腺皮质网状带细胞中也有存在。脂褐素的沉着与年龄呈正相关。一般认为脂褐素是细胞内线粒体、高尔基体和内质网等膜系统的膜结构破坏、解体后的残留部分。一些膜上的不饱和脂肪酸被过氧化成过氧化脂质,后者与蛋白质交联、聚合,形成难以进一步被溶酶体内分解酶消化的残留颗粒物。这种衰老色素的形成易受内外因素的影响,如药物、缺氧、维生素 E 缺乏及肝硬化、遗传因素等。饮食会影响脂褐素的含量。食物中不饱和脂肪酸过多以及某些棕褐色食物添加剂等都可能影响脂褐素的沉积。此外,肝硬化、肠吸收不良综合征、缺氧等疾病与脂褐素的沉着也有关系。

4. 中医病因病机

中国医学与美容的关系有一条基本理论:"益有诸内者必形于外。"其中心意思是:"颜面的气色,人的精神外貌是五脏的一面镜子。"五脏的盛衰直接关系到颜面外貌的荣枯。面部皮肤出现粗糙、干枯、皱纹、松弛与斑痣,面色苍白或晦暗无关,潮红或青紫等颜色变化均属五脏功能出现老化或五脏功能失调所致。

中医认为"肺主皮毛",肺功能失调则皮肤干燥、面容憔悴。人体通过宣发、肃降、把气血精微物质源源不断输送到全身肌肤毛发之中。肺气不足常以中医黄精等"补肺气、益脾胃、润心肺……驻颜"。另一种类型是外部风邪袭肺,需用驱风祛邪中药,如苍耳子等,进行治疗和调理。

中医也认为"心主血脉",从解剖观点看面部血脉丰富。如心气不足、心血亏少则面部供血不足,面色苍白无华。气血不足,脉络不通,面部皮肤暗淡无光,轻者面容不美,重者可能为心脏或血管系统疾病,如现代医学的冠心病、风心病等。

中医认为"脾胃为后天之本、气血是生化之源"。脾胃运化功能正常,将营养精微与水分运化全身,营养面部皮肤。反之,运化障碍,气血津液不足,营养达不到面部则精神萎靡,面色萎黄,或色如尘垢,枯暗无华。

中医也认为"肝藏血,肾藏精",肝肾精血不足,导致人面色发青,发黑。所以肝肾功能失调,可直接影响人的容貌。

总之,五脏功能如何,都可以影响颜色美容。《黄帝内经》里有"夫精明无色者,气之华也"。五色即面部五种颜色,气之华是指人的颜色是五脏之气,表现在面部的华彩。所以人必须以身体健康为根本,维护和调理五脏功能正常,才是美的源泉。

二、具有美容功能的食品

合理、均衡和多样化的饮食是机体也是皮肤健美的基础。利用食物进行美容,一方面可以直接改善皮肤的营养状况,另一方面可通过食物调和阴阳、补益气血和调整脏腑功能,改善健康状况而间接地起到益肤养颜的作用。

具有美容功能的食品很多,由于每个人的年龄、性别、肤质、生理因素、患病情况和个体特殊需要的不同,所以适合于每个人的美容食品也不同,在选用和设计美容食品时必须根据个人的具体情况。

1. 美容类食品

(1)萝卜

萝卜可令人面净肌细。

(2)芝麻

芝麻炒熟,加上少量细盐,撒在粥里拌匀,每碗粥放半两芝麻,每天喝两碗,可使肌肤润美。

（3）红枣

蜜汁花生枣,红枣健脾益气,花生衣补血,花生肉滋润,蜂蜜补气,综合生效养血润肤,使面色红润。

（4）花粉

花粉是受到各国重视的一种天然补品。在欧洲被称为"完全营养性食品"。它含有 8% ~ 40% 的蛋白质,8 种必需氨基酸齐全,还有 15 种维生素及 14 种人体必需的矿物质和 50 种以上的酶、辅酶等活性物质。因此它可给皮肤提供充足的营养,可抑制老年斑等色素沉着,延缓衰老,改善皮肤细胞功能,防止和减少面部皱纹,保持皮肤细腻有弹性、滋润有光泽。

（5）蜂蜜

蜂蜜无论内服外用,美容效果俱佳。内服蜂蜜通过胃肠消化吸收其丰富的维生素、微量元素和酶类等物质,不仅能调节机体脏器功能,而且能刺激皮肤细胞的生长和新陈代谢,抑制或减少皮肤中色素斑的形成,增加胶原蛋白的含量,从而发挥滋润皮肤、消除色斑、减少皱纹、防止皮肤老化的作用。外用则蜂蜜中的多种营养成分能促进皮肤细胞生长,改善皮肤的营养状态及血液循环,有利于色素斑的吸收。同时蜂蜜中含有杀菌抑菌物质,能消灭体表的病原微生物,促进局部组织再生。因而对痤疮、手足皲裂、酒渣鼻、冻疮、烫伤、皮肤干燥、皮炎等均有良好的功效。

2. 美发类食品

（1）大麦

大麦又名饭麦、牟麦、糯麦等。性味甘,微寒。含有蛋白质、脂肪、糖类、钙、磷、铁、维生素 B_1、维生素 B_2、纤维素等。功效为清热消渴、益气宽中、补虚、壮血脉、养颜乌发等。其营养丰富,易于消化,常食能使人体健美。

（2）黑芝麻

黑芝麻性味甘平,是滋养强壮食品,有补益肝肾、填补精髓、养血益气功效。故能乌须黑发、强壮筋骨、补虚生肌、健脑长寿,是一种具有美容、健美、强身益寿等多种功效的保健食品。

（3）黑大豆

黑大豆又名乌豆、黑豆、冬豆子。性味甘、平。含有优质植物蛋白、脂肪酸、糖类、胡萝卜素、维生素 B 族、叶酸、烟酸、大豆黄酮苷、异黄酮苷类物质。具有补肾益精、活血泽肤、美发护发功效。黑豆中含有的黄酮类物质,染料木苷有雌激素样作用。

（4）芡实

芡实又名鸡头米、雁头米、水鸡头等。其味甘,涩,性平。含有维生素 C、维生素 B 族、铁、钙、蛋白质、淀粉、脂肪等。具有益肾固精、健脾理胃、美颜美发功效。

（5）莲须

莲须又名莲发须、莲蕊须。味甘、涩,性平。含有异槲皮苷、木樨草素、葡萄糖苷、槲皮素及多种维生素。具有清心通肾、乌发固精等功效。

（6）核桃仁

核桃仁含有蛋白质、脂肪、糖类、维生素 B 族、维生素 C、维生素 E、锌、铁、钙、镁等。其中锌的含量比较高。具有补气益血、滋肾固精、养颜乌发等功效。

三、具有美容功能的中国药膳

1. 粥类

百合粥

【原料】 鲜百合 30 g（干者 15 g），粳米 50 g，冰糖适量。

【制作】 先将粳米煮粥，在粥八成熟时加入百合，再煮至熟即可，每晚食时加冰糖少许即可，也可代早餐食用。

【功效】 对于各种发热症治愈后遗留的面容憔悴、长期神经衰弱、失眠多梦、更年期妇女的面色无华，有较好的恢复容颜色泽的作用；肺功能失常者需要补肺气、养肺阴，可食用；可补肺养阴、润肤容颜。

猪肉粥

【原料】 瘦猪肉 60 g，粳米 90 g，麻油适量。

【制作】 取瘦猪肉，切成碎块，以麻油稍炒一下，与粳米同煮熬粥，粥将熟时加入食盐、生姜、香油少许，复煮片刻即可。

【功效】 有补中益气，滋养肌肤的作用。

龙眼莲子粥

【原料】 龙眼、莲子肉各 30 g，糯米 100 g。

【制作】 龙眼、莲子肉、糯米，加水用武火烧沸，再改为小火慢慢煮至米粒烂透即可。

【功效】 常服此粥可养心补血、润肤红颜，适合心气虚、心血亏少者。

银杞菊花粥

【原料】 银耳、菊花 10 g，糯米 60 g。

【制作】 银耳、菊花、糯米同放锅内，加水适量煮粥，粥熟后调入适量蜂蜜服食。

【功效】 常服此粥有养肝、补血、明目、润肤、祛斑增白之功效；对肝脏失调者，中医提倡食用。

红枣茯苓粥

【原料】 大红枣 20 枚，茯苓 30 g，粳米 100 g。

【制作】 将红枣洗净剖开去核，茯苓捣碎，与粳米共煮成粥，代早餐食用。

【功效】 可滋润皮肤，增加皮肤弹性和光泽，起到养颜美容作用；适合于脾运障碍者。

杏仁薏米粥

【原料】　甜杏仁、海藻、昆布各 9 g,薏米 30 g。

【制作】　先把前三种原料加水适量煎煮熟烂,再入薏米煮粥食。每日 1 剂,连服 20~30 剂。

【功效】　宣肺除湿,化淤散结。

芝麻核桃粥

【原料】　芝麻 30 g,核桃仁 30 g,糯米适量。

【制作】　芝麻、核桃仁、糯米同放锅内,加水适量煮粥。代早餐食。

【功效】　能帮助毛发生长发育。使皮肤变得洁白、丰润。肾功能失调引起的容颜受损者可服用。

2. 汤煲类

黄豆猪肝汤

【原料】　猪肝、黄豆各 50 g。

【制作】　猪肝、黄豆,洗净同炖汤食,每日一次。

【功效】　可使面部容光焕发,青春常驻。

花生红枣汤

【原料】　花生米 30 g,红枣 10 枚,冰糖适量。

【制作】　花生米、红枣,同煮烂,加入冰糖适量,吃花生米、枣,喝汤,每日一次。

【功效】　长期坚持可达滋容养颜的作用。

核桃仁炖蚕蛹

【原料】　核桃仁 100 g,蚕蛹 50 g。

【制作】　核桃仁,蚕蛹(略炒过),隔水炖服,每日一次,连吃半月。

【功效】　可使皮肤细腻光滑,并有乌须发的作用。

苡仁蜂蜜汤

【原料】　苡仁米 250 g,蜂蜜适量。

【制作】　先将苡米研细末,装瓶备用。每次饭前半小时至一小时内,取 10 g 苡米粉煎成共饮,加蜂蜜适量服用。连服 6 个月。

【功效】　可使粗糙的皮肤变得细腻。

金针蚌肉汤

【原料】　新鲜蚌肉 200 g,新鲜金针菇 100 g,食盐、料酒、生姜、葱花、猪油、味精等调料各适量。

【制作】　洗净蚌肉、金针菇旺火起油锅,放入适量熟猪油,油热时将葱花、姜炸锅 10 s,待香味出时加入蚌肉,稍炒,再加入金针菇、料酒、盐及清水,继续用旺火煮开,改文火,再煮 20 min,加味精,起锅。

【功效】　此汤有促进人体新陈代谢,保护上皮细胞,改善皮肤光洁度,使皮肤变得丰润、光滑和消除皮肤皱纹的作用。

首乌寄生鸡蛋汤

【原料】　首乌 70 g,桑寄生 50 g,鸡蛋 3 个。

【制作】　将首乌、桑寄生、鸡蛋洗净后一同放入砂锅内,加清水适量,武火煮沸后,文火煲煮 40 min,捞起鸡蛋去壳,再放入锅内煲 40 min,加白糖煲沸即成,饮汤食蛋。

【功效】　养血补肾、黑发悦颜。用于血虚体弱、须发早白、头晕眼花、未老先衰,亦可用于肾虚湿重之腰膝疼痛、四肢麻木者。

养颜生发汤

【原料】　核桃仁 50 g,茯苓 50 g,白芨 30 g,黄豆 30 g,芡实 20 g,猪瘦肉 60 g。

【制作】　将上料洗净,猪瘦肉切小块,同放入砂锅内,加清水适量,煎至猪瘦肉熟烂为止。饮汤,吃猪瘦肉。每天 1 剂。

【功效】　补益脾肾,美颜健体。用于脾肾亏虚及年老体虚、容颜憔悴。

栗子白菜煲

【原料】　生栗子若干,白菜条 200 g,鸭汤适量,盐、味精少许。

【制作】　把生栗子去壳,切成两半,用鸭汤适量煨至熟透,再放入白菜条,盐、味精。

【功效】　面容黯黑的原因是肾气不足、阴液亏损,而栗子健脾补肾、白菜补阴润燥,综合生效,使面色白皙明亮。

笋烧海参煲

【原料】　海参、鲜笋或水发笋、瘦肉适量,盐、味精、糖、酒适量。

【制作】　把海参切长条,与鲜笋或水发笋切片一同入锅,加瘦肉一起煨熟,加入盐、味精、糖、酒后食用。

【功效】　通常皮肤粗糙的原因是阴血不足、内有燥火,而海参滋阴养血、竹笋清内热,综合生效,使皮肤细腻光润。

玉竹煲鸡脚

【原料】　玉竹根 30 g,鸡脚 2 对,料酒 5 g、食盐 1.5 g。

【制作】　玉竹洗净后切成片或段,选肥大的鸡脚或鸭脚板烫去粗皮和爪甲,入砂锅与玉竹片加水 1 000 ml,大火煮沸后加料酒、食盐,再小火煨煲,直至鸡脚上肉与骨轻拨即脱离。吃时放几滴醋,以喝汤为主,玉竹、鸡脚肉一齐吃下。

【功效】　玉竹煲鸡脚或鸭脚板,更能使皮肤柔嫩。因为鸡脚、鸭脚板含丰富的胶原蛋白。胶原蛋白在含锌酶的作用下,能提供皮肤细胞所需要的透明质酸,使皮肤水分充足保持弹性,从而防止皮肤松弛起皱纹。玉竹煲鸡脚,汤鲜味美,既不增加胆固醇,又不使人发胖。

3. 菜品

藕栗炒莴苣

【原料】　火腿 50 g,鲜藕 100 g,鲜莴苣 100 g,鲜栗子 100 g。

【制作】　火腿切片、栗子去壳切片同炒,至半熟时加入切好的藕片,炒至将熟时,加入莴苣。再加调料,炒熟。佐餐服食。

【功效】　清热益气,化淤散结。尤其适合痤疮食疗。

海蜇二菜

【原料】　海蜇 200 g,紫菜 15 g,芹菜 50 g。

【制作】　海蜇洗净切丝,紫菜撕碎。芹菜切丝用开水焯过,再以凉开水浸渍,捞出控干,一起拌匀,加调料调味。佐餐食用。

【功效】　清热凉血,化淤散结。尤其适合痤疮食疗。

兔肉藕片

【原料】　兔肉 150 g(切片),鲜藕 200 g(切片),红花 6 g,调料适量,麻油 30 g。

【制作】　先把麻油烧开,浇于红花上,待凉后捞去红花,留油加热,煸炒兔肉,待半熟时加藕片同炒,再加入调料即可。佐餐食用。

【功效】　清热凉血,活血化瘀。尤其适合痤疮食疗。

茄汁炒藕

【原料】　鲜莲藕 300 g(切片),番茄 100 g(绞汁),调味料适量。

【制作】　先将莲藕片用油炒,然后加入调味料,将熟时加番茄汁即可。

【功效】　清热除湿、凉血益阴。莲藕甘寒,清热除湿、凉血散瘀;番茄酸甘而微寒,清热养阴生津。

肉炒三瓜片

【原料】 瘦猪肉 50 g（切片），苦瓜 100 g，丝瓜 100 g，黄瓜 100 g，调味料适量。

【制作】 先将猪肉片炒至半熟，依次将苦瓜片、丝瓜片、黄瓜片下锅同炒，每味下锅时间相距 1 min，最后加入调味料适量即可。

【功效】 清热除湿、凉血消肿。猪肉咸平、养阴润燥。苦瓜苦寒、清热解毒。丝瓜甘凉、清热解毒、凉血祛风。黄瓜甘凉，清热除湿、解毒消肿。尤其适合痤疮食疗。

注意：体质寒凉、手足冰冷、容易疲倦、大便稀软者禁食。

枸杞炒瘦肉

【原料】 枸杞子 10 g，瘦猪肉 250 g，莴笋 100 g，猪油、盐、料酒、味精、香油、酱油、湿豆粉、生姜、葱白、肉汤、糖各适量。

【制作】 将枸杞子用温水洗干净；猪肉洗净，切成丝，用湿豆粉、盐、料酒、酱油、白糖调好；莴笋去皮，洗净，切成丝；生姜、葱洗干净切成丝；锅烧热，下猪油，待油稍冒烟时，放入肉丝炒散，再放入笋丝、姜丝、葱白翻炒，倒入肉汤，加入枸杞子同煮熟，淋上香油，点味精即可。

【功效】 此菜清热消毒，有祛斑增白之功效。适合面部黑暗或有黑斑女性食用。常吃则会使皮肤白嫩靓丽。

4. 茶饮及其他类

萝卜茶

【原料】 白萝卜 100 g，茶叶 5 g。

【制作】 先将白萝卜洗净、切片、加水煮至烂，渗入茶叶即可。

【功效】 清热散风，止痛消肿。白萝卜味甘辛、性平，下气消食、除痰润肺、解毒生津、利大小便，适用于痤疮食疗。

瓜仁桂花饮

【原料】 冬瓜子仁 250 g，桂花 200 g，橘皮 100 g，米汤适量。

【制作】 将瓜子仁、桂花、橘皮共研成粉末，用米汤调匀后饮用。

【功效】 橘皮即桂皮，其味辛苦，性温。冬瓜子味甘，性寒，清肺热，润大肠，排脓消肿。米汤有益气、养阴、润燥的功能，性味甘平，含有大量的烟酸、维生素 B_1、维生素 B_2、铁等，有益刺激胃液分泌，有助于消化。此饮料每日饮 3 次，每次用粉末 10 g，连饮月余，即可达到祛斑增白的效果。适于面部色斑沉着的女性食用。

白果奶饮

【原料】 白果 30 g，白菊花 4 朵，雪梨 4 个，牛奶 200 ml，蜜糖适量。

【制作】　将白果去壳,用开水烫去衣,去心;白菊花洗净,取花瓣备用;雪梨削皮,取梨肉切粒;将白果、雪梨放入锅中,加清水适量,用武火烧沸后,改用文火煲至白果烂熟,加入菊花瓣、牛奶,煮沸,用蜜糖调匀即成。

【功效】　白果含蛋白质、脂肪、糖类、多种氨基酸、胡萝卜素及维生素 B_1、维生素 B_2 等。其味甘、苦、涩,性平,有抗过敏、抗衰老、抗微生物的作用。白果与清肺润肤的白菊花、雪梨、营养丰富且有补虚羸、益肺胃、生津液、润大肠的牛奶结合成饮料,女性常吃,可起到祛斑洁肤、润肤增白的作用。

养颜糕

【原料】　牛或羊或猪脊髓约 1 kg,糯米粉适量。

【制作】　取牛或羊或猪脊髓,烘干磨粉,加入研末炒熟的糯米粉拌匀,每次食用一汤匙,鲜奶冲调饮用。

【功效】　具有滋润皮肤、驻颜养色的作用。

鸡肉馄饨

【原料】　黄母鸡肉 150 g,葱白 60 g,白面粉 200 g。

【制作】　取黄母鸡肉,葱白,将两者切细,放入调料,另取白面粉制为馄饨,煮熟即可。

【功效】　具有补脾益胃、养颜的作用。

芝麻当归粉

【原料】　黑芝麻(炒熟),当归各 250 g。

【制作】　黑芝麻、当归共研成细粉,每次饭后食用一勺,每日吃三次。

【功效】　具有滋补肝肾、养血润肤的作用。

姜汁饼

【原料】　鲜姜适量。

【制作】　取鲜姜适量捣碎,绞取汁,去上层黄液,取下层的浓者阴干,收其粉,再以粉适量与面粉拌和,制成饼,蒸熟食用。

【功效】　具有美容驻颜的效果。

蜜饯姜枣龙眼

【原料】　龙眼肉 250 g,大枣 250 g。

【制作】　取龙眼肉、大枣洗净,放入锅内,加水适量,置武火上烧沸,改用文火煮至七成熟时,加入姜汁和蜂蜜,搅匀煮熟,起锅待冷,装入瓶内,封口即成。每晚睡前吃龙眼肉、大枣各 6～8粒。

【功效】 具有补脾益胃、补血容颜的作用。

第五节 改善睡眠的功能食品及中国药膳

睡眠时意识水平降低或消失,大多数的生理活动和反应进入惰性状态。通过睡眠,使疲劳的神经细胞恢复正常的生理功能,精神和体力得到恢复。睡眠时垂体前叶生长激素分泌明显增高,有利于促进机体生长,并使核蛋白合成增加,有利于记忆的储存并保持良好的觉醒状态。但是随着现代社会生活节奏的加快,生存压力的加大和竞争的不断白热化,人类的睡眠正在受到严重的威胁。据统计,约有近 5 000 万人有睡眠障碍,而在我国更是拥有为数众多的睡眠障碍者。据我国中华医学会精神病学会 2002 年 9 月公布的统计数据显示,我国约有 45% 的人存在睡眠障碍。

一、基本原理

1. 睡眠障碍

(1)失眠性睡眠障碍

睡眠障碍是指睡眠量和质的异常。经久不治的睡眠不良以及产生睡眠的解剖部位的病变或生理功能的紊乱均导致睡眠障碍。睡眠量的异常表现为失眠或嗜睡,睡眠质的异常则表现为梦游、梦魇等。其中失眠是最常见的睡眠障碍。

失眠主要表现为睡眠时间不足和质量差。常常表现为入睡困难,时常觉醒和晨醒过早,且伴睡眠不深,有的甚至通宵难寐,结果终日头昏脑涨、精神萎靡、情绪低落,工作能力和效率下降,严重地影响了身心健康和日常生活。1984 年,美国国家卫生组织把失眠症依病程时间的长短分为短暂性失眠(短于 1 星期)、短期性失眠(1 星期至 1 个月)及长期性失眠(长于 1 个月),此种分类方法沿用至今。短暂性失眠,几乎每个人都有经验,常由应急或环境因素改变所引起。当遇到重大的压力(如考试或会议)、情绪上的激动(如兴奋或愤怒),都可能会在当天或前一天晚上出现失眠。此外,跨越多个时区的旅行造成的时差反应,也会对旅行者到达目的地的头几晚的睡眠有所影响。短期性失眠,病因和短暂性失眠有所重叠,只是时间较长。常由各种心理创伤(如丧偶、离婚、搬家、工作环境刺激、疼痛等)引起。此类问题皆会造成一时情绪上的冲击,其平复往往需要数星期。长期性失眠,即连续 1 个月每周失眠 3 个晚上以上,常与躯体或心理疾病相关。慢性失眠症总睡眠时间减少,睡眠潜伏期延长,睡眠效率降低。长期失眠人群是最值得关注的群体,睡眠障碍对他们造成的伤害较大。这类失眠必须找出其潜在病因,才有痊愈的希望。

(2)疾病性睡眠障碍

①睡眠过多。较正常睡眠时间增多数小时或长达数天。睡眠过多可发生于很多脑部疾病,如脑血管疾病、脑外伤、脑炎、第三脑室底部和蝶鞍附近的脑瘤等,也可见于尿中毒、糖尿病、服镇静剂过多等。

②睡眠倒错。白天昏昏欲睡,而夜间兴奋不眠,可见于神经衰弱、癔症、脑外伤性神经衰弱

综合征和脑动脉硬化。

③梦言症。患者于睡眠中说话、唱歌或哭笑,多见于神经质儿童、癫痫和具有遗传素质的人,亦可见于感染中毒患者。

④梦行症(梦游)。患者熟睡之后,不由自主地起床在室内或户外活动。在有人提问时可含糊答应,遇到强烈刺激时可以惊醒,但醒后不能记忆起床进行的活动,见于神经质儿童、癫痫和神经官能症;梦行时患者意识处于朦胧状态,如果走到危险地方,可发生伤亡等意外。

2. 引起睡眠障碍的原因

引起睡眠障碍的因素有很多,不同类型的睡眠障碍有不同的原因。疾病、药物的副作用、不良的睡眠习惯、昼夜轮班工作、紧张和压力、抑郁、焦虑等都可能导致睡眠障碍。据流行病学统计调查,5 个重要的失眠原因分别为:

①躯体疾病:如患有心脏病、肝炎、肾病、哮喘、溃疡病、关节炎、骨关节病等疾病及心慌、气短、咳嗽、尿频、腹痛、胸痛、胃痛、关节痛等都会引起失眠。

②生理状况的变化:如出差坐火车、汽车、轮船、飞机,工作中的"三班倒",学习时的"开夜车"等,扰乱了正常睡眠和觉醒的节奏,引起失眠。

③心理因素:如焦虑、烦躁、不安或是情绪低落、抑郁也是引起失眠的重要原因。

④各种精神性疾病,失眠总是伴随着疾病的全过程。

⑤药物因素:许多中枢神经兴奋药物均会导致失眠,最常见的如咖啡因、去甲麻黄素、利他林、利血平等药物可引起失眠。因此,找出睡眠障碍的原因并采取相应的措施就可以减轻甚至消除睡眠障碍。

失眠属中医"不得眠""不寐""不得卧""目不瞑"等病症范畴。中医认为本病主要因长期过度疲劳、精神紧张或情绪波动,以致心失所养或心神不宁。其病位在心,但与肝胆、脾、肾等脏功能失调亦密切相关。根据临床症状一般可分为心脾亏虚、心肾不交、肝郁化火、痰热内扰等证型。

3. 中医病因病机

中医的睡眠医学理论体系是由中医的经典著作《内经》所奠定的,而这一睡眠理论体系是建立在人体阴阳变化与天地自然阴阳变化"天人合一"基础上的。《内经》对人体阴阳变化与天地自然的阴阳变化进行论述:"平旦至日中,天之阳,阳中之阳也;日中至黄昏,天之阳,阳中之阴也;合夜至鸡鸣,天之阴,阴中之阴也;鸡鸣至平旦,天之阴,阴中之阳也。故人亦应之。""故阳气者,一日而主外,平旦人气生,日中而阳气隆,日西而阳气已虚,气门乃闭。是故暮而收拒。"它强调天地自然阴阳的盛衰消长,致使一天有晨、午、昏、夜的节律变化,而人体亦与天地自然阴阳相呼应,也就有了平旦(1～3 am)至中午(12 am)人体阳气最旺而阴气渐消,此时阳气运行于外而阴气运行于内;中午至合夜(23～1 am)为阳气渐消阴气渐长,阳气渐向阴气运行;合夜(23～1 am)至鸡鸣(1～3 am)为阳气最消减而阴气最旺,阳气完全运行于阴气内;鸡鸣(1～3 am)至平旦(3～5 am 点)为阳气渐长而阴气渐消,阳气欲脱离阴气向外运行。《内经》对人体的睡眠有这样一段论述:"阳气尽,阴气盛,则目眼;阴气尽而阳气盛,则痛矣。"此句经文实际就在说明了人体的睡眠觉醒规律。当正常人处于合夜(23～1 am)前,往往会出现思睡,此乃人体借天地自然的阴阳变化而使阳气完全行于阴气内,则出现了睡眠。从睡眠监测上观察,这种阴阳关系的变化可能会表现出脑电图以高波幅慢波为主,无明显眼球运动,呼吸平稳,心率减慢等非快速眼动睡眠时人体的生理变化。随着天地自然阴阳的变化,当到了鸡鸣(1~3 am 点),人体的阳气渐长而阴气渐消,阳气向外运动,此时人体往往会容易醒,而到了平旦(3~5 am)之后,此时人体阳气为占主导而阴气为渐消,阳气完全行于外则出现了觉醒。从睡眠监测上观察,这种阴阳关系的变化可能就会表现出脑电图与觉醒时模式相似,以低幅快波为主,并出现快速眼球运动,呼吸浅快而不规则,心率增高等快速眼动睡眠时人体的生理变化。

《类证治裁·不寐》曰:"阳气自动而之静,则寐;阴气自动而之静,则寤;不寐者病在阳不交阴。"

人的睡眠是阴阳之气自然交替正常循行,阴阳之气规律转化的结果,这种规律性遭到破坏,则人体就表现出睡眠的障碍。

中医早在《内经》就指出了失眠的病机:"卫气不得入于阴,常留于阳。"首次明确失眠与阴阳失调有关,其基本病机是卫气运行障碍,入阴不利,以致阴阳不相交接。阳气浮越于外而致失眠。正如其所云:"卫气不得入于阴,常留于阳。留于阳则阳气满,阳气满则阳跷盛,不得入于阴则阴气虚,故目不眼矣。"提示卫气能调节寐宿,即卫气就有"双向调节"作用,主要是"卫在阳分主寤,卫在阴分主寐"。

历代医家对失眠的病因病机多有发挥,但不外虚实两种。明张介宾在《景岳全书·不寐》中指出:"不寐病虽病有不一,然惟知邪正二字则尽之矣。"将失眠分为有邪、无邪两种类型,认为:"有邪者多实证,无邪者皆虚证。"实者为外感邪客,火动神明,或饮食不节,胃气不和,或情志过用,外邪扰乱,正气所致。在治疗上多去其邪,正气复神气安,始能得卧,多用"火郁则发之""木郁则达之"之法。

二、改善睡眠的功能食品

(1)小米

小米性微寒,具"健胃、和脾、安眠"之功效。研究发现,小米中含有丰富的色氨酸,其含量在所有谷物中独占鳌头。另外,小米含丰富的淀粉,食后使人产生温饱感,可以促进胰岛素的分泌,提高进入脑内色氨酸的量。小米熬成粥,临睡前食用,可使人安然入睡。小米中含大量的色氨酸,具有健脾和胃、安眠作用。一般食法为小米煮成粥,睡前食用。

(2)龙眼

龙眼味甘、性温,具补心益脑、养血安神之功效。临睡前饮用龙眼茶或取龙眼加白糖煎汤饮服均可,对改善睡眠有益。

(3)莲子

莲子莲肉味涩性平,莲心味苦性寒,均有养生安神之功效。《中药大辞典》称其可治"夜寐多梦"。研究表明,莲子含有莲心碱、芸香苷等成分,具镇静作用,可促进胰腺分泌胰岛素,使人入眠。睡前可将莲子用水煎,加盐少许服用;或将莲子煮熟加白糖食用。莲子清香可口,有补心益脾、安神养血的功效,可增加5-羟色胺(脑分泌的一种物质)供给量而使人入睡。每晚睡前服用糖水煮莲子,会有很好的促进睡眠作用。

（4）桑葚

桑葚味甘性寒,能养血滋阴,补益肝肾,常用来治疗阴虚阳亢引起的眩晕失眠。取桑葚水煎取汁,入陶瓷锅内熬成膏,加蜂蜜适量调匀贮存,每次 1~2 匙,温开水冲服。

（5）葵花子

葵花子含多种氨基酸和维生素,可调节脑细胞的新陈代谢,改善脑细胞抑制机能。睡前食用一些葵花子,可以促进消化液的分泌,有利于消食化滞、镇静安神、促进睡眠。葵花子具有平肝养血、降低血压和胆固醇的作用,睡前食用葵花子,也有很好的安眠功效。

（6）核桃

核桃味甘性温,是一种很好的滋补营养食物,能治疗神经衰弱、健忘、失眠、多梦。取粳米、核桃仁、黑芝麻,慢火煨成稀粥食用,可用白糖调食,睡前食用。

（7）红枣

红枣性温、味甘、色赤、肉润,具有补五脏、益脾胃、养血安神之功效,对气血虚弱引起的多梦、失眠、精神恍惚有显著疗效。取红枣去核加水煮烂,加冰糖、阿胶文火煨成膏,睡前食1~2调羹。红枣味甘,具有良好的安神功效,每晚睡前取大枣 6~10 粒,加水适量煮熟食用,有助睡眠。

（8）蜂蜜

蜂蜜具有补中益气、安五脏、和百药、解百毒之功效。对失眠患者疗效显著。每晚睡前取蜂蜜 50 g,用温开水冲 1 杯饮用,有静心安神、消除烦躁功效。

（9）牛奶

牛奶中有大量的色氨酸,具有抑制大脑兴奋作用,使人产生安静、心平气和的作用,因此,睡前饮用一杯牛奶可以起到安眠的作用,是理想的滋补品,临睡前喝 1 杯,可催人入睡,对老年人尤为适合。

（10）食醋

长途旅行后,可用一勺食醋兑入温开水慢服,饮后静心闭目,不久便可以入睡。

（11）糖水

烦躁发怒而入睡困难者,可饮一杯糖水促进睡眠。

（12）面包

面包在体内分化成各种有用的氨基酸,可以使人趋于安静、心平气和。

（13）鲜藕

鲜藕具有清热养血、消除烦躁作用,可治疗血虚失眠。一般食法为取鲜藕,以小火煨烂,切片后加适量蜂蜜,可随时食用。

（14）莴苣

莴苣有安神镇静作用,最适宜神经衰弱患者食用,睡前食用时,可将莴苣连皮切片煮熟喝汤,也可将莴苣去皮后像水果一样食用,可促进睡眠。

三、改善睡眠的中国药膳

1. 粥类

> 咸鸭蛋牡蛎粥

【原料】 咸鸭蛋 2 个,牡蛎 100 g,粳米 100 g。

【制作】 先将牡蛎加水 1 000 ml 煎煮,去渣取汁,以药汁同鸭蛋及粳米同煮成粥;调味食用。作早晚餐用,可常食。

【功效】 补肝肾,养心神。

> 糯米小麦粥

【原料】 糯米 50 g,小麦米 50 g。

【制作】 将糯米、小麦米加水适量同煮成粥,加适量白糖或红糖调味即可。每日 1 次,晚临睡前服食。

【功效】 补脾胃,益心肾,安心神。

> 双仁粥

【原料】 酸枣仁、柏子仁各 10 g,红枣 5 枚,粳米 100 g。

【制作】 先将酸枣仁、柏子仁、红枣榨汁去渣,同粳米煮粥,放入红糖稍煮即可。每日 1 ~ 2 次,空腹温热食。

【功效】 健脾益气,补血养心。

> 远志枣仁粥

【原料】 远志 15 g,炒酸枣仁 10 g,粳米 75 g。

【制作】 粳米淘洗干净,放入适量清水锅中,加入洗净的远志、酸枣仁,用大火烧开移小火煮成粥,可作夜餐食用。

【功效】 此粥有宁心安神、健脑益智之功效,可治老年人血虚所致的惊悸、失眠、健忘等症。

> 桂圆芡实粥

【原料】 桂圆、芡实各 25 g,糯米 100 g,酸枣仁 20 g,蜂蜜 20 g。

【制作】 把糯米、芡实分别洗净,入清水锅中,加入桂圆,大火烧开,移小火煮 25 min,再加入枣仁,煮 20 min,食前调入蜂蜜。分早晚 2 次服食。

【功效】 此粥有健脑益智、益肾固精之功用。可治疗老年人神经衰弱、智力衰退、肝肾虚亏等症。

┌──────────────────┐
│　　天麻什锦饭　　│
└──────────────────┘

【原料】　天麻 5 g,粳米 100 g,鸡肉 25 g,竹笋、胡萝卜各 50 g,香菇、芋头各 1 个,酱油、料酒、白糖适量。

【制作】　将天麻浸泡 1 h 左右,使其柔软,然后把鸡肉切成碎末,将洗干净的竹笋及胡萝卜切成小片;芋头去皮,同水发香菇洗净,切成细丝;粳米洗净入锅中,放入大料及白糖等调味品,用小火煮成稠饭状,每日 1 次,作午饭或晚饭食用。

【功效】　此饭有健脑强身、镇静安眠的功效。可治头晕眼花、失眠多梦、神志健忘等症。

2. 汤煲类

┌──────────────────┐
│　　丹核佛片汤　　│
└──────────────────┘

【原料】　核桃仁 5 个,佛手片 6 g,丹参 15 g,白糖 50 g。

【制作】　将丹参、佛手煎汤,核桃仁、白糖捣烂如泥状,加入丹参、佛手汤中,用文火煎煮 10 min 即成。每日 2 次,连服数日。

【功效】　疏肝理气,解郁安神。

┌──────────────────┐
│　　白鸭冬瓜汤　　│
└──────────────────┘

【原料】　白鸭 1 只,茯神 30 g,麦冬 30 g,冬瓜 500 g。

【制作】　茯神、麦冬用纱布包后放入洗净的鸭腹内,加水 1 000 ~ 1 500 ml,先煮 30 ~ 40 min,然后放入冬瓜,煮至鸭肉熟透,冬瓜烂熟,用盐、味精调味。吃鸭肉和冬瓜,喝汤汁,分 2 ~ 3 餐食完,可常食。

【功效】　宁心清热,滋阴安神。

┌──────────────────┐
│　蛤肉百合玉竹汤　│
└──────────────────┘

【原料】　蛤蜊肉 50 g,百合 30 g,玉竹 20 g。

【制作】　将蛤蜊肉、百合、玉竹洗净一齐放入锅中,加清水适量煮汤。可佐餐或作点心食用。

【功效】　养阴除烦。

┌──────────────────┐
│　　猪心枣仁汤　　│
└──────────────────┘

【原料】　猪心 1 个,酸枣仁、茯苓各 15 g,远志 5 g。

【制作】　把猪心切成两半,洗净放入锅内,然后把洗干净的酸枣仁、茯苓、远志一块放入,加入适量水置火上,用大火烧开后撇去浮沫,移小火炖至猪心熟透后即成。每日 1 剂,吃心喝汤。

【功效】　此汤有补血养心、益肝宁神之功用。可治心肝血虚引起的心悸不宁、失眠多梦、记忆力减退等症。

绞股蓝红枣汤

【原料】　绞股蓝 15 g,红枣 8 枚。

【制作】　两物分别洗净,放入锅中加适量水,用小火煮 20 min 即可。每日 1 剂,吃枣喝汤。

【功效】　此汤有健脑益智、镇静安神之功用。可治神疲无力、食欲不振、失眠健忘、夜尿频多等症。

核桃杞子煲鸡蛋

【原料】　枸杞子 10 g,核桃仁 15 g,鸡蛋 2 个。

【制作】　三物共放煲内,加清水 500 ml 同煲,蛋熟后取出去壳,再煲 3 min 即可食用。饮汤吃蛋,每日 1 次。

【功效】　滋补肝肾,安神宁志。

3. 茶饮及其他类

桑葚茉莉饮

【原料】　桑葚 20 g,百合 20 g,茉莉花 5 g。

【制作】　桑葚、百合浓煎,将沸汤倒入装茉莉花之容器中,加盖 10 min,即可饮用。每日 1 剂,分早晚服食。

【功效】　补血、安神、开郁。

龙眼洋参饮

【原料】　龙眼肉 30 g,西洋参 10 g,白糖 10 g。

【制作】　将龙眼肉、西洋参、白糖放入带盖的碗中,置锅内隔水反复蒸至膏状。每晚服用 1 次,每次 1 匙。

【功效】　补脾养心,益气养阴。

龙眼枣仁饮

【原料】　龙眼肉 10 g,炒枣仁 10 g,芡实 12 g。

【制作】　龙眼肉、炒枣仁、芡实合煮成汁。每日 1 剂,分早晚服食。

【功效】　补脾安神。

龙眼冰糖茶

【原料】　龙眼肉 25 g,冰糖 10 g。

【制作】　把龙眼肉洗净,同冰糖放入茶杯中,加入沸水,加盖闷一会儿,即可饮用。每日 1 剂,随冲随饮,随饮随添开水,最后吃龙眼肉。

【功效】　此茶有补益心脾、安神益智之功用。可治思虑过度、精神不振、失眠多梦、心悸健忘。

百麦安神饮

【原料】　小麦、百合各 25 g,莲子肉、首乌藤各 15 g,大枣 2 个,甘草 6 g。

【制作】　把小麦、百合、莲子、首乌藤、大枣、甘草分别洗净,用冷水浸泡半小时,倒入净锅内,加水至 750 ml,用大火烧开后,小火煮 30 min。滤汁,连炖两次,放在一起,随时皆可饮用。

【功效】　此饮有益气养阴、清热安神之功效。可治神志不宁、心烦易躁、失眠多梦、心悸气短、多汗等症。

阿胶佛手羹

【原料】　阿胶 5 g,佛手片 10 g,柏子仁 15 g,鸡肝 1 个,冰糖 20 g。

【制作】　柏子仁炒香研粉,阿胶加水烊化,佛手片、冰糖加水煮开,鸡肝捏烂,粗布包裹,在佛手冰糖开水中用勺来回挤压,再倒入已烊化的阿胶中,兑入柏子仁粉,搅匀即可食用。作早晚餐食用。

【功效】　补血养血,安神除烦。

竹叶莲桂羹

【原料】　新鲜苦竹叶 50 g,莲子 20 g,肉桂 2 g,鸡蛋 1 个。

【制作】　竹叶、莲子熬水,莲子煮熟,肉桂细研成粉,鸡蛋打散,将竹叶、莲子水(沸水)倒入打散的鸡蛋内,即入肉桂粉,搅拌均匀,根据喜好调味。作早晚餐服用。

【功效】　安神,交通心肾。

龙眼莲子羹

【原料】　龙眼肉 20 g,莲子(去衣)20 g,百合 20 g,冰糖 20 g。

【制作】　先用开水浸泡莲子,脱去薄皮,百合洗净,开水浸泡。将龙眼肉、莲子、百合、冰糖放入大碗中,加足水蒸透,即可食用。早晚服用或作点心服食。

【功效】　补益心脾。

仙传茯苓糕

【原料】　大个白茯苓 2 kg,蜂蜜 200 g。

【制作】　将大个或整块白茯苓入蒸笼里闷蒸,大火蒸 3 h 以上取出日晒 1 天,再蒸再晒,如此重复蒸 9 次。在最后一次蒸过后,趁热用刀切成薄片,晒干,服时蘸蜂蜜。即食,或作点心食用。

【功效】　安神益智。

杏仁糊

【原料】　杏仁 10 g,面粉 100 g。

【制作】　杏仁去皮尖,研成粉状入锅,加水适量煮熬 10 min 左右,再将面粉用凉水调成糊状,倒入锅内,煮开即可。每日 1～2 次,每次 1 小碗,可作点心食用。

【功效】　宣肺化痰。

安神梨甑

【原料】　雪梨 2 个,炒枣仁 10 g,冰糖 15 g。

【制作】　雪梨在靠近蒂处用刀切下,将核挖出,拓宽四周,即成"梨甑",把枣仁、冰糖入"甑"内,将梨蒂盖合,竹签插牢,蒂向上平放碗中蒸熟即可。

【功效】　滋阴养液,养心安神。

枣仁煎百合

【原料】　鲜百合 500 g,酸枣仁 15 g。

【制作】　先将鲜百合用清水浸泡 24 h,取出洗干净。然后将枣仁炒后,加适量水,煎后去渣,入百合煮熟即成。每日 2 次。吃百合喝汤,每次 1 小碗。

【功效】　养血安神。

樟茶鸭子

【原料】　肥鸭 1 只(约 1 500 g),樟木屑 100 g,茶叶 50 g,川贝母 10 g。

【制作】　将盐、花椒、川贝母研粉,遍搽鸭子内外,腌渍 2 h,将大铁锅置旺火上,葱平铺锅底,再将樟木屑、茶叶混合铺上,将鸭子放置木架上,离樟木屑茶叶末混合物寸许,加盖,熏 10 min,将鸭子翻身再熏,呈黄色时取出,上蒸笼,加姜块,蒸至八成熟,取出沥干水分,再放入植物油内煎炸,至黄褐色时,捞出,切块装盘,撒上花椒粉、味精即可食用。佐餐食用。

【功效】　健脾化痰,宽胸理气。

玫瑰花烤羊心

【原料】　鲜玫瑰花 50 g,羊心 50 g。

【制作】　先将鲜玫瑰花 50 g(或干品 15 g)放入小锅中,加食盐、水煎煮 10 min,待冷备用。再将羊心洗净,切成块状,穿在烤签上,边烤边蘸玫瑰盐水,反复在明火上炙烤,烤熟即食。可作点心食用。

【功效】　舒肝解郁,补心安神。

┌─────────────────────┐
│ **柏子仁炖猪心** │
└─────────────────────┘

【原料】　柏子仁 15 g,猪心 1 个,精盐、料酒、酱油、葱片适量。

【制作】　把猪心洗干净,切成厚片,同柏子仁放入有适量清水的锅中,加入料酒、精盐,在小火上炖至猪心软烂后,加入酱油、葱花即成。佐餐食用。

【功效】　此汤菜有养心安神、润肠通便之功效。可治心血不足所致的心悸不宁、失眠多梦等症。

第六节　辅助降血脂的功能食品及中国药膳

血脂,亦称脂质,是血液中所含脂类物质的总称,包括甘油三酯、磷脂、胆固醇、胆固醇酯和非酯化脂肪酸等。血浆脂类含量虽只占全身脂类总量的极小一部分,但外源性和内源性脂类物质都需经血液运转于各组织之间。因此,血脂含量可以反映体内脂类代谢的情况。

一、基本原理

1. 高血脂的概念

高脂血症是指各种原因导致的血清中胆固醇或甘油三酯水平升高的一类疾病。血清中胆固醇和甘油三酯不能溶于水中,所以它们必须与血液中的蛋白质和其他类脂(如磷脂)一起组合成亲水性的球状巨分子复合物——脂蛋白,使它们能够完全溶于血液中以便于在体内运转。脂蛋白中的脂质主要是胆固醇、低密度脂蛋白胆固醇、极低密度脂蛋白胆固醇、高密度脂蛋白胆固醇和甘油三酯及脂蛋白等。所以血清中胆固醇或甘油三酯水平升高往往是表现为血清中某一类和某几类脂蛋白水平升高,严格来说,高脂血症应该称为高脂蛋白血症。

按高脂血症的发生原因,分为原发性和继发性。原发性高脂血症指无其他病因,可能是由于遗传缺陷或后天生活方式、环境等因素所致的高脂血症,如脂肪酶缺乏引起的家族性高胆固醇血症、低密度脂蛋白受体缺乏引起的家族性高三酰甘油血症、普通(多基因)高胆固醇血症、载脂蛋白异常症、单纯性肥胖症等;继发性高脂血症是由明确的基础疾病引起,如甲状腺功能低下、肾病综合征、淋巴瘤、糖尿病、酒精中毒等疾病并发的高脂血症。

2. 高血脂症的危害

高血脂可以导致动脉粥样硬化,被人们视为心脑血管疾病的"凶手"。血脂含量高,动脉内壁脂肪斑块沉积速度加快,当斑块将血管内壁阻塞到一定程度而使血液供应发生不足。脂肪斑块阻塞致支配心脏血液的动脉支时,发生冠心病;脂肪斑块阻塞致脑动脉或其分支时,则会出现脑血管病。

高脂血症表现为脂蛋白、载脂蛋白等代谢异常,使血浆中一种或几种脂质高于或低于正常,如胆固醇,低密度脂蛋白胆固醇和甘油三酯高于正常水平,高密度脂蛋白胆固醇低于正常水平。临床上所称的高脂血症,主要是指胆固醇高于 220～230 mg/dl、甘油三酯高于 130～150 mg/dl。血脂高低对男女的影响并不完全一样。大量研究资料表明,女性对胆固醇的耐受性要远远较男性好,而男性对三酰甘油的耐受性要比女性好。就是说,90%的三酰甘油升高的女性都可能发生冠心病,而男性胆固醇升高则是冠心病发生的最具危害性的因素。

高脂血症属中医"眩晕""中风""痰证""胸痹""心悸"等病症的范畴。中医认为本病的发生或为多静少动,肝肾亏虚;或饮食不当,饮食不归正化;或禀赋偏颇,自幼多脂,以致湿聚痰生,浊脂内留,其基本病理为脏腑功能失调,膏脂输化不利,主要病理因素为痰湿、浊脂和淤血。根据临床表现辨证一般可分为阴亏阳亢、脾气虚弱、痰浊内盛、血淤络痹等证型。

3. 降低血脂的途径

中药降脂的机理研究尚未深入,其降脂作用比较复杂,往往是通过多成分、多途径而起综合作用。主要途径如下:

(1)减少外源性脂质的吸收

主要是指减少胆固醇的吸收。何首乌、虎杖、决明子中含蒽醌类化合物,能够促进肠蠕动,增加胆固醇的排泄。何首乌含卵磷脂,可阻止胆固醇、类脂质沉积滞留;蒲黄含植物固醇,在肠道竞争性抑制外源性胆固醇吸收,使胆固醇经肠道排出增加。

(2)减少内源性脂质的合成

内源性脂质主要来源于脂质的合成和释放。大黄具有抑制内源性胆固醇合成的作用;泽泻含三萜类化合物,能减少合成胆固醇的原料乙酰 CoA 的生成;绞股蓝总皂苷可以使脂肪组织细胞分解产生的游离脂肪酸减少 28% 左右,使进入细胞合成中性脂肪的葡萄糖降低 50% 左右;阿魏酸浓度依赖性的抑制大鼠肝脏甲羟戊酸-5-焦磷酸脱氢酶,从而抑制肝脏合成胆固醇。

(3)促进脂质的转运和排泄

体内的脂质以脂蛋白的形式运转和排泄。蒲黄、绞股蓝、葛根、柴胡皂苷、茶叶多糖、海带、昆布、山楂、大蒜、马齿苋、熊胆、柳茶、月见草、酸枣仁、苦丁茶、沙棘、松针、毛木耳等均可升高 HDL-C 或 ApoAI,从而促进体内脂质的转运和排泄。通过对放射性胆汁酸、胆固醇的观察,人参皂苷、柴胡皂苷使粪便中放射性增加,并促进血中放射性胆固醇的周转。

(4)调节脂质代谢

何首乌、山植、菊花等通过可逆的磷酸化和脱磷酸化,实现对肝细胞微粒体经甲基戊二酰辅酶 A 还原酶(HmgR)活力的抑制,起到调节脂质代谢的作用。大蒜素可使高胆固醇血症家兔主动脉 cAMP 含量维持在正常水平上,在局部组织中调节脂质代谢;茶叶多糖能与脂蛋白酯酶结合,提高其活力,促进动脉壁的脂蛋白酯酶入血,并能降低该酶对抑制剂如 NaCl 的敏感性。

4. 中医病因病机

中医学虽无高脂血症这一病名,但根据其临床表现当归属于"眩晕""痰浊""血癖""胸痹""中风"等范畴。中医学认为,血脂异常的发生与年龄、饮食、体质及遗传因素有一定的关系。其中,外因是过食膏粱厚味、肥甘之品,其味甘性缓,缓则脾气滞,不能化浊而生痰湿;内因是脏腑功能失调,气不化津,则痰浊阻滞,气机不畅,脉络瘀阻。高脂血症临床表现错综复杂,但基本病理是本虚标实。本虚以肝脾肾与之关系较密切。其病邪多为痰、瘀,而两种病邪又相互影响,痰能致瘀,瘀能生痰,痰浊瘀血在脉道中相互搏结,血流瘀阻痰癖乃病理产物,根于脏腑功能失调。因此,痰瘀痹阻、脏腑功能失调是血脂异常形成的基本病机。

近代许多医家认为,在高脂血症发病的外因中,因过食肥甘厚味是导致高脂血症的主要病因之一。

梁氏认为,过食肥甘,醇酒厚味,致脾胃运化失职,水谷肥甘之物不能化生气血,生痰生湿而成。

李氏认为,本病重点不在虚,而在过食肥甘厚味,精神紧张,体力活动减少,致脾胃负担过重。

脾主运化,为后天之本,气血生化之源,膏脂的生成与转化皆有赖于脾的健运。若脾胃虚弱、脾失健运,则水谷精微失于输布,易致膏脂输化障碍而成高脂血症。

曾氏认为,高脂血症为脾失健运,中焦气机失调,痰湿内生,流注经脉,渗入血中所致。

傅氏认为,不论脾肾阳衰或肝脾不和,皆有脾虚因素,而脾虚又为高血脂病机组成之一环。

思虑伤脾、郁怒伤肝,肝侮乘脾,脾失健运,聚湿生痰,或肝郁化火,烁津为痰,痰涎凝聚,清浊不分,脂浊内聚,血脂增高。何氏认为因情志失调、气机郁结、气郁日久、气滞血癖、瘀结停滞,阻塞脉络所致。姚氏认为肝喜条达而恶抑郁,肝郁不畅,胆汁排泄不利;或肝郁克脾,脾失健运,痰浊内生,可引起血脂升高。

肾为先天之本,肾主水,主津液,具有主持和调节人体津液代谢的作用。肾虚则津液代谢失调,痰湿内生,凝聚为脂。赵氏等认为高脂血症的发生与"肾虚"关系密切。肾虚证多为下丘脑—垂体—多个靶腺系统功能紊乱,可直接或间接影响血脂内环境动态平衡,可导致高密度脂蛋白降低,血脂升高。尹氏等肾为先天之本,人至中年,肾气渐衰,气血渐亏,无力推动营血运行而致血脉瘀滞,痰浊凝聚,在血中形成脂浊。

高脂血症以脏腑功能失调为本,痰浊癖血为标,痰瘀是肝脾肾功能失调的病理产物,是高脂血症的病理基础。

黄氏认为,脂质代谢紊乱,过氧化脂质对血管内皮的损伤导致动脉粥样硬化,其病理与中医学的痰浊、瘀血密切相关。

罗氏认为,高脂血症与痰浊、疾血关系最为密切。过食肥甘厚味,损伤脾胃,脾土失运致水谷精微不能正常输布,聚湿成痰,壅塞脉道,阻滞气机,血运不畅,脉络涩滞,痰瘀互结而为病。

二、辅助降血脂的功能食品

1. 高脂血症合理的饮食原则

保持热量均衡分配,饥饱不宜过度,改变晚餐丰盛和入睡前吃夜宵的习惯。主食应以谷类为主,粗细搭配,粗粮中可适量增加玉米、燕麦等,减少精制米、面、甜糕点的摄入,增加豆类食品提高蛋白质利用率,以干豆计算,平均每日应摄入 30 g 以上,或豆腐干 45 g,或豆腐 75 ~ 150 g。在动物性食物的结构中,增加含脂肪酸较低含蛋白质较高的动物性食物,如鱼、禽、瘦肉等,减少陆生动物脂肪,最终使动物性蛋白质的摄入量占每日蛋白质总量摄入量的 20%,每日总脂肪供热量不超过总热量的 30%。每人每日摄入的新鲜水果及蔬菜达 400 g 以上,并注意增加深色或绿色蔬菜比例。少饮酒,最好不饮。少饮含糖多的饮料,多喝茶。咖啡可刺激胃液分泌并增进食欲,但也不宜多饮。

2. 常见的具有降血脂功能的食品

饮食治疗及保健是治疗高血脂症的关键,必要时辅以药物治疗。如果能够长期坚持,方法得当,一些食物疗法往往会收到良好的效果。

(1)玉米

玉米中含有丰富的钙、镁、硒等物质以及卵磷脂、亚油酸、维生素 E,均有降低血清胆固醇的作用。

(2)香菇

香菇中含有香菇嘌呤,有助于降低血中的胆固醇,防止动脉粥样硬化和血管病变。

(3)燕麦

燕麦中含有极丰富的亚油酸,占全部不饱和脂肪酸的 35% ~52% ;维生素 E 含量也很丰富,而且燕麦中含有皂苷素,有降低血浆胆固醇浓度的作用。

(4)牛奶

牛奶中含有羟基、甲基戊二酸,能抑制人体内胆固醇合成酶的活性,从而抑制胆固醇的合成。此外,牛奶中含有较多的钙,也可降低人体对胆固醇的吸收。

(5)洋葱

洋葱降血脂效能与其所含的烯丙基二硫化物及少量硫氨基酸有关,除降血脂外还可预防动脉粥样硬化,对动脉血管有保护作用;还含有前列腺素 A,有舒张血管、降低血压的功能。

(6)大蒜

新鲜大蒜能够大大降低血液中的有害胆固醇的含量。大蒜的蒜素有抗菌、抗肿瘤特性,能预防动脉粥样硬化,降低血糖和血脂等。每天服用大蒜粉或大蒜精以及坚持吃大蒜,经过 4 ~5 周后,血压会降低 10% ,血清总胆固醇会降低 8% ~10% 。如果每人每天吃一头大蒜,可有效预防心脑血管疾病发生。

(7)杏仁

杏仁不含胆固醇,高血脂病人每天吃 30 g 杏仁,可替代含高饱和脂肪酸的食品。

(8)菊花

菊花有降低血脂功效和较平稳的降血压作用。

(9)豆制品

豆制品中含有丰富的不饱和脂肪酸、维生素 E 和卵磷脂,三者均可降低血中的胆固醇。如果每日摄入 30 ~50 g 大豆蛋白,能显著降低血清总胆固醇、低密度脂蛋白、及甘油三酯水平,而不影响高密度脂蛋白胆固醇水平。大豆的降脂作用明显地与原来血脂水平高低有关。原血脂越高者,大豆的降脂作用越显著。高胆固醇患者每天食用大豆蛋白质 60 ~100 g,约有90% 的人会痊愈或好转。

(10)黄瓜

黄瓜中含有的丙醇二酸,可抑制糖类物质转化为脂肪,尤其适用于心血管病患者。

(11)生姜

生姜中含有一种类似水杨酸的有机化合物,该物质的稀释剂和防凝剂,对降血脂、降血压、防止血栓形成有很好的作用。

(12)甲鱼

甲鱼具有滋阴、进补的作用。实验证明,甲鱼能有效地降低高脂饮食后的胆固醇含量。

(13)海带

海带中含有丰富的植物纤维素和褐藻酸,能抑制肠道胆固醇的吸收,促使胆固醇的排出,从而降低血脂。

(14)茄子

茄子中含有维生素 P,维生素 P 不但可以降低胆固醇,还能增强微细血管的弹性,使血液畅通无阻,有着明显的降脂、活血和通脉的作用,是动脉硬化、高血压和冠心病患者的理想食物。

(15)山楂

山楂中含有大量的维生素 C 和微量元素,具有活血化瘀、消食健胃、降压降脂及扩张冠状血管的作用。

(16)银杏叶

银杏叶中含有莽草酸、白果双黄酮、异白果双黄酮、甾醇等成分,有降低血清胆固醇、扩张冠状动脉的作用。

(17)黑木耳

黑木耳有抗血小板聚集、降低血脂和防止胆固醇沉积的作用。

3.具有降低血脂作用的药食同源中药

(1)决明子

决明子主要含有植物固醇及蒽醌类物质,具有抑制血清胆固醇升高和动脉粥样硬化斑块形成的作用,降血脂效果显著。

(2)何首乌

何首乌中含有大黄酸、大黄素、大黄酚、芦荟大黄素等蒽醌类物质,能促进肠道蠕动,减少胆固醇吸收,加快胆固醇排泄,从而起到降低血脂、抗动脉粥样硬化的作用。

(3)泽泻

泽泻中含有三萜类化合物,能影响脂肪分解,使合成胆固醇的原料减少,从而具有降血脂、防治动脉粥样硬化和脂肪肝的功效。

(4)蒲黄

蒲黄中含有谷甾醇、豆甾醇、菜油甾醇等植物甾醇,能抑制肠道吸收外源性胆固醇,从而起到降低血脂的作用。但只有生蒲黄有作用,蒲黄油及残渣无此药效。

(5)山楂

山楂中含山楂酸、酒石酸、柠檬酸等类物质,有扩张血管、降低血压、降低胆固醇、增加胃液消化酶等作用。

（6）大黄

大黄中含大黄素、大黄酸、大黄酚、大黄素甲醚等蒽醌衍生物。具有降低血压和胆固醇等作用，临床用于治疗高脂血症。

（7）红花

红花中含有红花苷、红花油、红花黄色素、亚油酸等，有扩张冠状动脉、降低血压以及降低血清总胆固醇和甘油三酯的作用。

三、辅助降血脂的中国药膳

1. 粥类

> 田三七粥

【原料】　田三七粉 3 g，粳米 50 g，白糖适量。

【制作】　粳米加水适量，煮至粥成，入三七粉和白糖，稍煮即可。每日 1 剂，分 2 次热服。1 个月为 1 个疗程。

【功效】　活血散瘀。

> 山楂黄精粥

【原料】　山楂 15 g，黄精 15 g，粳米 100 g。

【制作】　山楂、黄精煎取浓汁后去渣，入粳米煮粥，粥成时入白糖调味即可。可作早晚餐或点心服食。

【功效】　健脾祛瘀，降血脂。

> 决明子粥

【原料】　决明子 10～15 g，白菊花 10 g，粳米 100 g。

【制作】　先将决明子放入锅内，炒至微有香气时取出，待冷后与白菊花同煮，去渣取汁。入粳米煮粥，粥成入冰糖，煮沸即可。每日服食 1 次，5～7 日为 1 个疗程。

【功效】　清肝明目，消脂通便。

> 甜浆粥

【原料】　豆浆适量，粳米 50～100 g。

【制作】　豆浆与粳米一同煮粥，粥成时调入冰糖，再煮沸即可。每日早晚温服。

【功效】　补脾益肺，降脂减肥。

> 加味人参粥

【原料】　人参末 3～5 g（或党参 15～20 g），葛粉 20 g，粳米 60～100 g。

【制作】　三种原料同入砂锅内加水煮粥,粥成时加入冰糖调味。作早晚餐或作点心服食。

【功效】　益气健脾。

花生壳粥

【原料】　花生壳、粳米各 60 g,冰糖适量。

【制作】　将花生壳洗净水煎,去渣取汁,入粳米和冰糖同煮成粥。每日 1 剂,分 2 次温热服用。

【功效】　补脾润肺,降脂降压。

菊苗粥

【原料】　新鲜甘菊幼苗或嫩芽 15 ~ 30 g,粳米 50 ~ 100 g,冰糖适量。

【制作】　甘菊幼苗或嫩芽切细,与粳米、冰糖加水同煮为粥。作早晚餐服食。

【功效】　清肝明目。

2. 汤煲类

昆布海藻汤

【原料】　昆布、海藻各 30 g,黄豆 150 g。

【制作】　上述三物泡好洗净;加水煮汤,待豆熟时调味即可。佐餐食用。

【功效】　消痰利水,健脾宽中。

紫菜豆腐汤

【原料】　紫菜 20 g,猪瘦肉 50 g,嫩豆腐 100 g。

【制作】　紫菜撕成小片,豆腐切成条,猪肉切成薄片;锅中放鲜汤,用中火烧开,加入紫菜、豆腐,水沸再入猪肉片,肉片将熟入味精,淋入香油调味。佐餐食用。

【功效】　软坚化痰,清热降脂。

芹菜黑枣汤

【原料】　水芹菜 500 g,黑枣 250 g。

【制作】　将黑枣洗净去核,与芹菜段共煮,随意食之。

【功效】　滋补肝肾,祛脂降压。

3. 茶饮及其他类

冬青山楂茶

【原料】　毛冬青 25 g,山楂 30 g。

【制作】 将二物洗净,水煎代茶饮。每日 1 剂,不拘时频饮。

【功效】 活血化瘀,消积化痰。

降脂减肥茶

【原料】 干荷叶 60 g,生山楂、生薏米各 10 g,花生叶 15 g,橘皮 5 g,茶叶 60 g。

【制作】 将上药共为细末,以沸水冲泡代茶饮。每日 1 剂,不拘时频饮。

【功效】 清热消食,降脂化湿。

消脂健身饮

【原料】 焦山楂 15 g,荷叶 3 g,生大黄 5 g,生黄芪 15 g,生姜 2 片,生甘草 3 g。

【制作】 上各味同煎汤。每日 1 剂,不拘时频饮。

【功效】 益气消脂,轻身健步。

健脾饮

【原料】 橘皮 10 g,荷叶 15 g,炒山楂 3 g,生麦芽 15 g,白糖适量。

【制作】 橘皮、荷叶切丝,和山楂、麦芽一起,加水 500 ml 煎煮 30 min,去渣留汁,加入白糖即可。每日 1 剂,代茶饮。

【功效】 健脾导滞,升清降浊。

二花桑楂汁

【原料】 金银花 6 g,菊花 6 g,桑叶 4 g,生山楂 6 g,冰糖 20 g。

【制作】 将金银花、菊花、桑叶、生山楂用清水洗去灰渣,用白洁纱布包扎好,放入锅内煎 10 min,加入冰糖溶化即成。每日 1 剂,代茶频饮。10~30 日为 1 个疗程。

【功效】 清肝明目,降脂。

山楂酒

【原料】 鲜山楂果 500 g,白酒 700 ml,冰糖 100 g。

【制作】 将鲜山楂果洗净,切成片,放大瓶内,加入白酒加盖,酒没过山楂为宜;泡一个月之后,放入冰糖待溶化即成。每日 2 次,每次饮 10~15 ml。

【功效】 消积祛瘀,降脂降压。

爆炒三鲜

【原料】 芹菜 250 g,玉米笋 150 g,香蕈 20 g。

【制作】 先将香蕈泡好,芹菜切成段,与香蕈一同入锅,以植物油爆炒,将熟时加上调料,翻炒几下即可。佐餐食用。

【功效】　调中开胃,降脂化浊。

> ### 蘑菇炒青菜

【原料】　鲜蘑菇 250 g,青菜心 500 g。

【制作】　青菜和蘑菇洗净切片,起油锅煸炒,加入盐、味精等调味。佐餐食用。

【功效】　健脾开胃。

> ### 银耳鹌蛋

【原料】　银耳 15 g,鹌鹑蛋 20 个,冰糖 100 g。

【制作】　银耳水发,洗净,撕成小朵,入蒸碗内,加开水 800 ml 及冰糖,入笼用旺火蒸至银耳熟烂,将煮熟去壳的鹌鹑蛋放在银耳羹四周即可。可作点心服食。

【功效】　补肾益精,强心健脑。

> ### 凉拌芹菜

【原料】　芹菜梗 200 g,海带 100 g,黑木耳 50 g。

【制作】　先将黑木耳和海带用水洗净切丝、用沸水焯熟,嫩芹菜梗切 3 cm 长,沸水稍煮捞起。上述原料冷却后加调料拌匀即可。

【功效】　高血脂症、高血压病。

第七节　辅助降血压的功能食品及中国药膳

　　原发性高血压是危害人类健康最常见的心血管疾病。2002 年中国疾病预防控制中心组织的全国 31 个省、自治区、直辖市"中国居民营养与健康状况调查"结果显示:我国 18 岁以上人群高血压患病率为 1.88%,估计全国现患病人数为 1.63 亿,比 1991 年增加了 7 000 多万。调查数据显示,我国人群高血压知晓率为 30.2%,治疗率为 24.7%,控制率为 6.1%,仍处于较差水平。同时,高能量膳食、高脂肪、少体力活动、饮酒、抽烟等不健康的生活方式,大大增加了人们患高血压及相关心血管病的危险。

一、基本原理

1. 高血压的定义

　　自然情况下,人的一生中,血压是变化的,婴儿和儿童的血压比成人低。活动对血压也有影响,运动时,血压较高,而休息时血压较低。在每一天中,血压也不一样,早晨血压最高而睡眠时血压最低。

　　在未用抗高血压药情况下,收缩压 ≥139 mmHg 和(或)舒张压 ≥89 mmHg,按血压水平将高血压分为 1,2,3 级。收缩压 ≥140 mmHg 和舒张压 <90 mmHg 单列为单纯性收缩期高血压。

患者既往有高血压史,目前正在用抗高血压药,血压虽然低于 140/90 mmHg,亦应该诊断为高血压。

高血压有继发性与原发性之分。继发性高血压又称症状性高血压,是由某些疾病(如肾小球肾炎、妊娠中毒症、嗜铬细胞瘤、主动脉狭窄等)所引起的一种临床表现,这些疾病一旦治愈,血压就会恢复正常。原发性高血压即通常所说的高血压病,是指以持续性动脉血压增高为主要临床表现的一种全身性慢性血管性疾病,可引起血管、心、脑、肾等器官功能性或器质性改变。高血压病的发病率随年龄增加而增高,早期常无典型症状,或仅表现为头晕、头痛、失眠、记忆力减退、乏力、烦闷,随着病情的发展,可出现心、脑、肾等重要脏器的损害,如高血压性心脏病、高血压性脑病、高血压性肾病等。因此,高血压病不但本身是一种危害人类健康的主要疾病,还是脑卒中、冠心病等严重心脑疾病的主要危险因素。

高血压病属中医"头痛""眩晕"等病症范畴,同时与"不寐""心悸""中风"等病症亦有一定联系。中医认为,本病的发生常与情志失调、饮食不节、内伤虚损等因素有关,临床辨证主要分为肝阳上亢、肝肾阴虚、痰浊内阻、阴阳两虚等证型。

2. 高血压的危害

血压升高不但本身是一种危害人类健康的重要疾病,更重要的是会导致心、脑、肾靶器官的损害。由于高血压在中国人群中,心血管病发病归因危险度百分比为 34.53%,因此高血压是中国人群最重要的心血管危险因素。无论是缺血性还是出血性脑卒中,其主要危险因素均为高血压。我国每年因高血压导致脑卒中的患者达 150 万人。我国 10 组人群前瞻性研究表明,血压水平和脑卒中发病的相对危险呈对数线性关系,脑卒中发病的相对危险增高(缺血性脑卒中增高 47%,出血性脑卒中增高 54%);舒张压每增加 5 mmHg,脑卒中发病危险增高 46%。高血压是冠心病的独立危险因素,Framingham 研究及其后的多项研究均证明了这一点。高血压患者动脉粥样硬化较血压正常者明显,且血压水平越高,动脉硬化程度越重。无论是收缩压还是舒张压都能强有力地预测冠心病。高血压还增加心力衰竭和肾功能衰竭的危险,有高血压病史的人发生心力衰竭的危险比没有高血压病史者高 6 倍,而舒张压每降低 5 mmHg,可能使发生终末期肾脏病的危险减少 25%。

3. 血压调控机制

多种因素都可以引起血压升高。心脏泵血能力加强(如心脏收缩力增加等),使每秒泵出血液增加。另一种因素是大动脉失去了正常弹性,变得僵硬,当心脏泵出血液时,不能有效扩张,因此,每次心搏泵出的血流通过比正常狭小的空间,导致压力升高。由于神经和血液中激素的刺激,全身小动脉可暂时性收缩同样也引起血压的增高。第三个因素是循环中液体容量增加。这常见于肾脏疾病时,肾脏不能充分从体内排出钠盐和水分,体内血容量增加,导致血压增高。相反,如果心脏泵血能力受限、血管扩张或过多的体液丢失,都可导致血压下降。这些因素主要是通过肾脏功能和自主神经系统(神经系统中自动地调节身体许多功能的部分)的变化来调控。

交感神经系统能增加心脏收缩的频率和力量,也能使全身大多数动脉收缩,但对有些特定区域的动脉有扩张效应,如骨骼肌,需要增加血液供应。另外,交感神经系统还能减少肾脏排出钠盐和水分，以增加血容量。交感神经系统还能释放肾上腺素和去甲肾上腺素，这些激素能刺激心脏和血管。

肾脏对血压的控制通过几个途径来实现：如果血压升高，肾脏将增加对钠盐和水分的排出，从而降低血容量使血压恢复到正常；相反，如果血压降低，肾脏将减少对钠盐和水分的排出，从而增加血容量使血压回升到正常水平。肾脏也通过分泌一种称为肾素的酶来升高血压；肾素触发产生一种称为血管紧张素的激素，血管紧张素又触发释放一种称为醛固酮的激素，醛固酮可导致体内水和钠盐潴留。

由于肾脏在血压的控制中有重要作用，许多肾脏疾病和异常都可以导致高血压。如供应一侧肾的动脉狭窄（肾动脉狭窄）可以引起高血压；一侧或双侧肾脏的各种类型炎性病变或损伤也能导致高血压。

任何原因引起的血压升高都将启动代偿机制进行调控，以期使血压回复正常。因此，当心脏泵血的增加使血压升高时，引起血管的扩张和肾脏排出钠盐和水分增加，使血压降低。然而，动脉粥样硬化使动脉壁硬化，从而妨碍通过血管扩张来使血压回复到正常，动脉粥样硬化对肾脏的损害也使肾脏排出钠盐和水分的能力下降，这些因素都会导致血压升高。

肥胖者因体重的迅速增加，一方面血管床面积迅速扩大，血液循环战线拉长；再者，血脂也普遍有不同程度的升高，血液黏稠度加大，血液的通透性降低，致使血流阻力增大，最终导致原有的血压值水平已不能正常供给头部及末梢循环。一旦这种状况打破人体正常血液供求平衡临界点，神经系统就会把这一信号反馈到脑垂体，触发人体的自我调节系统功能启动。脑部分管该环节调节功能的部分随即发出综合指令：调整肾上腺素分泌水平，增加心脏的输出功率——升高血压，以达到人体正常的血氧的供求平衡。这就是肥胖者高血压的基本成因。基于这种观点，对于后天性高血压，吃降压药是一种被动消极的防守，某种意义上说是不可取的，最积极有效的治疗就是减肥。而最提倡的有利于病情改善和彻底康复的减肥方法是：①在保证基本营养摄入的前提下控制饮食；②在循序渐进的前提下加强运动和锻炼，并且长期坚持下去，进行更多的户外运动，尽可能多晒太阳。

4. 中医病因病机

高血压患者多见于中年以后发病。此时，从中医病机角度看，当为肝肾渐亏，即天癸渐衰，肾水不足，水不涵木。正如草木之无水涵养，则易枝干而叶枯。现代医学认为，随着年龄的增长，血管壁弹性的减弱可使动脉血压升高，这与中医学之"水不涵木"理论有一定的相似性。此外，中医理论认为，肝主疏泄，"喜条达而恶抑郁"，若肝肾亏虚，水不涵木，则其疏泄功能下降，易致气机郁滞，即所谓的"肝郁气滞"。其在脉象上的表现便是"脉弦"，而大量高血压患者的脉象表现正是"弦脉"。在现代医学对于高血压发病机制的研究中，交感神经学说占据着重要地位，认为交感神经系统活性亢进是造成血压升高的重要原因。而有研究认为，交感神经的功能状态与"肝主疏泄"功能密切相关。此外，精神、神经学说也愈发受到关注，认为长期的情绪紧张与高血压的发生有密切关系，这又与中医学"肝郁气滞"的理论不谋而合。

总之，同许多内科疾病一样，高血压病有着本虚标实的病机特点。但目前，随着长效降压西药的广泛临床运用，出现高血压急症的概率已越来越小，因此中医病机特点则愈发以"本虚"为主。而随着精神心理因素与高血压病的关联性研究受到重视，中医的"肝失疏泄"理论理应有更多"用武之地"。

王清海认为,高血压应属于中医的脉胀的范畴,其发病原因、病理变化都可以用中医血脉理论来解释。

早在黄帝《内经》中就有关于脉胀的专篇论述。据《灵枢·胀论》记载,黄帝曰:脉之应于寸口,如何而胀? 岐伯曰:脉大坚以涩者,胀也。此句是指根据脉象来诊断胀病,也是专指脉压过大引起的脉搏胀满,此与血压过高引起的高血压的情况十分相似。明代医家张介宾在解释这句话时指出,脉大者,邪之盛也,其脉大坚以涩者,胀也,脉坚者,邪之实也,涩因气血之虚而不能流利也。此处清晰地解释了脉胀的基本病因,一是邪实,一是气血虚而不能流利运行,都可导致脉压增大而出现脉胀。至于哪些因素会引起脉胀?《灵枢·胀论》也有明确的解释。黄帝曰:胀者焉生? 何因而有? 岐伯曰:卫气之在身也,常然并脉,循分肉,行有逆顺,阴阳相随,乃得天和,五脏更始,四时顺序,五谷乃化。然后厥气在下,营卫留止,真邪相攻,两气相搏,乃合而为胀也。这里明确指出,脉胀是营卫的病变,也就是气血的病变,气血运行失常为逆,营卫气血留止而不行,则为脉胀,其中气不能正常运行,是引起脉胀的主因。如营气循脉,卫气逆为脉胀。此外,《灵枢》也专门讨论了,气之令人胀的部位有三种,一是在血脉,二是在脏,三是在腑。其实,胀在血脉是胀的基本病理,胀在脏腑,应该是脉胀对脏腑的影响,此处与高血压病和高血压引起的心脑血管并发症的情形是相同的,如心胀者,烦心短气,卧不安,这是血压增高引起的症状,合并心衰时则表现为肺胀者,虚满而喘咳,若先有脉胀,再遇大怒则形气绝,而血菀于上,使人薄厥,出现脑出血、脑梗塞等症状。

二、辅助降血压的功能食品

1.辅助降血压的饮食原则

多吃含钾、钙丰富而含钠低的食品,如芋头、茄子、海带、莴笋、冬瓜、西瓜等,因钾盐能促使胆固醇的排泄,增加血管弹性,有利尿作用,有利于改善心肌收缩能力。含钙丰富的食品如牛奶、虾皮等,对心血管有保护作用。选用含镁丰富的食品,如绿叶蔬菜、小米、荞麦面,镁盐通过舒张血管达到降压作用。

（1）饮食宜清淡

宜高维生素、高纤维素、高钙、低脂肪、低胆固醇饮食。总脂肪小于总热量的30%,蛋白质占总热量15%左右。提倡多吃粗粮、杂粮、新鲜蔬菜、水果、豆制品、瘦肉、鱼、鸡等食物,提倡植物油,少吃猪油、油腻食品及白糖、辛辣、浓茶、咖啡等。

（2）降低食盐量

吃钠盐过多是高血压的致病因素,而控制钠盐摄入量有利于降低和稳定血压。

（3）戒烟、戒酒

烟、酒是高血压病的危险因素,嗜烟、酒有增加高血压并发心、脑血管病的可能,酒还能降低病人对抗高血压药物的反应性。因此高血压病人要戒烟戒酒,戒酒有困难的人也应限制饮酒。

（4）饮食有节

做到一日三餐饮食定时定量,不可过饥过饱,不暴饮暴食。每天食谱可做以下安排:碳水化合物 250～350 g(相当主食 6～8 两)、新鲜蔬菜 400～500 g、水果 100 g、食油 20～25 g、牛奶 250 g(ml)及高蛋白食物 3 份(每份:瘦肉 50～100 g、(或)鸡蛋 1 个、(或)豆腐 100 g、(或)鸡鸭 100 g、(或)鱼虾 100 g,其中鸡蛋每周 4～5 个即可)。

2. 辅助降血压的功能食品

(1)葫芦

将鲜葫芦捣烂取汁,以蜂蜜调服,每日两次,每次半杯至一杯,有降血压的作用。

(2)蚕豆花

鲜蚕豆花 60 g 或干花 15 g 加水煎服,可治疗高血压、鼻出血。

(3)西瓜皮

取西瓜翠衣、草决明各 9 g,水煎服,可治高血压。

(4)莲子心

莲子心有降压、强心作用,适用于高血压、心悸、失眠等症,用法是取莲子心 1～2 g,开水冲泡代茶饮。

(5)芹菜

有良好的降血压作用,尤以芹菜根煎服为佳。因高血压引起头痛、头胀的病人,常吃鲜芹菜可缓解症状。芹菜叶降血压效果相当明显,用水烫一下,剁碎,拌上蒜泥,几乎相当于服一片降压药。每 100 g 芹菜中含钙 160 mg,一半可为人体吸收。

(6)绿豆

绿豆对高血压患者有很好的食疗作用,不仅有助于降压,减轻症状,而且常吃绿豆还有防止血脂升高的功效。适量装入猪的苦胆内,阴干研粉,每次一钱半至二钱,一日 2 次,有降血压的作用,适用于头晕、头痛、高血压等症。

(7)花生

花生仁(带红衣)浸食醋 1 周,酌加红糖、大蒜和酱油,早、晚适量服用,1～2 周后可使高血压下降。若用花生壳 50～100 个,洗净泡开水代茶饮用,对治高血压疗效显著。

(8)食醋

高血压和血管硬化患者,每天喝适量醋,可减少血液流通的阻塞。假如用醋减肥,平均每周可减体重 500 g。

(9)罗布麻

每日 10 g,以开水冲泡当茶喝,持续半月,治疗高血压有特效。

此外,茄子、南瓜、生姜、海带、葱、洋葱、豆腐、黑木耳、菠菜等也具有降压的作用。

三、辅助降血压的中国药膳

1. 粥类

> 胡桃糯米粥

【原料】 胡桃仁 30 g,糯米 100 g。

【制作】　将胡桃仁打碎,糯米洗净;加清水适量煮成稀粥,加少许糖调味即可。每日早晨空腹顿服。

【功效】　调补阴阳。

菊花粥

【原料】　菊花末 15 g,粳米 100 g。

【制作】　菊花去蒂,研成细末备用;粳米加水适量,用武火烧沸,改用文火慢熬,粥将成时调入菊花末,稍煮片刻即可。可作早晚餐食用。

【功效】　清热疏风,清肝明目。

红萝卜海蜇粥

【原料】　红萝卜 120 g,海蜇皮 60 g,粳米 60 g。

【制作】　红萝卜削皮切片,海蜇皮漂净,切细条,粳米洗净;一起放入锅内,加清水适量,文火煮成粥,粥成后加调味品调味。作早晚餐或作点心食用。

【功效】　化痰消滞,开胃健脾。

淡菜皮蛋粥

【原料】　淡菜 30 g,皮蛋 1 个,粳米 100 g。

【制作】　粳米加适量清水煮粥,待米开时加入洗净的淡菜同煮,粥将成时放入切碎的皮蛋,稍煮,加盐 1~2 g 调味。每日早晨食用,连食 5~7 日为 1 个疗程。

【功效】　滋阴降火,清热除烦。

2.汤煲类

丝瓜豆腐瘦肉汤

【原料】　猪瘦肉 60 g,丝瓜 250 g,嫩豆腐 2 块,葱花适量。

【制作】　将丝瓜去皮,切成厚片,豆腐切块,猪瘦肉切成薄片,加精盐、糖、芡粉拌匀;在锅内加清水适量,武火煮沸,先下豆腐煮沸后,再放入丝瓜、肉片,稍煮,至丝瓜、肉片刚熟,加葱花等调味即可。佐餐食用。

【功效】　益气血,清虚热。

首乌巴戟兔肉汤

【原料】　兔肉 500 g,制首乌 30 g,巴戟天 30 g,花生 30 g,生姜 4 片。

【制作】　兔肉洗净,切块,用开水汆去血水,全部放入锅内,加清水适量,武火煮沸后,文火煮 2~3 h,调味即可。随量饮汤食肉。

【功效】　温补肝肾,养血益精。

雪羹汤

【原料】　荸荠、海蜇头各 30～60 g。

【制作】　荸荠、海蜇头洗去盐分,煮汤,每日分 2～3 次服用。

【功效】　辅助降低血压。

3.茶饮及其他类

三鲜茶

【原料】　鲜荷叶、鲜藿香、鲜佩兰叶各 10 g。

【制作】　将原料洗净、切碎,用滚开水冲泡或稍煮代茶饮用。每日 1 剂,代茶饮。

【功效】　和中化湿,升清降浊。

菊槐茶

【原料】　菊花、槐花、绿茶各 3 g。

【制作】　将原料放入瓷杯中,以沸水冲泡,密盖浸泡 5 min 即可。每日 1 剂,不拘时频频饮服。

【功效】　平肝祛风,化痰降压。

橘皮饮

【原料】　橘皮、杏仁、老丝瓜各 10 g,白糖少许。

【制作】　将老丝瓜、橘皮洗净,杏仁去皮一同入锅,加水适量,置武火上烧沸,再用文火煮 20～30 min 去渣,用白糖调味。代茶饮。

【功效】　理气化痰,祛风通络。

鲜芹菜汁

【原料】　芹菜 250 g。

【制作】　芹菜用沸水烫 2 min,切碎绞汁,可适当调味。每日 2 次,每次 1 小杯。

【功效】　平肝降压。

枸杞肉丝

【原料】　枸杞子 100 g,猪瘦肉 150 g,熟青笋 50 g,猪油 100 g。

【制作】　猪瘦肉切丝,青笋丝,枸杞洗净待用;烧热锅,用冷油滑锅倒出,再放入猪油,将肉丝、笋丝、同时下锅划散,烹黄酒,加白糖、酱油、盐、味精调味,再放入枸杞子翻炒几下,淋上麻油,起锅即成。佐餐食用。

【功效】　滋补肝肾。

菠菜炒生鱼片

【原料】 生鱼片 200 g,菠菜 250 g,蒜茸、姜花、葱段少许。

【制作】 菠菜去根,洗净,略切几段,放入沸水中焯过,捞起滤去水分,生鱼片用少许味精、盐稍浸渍;起油锅,先下蒜茸、姜花、葱段爆香,入生鱼片,烹黄酒,略炒,再下菠菜翻炒几下,调味勾芡即可。佐餐食用。

【功效】 清热除烦,养肝降压。

芹菜翠衣炒鳝片

【原料】 黄鳝 120 g,西瓜翠衣 150 g,芹菜 150 g,姜、葱、蒜各少许。

【制作】 将黄鳝活剖,去内脏、脊骨及头,用少许盐腌去黏液,并放入开水中氽去血腥,切片;西瓜翠衣切条;芹菜去根叶,切段,均下热水中焯一下捞起备用;炒锅内加麻油,下姜、蒜茸及葱爆香,放入鳝片稍炒,再入西瓜翠衣、芹菜翻炒至熟,调味勾芡即可。佐餐食用。

【功效】 清热平肝,利尿降压。

芹菜凉拌海带

【原料】 芹菜 100 g,海带 50 g。

【制作】 芹菜洗净切段,海带洗净切丝,然后分别在沸水中焯一下捞起,一起倒上适量香油、醋、盐、味精调味食用。佐餐食用。

【功效】 平肝清热降压。

归芪蒸鸡

【原料】 炙黄芪 100 g,当归 20 g,嫩母鸡 1 只。

【制作】 将黄芪、当归装入纱布袋,口扎紧;将鸡放入沸水锅内氽透、捞出,用凉水冲洗干净;将药袋装入鸡腹,鸡置于蒸盆内,加入葱、姜、盐、黄酒、陈皮、胡椒粉及适量清水,上笼隔水蒸约 1 h,食时弃去药袋,调味即成。佐餐食用,分 3 次食完。

【功效】 温中补气,益血填精。

天麻鸭蛋

【原料】 天麻 9 g,鸭蛋 2 个。

【制作】 将鸭蛋放入盐水中浸 7 日后,在顶端钻一个小孔,倒出适量鸭蛋清,再灌入已研成细末的天麻(若鸭蛋不充盈,可将倒出的鸭蛋清重新装入,至充盈为度)。然后用麦面作饼将鸭蛋上的小孔封闭,随即将鸭蛋完全包裹,放在火炭灰中煨熟。每日早晨空腹时用开水送食鸭蛋 2 个,可连服 5~7 天。

【功效】 平肝息风,清热养阴。

第八节　辅助降血糖的功能食品及中国药膳

糖尿病是最常见的慢性病之一。随着人们生活水平的提高,人口老龄化以及肥胖发生率的增加,糖尿病的发病率呈逐年上升趋势。糖尿病在中国的发病率达到 2%,据统计,中国已确诊的糖尿病患者达 4 000 万,并以每年 100 万的速度递增。据世界卫生组织最新数据预测,到 2010 年中国糖尿病病人将达到目前的 4 倍,亚洲及非洲的糖尿病人数将是目前的 3 倍,全世界将会有 2.4 亿糖尿病患者,因此防治糖尿病已是一个迫不及待的紧急任务。

一、基本原理

1. 糖尿病的概念

糖尿病是病因和发病机理尚未完全认识的内分泌代谢疾病,均具有高血糖这一共同特点,故可认为是一组慢性高血糖状态的临床综合征。其基本病理生理是绝对或相对性胰岛素分泌不足以及靶细胞对胰岛素的敏感性降低,从而导致糖、蛋白质、脂肪和继发的水、电解质的代谢紊乱,严重时可引起酸碱平衡失常。其特征为高血糖、糖尿、葡萄糖糖耐量减低及胰岛素释放试验异常,临床表现有多饮、多食、多尿、烦渴、善饥、消瘦、疲乏无力等症状,然而早期可无症状,也有相当一部分甚至多数患者并无上述症状,仅有血糖增高,在体检或出现合并症时才被发现。

糖尿病分 I 型糖尿病和 II 型糖尿病。其中,I 型糖尿病多发生于青少年,其胰岛素分泌缺乏,必须依赖胰岛素治疗维持生命;II 型糖尿病多见于 30 岁以后中、老年人,其胰岛素的分泌量并不低甚至还偏高,病因主要是机体对胰岛素不敏感(即胰岛素抵抗)。

糖尿病属中医"消渴"病的范畴。中医认为引起本病的原因主要有素体阴虚、饮食不节、情志失调、劳欲过度等,以致肺燥胃热,肾阴亏损发为消渴。临床根据症状辨证分为燥火伤肺、胃燥津伤、肝肾阴虚、阴阳两虚等证型。

糖尿病的主要症状是口渴多饮,多食而消瘦、多尿或尿浑浊。运用药物与药膳相结合的疗法,可取得令人满意的效果,清蒸茶鲫鱼、笋米粥、土茯苓猪骨汤、菠菜根粥、山药炖猪肚都是适合糖尿病人的药膳。

2. 糖尿病发病原因

糖尿病是一组综合征,可分为原发性与继发性两大类,原发性者占绝大多数,原因不明;继发性者占少数,病因大多较明确,但尚有未完全明确者。原发性糖尿病又可分为胰岛素依赖型及非胰岛素依赖型,通常认为遗传因素和环境因素以及二者之间的相互作用是引发糖尿病的主要因素。

胰岛素是人体胰腺 B 细胞分泌的身体内唯一的降血糖激素。胰岛素抵抗是指体内周围组织对胰岛素的敏感性降低,组织对胰岛素不敏感,外周组织如肌肉、脂肪对胰岛素促进葡萄糖摄取的作用发生了抵抗。

（1）Ⅰ型糖尿病的病因

①自身免疫系统缺陷。在Ⅰ型糖尿病患者的血液中可查出多种自身免疫抗体，如谷氨酸脱羧酶抗体（GAD抗体）、胰岛细胞抗体（ICA抗体）等。这些异常的自身抗体可以损伤人体胰岛分泌胰岛素B细胞，使之不能正常分泌胰岛素。

②遗传因素。目前研究提示遗传缺陷是Ⅰ型糖尿病的发病基础，这种遗传缺陷表现在人第六对染色体的HLA抗原异常上。研究发现，Ⅰ型糖尿病有家族性发病的特点。

③病毒感染。许多科学家怀疑病毒也能引起Ⅰ型糖尿病。这是因为Ⅰ型糖尿病患者发病之前的一段时间内常常得过病毒感染，而且Ⅰ型糖尿病的"流行"往往出现在病毒流行之后。如引起流行性腮腺炎和风湿疹的病毒，以及能引起脊髓灰质炎的柯萨奇病毒家族，都可以在Ⅰ型糖尿病中起作用。

④其他因素。如牛奶、氧自由基、一些灭鼠药等，这些因素是否可以引起糖尿病，科学家正在研究之中。

（2）Ⅱ型糖尿病的病因

①遗传因素。与Ⅰ型糖尿病类似，Ⅱ型糖尿病也有家族发病的特点，因此很可能与基因遗传有关。这种遗传特性Ⅱ型糖尿病比Ⅰ型糖尿病更为明显。例如，双胞胎中的一个患上Ⅰ型糖尿病，另一个有40%的机会患上此病；但如果是Ⅰ型糖尿病，则另一个就有70%的机会患上Ⅱ型糖尿病。

②肥胖。导致Ⅱ型糖尿病的一个重要因素可能就是肥胖症。遗传原因可引起肥胖，同样也可引起Ⅱ型糖尿病。身体中心型肥胖病人的多余脂肪集中在腹部，他们比脂肪集中在臀部与大腿上的人更容易发生Ⅱ型糖尿病。

③年龄。年龄也是Ⅱ型糖尿病的发病因素。有一半的Ⅱ型糖尿病患者多在55岁以后发病。高龄患者容易出现糖尿病也与年纪大的人容易超重有关。

④生活方式。吃高热量的食物和运动量的减少也能引起糖尿病，有人认为这也是由于肥胖而引起的。肥胖症和Ⅱ型糖尿病一样，在那些饮食和活动习惯均已"西化"的美籍亚裔和拉丁美商人中更为普遍。

胰岛素抵抗普遍存在于Ⅱ型糖尿病中，可能是Ⅱ型糖尿病的发病主要因素之一。Ⅰ型糖尿病患者在确诊后的5年内很少有慢性并发症的出现，Ⅱ型糖尿病患者在确诊之前就已经有慢性并发症发生。据统计，有50%新诊断的Ⅱ型糖尿病患者已存在一种或一种以上的慢性并发症，有些患者是因为并发症才发现患糖尿病的。因此，糖尿病的药物治疗应针对其病因，注重改善胰岛素抵抗，以及对胰腺B细胞功能的保护，必须选用能改善胰岛素抵抗的药物。这些药物主要是胰岛素增敏剂，使糖尿病患者得到及时有效及根本上的治疗，预防糖尿病慢性并发症的发生和发展。

3. 糖尿病并发症

糖尿病的慢性并发症有大血管病变、糖尿病性微血管病变和神经病变三类。其中大血管病变主要由大、中动脉粥样硬化所致的病变，主要有冠心病（心肌梗塞）、缺血性或出血性血管病、肾动脉硬化、肢体动脉硬化、糖尿病足等。糖尿病性微血管病变，主要是毛细血管基底膜增厚所致的糖尿病性视网膜病变、肾小球硬化症、皮肤病变及糖尿病性心肌病变等。神经病变包括多发性周围神经病变、植物神经病变、糖尿病足、糖尿病性肠炎、糖尿病性阳痿及神经源性膀脐等病变、眼科病、神经疾病、高血压、胃肠病、心脏病等。这些并发症都会产生严重后果,甚至导致死亡。

4. 糖尿病的治疗

(1)西药治疗糖尿病

对于糖尿病的治疗,西医多采用饮食、口服降糖药物及胰岛素替代等方法,它们的优点是降糖作用肯定,起效快;不足之处是副作用多。目前治疗Ⅱ型糖尿病的药物主要是从以下几个机制来起作用的:①促进胰岛 B 细胞胰岛素的分泌;②改善外周组织对葡萄糖的摄取和利用,促进葡萄糖代谢;③改善外周组织的胰岛素抵抗;④抑制小肠内葡萄糖的吸收;⑤针对糖尿病并发症,抑制蛋白质非酶性糖基化等。而其中改善外周组织的胰岛素抵抗,从代谢综合征角度筛选评价Ⅱ型糖尿病药物是最新的研究开发方向。

上述是西药研究的进展,临床治疗中已经发现,这些药物长期的作用容易出现毒性反应和副作用。

(2)中药治疗糖尿病

近年来,从天然药物中筛选治疗糖尿病药物的研究不断深入,发现了多种疗效确实而显著的活性成分,为开发治疗糖尿病的新药指明了方向。

①多糖类。麦冬多糖能降低正常小鼠、四氧嘧啶小鼠血糖;人参多糖可引起血糖及肝糖原降低,可以促进糖原分解和抑制乳酸合成肝糖原,使糖的有氧氧化作用增强;地黄多糖主要是通过增强正常小鼠肝脏的葡萄糖激酶和葡萄糖-6-磷酸酯酶脱氢酶的活性,降低肝脏葡萄糖-6-磷酸酯酶和磷酸果糖激酶的活性,促进糖的排泄,减少肝脏中糖原含量;知母多糖可使小鼠血糖及肝糖原含量明显降低,而血脂含量几乎没有变化;东苍术中分离得到的 3 种聚糖成分 AtuactanA,B,C,对正常小鼠均有降糖作用,A 还可明显降低四氧嘧啶糖尿病小鼠的血糖。

②黄酮类。番石榴叶子制成降糖片,有降血糖、降血压、降血脂作用,特别适用于代谢综合征患者,黄酮可能是其有效成分。中药卷柏富含黄酮,可降低糖尿病大鼠血清过氧化脂质含量,增强谷胱甘肽过氧化物酶的活力。其作用机制与清除自由基、抑制脂质过氧化反应、对抗四氧嘧啶所致的 p 细胞损伤,促进 p 细胞修复和再生密切相关。苍耳子分离出一种黄酮苷,有显著降血糖作用,其作用机制与胰岛素不同,而与苯乙呱相似。苍术苷对小鼠、大鼠、兔、犬均有降血糖作用,同时能降低肌糖原和肝糖原,抑制糖原生成,使氧耗量下降,血乳酸含量增加。

③皂苷类。苦瓜水提取物对四氧嘧啶糖尿病大鼠具有降血糖作用。苦瓜皂苷是降糖的主要有效成分。苦瓜皂苷不仅有直接的类胰岛素作用,还有刺激胰岛素释放的功能,其降血糖作用较优降糖缓慢而持久。刺五加的根叶中提取出含 16 种成分的总皂苷,对葡萄糖、四氧嘧啶和肾上腺素等所致的高血糖均有明显抑制作用。证实了刺五加皂苷具有改善损伤的胰岛 p 细胞功能。国内学者运用功能和形态学相结合的实验方法,观察到大豆皂苷和人参茎叶皂苷能有效预防糖尿病及其动脉粥样硬化的发生和发展。常用中药玉竹中的皂苷成分(PoD)能促进胰岛 p 细胞分泌胰岛素的功能加强,同时增进肝脏对葡萄糖的吸收能力,从而达到降低血糖的效果。

④萜类。倍半萜:从苍术根茎中分离得到一种倍半萜类化合物——β-桉叶油醇,能增强

糖尿病人使用肌松药琥珀酰胆碱所致的神经肌肉阻断作用。构效关系研究指出，β-桉叶油醇结构中环己烷和环外亚甲基，是发生作用的药效基团，亚甲基与结构中羟基间的距离，是决定活性大小的要素。这种倍半萜成分对于糖尿病神经系统并发症的治疗具有积极的意义。三萜：熊果酸和齐墩果酸为已发现的两种降血糖活性成分。桑白皮中含有熊果酸，对 STZ 所形成的糖尿病大鼠有降糖作用。山茱萸的干燥成熟果肉中亦有熊果酸，它能降低高血糖动物全血黏度和血小板聚集，故认为山茱萸可能对Ⅰ型糖尿病人有治疗效果。此外，三叶鼠尾草中含 2α-羟基熊果酸，女贞子中富含熊果酸和齐墩果酸，两者对四氧嘧啶高血糖小鼠有显著降血糖效果，但作用短暂。

⑤不饱和脂肪酸。玉米须在中医中用于治疗糖尿病及高血压。采用玉米须水提物腹膜内给药可使正常小鼠血糖水平显著降低，且作用呈剂量依赖性。但对小鼠血浆胰岛素水平无明显影响。玉米须化学成分中含有带不饱和双键的亚油酸，与降血糖作用之间存在着一定的联系刚。螺旋藻能降低正常小鼠血糖，而对胰岛素功能丧失引起的高血糖无影响。其主要机理可能与螺旋藻含的 γ-亚麻酸有关。γ-亚麻酸组成的磷脂可以增强细胞膜上磷脂的流动性，增强细胞膜受体对胰岛素的敏感性。由 γ-亚麻酸合成的 PGEI 活性物质，也可增强腺苷酸环化酶的活性，提高胰岛 β 细胞分泌胰岛素的功能。

⑥其他。其他中药中发现的天然活性成分还有：生物碱类，防己科植物中提取的汉防己甲素，可有效地预防四氧嘧啶引起的胰岛 p 细胞损伤，预防四氧嘧啶所致的高血糖的发生。黄连的有效成分黄连素，可促进胰岛 p 细胞再生及功能恢复。羽扇豆生物碱作为胰岛素口服代用品，已在临床上用于治疗糖尿病。大蒜有效成分大蒜素的降血糖作用已为民间经验和动物实验所证实。大蒜素降糖作用主要是通过促进胰腺泡心细胞转化、胰岛细胞增殖、白细胞增多，从而使内源性胰岛素分泌增加，而发挥降糖作用。

5. 中医病因病机

任何一种疾病的发生，都有它的原因，都有它的起病脏腑，糖尿病这种疾病也不例外。如果能正确判断出发病原因，就能清楚发病脏腑，也就求出了治病的"本"。针对"本"辨证治疗，定能提升疗效。从中医角度分析，得糖尿病起病初期临床表现有它的一致性。多数人认为，在疾病初期，以热象为主要表现，随着病情的发展，由实热转向虚热，并出现气虚、阴虚、阳虚、阴阳俱虚等症候，同时在疾病进展过程中伴有痰凝、血瘀等。既然临床表现有规律可循，那么糖尿病起病脏腑的定位就不应多样，而应是确定的某一脏腑。糖尿病的发病率在西方发达国家居首位，而亚洲国家尤其是中国的发病率在上升。公认原因在于中国人的饮食结构在改变，高蛋白高营养成分食物的比例在增加，与西方人的食物成分结构的距离在接近。鱼肉类食物成为中国餐桌上的日常食物，肉类食物的增加，纤维类食物减少，肠蠕动减慢，食物在肠胃中停留时间延长，致使脾胃负担过重。脾胃长期超负荷工作，造成脾气的耗损，导致脾虚。脾虚使运化失常，气血不足，脏腑功能失调，阴阳失衡，血糖升高，这是糖尿病发病的原因。脾是后天之本，后天的饮食习惯、生活习惯各自不同，耗损后天之本"脾"的状况不同，因而有人脾虚，有人脾不虚。长期脾胃负担过重造成脾虚而发病，长期脾虚及肾，造成脾肾两虚，先天之本及后天之本共同受累，形成多脏腑机能失调，造成各种并发症。

中医讲究的是治病求本，辨证论治，辨整体而不是局部，考虑疾病的转变，未病先防。对于本，就是病因针对的脏腑，最先起病的脏腑。如果不能有效地针对起病脏腑这个本进行治疗，不正确探讨它的病机变化，就不能有效治疗糖尿病这一顽固性疾病，就不能有效地防止并发症的发生。糖尿病的起病脏腑在脾。脾气虚，脾的转输功能失常，使体内产生一系列的病理变化。但糖在人体处于极重要的位置，它作为能量参与机体的一切代谢活动，是人体机能活动即代谢运行的必须来源，是生命活动的能源。糖像气血一样，是生命中不可或缺的物质，所以它应归于脾受纳水谷转化为的精微物质一类。精微物质不仅包括脾运化水谷精微为气血，也应包括糖。在糖尿病的发病初期，脾"化"的功能即消化吸收的功能基本正常，可化生水谷为精微，但由于脾虚，脾"运"的功能即转输和散精功能出了问题，精微物质中的糖受纳失常，致使糖在体内异常堆积。而脾虚和糖代谢失常，又影响到相关脏腑功能失调，阴阳失调。在糖尿病初期的临床表现，就是一派阳亢或阴虚之象，如五心烦热、口燥咽干、烦渴多饮、多食、多尿、体重下降、唇舌红赤、苔黄少津、脉洪数等。

人体具有自身调整的本能，为了排除多余的糖分，人体加强对糖的耗能燃烧（临床表现的"热"象，也就是代谢的加快），并且加速糖的排泄（从尿中排出），但其余排不出的糖，将会凝聚成痰，造成痰凝，并且痰凝导致血瘀。这种糖尿病病变过程中表现出的痰凝血瘀之象，是必然之象，是糖代谢异常的必然结果。而这种痰凝血瘀的结果造成经脉的阻塞，痰凝血瘀在经脉。并由于经脉的阻塞造成多脏器受损，形成多种复杂的并发症。糖尿病的各种并发症如：心、脑、肾、眼、皮肤、四肢、神经、血管等病变，都应与经脉的阻塞有关。黄帝曰："经脉者，所以能决死生，处百病，调虚实，不可不通。"又说："凡人之生，病之成，人之所以治，病之所以起，莫不由之。"经脉的通利与否在疾病的发展变化中，起着极重要的作用，而在糖尿病的病变发展过程中，也不例外。现今各种临床治疗方法中，有用足底按摩及足部中药浸泡的方法来降低血糖，并取得一定疗效，其原因应在于此种疗法起到了疏通经脉的作用。由此也证实糖尿病的病变过程与经脉的阻塞密切相关，并且该疗法对疏通经脉具有疗效。因此，在对糖尿病的中医辨证论治及配伍用药中，对疏通经脉的配伍用药及治疗应引起重视。

综上所述，中医辨证论治糖尿病及逐渐发生的各种并发症，如果正确了解病因病机，也就是清楚起病原因，病理变化的过程，就能把握治疗的主动，有的放矢，才能进一步提升疗效。如果糖尿病由脾虚而起，而痰凝、血瘀导致经脉阻滞是病变发展的必然阶段，就应重视对脾虚及对痰凝血瘀及经脉阻滞的治疗及预防，加强补脾、化痰瘀、活血、疏通经脉的配伍用药。在糖尿病脏腑、气血、经络病变的治疗中，中医的整体辨证及灵活的配伍组方，与西医药相比应具有无可替代的优势。

二、辅助降血糖的功能食品细化、核实

（1）黄瓜

黄瓜具有降血糖、降血脂和减肥作用。糖尿病病人可以用之充饥，也可以解渴除热。药理研究证实，供给热量低，可抑制糖类转化为脂肪，故合并高血压、高血脂的糖尿病患者宜多食黄瓜。

（2）苦瓜

苦瓜清热解毒，除烦止渴。苦瓜有"植物胰岛素"之称，所含的苦瓜皂苷，有类似胰岛素的作用，还可刺激胰岛素释放，有非常明显的降血糖作用。

（3）胡萝卜

糖尿病患者其血液中会产生大量的自由基，正是这些自由基破坏了人体内胰岛素的活性。只要能找到一种可清除自由基的方法，就能阻断糖尿病的发展。而胡萝卜中含有大量的 β 胡萝卜素，可以清除体内的自由基。

（4）洋葱

洋葱是含有前列腺素 A 的唯一蔬菜，前列腺素 A 能降低人体外周血管阻力，降低血压，并能增加肾血流量和尿量，促进钠钾排泄，这对预防糖尿病的肾脏并发症大有帮助。洋葱所含的 S-甲基半胱氨酸亚砜具有降血糖、降血脂的作用，含有磺脲丁酸，可以通过促进细胞对糖的利用而起到降糖的作用。

（5）芹菜

甘寒，能除心下烦热、散节气、下淤血，有降血糖、降血脂、降血压作用，糖尿病合并高血压的病人可以长期食用。

（6）藕

味甘，性寒。归心、脾、胃经。生用具有清热解渴、凉血止血、散瘀醒酒之功效；熟用具有健脾养胃、滋阴补血、生肌止泻之功效。适用于多饮仍烦渴不止、饥饿、形体消瘦型糖尿病，兼有吐血、衄血及热淋者尤为适宜。

（7）莴苣

莴苣含有较丰富的烟酸，烟酸是胰岛素激活剂，经常食用对防治糖尿病有所帮助。莴苣可刺激胃肠蠕动，对糖尿病引起的胃轻瘫以及便秘有辅助治疗作用。莴苣中所含的钾离子是钠离子的 27 倍，可促进排尿，降低血压。

此外，菠菜、韭菜、莱菔、茶叶、豆腐、蜂乳等均有不同程度的降血糖的作用。

三、辅助降血糖的中国药膳

1. 粥类

笋米粥

【原料】 鲜竹笋 1 个，大米 100 g。

【制作】 将鲜竹笋脱皮切片，与大米同煮成粥。每日服 2 次。

【功效】 可清热、宣肺、利湿，适合糖尿病患者，也适用于久泻、久痢、脱肛等症。

菠菜根粥

【原料】 鲜菠菜根 250 g，鸡内金 10 g，大米适量。

【制作】 将菠菜根洗净，切碎，与鸡内金加水适量煎煮半小时，再加入淘净的大米，煮烂成粥。顿服，每日1次。

【功效】 利五脏，止渴润肠。

> ### 玉竹粥

【原料】 玉竹15～20 g（鲜者30～60 g），粳米100 g，冰糖少许。

【制作】 先将新鲜肥玉竹洗净，去掉根须，切碎煎取浓汁后去渣，或用干玉竹煎汤去渣，入粳米，加水适量煮为稀粥，粥成后放入冰糖调味，煮沸即可。可作早晚餐食用，5～10天为1个疗程。

【功效】 滋阴润肺，生津止渴。

> ### 蚕蛹粥

【原料】 带茧蚕蛹10个，大米适量。

【制作】 用带茧蚕蛹煎水，取汁去茧，然后加入大米共煮成粥。可作早晚餐服食。

【功效】 益肾补虚，止渴。

> ### 西瓜粳米粥

【原料】 西瓜子50 g，粳米30 g。

【制作】 先将西瓜子和水捣烂，水煎去渣取汁，后入米作粥。任意食用。

【功效】 用于糖尿病肺热津伤征。

2. 汤煲类

> ### 土茯苓猪骨汤

【原料】 猪脊骨500 g，土茯苓50～100 g。

【制作】 将猪脊骨加适量水熬成3碗，去骨及浮油，入土茯苓，再煎至2碗即成，分2次服完，每日服1次。

【功效】 健脾气，利水湿，补阴益髓。

> ### 猪胰海参汤

【原料】 海参3只，鸡蛋1个，猪胰1个，地肤子10 g，向日葵秆芯10 g。

【制作】 将海参泡发，去内脏洗净切块，猪胰切片，鸡蛋打入盘中，打匀放入食盐，调入海参和猪胰，上屉蒸熟，出锅后倒入砂锅中，加水煎煮，煮沸后，将用纱布包好的地肤子和向日葵秆芯放入锅内同煮40 min即可。可作辅食或作点心食用。

【功效】 补肾益精，除虚热。

菠菜银耳汤

【原料】 菠菜根 100 g,银耳 10 g。

【制作】 菠菜根洗净,银耳泡发,共煎汤。每日 1~2 次,佐餐食用。可连服 3~4 周。

【功效】 滋阴润燥,生津止渴。

蚌肉苦瓜汤

【原料】 苦瓜 250 g,蚌肉 100 g。

【制作】 将活蚌用清水养 2 天,去泥沙,取蚌肉洗净,与苦瓜同放锅内,加清水适量共煮汤,熟后调味即可。佐餐食用。

【功效】 清热解毒,除烦止渴。

小豆山药汤

【原料】 赤小豆 30 g,怀山药 40 g,猪胰脏 1 具。

【制作】 水煎服,每日 1 剂,以血糖降低为度。

【功效】 辅助降低血糖。

瓜皮汤

【原料】 西瓜皮、冬瓜皮各 15 g,天花粉 12 g。

【制作】 水煎。每日 2 次,每次半杯。

【功效】 适用于糖尿病口渴、尿浊症。

山药花粉汤

【原料】 山药、天花粉等量。

【制作】 水煎,每日 30 g。

【功效】 适用于糖尿病。

冬瓜绿豆汤

【原料】 鲜芹菜、青萝卜各 500 g,冬瓜 1 kg,绿豆 120 g,梨 2 个。

【制作】 先将芹菜和冬瓜略加水煮,用白纱布包住取汁,同绿豆、梨、青萝卜共煮熟服。

【功效】 适用于糖尿病。

3. 茶饮及其他类

鲜奶玉露

【原料】 牛奶 1 kg,炒熟的胡桃仁 40 g,生胡桃仁 20 g,粳米 50 g。

【制作】 粳米淘净,用水浸泡 1 h,捞起沥干水分,将四物放在一起搅拌均匀,用小石磨磨细,再用细筛滤出细茸待用。锅内加水煮沸,将牛奶胡桃茸慢慢倒入锅内,边倒边搅拌,稍沸即成。早晚服食,连服 3～4 周。

【功效】 补脾益肾,温阳滋阴。

止消渴速溶饮

【原料】 鲜冬瓜皮、西瓜皮共 1 kg,瓜蒌根 250 g,白糖 500 g。

【制作】 鲜冬瓜皮、西瓜皮削去外层硬皮,切成薄片,瓜蒌根捣碎,先以冷水泡透以后同放入锅内,加水适量,煮 1 h,去渣,再以小火继续煎煮浓缩,至较稠黏将要干锅时停火,待温,加入干燥的白糖粉,把煎液吸净、拌匀、晒干、压碎,装瓶备用。每日数次,每次 10 g,以沸水冲化,频频代茶饮服。

【功效】 清热生津止渴。

人参鸡蛋清

【原料】 人参 6 g,鸡蛋 1 个。

【制作】 将人参研末,与鸡蛋清调匀,服用即可。每日 1 次,佐餐食用。

【功效】 益气养阴,止消渴。

一品山药饼

【原料】 山药 500 g,面粉 150 g,胡桃仁、什锦果料、蜂蜜、猪油、水生粉各适量。

【制作】 将山药去皮蒸熟,加面粉,做成圆饼状,摆上胡桃仁、什锦果料,上屉蒸 20 min;蜂蜜、猪油加热,用水淀粉勾芡,再浇在圆饼上即成。可作点心服食,连服 3～4 周。

【功效】 滋阴补肾。

南瓜炒田鸡

【原料】 南瓜 250 g,田鸡肉 90 g。

【制作】 南瓜去皮切块,大蒜适量捣烂;炒锅内油五成热时入大蒜炝锅,再入南瓜翻炒,加入田鸡和适量清水,文火煮半小时,调味即可。佐餐食用。

【功效】 益气养阴,降糖止渴。

清蒸茶鲫鱼

【原料】 鲫鱼 500 g 左右,绿茶适量。

【制作】 鲫鱼保留鱼鳞,洗净后腹内装满绿茶,放盘中,上蒸锅清蒸熟透即可。每日 1 次,淡食鱼肉。

【功效】 补虚,止消渴。

山药炖猪肚

【原料】 猪肚、山药各适量。

【制作】 先将猪肚煮熟,再入山药同炖至烂,稍加盐调味。空腹食用,每日服 1 次。

【功效】 滋养肺肾,适用于消渴多尿。

红薯叶茶

【原料】 红薯叶 30 g。

【制作】 水煎服。

【功效】 适用于糖尿病。

蚕茧

【原料】 蚕茧 50 g。

【制作】 去掉蚕蛹,煎水。代茶饮,每日 1 剂。

【功效】 适用于糖尿病口渴多饮,尿糖持续不降症状。

第九节 改善记忆的功能食品及中国药膳

随着人类社会的进步,生活水平的逐渐提高,人们对益智、健脑的要求愈来愈迫切。老年人因神经系统结构和功能的老化,不同程度地存在着智力的减退,目前美国有老年性痴呆 50 万人,我国大约有 750 万左右,在儿童和青年中神经衰弱、脑外伤和其他脑器质性损害的病人,也不同程度存在着智能障碍和减退。

一、基本原理

记忆是一种复杂的生理和心理过程,它包括识记、保持和再认(或重现)三个基本环节,而保持又是其中的关键。弄清楚记忆的生理机制,对于理解人的心理现象具有重要的意义。因此,记忆机制一直是心理学、神经生理学、生物化学和分子遗传学等现代科学研究最关注、最活跃的课题。

1. 记忆的生理机制

发现了脱氧核糖核酸借助核糖核酸传递信息的机制后,一些心理学家假定,个体记忆经验是由神经元内的核糖核酸的分子结构来承担的。诺贝尔奖获得者瑞典神经生物化学家海登首先进行了这方面的研究。他训练小白鼠走钢丝,然后进行解剖,发现鼠脑内与平衡活动有关的神经元的 RNA 含量显著增加,而且组成成分也有变化。据此,海登认为大分子是信息的储存库,RNA 和 DNA 均是记忆化学分子载体。

　　后来有人作了另一种实验,将抑制 RNA 产生的化学物质注射到动物脑内,会使学习能力显著减退或完全消失。而用促进 RNA 产生的化学物质注入动物脑内,则能提高动物的学习能力,这进一步证明 RNA 本身的变化是学习和记忆的物质基础。后来海登与美国的弗莱克斯夫妇先后发现,记忆与 RNA 合成蛋白质有关。学会走钢丝的小白鼠,由于注射了嘌呤霉素,它干扰了 RNA 合成蛋白质,于是小白鼠忘记怎样走钢丝。此时 RNA 并没有减少,只是合成蛋白质困难,因而造成记忆进行缓慢。RNA 不但影响蛋白质的合成,而且影响神经元之间传递物质的释放,因此影响记忆过程的进行。

　　记忆突触说,又称突触生长说。这一学说的代表人物是澳大利亚的神经生理学家艾克尔斯(J. Emlles)。他发现,刺激的持续作用可使神经元的突触发生变化。例如,神经元的轴突末梢增大,树突增多、变长,突触间隙变窄,突触内的生化变化使相邻的神经元更易于相互影响等。突触的这种变化使传入的效率大大提高。这一看法得到不少实验的支持。例如,将刚生下的一窝小白鼠分为两组,一组饲养在有各种设备的玩具、内容丰富的环境里;另一组放在没有任何设备的、贫乏的环境里 30 天后,发现前一组白鼠的大脑皮层在重量和厚度上均比后一组白鼠有所增加,突触数目也增多,脑中与学习有关的化学物质的浓度较高,学习行为表现得较好,因此,有人认为突触结构的变化,可能是长时记忆的生理基础。

2. 影响记忆的因素

　　学习记忆与胆碱系统结构和功能、自由基、信号传导以及突变、致衰老物质、钙、程序性细胞死亡等密切相关。随着免疫内分泌学科之间研究的不断渗透,内分泌免疫网络与学习记忆关系的重要性已引起极大重视。中药通过多靶点、多途径、多层次对机体进行整体调节发挥药效作用,中医药的整体观与现代医学的神经内分泌免疫网络调节观有异曲同工之妙,提示中药可能通过调节神经内分泌免疫网络途径实现其益智作用。

二、改善记忆的功能食品

　　学生劳神太过、思虑过度、心神不宁、食欲不振、形体消瘦,为耗损心血、损伤脾气,要思绪集中、反应灵敏,当用健脾养心安神定志食品,如小米、小麦、莲子、百合、红枣、银耳、金针叶、黑豆、鸡蛋、猪脑等,中药材有玉竹、百合、柏子仁、冬虫夏草等,以下介绍四种中药材来镇静安神、增强体力、增加记忆。

　　(1)玉竹

　　玉竹性微寒味甘。润肺养胃,用于肺虚之干咳少痰、紧张咽干口燥、口渴易饥患者;滋阴柔筋,用于阴虚不养筋所致下肢抽筋;养心,用于气阴不足所致之心悸、紧张胸闷。

　　(2)百合

　　百合性微寒、味甘微苦。养心安神,用于热病伤阴、余热未尽、心阴虚所致的心烦失眠、精神不安、心悸等；润肺止咳，用于郁闷不舒所致的干咳、咽干、喉痛等。

（3）冬虫夏草

冬虫夏草性温味甘。补肾益精，用于肾虚所致腰膝酸痛；补肾肺止咳喘，用于肺肾气虚所致咳喘；补虚损，用于劳累过度所致虚症或体虚调养；有镇静催眠作用，用于治疗失眠。

（4）柏子仁

柏子仁性平味甘。养心安神，用于心阴血不足所致心悸、失眠、健忘、神志恍惚；润肠通便，用于阴虚脾燥、紧张所致便秘；滋肾，用于肾阴不足所致的腰膝酸软。

4. 中医病因病机

根据中医脏象学说，将脑功能分属五脏，《内经》中也指出脑功能是依赖于五脏而完成的，因此形成中医独特的五神脏理论。学习记忆是一种精神活动，属中医"神"或"神志"的范畴，神是精神、意识、知觉及运动的概括，是生命活动的总体现，其物质基础为精。《灵枢·经脉》："人始生，先成精，精成而脑髓生。"《灵枢·平人绝谷》："神者，水谷之精气也。"说明神因先天及后天的作用，随着生命活动渐趋成熟，五官的功用及思维活动皆为神气活动正常的体现，并通过五脏分藏五神。《素问·宣明五气》："五脏所藏：心藏神、肺藏魄、肝藏魂、脾藏意、肾藏志。"神、魂、魄、意、志即五神脏的具体表现。《素问·刺法论》："气出于脑，即不邪干。"《素问·脉要精微论》："头者，精明之府，头倾视深，精神将夺矣。"指出，脑主精神神智活动。李时珍《本草纲目》称"脑为元神之府。"而王清任《医林改错》中明确提出"灵机记性在脑"，并进一步分析，"两耳通脑，所听之声归于脑，两目系如线，长于脑，所见之物归于脑……鼻通于脑，所闻香臭归于脑；小儿至周岁，脑渐生……舌能言一二字"，加深了对脑的生理功能的认识。

神虽分藏于五脏，但由脑所主之元神所控，一切精神活动由五神协同作用而完成。五脏六腑化生输布的气血津液供脑的生成，而脑又对五脏六腑化生输布的气血津液起协调与支配的作用，因此人体脏腑间构成相辅相成的系统。

（1）心与脑

《灵枢·本神》："心藏脉，脉舍神。"血随脉行，上荣于脑，神明才有所出。《灵枢·平人绝谷》："血脉合利，精神乃居。"心中阳气推动血液运行，血液充足神才有所养，使心能"任务"。心神是人类独具的最高层次的自觉意识，在神志活动中发挥着主宰作用，统摄魂魄，说明心之重要性。

（2）肝与脑

《灵枢·本神》："肝藏血，血舍魂，随神往来者谓之魂。"道出肝、血、神与魂之关系。汪昂："人之知觉属魂"。人的知觉产生是由肝脏对血的储存与调节作用，经供血于脑髓而生成魂。肝的基本功能主输泄，调气机，使气血平和，脑得所养，而情志舒畅。魂则是较神低一层次，是在进化和发育过程中先行形成的本体意识，对于心神而言有基础性的作用。

（3）肺与脑

肺主气司呼吸，肺将宗气与清气上灌于脑，濡养脑髓而产生魄。《医林改错》："脑髓中一时无气，不但无灵机，必死一时，一刻无气，必死一刻。"说明肺气对脑的重要性。《灵枢·本神》："肺藏气，气舍魄。"张景岳："魄之为用，能动能做，痛养由之而觉也。"魄是最基本的感知功能，是与生俱来的，属于较低级的心理活动。

(4)脾与脑

《灵枢·本神》:"脾藏营,营舍意。"《医林改错》:"灵机记性在脑者,因饮食生气血、长肌肉,精汁之清者,化而为髓,由脊骨上行入脑,名曰脑髓。盛脑髓者,名曰髓海。"说明脑髓需仰赖水谷精微而发育。《类经》:"意,思忆也,谓一念之生,心有所向,而未定者曰意。"意包含了记忆、思维与注意,是营血养于脑而所产生的思维活动。肾与脑:肾藏精,精生髓,脑为髓海,为聚精会神之所在。因此,精足则髓充,髓充则脑满。《灵枢·本神》:"肾藏精,精舍志,意之所存谓之志。"志相当于现代心理学的记忆、情绪、感情、意志等,是脑对情绪及感觉等信息进行加工的产物。意志与心神的关系更为密切,均发于心,并驾驭心神,通过心神影响魂魄。

心气不足推血无力,不能生血,血虚失荣,神失所藏,精神殚散而不收;或是心气不足,无法行血,心血瘀阻血脉而致运行不畅,环流受阻,脑窍失荣,就会出现精神意识思维的障碍,如精神萎靡,反应迟钝,健忘、语无伦次或狂躁等心不主神明的病症。《灵枢·口问》:"悲哀忧愁则心动,心动则五脏六腑皆摇。"说明心神会受负面情绪影响造成人体脏腑的损害。神志活动的产生,是由脑而达于心而发于外,心脑神明贯通,才能产生思维意识并支配其相应行为。若精气耗散,心神失守,则会出现思维意识障碍。

不少医家认为记忆力下降与肝郁情志失调相连,认为肝气郁结,经气不利而忧郁、健忘。清·陈士铎指出:"呆病之成,必有其因,大均其始也,起于肝气之郁。"《辨证录·呆病门》曰:"肝郁则木克土,而痰积于胸中,盘踞于心外,使神明不清,而成呆病"。《景岳全书》亦云:"痴呆证,平素无痰,而或以郁结,或以不遂,或以思虑,或以惊恐而渐致痴呆。"杜艳军等认为肝与精神情志最为密切相关,肝失疏泄、五脏气机随之失调,脏腑功能受到影响也导致了精神活动。

肝气郁滞,心肾不交。《类证治裁·郁证》:"七情之郁,始而伤气,继必伤血。"凡情志不畅,肝气郁结日久,眼前之事,杳然不记者,此为肝气郁滞。肝为将军之官,其性最急,肝郁极其气横犯,阻断心肾交通之路,致使水火相望,心肾间隔,脑气与脏气不接,则髓窍失养,故致神明失用,而发为健忘。

肝失疏泄,气机不调,则会影响水液的输布和排泄,产生痰饮、水肿等水液代谢失常的病变,变生痰浊瘀血,进而蒙蔽清窍,使记忆下降。明·李时珍说:"风木太过,来制脾土,气不运化,积滞生痰。"张景岳则指出:"木郁生风,本肝家之痰。"肝风夹痰,蒙蔽清窍,遂生呆症。此外,也有因肝气衰弱而邪气内生以致记忆下降的。由于肝气衰弱,疏泄失职则气滞,气滞多致血瘀,血瘀壅阻气机,气壅聚液为痰,痰气郁结留为邪气,气滞壅于五脏,进而影响五脏神志,且气郁影响及血,以致血行不畅,脉络阻滞,则成血瘀,瘀血停滞,痹阻脑络,气血精气难以上输,不能上荣于脑,导致脑乏清阳之助、津血之濡,而影响学习记忆功能。现代临床对脑动脉硬化、脑血管痴呆等病多从瘀血论治并收到较好疗效,也说明瘀血是影响和导致学习与记忆障碍发生的一个重要因素。

肝的藏血功能有赖于肝的疏泄功能,肝血亏虚,肝失藏血,脑血供应不足,或肝血不能化生肾精以上充脑髓,髓海空虚则脑神失养,出现记忆力减退、智力低下等症状;其次,肝血亏虚、肝阴不足、脉络不充,可导致脉络失养,血行涩滞而产生瘀血。痰瘀阻窍,脑脉失养,灵机失用,或是阴虚阳亢,虚火内生亦可灼血成瘀,瘀血阻窍则脑髓失养。

脾运化水谷的功能失常,脾胃之气虚衰,其升清、运化、受纳、腐熟功能减退,则气血生化乏源,气机升降失调,影响水谷精微的化生,而无法濡养先天肾精及上充脑髓,脑府空虚不能自主而思维迟钝。另外,脾失健运,运化水液的功能失常,聚湿成痰,痰随气升降,无处不到,痰蒙脑窍,而出现神志失司。所以,脾虚气弱可致运化失司而痰阻脑窍。并且脾虚则湿聚生痰,同时脾虚气血生化乏源,气血亏虚无力推动血行则致瘀,无力统血则气血逆乱,痰浊、瘀血作为致病因素反过来加重病情。一方面,脾虚导致的气机失调,影响了肾气之上升以及心气之下降,从而导致心肾不能相交,临床症见九窍不利而产生健忘、头昏、眼花、耳鸣等;再则使血无所摄而滞留脑络,阻滞气血运行,久则脑髓枯萎,神明受损,出现痴呆、健忘等症状。

倘若肺司呼吸功能受损,宣发肃降失常,则导致气的生成不足。《灵枢·天年》:"八十岁,肺气衰,魄离,故言善误。"张锡纯:"大气(宗气)虚而下陷不能上荣则神昏。肺虚则宗气不足,宗气者贯心脉而司呼吸,宗气虚则血脉运行无力,且肺朝百脉,故肺气虚易致血脉瘀滞。"说明肺气虚弱会影响全身之气的运行,导致各脏腑经络之气的运行失常,产生气机失调的病变。肺朝百脉,助心行血,濡养脑髓。肺气失宣则腠理开阖失常,不能将脾之精微输布全身,包括上归于脑。《素问·灵兰秘典论篇》:"肺者,相傅之官,治节出焉。"在病理情况下,若肺失宣发,治节功能失常,则其气运行受阻,不能顺利上达于脑,或虽达于脑但运行不利而郁闭,均不能发挥应有的作用而表现出脑气郁闭的症状。肺气不足,肃降失常,治节无权,易于酿生痰浊,痰浊上犯脑窍,脑失清灵。

《灵枢经脉》:"人始生,先成精,精成则脑髓生。"唐容川《内经精义》:"事物之所以不忘,赖此记性,记在何处,则在肾经。益肾生精,化为髓,而藏之于脑中。"又王学权《重庆堂随笔》:"盖脑为髓海,又名元神之府,水足髓充,则元神精湛而强记不忘矣,若火炎髓竭,元神渐昏,未老健忘,将成劳损也。"由此可见,肾、精、脑、髓是统一的,说明肾精充足则脑髓充实,而聪慧灵敏。反之,"肾失精气之化而脑丧精灵之本,髓海不足,脑渐空,故记忆皆少",《医学心悟》指出:"肾主智,肾虚则智不足。"说明肾气亏虚,肾气升发不足,精不足以生髓则脑空,均可使神明受损,进而出现迷惑、健忘、痴呆等症状。若血瘀、痰浊杂于脑髓,清窍被蒙,可导致记忆下降,瘀血可因精亏则血虚而引起,或是肾阴虚,阴血不足,脉道涩滞可成瘀。肾气虚,无力行血也会引起血瘀,气化无力则津聚成痰,而致痰阻。

由于津血同源,痰瘀同病,痰瘀也可致肾虚,痰瘀痹阻络脉,损伤脑髓,而髓为肾所生,病久及肾可致肾虚。肾虚、血瘀、痰阻相关为病,而致脑髓不纯、脑髓空虚而见学习记忆与认知的功能受损。

三、改善记忆的中国药膳

中医理论认为,"心主藏神""肾主骨髓""脑为元神之府",心之气血不足、肾之精气亏损、脑之髓海失充为导致记忆障碍的关键。补心、补肾、填精补髓的中药有很好的改善学习与记忆的作用,补益药的促智作用可能与补虚药对神经系统兴奋作用,及改善脑微循环、增加脑血流量、提高大脑的血氧和能量供应有关。有些补虚药还能增加脑内蛋白质合成,促进大脑的发育,改善学习记忆功能。如人参、党参、巴戟天、白术、当归、草苁蓉、独活、枸杞、何首乌、红景天、葫芦巴、黄精、黄芪、绞股蓝、毛绞股蓝、灵芝、螺旋藻、南沙参、肉苁蓉、三七、沙棘、山药、熟地、太白洋参、西洋参、续断、云芝、夏天无、蜂花粉、核桃等都有改善实验动物学习能力。

活血化瘀类中药善于走散通行,有活血化淤的作用,从而起到改善学习记忆功能。活血化淤药可能通过改善血液循环和抑制中枢免疫炎症从而改善学习记忆的能力,如川芎、丹参、灯盏花素、莪术、葛根、赤芍都有改善实验动物学习能力。

"脑为元神之府",头面清窍皆通于脑,脑窍开通则神明有主,神清气爽,思维敏捷。石菖蒲、远志等芳香通窍之品。此类药物对中枢神经系统有兴奋作用,可以改善脑循环,改善学习和记忆功能。

近年来,许多研究者发现,非类固醇类消炎药和清热解毒中药对老年性痴呆症产生有利的影响,并由此提出脑神经细胞淀粉样变性和内毒蓄积、热伤脑络的科学假说,从不同层次阐明老年性痴呆症的发生机制及清热解毒中药的作用。

1. 粥类

```
益智健脑粥
```

材料:核桃仁 5 钱,莲子、黑芝麻、糙米各 3 钱,红糖适量。

【制作】 将核桃仁去皮膜,与莲子、糙米一起加适量水煮成粥后,撒入芝麻粉并加适量糖调味。

【功效】 增强记忆力。尤其糙米含大量维生素 B 族,因此对于消耗体力多的考生是必需之营养品。核桃仁、黑芝麻具有补肾益智作用,营养学中亦显示其含大量维生素 E 及 DHA,有益智作用。

```
茯神山药粥
```

材料:新鲜山药 4 钱,红枣、茯神各 3 钱。

【制作】 将茯神撕碎放入纱布袋中,加 1 000 ml 水,熬煮 30 min,取汁与剁成细末的山药、红枣炖煮熟烂即可食用。

【功效】 健脾安神。

2. 汤煲类

```
益智养心汤
```

【原料】 远志 3 钱,天麻 2 钱,党参 3 钱,丹参 1 钱,石菖蒲 2 钱,麦冬 1 钱。

【制作】 将药打碎后放入纱布袋中,加 5 碗水以大火煮沸后转小火煮至 2 碗,早晚温服。

【功效】 健脑安神,增强记忆力。

```
甘麦大枣汤
```

材料:甘草 2 钱,小麦 1 两,大枣 3 钱(剖开)。

【制作】 以 1 000 ml 煮沸,小火再煮 15 min,过滤即可。

【功效】 养心宁神。对于情绪不定、睡眠质量差、心悸症候具有缓解作用。

3. 菜品

```
虫草鸡
```

【原料】 冬虫夏草 4~5 枚,老雄鸡 1 只。

【制作】 鸡去肠杂,将头切除,纳药于其中,用线扎好,加盖及调料,蒸烂食之。

【功效】 可用于读书劳累,体虚及虚证调养。

4. 茶饮及小吃

```
枸杞菊花茶
```

【原料】 枸杞 5 钱,菊花 6 钱,冰糖少许。

【制作】 将枸杞加水 1 500 ml,大火煮沸,转小火炖煮 20 min,再放入菊花,大火煮沸后熄火 5 min,捞去菊花,再以冰糖调味。

【功效】 清肝明目,对于长时间读书的眼睛具有保养功效。因处夏日所以菊花剂量稍大,以加强解暑清热作用。

```
益气养阴茶
```

【原料】 西洋参、黄芪或参须 5 钱,麦冬 3 钱,五味子 2 钱(打碎布包),红枣 5 个。

【制作】 将上述材料加水 1 500 ml 浸泡 30 min,大火煮沸,转小火炖煮 20 min。亦可请药房将药材打碎,以茶包包装,再用热水冲泡。

【功效】 清热消暑,补气滋阴。夏季天气炎热,流汗多容易引发疲倦、昏昏欲睡等气虚证候,此方不失为补充体力佳品。

```
逍遥花茶
```

【原料】 醋柴胡 1 钱,玫瑰花、枸杞子各 3 钱,薄荷 5 分,苹果半颗。

【制作】 将中药材放入纱布袋中放入保温杯中,以沸水冲泡,浸泡 10 min 后,取出药包,放入切小丁的苹果,并加少许蜂蜜调味。

【功效】 疏肝解郁,健脾补血。适用于情志郁闷、口干舌燥、头痛目赤、女性月经不调等症。

第十节 有益消化系统功能的中国药膳

要想从我们所吃的食物中获取益处,关键是要恰当地消化、吸收和排泄。人类的消化系统能十分有效地从食物中提取必要的营养物。可以说,如果机体不能正常地加工处理食物,那么世界上再好的营养物也将会被浪费掉。

一、基本原理

1. 功能性消化不良概念

功能性消化不良是指具有上腹痛、上腹胀、早饱、嗳气、食欲不振、恶心、呕吐等不适症状,经检查排除引起这些症状的器质疾病的一组临床综合征,症状可持续或反复发作,病程一般规定为超过 1 个月或在 12 个月中累计超过 12 周。功能性消化不良并无特征性的临床表现,主要有上腹痛胀、嗳气、食欲不振、恶心、呕吐等。部分患者上腹痛与进食有关,表现为饱痛,进食后缓解,或表现为餐后 0.5~3.0 h 之间腹痛持续存在;早饱、腹胀、嗳气亦为常见症状;上腹胀多发生于餐后,或呈持续性进餐后加重;早饱和上腹胀常伴有嗳气;恶心、呕吐并不常见,往往发生在胃排空明显延迟的患者,呕吐多为当餐胃内容物。

2. 病因和发病机制

胃肠动力障碍是主要病理生理学基础,证据是过半数的患者有胃固体排空延缓、消化间期胃肠运动异常等胃肠动力障碍的表现,近年来发现患者胃的感觉容量明显低于正常人,表明患者存在胃感觉过敏,这种感觉过敏与感觉传入通道异常有关。调查表明,患者存在个性异常、焦虑、抑郁积分显著高于正常人和十二指肠溃疡组,有调查报道,在功能性消化不良患者中,特别是童年期应激事件的发生频率高于正常人和十二指肠溃疡组,但精神因素的确切致病机制尚未阐明。

3. 中医辨证分型

(1)肝郁气滞

胃脘胀痛、胸闷太息、嘈杂、反酸、不思饮食、烦躁易怒、每因情志不舒而诱发或加重、舌边尖红、苔薄白或薄黄、脉弦,此乃肝气郁结、横逆反胃、肝胃不和。

(2)脾胃虚寒

胃脘隐痛或冷痛、时作时止、喜温喜按、早饱、腹胀、纳食不香、神疲乏力、四肢不温、面色不华、口淡不渴、舌淡苔白、脉细弱或迟缓无力,此属脾胃虚弱、中阳不振、运化无力。

(3)痰浊中阻

胃脘痞满胀闷隐痛、食后加重、不思饮食、倦怠乏力、泛吐清水痰涎、舌淡胖嫩、舌苔白腻、脉滑。此属脾失健运、湿浊中生、痰浊阻胃、胃失和降。

(4)饮食积滞

胃脘痞满、胀痛拒按、嗳腐吞酸、厌恶饮食、恶心呕吐、吐物酸腐、矢气臭秽、舌苔垢腻、脉弦滑,乃食滞中焦、胃失通降。

(5)胃阴亏虚

胃脘隐痛灼痛、嘈杂似饥、饥不欲食、食则不舒、大便干结、舌红少苔、脉象细数,此乃胃阴不足、胃失濡润所致。

二、改善肠功能紊乱的中国药膳

肠功能紊乱是指以腹痛(或腹部不适)、腹胀、肠鸣、腹泻、便秘为主要表现的一种肠道功能紊乱性疾病。本病老年人最为多见。临床除有肠道功能紊乱的表现外,还可伴有全身性神经症。

肠功能紊乱属中医"腹痛"、"泄泻"、"下利"等病的范畴,并与便秘密切相关。中医认为本病与饮食不节、过食生冷肥甘、情志失调、肝气郁结、劳倦太过、脾气受损、年老体衰、久病脏虚、脾胃功能障碍有关。其基本病理是脾失健运,肠腑气机失调,根据临床表现辨证可分为肝气乘脾、湿浊困脾、脾胃虚弱、脾肾阳虚等证型。

1. 粥饭类

梅花扁豆粥

【原料】　粳米 60 g,扁豆(白扁豆尤佳)60 g,梅花 3 ~ 5 g。

【制作】　粳米、扁豆加清水煮成粥,加梅花稍煮片刻即可。每日 1 次,空腹温服。

【功效】　疏肝理气,健脾开胃,坚肠止泻。

山药粥

【原料】　山药(研泥)100 g,羊肉(煮熟取出研泥)100 g,粳米 250 g,羊肉汤适量。

【制作】　将粳米加羊肉汤、清水适量,煮成粥,再放入羊肉泥、山药泥稍煮调味即可。可作早晚餐或作点心食用。

【功效】　温补脾肾,涩肠止泻。

芡实山药粥

【原料】　芡实、干山药片各 30 g,糯米 50 g,砂糖适量。

【制作】　芡实、山药、糯米同煮成粥,加糖调味。可作早晚餐食用。

【功效】　补脾益气,固肾止泻。

荔枝粥

【原料】　干荔枝肉 50 g,山药、莲子各 10 g,粳米 100 g。

【制作】　先将干荔枝肉、山药、莲子洗净,加水适量共煮,至莲子软熟,再加入粳米,煮成粥。每日 1 次,做晚餐食用。

【功效】　健脾补肾。

粟米山药大枣粥

【原料】　粟米 30 g,山药 15 g,大枣 5 枚。

【制作】　上物同放锅中,加清水适量煮成粥。作早晚餐食用。

【功效】　健脾益胃。

扁豆山药粥

【原料】 扁豆、淮山药各 60 g,粳米 50 g。

【制作】 三种原料同入砂锅中,加清水适量煮粥。可作早晚餐食用,或作点心食用。

【功效】 健脾益胃止泻。

薏苡仁粥

【原料】 薏苡仁 30 g,粳米 60 g。

【制作】 薏苡仁、粳米加清水适量煮成粥。每日 2 次,温服。

【功效】 健脾利湿。

焦米粥

【原料】 白粳米 100 g。

【制作】 将粳米炒焦,然后加水适量,煮成稀粥。每日 2～3 次温服。

【功效】 健脾祛湿。

鲫鱼粳米粥

【原料】 鲫鱼 1 条,粳米 50 g。

【制作】 鲫鱼煮汤备用。将粳米煮成稀粥,将成时加入鲫鱼汤再煮 10～15 min,食时调味。作早晚餐食用,同时可食鱼肉。

【功效】 益气健脾。

参枣米饭

【原料】 党参 10 g,大枣 20 个,糯米 250 g,白糖 50 g。

【制作】 将党参、大枣泡发煮半小时,捞出,汤备用,糯米蒸熟,把枣摆在上面,再把汤液加白糖煎熬成黏汁,浇在枣饭上即可。作主食食用。

【功效】 补气健脾益胃。

2. 茶饮及其他

党参黄米茶

【原料】 党参 25 g,粳米(炒焦黄)50 g。

【制作】 党参、粳米加水 1 000 ml 煎至 500 ml 即成。隔日 1 次,代茶饮。

【功效】 补中益气,除烦止泻。

车前子茶

【原料】　炒车前子 10 g,红茶 3 g。

【制作】　上二味以沸水冲泡浓汁,加盖焖 10 min 即可,或上二味水煎成浓汁。每日 1~2 剂,分 2 次温服。

【功效】　健脾利水,化湿止泻。

益脾饼

【原料】　白术 30 g,干姜 6 g,红枣 250 g,鸡内金细粉 15 g,面粉 500 g。

【制作】　将白术、干姜用纱布包扎,与红枣共煮 1 h,去掉药包,枣去皮、核,继续以小火煎煮,并把枣肉压成枣泥,放冷后与鸡内金粉、面粉混匀,加水适量,以常法烙成饼。可作点心或早晚餐食用。

【功效】　健脾温中。

羊肉大麦面片

【原料】　羊肉 1 kg,草果 5 g,生姜 10 g,大麦粉 1 kg,豆粉 1 kg。

【制作】　羊肉切块,草果切开,生姜拍碎,三者放入锅中加清水适量,用武火熬汤;将大麦粉、豆粉加水,如常法制成面片;待羊肉煮熟后,加入大麦豆粉面片煮熟,调味即成。可佐餐服食或作主食,一次服不宜过多,以防胀气。

【功效】　温中散寒。

烤五香鹅

【原料】　肥鹅肉 750 g,干姜 6 g,吴茱萸 3 g,肉豆蔻 3 g,肉桂 2 g,丁香 1 g。

【制作】　鹅肉切块,把干姜、吴茱萸、肉豆蔻、肉桂、丁香共研细面后与鹅肉和匀,加适量酱油、黄酒、糖、盐、味精,腌渍 2~3 h。将浸好的鹅块放入烤箱内,文火烤 15 min 左右,翻面再烤15 min,待熟后即可食用。

【功效】　温补脾肾,固涩止泻。

薏仁芡实酒

【原料】　薏苡仁 25 g,芡实 25 g,白酒 500 ml。

【制作】　薏苡仁、芡实放入酒坛,倒入酒搅匀,加盖封严,隔 2 日搅拌 1 次,浸泡 15 日即成。

【功效】　健脾利湿止泻。

橘皮内金散

【原料】　橘皮 100 g,鸡内金 20 g。

【制作】　上二味共焙干研末,贮瓶备用。每日 2 次,每次 5 g,温开水化服。

【功效】　理气消胀。

佛手蛋

【原料】　佛手 15 g,茉莉花 10 g,鸡蛋 2 个。

【制作】　先用清水煮鸡蛋至沸腾,捞出将蛋壳打破,再与佛手、茉莉花同煮 15 min 即可。吃鸡蛋,每日 1 次。

【功效】　疏肝理气,醒脾固肠。

九制陈皮黄鱼

【原料】　黄鱼 1 条(约 250 g),九制陈皮 1 袋,葱 4 根,姜 4 片,盐、味精适量。

【制作】　黄鱼洗净,加九制陈皮、葱、姜、盐、味精、料酒等蒸熟。

【功效】　疏肝理气,健脾止泻。

四神腰花

【原料】　猪腰子或羊腰子 1 对,补骨脂 10 g,肉豆蔻 10 g,花椒 10 g,八角茴香 10 g。

【制作】　将猪腰子去筋膜,切块划细花,与其余四味加水适量,煮半小时,再放食盐少许,煮 10 min 即可。每日 1 次,吃腰花,不喝汤。

【功效】　温肾壮阳,固肠止泻。

豆蔻馒头

【原料】　白豆蔻 15 g,面粉 1 kg,酵面 50 g。

【制作】　白豆蔻研细末。面粉加水发面,揉匀,待面发好后,加入碱水适量,撒入白豆蔻粉末,用力揉匀,做成馒头蒸熟。可做早餐主食。

【功效】　温中健脾,理气止痛。

三、改善消化不良的中国药膳

消化不良可能是胃、小肠或大肠出问题的一种症状,也可能本身就是一种疾病。其症状包括胀气、腹痛、胃灼热、打嗝、恶心、呕吐、进食后有烧灼感。

1.汤煲类

鸡内金汤

【原料】　鸡内金 100 g。

【制作】　鸡内金晒干研碎过筛,每次用 3 g,用米汤冲服,每天 2 次。

【功效】　可治消化不良、食积等症。

佛手姜汤

【原料】　佛手 10 g,姜 6 g,白糖适量。

【制作】　先将姜、佛手放入砂锅中加水煎煮,去渣后加入白糖即可。代茶频饮。

【功效】　理气宽胸,和胃止呕。适用于肝胃不和所致的胸脘堵闷,呕逆时作,纳食不香等症。

2.茶饮及其他

大麦茶

【原料】　大麦茶 30 g。

【制作】　水煎服。

【功效】　消食化积。适用于米食积滞。

胡萝卜茶

【原料】　胡萝卜 50 g,茶叶 10 g。

【制作】　胡萝卜与茶叶煎水服。

【功效】　理气消食。

消胃散

【原料】　谷芽、山楂、槟榔、枳壳各等份。

【制作】　将它们共研细末。每次服 3~5 g,每日 3 次。

【功效】　理气消食,健脾开胃。适用于食积气滞、消化不良、脘腹胀满、腹泻便溏等症。

三鲜消滞饮

【原料】　鲜山楂 20 g,鲜萝卜 30 g,鲜青橘皮 6 g,冰糖适量。

【制作】　将鲜山楂、鲜萝卜、鲜青橘皮洗净、切丝,放入锅中加水适量,用旺火烧开后改用文火煨半小时,然后用干净纱布过滤,弃渣取汁后,加入冰糖继续煮沸即成。每次 20~30 ml,每日 3 次,连饮 3 日为 1 个疗程。

【功效】　健脾行气,开胃,助消化,散结消滞。适用于积滞伤脾型疳积症。

四、改善腹泻的中国药膳

　　腹泻是消化系统疾病中的一种常见症状,指每日排便次数多于平时,大便稀薄,含水量增加,有时脂肪增多,带有不消化食物,或含有脓血。临床分为急性与慢性两种,多是由胃肠道和消化系统疾病引起的。急性腹泻多伴有发热呕吐,多见于饮食不当、食物中毒、急性传染病、过敏性疾病及化学药品中毒。慢性腹泻病期长,病程在 2 个月以上,症状轻,多由急性腹泻未及时治愈而造成,且以胃肠性疾病为主。本病一年四季均可能发生,但以夏秋两季较为多见。

腹泻属中医"注下""后泄""飧泄""下利""泄泻"等病症范畴。中医认为腹泻主要由湿盛与脾胃功能失调所致。根据临床表现一般可分为寒湿腹泻、湿热腹泻、伤食腹泻、脾虚腹泻、肾虚腹泻、肝郁腹泻等证型。

1. 粥饭类

乌梅粥

【原料】　乌梅 15~20 g,粳米 100 g,冰糖适量。

【制作】　先将乌梅洗净入锅,加水适量,煎煮至汁浓时,去渣取汁,加入淘净的粳米煮粥,至米烂熟时,加入冰糖稍煮即可。每日 2 次,趁热服食。可作早晚餐服食。

【功效】　泻肝补脾,涩肠止泻。

荔核大米粥

【原料】　干荔核 15 枚,山药 15 g,莲子肉 15 g,粳米 50 g。

【制作】　先煎前三种原料,去渣取汁,后下米煮成粥。可作早晚餐服食。

【功效】　补肾健脾,温阳散寒止痛。

荔枝山药粥

【原料】　干荔枝肉 50 g,山药、莲子各 10 g,粳米 50 g。

【制作】　将前三种原料加水煮至烂,再加入淘净的粳米,煮成粥。每日 1 次,临睡前食用。

【功效】　温肾健脾,固肠止泻。

茯苓粉粥

【原料】　茯苓细粉 30 g,粳米 30 g,红枣 7 枚。

【制作】　先将粳米、红枣加水适量煮粥,粥将成时,加入茯苓粉,用筷子搅匀煮沸,加少许白糖调味。每日 1~2 次,可作早晚餐食用。

【功效】　健脾渗湿,调中止泻。

黄芪山药莲子粥

【原料】　黄芪 100 g,山药 100 g,莲子肉(去心)100 g。

【制作】　将三种原料洗净共煮粥。

【功效】　健脾益胃止泻。可作早晚餐服食。

莱菔鸡金粥

【原料】　莱菔子 9 g,鸡内金 6 g,淮山药粉 50 g。

【制作】　莱菔子与鸡内金先加水煎煮 20 min,去渣,再加入淮山药粉煮沸成粥,白糖调味即可。每日 1 剂,趁热服食。

【功效】　顺气消食,健脾止泻。

神曲粥

【原料】　神曲 15 g,粳米 100 g。

【制作】　将神曲捣碎,加水 200 ml,煎至 100 ml,去渣取汁,入粳米,再加水适量,煮成稀粥即可。每日 1 剂,分 2 次服食。

【功效】　健脾消食。

鲜马齿苋粥

【原料】　鲜马齿苋 50 g,粳米 50 g。

【制作】　将马齿苋洗净切碎,与粳米同入砂锅,加水 800～1000 ml,煮成菜粥,适当调味。可作早晚餐服食。

【功效】　清热解毒,利湿止泻。

炮姜粥

【原料】　炮姜 6 g,白术 15 g,八角茴香、花椒少许,粳米 30 g。

【制作】　将炮姜、白术、花椒、八角茴香装在纱布包里,放入锅中加水先煮 20 min,然后下粳米煮粥。每日 1 剂,分 3 次温服。连服 1～2 周。

【功效】　温中健脾,散寒利湿。

八宝饭

【原料】　薏米 50 g,白扁豆 50 g,莲子肉(去心)50 g,红枣 20 个,胡桃仁 50 g,龙眼肉 50 g,青梅 25 g,糯米 500 g,白糖 100 g。

【制作】　将前三种原料泡发煮熟,红枣泡发,胡桃仁炒熟,糯米蒸熟备用,在大碗内涂抹一层猪油,放入青梅、龙眼肉、枣、核桃面、莲子、白扁豆、薏仁米,最后放熟糯米饭,再上蒸锅蒸 10 min,把八宝饭扣在大圆盘中,再用白糖加水熬汁,浇在饭上即可。可作点心服食,一次不宜多食。

【功效】　健脾益胃,补肾化湿。

2. 汤煲类

```
┌─────────────────────┐
│      薯蓣汤          │
└─────────────────────┘
```

【原料】 淮山药 30 g,茯苓 15 g,神曲 10 g,红糖 10 g。

【制作】 上药水煎顿服。每日 1 剂,顿服。

【功效】 补脾渗湿止泻。

```
┌─────────────────────┐
│      胡萝卜汤        │
└─────────────────────┘
```

【原料】 鲜胡萝卜 2 个,炒山楂 15 g。

【制作】 鲜胡萝卜与炒山楂以水煎汤,加红糖适量即可。每日 1 剂,可连用 3～5 日。

【功效】 顺气消食,化积止泻。

3. 茶饮及其他

```
┌─────────────────────┐
│     三花防风茶       │
└─────────────────────┘
```

【原料】 扁豆花 24 g,茉莉花 12 g,玫瑰花 12 g,防风 12 g。

【制作】 将上四味水煎取液,加入红糖调味代茶饮。每日 1 剂,不拘时频饮。

【功效】 抑肝扶脾止泻。

```
┌─────────────────────┐
│      扁豆花茶        │
└─────────────────────┘
```

【原料】 扁豆花 60 g,茶叶 12 g。

【制作】 将扁豆花炒焦,与茶叶同煎取汁代茶饮。每日 1 剂,不拘时频饮。

【功效】 清热化湿止泻。

```
┌─────────────────────┐
│      菠萝叶饮        │
└─────────────────────┘
```

【原料】 菠萝叶 30 g。

【制作】 以水煎服。代茶饮用。

【功效】 清热利水止泻。

```
┌─────────────────────┐
│      生姜泡茶        │
└─────────────────────┘
```

【原料】 生姜 9 g,绿茶 9 g。

【制作】 上二味以开水冲泡即可饮用。每日 1 剂,不拘时频饮。

【功效】 辛温散寒,固肠止泻。

黄瓜叶速溶饮

【原料】　鲜黄瓜叶 1 kg,白糖 500 g。

【制作】　将鲜黄瓜叶加水适量,煎煮 1 h,去渣,再以小火煎煮浓缩,至将要干锅时停火,冷却后拌入干燥的白糖粉,吸净煎液,混匀,晒干,压碎,装瓶备用。每日 3 次,每次 10 g,以沸水冲化,顿服。

【功效】　清热利水,健脾止泻。

红糖醴

【原料】　黄酒 50 ml,红糖 10 g。

【制作】　上二味以小火煮沸,待糖溶化后,停火。每日 1 剂,趁热顿服。

【功效】　温中散寒。

三色奶

【原料】　韭菜 250 g,生姜 25 g,牛奶 250 g。

【制作】　将韭菜、生姜切碎,捣烂,绞汁,放锅内兑入牛奶煮沸。每日 1 剂,趁热 1 次服完。

【功效】　抑肝扶脾止泻。

姜橘椒鱼羹

【原料】　鲫鱼 250 g,生姜 30 g,橘皮 10 g,胡椒 3 g。

【制作】　生姜片、橘皮、胡椒用纱布包扎后填入鲫鱼肚内,加水适量,小火煨熟,加食盐少许调味。空腹喝汤吃鱼。

【功效】　温中散寒,健脾利湿。

补骨脂蛋

【原料】　鸡蛋 3 枚,补骨脂 30 g,肉豆蔻 15 g。

【制作】　先将鸡蛋用清水煮一沸,捞出打破外皮,与补骨脂、肉豆蔻同煮 15 min 即可。每日 1 剂,趁热将鸡蛋食完。

【功效】　温肾暖脾,固肠止泻。

芡实点心

【原料】　芡实、莲子、淮山药、白扁豆各等份,白糖适量。

【制作】　将上四味共磨成细粉,加白糖、清水少许拌匀蒸熟即可。每日 1～2 次,每次食50～100 g,连服数日。

【功效】 补肾温脾,固涩止泻。

> ### 豆花煎鸡蛋

【原料】 扁豆花 30 g,鸡蛋 2 个,盐少许。

【制作】 将鸡蛋打入碗中与扁豆花拌匀,用油煎炒,撒盐末少许即可。每日 1 剂,分 2 次服用,可连服 5~7 日。

【功效】 清热解毒,化湿止泻。

五、改善慢性胃炎的中国药膳

慢性胃炎是一种以胃黏膜的非特异性慢性炎症为主要病理变化的慢性胃病。其发病率在各种胃病中居于首位,病程缓慢,呈长期反复发作。临床缺乏特异性症状,大部分患者以上腹部胀闷不舒或疼痛,伴食欲不振、嗳气、恶心等为主要表现。慢性胃炎可分为慢性浅表性胃炎和慢性萎缩性胃炎,两者可同时存在。慢性胃炎主要由急性胃炎迁延不愈,刺激性食物和药物对胃黏膜强烈刺激,鼻腔、口腔、咽喉等部位的慢性感染病灶累及胃黏膜,以及免疫等因素所致,其病因迄今尚未明了。

慢性胃炎属中医"胃脘痛""痞证"等病症的范畴。中医认为本病或因嗜食辛辣、饮酒过度、脾胃受损;或因长年服药、误中药毒、胃伤不复;或因劳倦过度、损伤脾胃;或因情志不和、肝气犯胃,以致脾胃功能失调而发为本病。临床辨证主要分为肝胃不和、脾胃虚寒、中焦湿困、胃阴不足等证型。

1. 粥饭类

> ### 麦门冬粥

【原料】 麦门冬 30 g,粳米 100 g。

【制作】 先用麦门冬煎汤,去渣取汁备用;将粳米淘洗干净,加水适量煮粥,待粥快熟时,加入麦门冬汁及适量冰糖,调匀稍煮即可。可作早晚餐,也可作点心食用。

【功效】 补中和胃,养阴除烦。

> ### 参芪薏米粥

【原料】 党参 12 g,黄芪 20 g,炒薏米 60 g,粳米 60 g。

【制作】 将党参、黄芪、粳米、薏米洗净,以冷水泡透;把全部用料一齐放入锅内,加适量清水,文火煮粥即可。作早晚餐食用。

【功效】 健脾祛湿。

> ### 牛奶山药糊

【原料】 牛奶 250 g,山药 30 g,面粉 30 g。

【制作】　将山药去皮,洗净,切成丁状,加水适量,用文火炖煮,至汤浓后再加牛奶,调入面粉糊搅拌,煮沸即成。每日1次,空腹为宜,1次服完。

【功效】　补脾益胃。

2.汤煲类

┌─────────────┐
│　太子参鸡煲　│
└─────────────┘

【原料】　鸡肉90 g,太子参30 g,淮山药15 g,生姜3片。

【制作】　将鸡肉去肥油,洗净切块,太子参、淮山药、生姜洗净。把全部用料一齐放入炖盅内,加清水适量,文火隔水炖1~2 h,调味即成。饮汤食肉。

【功效】　益气健脾养阴。

┌─────────────┐
│　白芍石斛瘦肉汤　│
└─────────────┘

【原料】　猪瘦肉250 g,白芍12 g,石斛12 g,红枣4枚。

【制作】　瘦猪肉切块,白芍、石斛、红枣(去核)洗净;把全部用料一齐放入锅内,加清水适量,武火煎沸后,文火煮1~2 h,调味即成。饮汤食肉。

【功效】　益胃养阴止痛。

┌─────────────┐
│　草蔻鲫鱼汤　│
└─────────────┘

【原料】　鲫鱼2条,草豆蔻6 g,陈皮3 g,胡椒3 g,生姜4片。

【制作】　将草豆蔻捣烂,放入洗净的鱼腹内,将鱼与陈皮、胡椒、生姜一齐入锅,加清水适量,武火煮沸后,文火煮1 h,调味即成。佐餐食用。

【功效】　化湿醒脾。

┌─────────────┐
│　鹌鹑汤　│
└─────────────┘

【原料】　鹌鹑1只,党参15 g,淮山药30 g。

【制作】　鹌鹑、党参、山药洗净后同放锅内,加清水800 ml,煮至鹌鹑熟即可。每日1次,去药渣,食鹌鹑饮汤,5~7日为1个疗程。

【功效】　健脾益气。

3.菜品

┌─────────────┐
│　砂仁焖猪肚　│
└─────────────┘

【原料】　猪肚500 g,砂仁10 g。

【制作】　将猪肚反复漂洗干净,砂仁洗净,打碎;把砂仁放入猪肚内,起油锅,用生姜片爆香猪肚,加水煮沸,去沫调味,文火焖熟,最后下花椒、胡椒粉、葱花,略焖,去砂仁,猪肚切条即可。佐餐食用。

【功效】　健脾祛湿。

胡萝卜炒陈皮瘦肉丝

【原料】　胡萝卜200 g,陈皮10 g,瘦猪肉100 g。

【制作】　胡萝卜切丝,猪肉切丝后加盐、黄酒拌匀,陈皮浸泡至软切丝;先炒胡萝卜至成熟后出锅,再用油炒肉丝、陈皮3 min,加入胡萝卜丝、少许盐、黄酒同炒至干,加水少量焖烧3~5 min,撒入香葱即成。佐餐食用。

炒木樨肉片

【原料】　黄花菜干品20 g,黑木耳干品10 g,猪瘦肉60 g。

【制作】　黑木耳用水浸泡洗净,黄花菜稍浸泡,滤干;猪瘦肉切薄片拍松,加细盐、黄酒拌匀;植物油2匙,用中火烧热油,倒入肉片稍炒断生,再倒入木耳、黄花菜同炒,加细盐、黄酒适量,炒出香味后,加淡肉汤或清汤半小碗,焖烧8 min,撒上香葱,拌炒几下即可。佐餐食用。

【功效】　柔肝调中,补益脾胃。

丁香鸭

【原料】　丁香5 g,肉桂5 g,草豆蔻5 g,鸭子1只(约1 kg)。

【制作】　鸭子洗净,公丁香、肉桂、草豆蔻用清水3 500 ml煎熬2次,每次20 min,滤出汁,约3 000 ml,将药汁倒入砂锅,放入鸭子,加葱、姜,用文火煮至七成熟,捞出晾凉。在锅中放卤汁,将鸭子入卤汁煮熟,捞出,卤汁中加冰糖10 g及少许盐、味精,再放入鸭子,用文火边滚边浇卤汁,皮色红亮时捞出,抹麻油即成。鸭子切块装盘,佐餐食用,可常食。

【功效】　理气温中止痛。

陈皮油淋鸡

【原料】　公鸡1只(约1.5 kg),陈皮20 g。

【制作】　清水1 000~1 500 ml,加入一半陈皮及姜、葱、花椒、盐少量,把洗净的鸡放入煮至六成熟,捞出;卤汁入锅,烧沸,再入鸡,用文火煮熟,捞出待用;锅内留卤汁少许,放入10~30 g冰糖及少许味精、盐收成汁,涂抹在鸡表面上;菜油入锅内,烧熟,另一半陈皮,切丝炸酥;将鸡倒提,用热油反复淋烫至颜色红亮为度,再往鸡的表面抹上麻油,然后切成小块装盘,撒上炸酥的陈皮丝即成。佐餐食用。

【功效】　理气开胃。

胡椒煨猪肚

【原料】　猪肚1只,胡椒9~15 g。

【制作】　将猪肚洗净,胡椒粉碎后放入猪肚内,用线扎紧猪肚口,文火煨炖,待猪肚熟后调味即可。每2~3日1只;饮汤食猪肚。

【功效】　温胃散寒。

3. 茶饮及其他

菱角羹

【原料】　菱角粉50 g。

【制作】　将菱角粉加水打糊,放入沸水中熬熟即可。可做点心食之,食时加糖调味。

【功效】　健脾和胃。

丁香姜糖

【原料】　白砂糖50 g,生姜末30 g,丁香粉5 g,香油适量。

【制作】　白砂糖加少许水,放入砂锅,文火熬化,加生姜末、丁香粉调匀,继续熬至挑起不粘手为度;另备一大搪瓷盆,涂以香油,将熬好的糖倒入摊平。稍冷后趁软切成小块。可随意食之。

【功效】　温中降逆,益气健脾。

鸡内金饼

【原料】　鸡内金10 g,红枣30 g,白术10 g,干姜1 g,面粉500 g,白糖300 g。

【制作】　将鸡内金、红枣、白术、干姜同入锅内,加水用文火煮30 min,去渣留汁备用;将药汁倒入面粉,加白糖、发面,揉成面团,待发酵后,加碱适量,做成饼;将饼置于蒸笼上,武火蒸15 min即成。早晚作点心食用,可常食。

【功效】　消食化积,健脾益胃。

二绿茶

【原料】　绿萼梅6 g,绿茶6 g。

【制作】　上二味,沸水冲泡5 min即可。每日1剂,不拘时温服。

【功效】　疏肝理气,和胃止痛。

金橘饮

【原料】　金橘200 g,白蔻仁20 g,白糖适量。

【制作】　金橘加水用中火烧5 min,再加入白蔻仁、白糖,用小火略煮片刻即可。每日1剂,或随意食之。

【功效】　疏肝解郁,调和脾胃。

六、改善消化性溃疡的中国药膳

消化性溃疡是指仅见于胃肠道与胃液接触部位的慢性溃疡,由于其发生的部位主要在胃和十二指肠,故又称为"胃与十二指肠溃疡"。临床上以青壮年的发病率较高,十二指肠溃疡比胃溃疡多见。消化性溃疡的发生与强烈的精神刺激、饮食不节、气候变化等因素反复作用有关。其临床特征是慢性反复发作的有规律的上腹部疼痛,一般胃溃疡有饱食则痛的特点,十二指肠溃疡多为饥饿痛。此外还伴有嗳气、反酸、恶心、呕吐等症状。

消化性溃疡属中医"胃脘痛""胃痛""吐酸""嘈杂""心痛"等病症的范畴。中医认为本病的发生或是素体脾胃虚弱、过食生冷,或劳倦内伤、饥饱无常、损伤脾胃;或因忧思恼怒、情志不遂、肝气横逆、伤及脾胃、致脾胃功能失调。虽病在脾胃,但关系于肝,涉及于肾,其其本病理是胃气不和、气机郁滞。根据临床症状可分为肝郁气滞、脾胃虚寒、脾虚血瘀、寒热错杂等证型。

1. 粥饭类

仙鹤草粥

【原料】　仙鹤草 20 g,三七粉 10 g,糯米 250 g。

【制作】　先将糯米加水适量煮成粥,然后放入仙鹤草及三七粉,再煮 20 min 即可。每日 2 次适量服之。连服 5 日为 1 个疗程。

【功效】　养血补中,止血消炎。

墨鱼粥

【原料】　干墨鱼 1 条,粳米 100 g,香菇 50 g,冬笋少许。

【制作】　墨鱼去骨洗净,切成细丝;香菇和冬笋也分别切成细丝;在砂锅里放入清水、墨鱼、料酒,熬煮至鱼肉烂。然后加入粳米、香菇、冬笋熬粥,待粥成时,用食盐、味精、胡椒粉调味即可。可作早晚餐食用。

【功效】　养血和血。

黑枣糯米粥

【原料】　黑枣 7 个,糯米 40 g。

【制作】　黑枣、糯米洗净,倒入小锅内,加清水 2 大碗,旺火烧开后,改用中火煮半小时,加红糖 1 匙,生姜末少许,再煮片刻,离火。作早餐或作点心食用。

【功效】　补中除寒,温脾养胃。

柚皮粥

【原料】　鲜柚子皮 1 个,粳米 60 g。

【制作】　将柚皮的内外刮洗干净,清水浸泡 1 日,切成块放入砂锅内,加水煮沸,下粳米,用文火煮粥,加入葱、盐、味精调味即可。每日 1 剂,可作早餐食用。

【功效】　疏肝理气,健脾开胃。

橘饼粥

【原料】　橘饼 3 个,粳米 50 g。

【制作】　将橘饼切碎,与粳米一起放锅内煮粥。每日 1 次,作早点食用。

【功效】　理气和胃。

2. 汤煲类

山楂山药鲤鱼汤

【原料】　鲤鱼 1 条(约 300 g),山楂 30 g,淮山药 30 g。

【制作】　鲤鱼洗净切块,起油锅,用姜片炝锅,把山楂、淮山药、鲤鱼一齐放入锅内,加适量清水,武火煮沸,文火煮 1~2 h,调味即成。

【功效】　补脾益气,活血化瘀。

用法:饮汤食肉,佐餐食用。

佛手猪肚汤

【原料】　猪肚 1 个(约 500 g),鲜佛手 15 g,生姜 4 片。

【制作】　将猪肚去肥油,漂洗干净,再用开水汆去腥味。佛手、生姜、猪肚一齐放入锅内,加适量清水,武火煮沸后,文火煮 1~2 h,调味即成。饮汤食肉,佐餐食用。

【功效】　疏肝理气,和胃止痛。

枳壳青皮猪肚汤

【原料】　猪肚 1 个(约 500 g),枳壳 12 g,青皮 6 g,生姜 4 片。

【制作】　将猪肚去肥油,漂洗干净,再放入开水汆去腥味。枳壳、青皮、生姜、猪肚一齐放入锅内,加适量清水,武火煮沸后,文火煮 2 h,调味即成。饮汤食肉,佐餐食用。

【功效】　理气和胃止痛。

羊肉汤

【原料】　羊肉 250 g。

【制作】　如常法煮汤。佐餐食用,可常食。

【功效】　健脾和胃,温中散寒。

3. 菜品类

```
胡萝卜烧羊肉
```

【原料】　羊肉 1 kg,胡萝卜 500 g。

【制作】　羊肉切块,胡萝卜切成转刀块。起锅(不放油),将胡萝卜先炒 10 min,至半熟,盛起,备用。起油锅,放植物油 3 匙,用旺火烧热油后,先入生姜 5 片,随即倒入羊肉,翻炒 5 min,加黄酒 3 匙,至炒出香味后,加细盐、酱油、冷水少量。再焖烧 10 min,倒入砂锅内,放入胡萝卜、橘皮,加清水约 3 大碗,用旺火烧开,加黄酒 1 匙后,改用小火慢炖约 2 h,至羊肉酥烂透香时,离火。佐餐食。

【功效】　暖胃补虚,祛风除寒。

4. 茶饮及其他类

```
土豆蜜膏
```

【原料】　鲜土豆 1 kg,蜂蜜适量。

【制作】　土豆切丝,捣烂绞汁,将土豆汁放在锅中先以大火煮沸,再用文火煎熬浓缩至稠黏时,加入蜂蜜一倍。再煎至稠黏时停火,待冷装瓶备用。每日 2 次,每次 1 汤匙。空腹时食。

【功效】　和胃调中。

```
鲜包菜饴糖汁
```

【原料】　鲜包菜、饴糖适量。

【制作】　将包菜用冷开水洗净后捣烂,置消毒纱布中绞汁。每日早晚饭前,取鲜包菜汁 1 杯加温后,加入适量饴糖饮服。每日 2 次,每 10 日为 1 个疗程。

【功效】　清热止痛,愈合溃疡。

```
溃疡茶
```

【原料】　茶叶、白砂糖各 250 g。

【制作】　上二味加清水适量;煮数沸,候冷沉淀去渣,贮于洁净的容器中加盖,于干燥处贮藏。经 6~12 日后,若色如陈酒,结面如罗皮,即可服用,若未结面,则要经 7~14 日,就可饮用。每日 2 次,早晚将上茶蒸热后各服 1 调羹。

【功效】　和中化湿,消炎敛溃。

```
鸡蛋壳粉
```

【原料】　鸡蛋壳粉 6 g,食盐 2 g,维生素 C 片 0.6 g。

【制作】　鸡蛋壳捣碎研末,取 6 g 鸡子壳粉,与食盐、维生素 C 片混匀,装瓶备用,以上为 1 日量。每日 3 次,分服,3~5 日为 1 个疗程。

【功效】　和胃止血。

桂花莲子羹

【原料】　糖腌桂花 2 g,莲子 60 g。

【制作】　莲子用开水泡胀,浸 1 h 后,剥衣去心。将莲肉倒入锅内,加清水适量,小火慢炖约 2 h,至莲子酥烂,汤糊成羹,加白糖、桂花,再炖 5 min,离火。作早餐或作点心食用。

【功效】　温中散寒,补心益脾,暖胃止痛。

橘花茶

【原料】　橘花、红茶末各 3 ~ 5 g。

【制作】　上二味,以沸水冲泡 10 min,代茶饮。每日 1 剂,不拘时温服。

【功效】　温中理气,和胃止痛。

麦芽青皮饮

【原料】　生麦芽 30 g,青皮 10 g。

【制作】　将生麦芽、青皮一同加适量清水煮沸后去渣。每日 1 剂,代茶饮。

【功效】　疏肝解郁,理气止痛。

七、改善胃下垂的中国药膳

胃下垂是指 X 线检查中发现胃整体的位置低于正常(站立位,胃的下缘达盆腔),同时临床有一系列消化道症状的一种慢性病。多见于 20 ~ 40 岁的青壮年,女性多于男性。胃下垂多与体质因素有关,是由于胃壁及腹部肌肉松弛的结果。此外,十二指肠溃疡、饱食后立即长途行走或劳动等也可成为胃下垂的发病原因。其临床主要症状为持续性腹胀腹痛,多在饭后发生,进食越多胀痛越剧,可伴有恶心、嗳气、便秘、呕吐、排尿困难等,女性患者可见痛经、月经不调,此外还可产生失眠、头痛、头昏、忧郁等一些神经精神症状。

胃下垂属中医“胃痛”“胃胀”等病症范畴。中医认为本病主要因体脾胃虚弱,思虑伤脾,以致中气下陷所致。根据临床症状辨证一般可分为气虚下陷、肝脾失调、脾虚夹滞、脾胃阳虚、淤血阻滞等证型。

1. 粥饭类

干姜花椒粥

【原料】　干姜 5 片,花椒 3 g,粳米 100 g,红糖 15 g。

【制作】　花椒、姜片,用白净的纱布袋包,与粳米加清水煮沸,30 min 后取出药袋,再煮成粥。每日早晚各 1 次,长期服食可见效。

【功效】　暖胃散寒,温中止痛。

鸡内金炒米粉

【原料】　炙鸡内金 30 只,糯米粉 1 kg,白糖适量。

【制作】　鸡内金研成粉末,或烘干后,用小磨磨成粉,备用;糯米用冷水浸 2 h,捞出,晾干,蒸熟,再晒干或烘干,磨成细粉;将鸡内金与糯米粉混合,再磨一次,筛下粉末,装瓶。每日 2 次,每次 2 匙,加白糖半匙,冲开水适量,拌匀,用小锅炖,糊呈透明状即可食用。作点心食用,3 个月为 1 个疗程。

【功效】　健胃消食,补中益气。

佛手柑粥

【原料】　佛手柑 10 ~ 15 g,粳米 50 ~ 100 g,冰糖适量。

【制作】　将佛手柑煎汤去渣,再入粳米、冰糖同煮为粥。可作早晚餐或点心服食。

【功效】　健脾养胃,理气止痛。

2. 汤煲类

牛肚补胃汤

【原料】　牛肚 1 kg,新鲜荷叶 2 张。

【制作】　取煨汤砂锅一只,用新鲜荷叶垫置锅底,再将牛肚洗净放入,加水浸没;旺火烧沸后,改用中火烧半小时,取出,将牛肚切成条状或小块;再倒入砂锅内,加黄酒 3 匙,茴香、桂皮少许,小火慢煨 2 h,然后加细盐 1 匙,生姜、胡椒粉少许,继续慢煨 2 ~ 3 h,直至牛肚酥烂为度。牛肚佐餐食用,可用酱油、醋蘸食,牛肚汤每日 2 次,每次 1 小碗。

【功效】　补中益气,健脾消食。

荷叶蒂莲子汤

【原料】　新鲜荷叶蒂 4 个,莲子 60 g。

【制作】　取新鲜荷叶蒂(即荷叶中央连接荷梗的部分),洗净,1 个荷蒂切成 4 小块,备用;莲子洗净,用开水浸泡 1 h 后,剥衣去心;将荷叶蒂、莲子肉倒入小锅内,加冷水适量,小火慢炖 2 h,加白糖一匙,再炖片刻,离火。作点心食用。

【功效】　升清益脾,健胃消食。

3. 菜品类

合欢蒸猪肝

【原料】　合欢花 10 g,猪肝 150 g。

【制作】　合欢花洗净放碗中加水浸泡,猪肝洗净后加食盐少许,与合欢花一起放入碗中隔水蒸熟。

【功效】　健脾理气,解郁。

　　　桂圆肉蒸鸡蛋

【原料】　桂圆肉 5 ~ 7 g,鸡蛋 1 个。

【制作】　新鲜鸡蛋去壳,放入小碗中,可加白糖少许,约蒸 3 min,蛋半熟(蛋黄凝成糊状的半流质时),将桂圆肉塞入蛋黄内,再蒸 10 min(或烧饭时放入饭锅内蒸熟,让蒸汽水进入)。作点心食用,每日 1 次。

【功效】　补益心脾。

　　　花椒嫩鸡

【原料】　嫩鸡 1 只(约 1 kg),花椒适量。

【制作】　整只鸡放入开水锅内煮至半熟取出,剁成小长方形鸡块;香油与花椒在旺火上炸成花椒油,葱、姜切丝;把鸡块(鸡皮朝下)逐块摆放在碗里,将酱油、醋、盐、味精等一起调匀,倒入碗中,再浇上椒油,撒上葱姜丝,上蒸笼用旺火蒸半小时,待鸡块熟透将碗取出,鸡块倒扣在大盘中即得。

【功效】　补脾开胃,行气消食。

　　　红参薯蓣肚

【原料】　红参 1 支(20 ~ 30 g),淮山药 300 g,火腿瘦肉 100 g,猪肚 1 只,黄酒适量。

【制作】　红参切薄片,淮山药切片,火腿切薄片,均加黄酒适量浸润;猪肚洗净后用刀切开一小口,将红参、淮山药、火腿塞入肚内,用线扎好,放入砂锅,加水浸没,中火烧开,加黄酒 1 匙,改文火煨 4 h,至肚烂为度;然后剖开肚,将红参、淮山药、火腿倒出,晒干或烘干,研末装瓶盖紧。每日 2 次,每次 3 g,饭后用开水吞服,或用肚汤送服 3 个月为 1 个疗程。

【功效】　补脾养胃。

4. 茶饮及其他类

　　　糖枣荔圆

【原料】　大枣、桂圆、荔枝各 50 g,三七粉 5 g,食糖适量。

【制作】　将大枣放入砂锅中,加水适量,烧开后小火煨 5 min,再加入其他各物煮沸,用小火煨 10 min,加食糖调匀,每日 1 次,温热适量食之即可。

【功效】　补气健脾,活血补血。

　　　藕粉羹

【原料】　藕粉 20 g,白糖适量。

【制作】　藕粉加适量清水调成糊,用沸水冲成糊粥状加白糖调味。每日 1 次,趁热温服。

【功效】　开胃消食,活血祛淤。

> ### 三七藕蛋羹

【原料】　鲜藕汁 50 ml,三七粉 5 g,生鸡蛋 1 个。

【制作】　取藕汁加水适量煮沸,三七粉与鸡蛋调匀,入沸水中调味即可。每日 1 次,趁温服,连服 5 ~ 7 日。

【功效】　健脾散瘀。

> ### 姜韭牛奶羹

【原料】　韭菜 250 g,生姜 25 g,牛奶 250 g。

【制作】　韭菜、生姜捣烂,绞取汁液,兑入牛奶,加热煮沸。趁热顿饮。

【功效】　温胃止呕,滋补虚弱。

> ### 健胃猪肚散

【原料】　猪肚 1 个,白术 200 g,升麻 100 g,石榴皮 30 g。

【制作】　将猪肚洗净,三味药用清水洗净、浸透,装入猪肚内,两端扎紧,放入大砂锅内,加水浸没,慢火煨至猪肚烂透,捞出,取出药物晒干研末,猪肚切丝;药末以米汤或温开水送服,每次 5 ~ 10 g,1 日 3 次,肚丝佐餐适量食之。

【功效】　健脾益胃,升举中气。

> ### 消胀开胃茶

【原料】　桃核 10 g,紫苏 6 g,雨前茶 6 g,建神曲 6 g,炒麦芽 10 g。

【制作】　将上药先煎好,于汤中加老姜、砂糖调味。每日 1 剂,顿服。

【功效】　行气和胃消食。

> ### 玫瑰露酒

【原料】　鲜玫瑰花 350 g,白酒 1.5 kg,冰糖 200 g。

【制作】　将玫瑰花浸入酒中,同时放入冰糖,浸月余,用瓷坛或玻璃瓶贮存,不可加热。每日 1 次,每次 1 ~ 2 盅。

【功效】　疏肝理气,和胃止痛。

> ### 茉莉玫瑰茶

【原料】　茉莉花 6 g,玫瑰花 6 g,青茶 6 g,陈皮 9 g。

【制作】　上物以沸水冲泡 10 min,代茶饮。每日 1 剂,不拘时饮用。

【功效】　疏肝理脾。

黄芪补胃枣

【原料】 蜜炙黄芪 60 g,橘皮 10 g,黑枣 1 kg,猪油、白糖、黄酒适量。

【制作】 将黑枣、黄芪、橘皮放入大瓷盆中,加白糖 3 匙,熟猪油 1 匙,黄酒 2 匙,拌匀;瓷盆不加盖,旺火蒸 3 h,离火;每天可在饭锅上蒸一次,直至吃完为止。每日午饭和晚饭食用,吃黑枣 5 个,喝芪枣汁水半匙。3 个月为 1 个疗程。

【功效】 补气益胃。

第十一节 具有清咽利喉功能的中国药膳

慢性咽炎,主要为咽黏膜慢性炎症,弥漫性炎症常为上呼吸道慢性卡他性炎症的一部分,局限性炎症则多伴有咽淋巴样组织的炎症。常因受凉、过度疲劳、烟酒过度等致全身及局部抵抗力下降,病原微生物乘虚而入而引发本病。营养不良,患慢性心、肾、关节疾病,生活及工作环境不佳,经常接触高温、粉尘、有害刺激气体等皆易患此病。病原微生物主要为溶血性链球菌、肺炎双球菌。

一、基本原理

1. 病因

生活习惯方面、饮食习惯方面、环境因素这三个方面属外因,内因则包括自身健康状况、相关疾病的治疗情况等。环境、气候、饮食不节、过食煎炒油炸、高温食物,烟酒香辣导致脾、胃的运作失常,脏腑功能失调,胃、肝、肺等虚火上冲咽喉部而成本病。另外,经常服消炎药、抗生素药致使免疫功能低下或肾功能衰退也是引发慢性咽喉炎的主要病因之一。

经常熬夜、打破原有的生活规律,使内分泌系统失调、脏腑功能紊乱、肠胃的消化功能降低。须每天保持足够的睡眠,饮食要做适当的调整;保持口腔的清洁,平时多饮水(特别是在熬夜的时候),一些口腔内的炎症要及时治疗;冬天或者是冷暖交替的季节,要注意保暖;要坚决摒弃一些不良饮食习惯,戒烟、戒酒;不食刺激性食物,少食油炸、腌制食物;多吃一些新鲜的水果、蔬菜,多吃一些富含维生素的水果,如:猕猴桃、无花果等,西瓜清热、利咽、消渴,是水果中的佳品。随着工业化的发展,人们的生产、生活环境发生了巨变,在优化人们生活质量的同时也给人类自身的健康状况带来了很大的负面影响。对于慢性咽喉炎患者,不要长时间呆在空调开启的房间,卧室要保持经常通风;对于装饰不久的新居,要尽量推迟入住时间,同时每天尽量保持通风换气以减少新居中化学气体的含量。

2. 中医辨证

咽喉为肺胃的门户,如肺胃有蕴热、火热上炎、气血结于咽喉,可见局部慢性充血、黏膜干燥而发病。另外肾水不足、虚火上炎、咽喉干燥,久而也可发为本病。本病的病变在于咽喉,但其病理形成与肺、肝、胃、肾有密切关系,肝郁气逆、痰凝气滞。主证:咽喉有异物感,轻则如有痰团,重则如有梅核阻塞,吐之不出,咽之不下,咽喉不痛但觉发紧,饮食吞咽顺利,胸闷气短,甚至胃脘痞闷，夜间咽喉干燥。舌苔薄白，脉弦。

治法：疏肝和胃，清利咽喉。

肺胃有热，气血壅结。主证：咽喉干燥疼痛，每因语言多或食刺激食物而加剧。风热外感，亦可使症状加重。咽喉有发哽的感觉。咽喉检查呈慢性充血，黏膜干燥。舌苔薄微黄，舌质红，脉象大或数。治法：凉血活血，清利咽喉。

肾阴不足，虚火上炎。主证：咽干口干，夜晚较甚，咽喉有发哽感，常伴有头晕、头痛、失眠。舌苔薄白，舌质红，脉沉细或细数。治法：滋阴降火，清利咽喉。

3. 中医病因病机

医家遵从传统观点，认为慢性咽炎的病因以脏腑阴虚为主；肺肾阴虚则津液不能上输，虚热内炽，上灼咽喉；肾阴虚，津液不足，则咽喉失于濡养，虚火循经上结于咽喉，或受风热邪毒侵袭，引动肺胃郁热，火热上蒸，搏结咽喉而发病。而且孔凡涵等亦认为本病多因，或素体肾阴（津）不足，肺系失养；或情志抑郁，久致血瘀，气机失常，复感外邪，化热炽津；或元阴亏损，无根之火，游行无制，客于咽喉所致。但亦有人从肝脾胃论治，如魏祥认为该病乃因肝气郁结、脾失健运、胃气虚弱，以致津液不能上承咽喉而致。有一些医家从病理产物方面论治了慢性咽炎的肺肾脏腑功能失调病因病机，如王学让等详细论述了脏腑和病理产物与该病发病的关系，认为本病系肺肾阴虚，虚火上炎，熏灼咽喉；情志不调，肝失条达，气壅上逆，郁结咽喉；脾失健运，水湿内停，聚湿生痰，痰聚咽喉，火、气、痰互阻，久郁及血，瘀滞咽喉所致。其发病机制为阴虚、气滞、痰凝、血瘀等。胡陟认为慢性咽炎发病过程中，"痰"和"瘀"是最常见的病理因素，而且痰瘀是相互并存的。王继仙则提出慢性咽炎无论病情表现如何，阴虚寒凝，痰气阻络为其基本病理。还有从虚实辨证的，如郑言等认为本病以虚为本，邪实为标，下虚上实为表现，病因初系外邪直中，邪之所凑，其气必虚，营卫不和，邪郁不能外达，郁结于咽而为痹，久则伤损阴血，咽失濡润，虚久必瘀，血瘀气滞，搏结于咽而致病。这在临床上以肺肾阴（气）虚为多数，病理变化多表现为虚火上炎，故有"咽喉诸证皆属火"之说，因此，对于慢性咽炎不同个体的临床论治必须强调肺肾脏腑功能失调病因病机，辨证施治。另有曹安来等认为慢性咽炎多为虚实错杂，虚以阳虚为主，实为情志郁结，饮食不调，久而生痰成瘀，加之反复外感，外邪与痰浊、瘀血搏结于咽而成。及有按病辨证者，如殷辛龙等提出，颗粒性咽炎多属肾阴亏损，虚火上炎所致；萎缩性咽炎多属肾阳不足，寒凝痰结；肥厚性咽炎多因风热毒邪侵袭咽喉之故。

二、缓解慢性咽炎的中国药膳

慢性咽炎为咽部黏膜、黏膜下及淋巴组织的弥散性炎症，以咽部不适、咽痛、咽干、咽部异物为主要症状。本病属中医学"喉痹"范畴。多由素体阴虚，或过食煎炸之品耗伤阴液，虚火上炎所致。临床辨证又分肺阴不足和肾阴亏损两个证型。

1. 粥饭类

＞玄参乌梅粥

【原料】　玄参、乌梅各 15 g，糯米 30 g。

【制作】　先将玄参、乌梅加水适量煎煮,去渣取汁;糯米加水煮成稀粥,兑入药汁、冰糖,稍煮即可。随意服食。

【功效】　滋阴清热,生津润喉。

竹叶通草绿豆粥

【原料】　淡竹叶 10 g,通草 5 g,甘草 1.5 g,绿豆 30 g,粳米 150 g。

【制作】　将淡竹叶、通草、甘草剁碎装入纱布袋,与绿豆、粳米一起加水放置 30 min,以文火煮制成粥。早晚分食。

【功效】　清热泻火,解毒敛疮。

2. **汤煲类**

河蟹生地汤

【原料】　鲜河蟹 1 只,生地黄 30 g。

【制作】　以上二味加水适量,文火煎煮,去渣取。每日 1 次,连用 3 日。

【功效】　滋阴利咽,清热散结。

生地莲心汤

【原料】　生地 9 g,莲子心 6 g,甘草 6 g。

【制作】　三者加水,一同煎煮,去渣取汁。每日 1 剂,连用数日。

【功效】　养阴清热。

葱白利咽汤

【原料】　葱白 2 根,桔梗 6 g,甘草 3 g。

【制作】　桔梗、甘草先煮沸 5~7 min,之后加入葱白,焖 1~2 min 后趁热饮用。每日早晚各一次。

【功效】　解毒散寒,清利咽喉。

3. **菜品类**

金银花麦门冬蛋

【原料】　金银花 10 g,麦门冬 10 g,鲜蘑菇 100 g,猪肉丝 100 g,干香菇 3 朵,鸡蛋 3 个。

【制作】　将金银花、麦门冬切碎,蘑菇切丁,猪肉丝以少许蛋清抓揉,香菇去蒂泡软,切丝,鸡蛋打散放置碗内;将金银花、麦门冬、蘑菇、猪肉丝、香菇、油、盐、味精等放入鸡蛋内拌匀,隔水蒸 15 min,取出佐餐食用。

【功效】　养阴清热,解毒利咽。

柚子鸡

【原料】　雄鸡 1 kg,柚子 1 kg,葱段、姜片、精盐、味精、黄酒适量。

【制作】　将宰杀好的去毛去内脏雄鸡洗净,柚子去皮洗净,放进鸡腹中;将锅置于火上,放入整只鸡,加入葱、姜、料酒、精盐和适量清水,用打火煮开,再用小火,待鸡肉熟烂时点上味精调味。

【功效】　有健脾养胃、清热化痰的作用;适用于咽炎、慢性支气管炎。

凉拌苏叶菜

【原料】　紫苏叶 60 g,葱 30 g,青椒 10 g,盐、香油少许。

【制作】　前三种原料洗净,并为碎末,加适量食盐、香油等调料,可为正餐之凉菜。

【功效】　疏散风寒(发汗解表),通阳利咽。适用于风寒外袭之咽炎。

4.茶饮及其他

清咽饮

【原料】　生地 15 g,板蓝根 10 g,绿豆 30 g。

【制作】　将生地、板蓝根、绿豆同煮 30 min,去渣取汁。每日 1 剂,代茶频饮。

【功效】　养阴清热,解毒利咽。

地芩竹叶饮

【原料】　生地 15 g,黄芩 9 g,淡竹叶 15 g,白糖适量。

【制作】　前三种原料加水煎取汤汁,调入白糖。每日 1 剂,分 2 次饮用,或代茶频饮。

【功效】　清心泻火。

石斛茶

【原料】　石斛 15 g,麦冬 10 g,绿茶叶 5 g。

【制作】　将石斛、麦冬和绿茶一并放入茶杯内,开水泡茶。每日 1 剂,代茶频饮。

【功效】　养阴清热,生津利咽。

清咽茶

【原料】　银花、玄参、青果各 9 g。

【制作】　上药水煎,取汁。每日 1 剂,代茶频饮。

【功效】　养阴清热,解毒利咽。

生地青梅饮

【原料】　生地 15 g,石斛 10 g,甘草 2 g,青梅 30 g。

【制作】　将生地、石斛、甘草、青梅加水适量,同煮 20 min,去渣取汁。每日 1 剂,分 2～3 次饮服,可连用数日。

【功效】　养阴清热,降火敛疮。

莲子甘草茶

【原料】　莲子 15 g,甘草 2 g,绿茶叶 5 g。

【制作】　将上物一并放入茶杯内,冲入开水浸泡。代茶频饮。

【功效】　清心泄热。

鲜藕萝卜饮

【原料】　生萝卜数个,鲜藕 500 g。

【制作】　上二者捣烂绞取汁液。含漱。每天数次,连用 3 日。

【功效】　清热除烦,生津止渴。

莲心栀子甘草茶

【原料】　莲子心 3 g,栀子 9 g,甘草 6 g。

【制作】　以上诸物加入开水浸泡。每天 1 剂,代茶频饮,可连用 3 剂。

【功效】　清心泻火。

麦冬豌豆冻

【原料】　麦冬 20 g,豌豆 150 g,白糖 200 g,琼脂 2 g,青梅、桂花少许。

【制作】　将豌豆加清水煮酥烂,带水用网筛擦去皮成沙。琼脂与麦冬同煮,煮至琼脂烊化,加入白糖,再放进青梅、桂花;将豌豆沙摊在盆内,然后将琼脂糖水掺入,待冷却后放入冰箱内冰冻。适量佐餐食用。

【功效】　滋阴降火,益气利咽。

乌梅生地绿豆糕

【原料】　乌梅 50 g,生地 30 g,绿豆 500 g,豆沙 250 g。

【制作】　将乌梅用沸水浸泡 3 min 左右,取出切成小丁或片;生地切细,与乌梅拌匀;绿豆用沸水烫后,放在淘箩里擦去外皮,并用清水漂去;将绿豆放在钵内,加清水上蒸笼蒸 3 h,待酥透后取出,除去水分,在筛上擦成绿豆沙;将特制的木框放在案板上,衬以白纸一张,先放一半绿豆沙,铺均匀,撒上乌梅、生地,中间铺一层豆沙,再将其余的绿豆沙铺上,最后把白糖撒在表面;把糕切成小方块。作点心食用。

【功效】 滋阴清热,解毒敛疮。

```
地黄橄榄膏
```

【原料】 地黄 100 g,橄榄 150 g,蜂蜜适量。

【制作】 地黄、橄榄煎水取汁,浓缩,加蜂蜜熬成稠膏,每次吃 2 匙。

【功效】 滋养肝肾,清热利咽。适用于肺肾阴虚之咽炎。

```
木蝴蝶茶
```

【原料】 木蝴蝶 10 g,薄荷 3 g,玄参 10 g,麦冬 10 g,蜂蜜 20 g。

【制作】 上四味加水适量文火煮 15 min,去渣取汁,兑入蜂蜜,继续加热至沸。稍温频服。

【功效】 清热利咽,养阴生津。

```
罗汉果饮
```

【原料】 罗汉果半个,梨 1 个。

【制作】 将梨切碎捣烂,同罗汉果一起煎水,代茶饮。

【功效】 清肺利咽,生津润燥。

第十二节 促进生长发育的功能食品及中国药膳

一、基本原理

生长是指身体各器官、系统的长大和形态变化,是量的改变;发育是指细胞、组织和器官的分化完善与功能上的成熟,是质的改变。两者密切相关,生长是发育的物质基础;发育成熟状况又反映在生长的量的变化。生长发育是一个不间断的过程,各个年龄段都有不同的机体特点。儿童在其生长发育期间,根据不同时期的生长特点可分为:①胎儿期:出生前 280 天;②新生儿期:出生到满月;③婴儿期:满月到周岁;④幼儿期:2～3 岁;⑤学龄前期:4～7 岁;⑥学龄期:8～12 岁;⑦青春少年期:13 岁至成人。

1. 影响生长发育的因素

遗传因素:小儿生长发育的特征、潜力、趋向、限度等都受父母双方遗传因素的影响。

营养因素:充足和调配合理的营养是小儿生长发育的物质基础,如营养不足则首先导致小儿体重不增甚至下降,最终也会影响身高的增长和身体其他各系统的功能,如免疫功能、内分泌功能、神经调节功能等。而且年龄越小,受营养的影响越大。

疾病因素:疾病因素对小儿生长发育的影响也十分明显,急性感染常使体重不增或减轻,慢性感染则同时影响体重和身高的增长。内分泌疾病(如甲状腺功能减退症)对生长发育的影响更为突出,常引起骨骼生长和神经系统发育迟缓。先天性疾病(如先天愚型)对小儿体格发育和智力发育都会产生明显影响。

另外,良好的居住环境和卫生条件(如阳光充足、空气新鲜、水源清洁等)有利于小儿生长发育,反之则带来不利影响。合理的生活制度、护理、教养、锻炼等对小儿体格生长和智力发育也起着重要的促进作用。

除了使孩子保持良好的食欲外,还要培养孩子有规律的生活,睡眠要充足,应该经常参加户外活动,这样就能有利于防止疾病,促进摄入的营养消化吸收而使儿童健康成长。

青春期是人生第二个快速成长阶段,这一时期的青少年会经历一段快速成长的时间。由于身体在短时间内发生急速变化,新陈代谢旺盛,活动量大,需要大量的营养支持。青少年常有一些不良的膳食习惯,例如不吃早饭,三餐不准时,爱吃高糖、高盐、高脂肪的快餐食品,好吃零食等,容易造成消化不良,营养不均衡,从而影响身体的生长发育。面对日趋激烈的社会竞争,青少年背负的沉重学习压力,大量消耗青少年体内的营养,除此之外,前途的不确定性、与父母师长的代沟隔膜、处理朋友间的人际关系等,都非常容易引起少年的情绪波动。情绪上的困扰会使青少年食欲减退,甚至有些青少年还会以抽烟、喝酒等方法来宣泄情绪、排除困扰,大大地影响了正常的营养吸收。

2. 生长发育期的营养需求

处于生长发育期的机体基础代谢旺盛,基础代谢率较成人高。学龄儿童若能量供应不足,会使孩子出现疲劳、消瘦和抵抗力降低症状而影响身体的正常发育。处于生长发育期的儿童的每千克体重蛋白质需要量随年龄增长而下降,但绝对需要量还是随年龄增长的,因此应保证充足优质蛋白质的摄入。除满足基本需要外,还要供给额外的蛋白质,以适应生长发育的需要。蛋白质供给不足,会使生长发育缓慢,导致发育不良,肌肉萎缩,对传染病的抵抗力下降。钙与磷是机体构成骨骼和牙齿的主要成分。磷还是构成核酸、磷脂等的组分。在生长发育时期,机体对钙的需求量较高。生长发育期造血功能大大增加,对铁的要求较成人高。镁供应不足会出现抑郁、肌肉软弱或痉挛、四肢生长停止和食欲不振等症状。锌广泛存在于骨骼、皮肤和血液中,是体内物质代谢中很多金属酶的组成成分和激活剂。学龄期缺锌会影响青春期的发育和性腺的成熟,出现生长发育缓慢、性征发育推迟、味觉减退和食欲不振等症状。维生素 A 是维持健康、促进生长发育、提高机体对传染病的抵抗力、防止干眼病和夜盲症所不可缺少的营养素。人体为了吸收钙和磷以构成全身的骨骼和牙齿,必须有足够数量的维生素 D。儿童在夏天可以获得充足的太阳光,自身合成一定量的维生素 D,以满足机体的需要,但是在冬天却达不到需要量的标准,应从食物中进行补充。维生素 B 族中维生素 B_1、维生素 B_2 和烟酸等对少儿的生长发育十分重要,缺乏 B 族维生素会使食欲下降。

二、有助于生长发育的食品及药膳

儿童时期是智力发育的重要时期,益智健脑药膳有助于智力发育,常用的有核桃仁、益智仁、茯苓、芡实、远志等,配用食物有芝麻、桂圆、香菇、木耳、蜂蜜、鱼、肉、蛋以及动物的脑髓等。

1. 粥饭类

参苓粥

【原料】　人参 2 钱或党参 6 钱、茯苓 4 钱、白米或糙米 4 两(4 人份)。

【制作】　人参或党参、茯苓以五碗水煎取药汁两碗(重复两次),将药汁与粳米同煮。

【功效】　益智健脑。

山楂粥

【原料】　山楂 40～50 g,粳米 100 g,白糖 10～15 g。

【制作】　先用山楂煮汁去核,与米煮粥,粥成加糖调和即可,也可与白萝卜 100 g 同煮粥。

【功效】　有消食导滞作用,适用于消化不良者。

2. 汤煲类

四神汤

【原料】　山药、茯苓、芡实、莲子、薏苡仁;食材可选用排骨、猪肚或猪肠。

【制作】　将药材稍加冲洗,芡实、莲子、薏苡仁先以水浸泡 2 h;排骨、猪肚或猪肠洗净并以热水汆烫去血水,再与药材一起炖煮。

【功效】　脾胃为气血生化之源,因此发育期亦应给予补气健脾药如:黄芪、党参、茯苓、白术;健脾补气的药膳适合宜于体弱易倦乏力及食欲差者。

八珍鸡腿汤

【原料】　党参 4 钱,茯苓 3 钱,白术 3 钱,甘草 2 钱,当归 3 钱,熟地 4 钱,川芎 1 钱,白芍 3 钱。

【制作】　鸡腿洗净并以热水汆烫去血水,再与药材一起炖煮。

【功效】　主要选用补气及补血的药材,加入适当食材所煮成的药膳,对于容易疲倦、面色苍白或贫血者尤其适合;女性经期后更可加以服食。

鱼头补脑汤

【原料】　鱼头(鲫鱼、鲤鱼、黑鱼等)1 条去鳃,天麻 15 g,香菇、虾仁、鸡丁适量。

【制作】　清水煮熟,加香油、葱、姜、盐、味精等调料即成。

【功效】　有健脑增智之功效。

3. 茶饮及其他

> **冬瓜益智盅**

【原料】 冬瓜 1 只,肉块、香菇、莲子肉及佐料适量。

【制作】 冬瓜挖瓤洗净,用沸水煮 10 min 后取出,加肉块(猪、牛、羊、鸡不限)、香菇、莲子肉及佐料,煮炖至熟烂。

【功效】 有助生长、益智慧之功效。

> **益智仁炖肉**

【原料】 益智仁 50 g,牛肉或瘦猪肉 30 g。

【制作】 取益智仁、牛肉或瘦猪肉,同炖煮至肉熟,加调料即成。

【功效】 健胃益脾,补脑安神,益智。

> **读书点心**

【原料】 核桃肉 500 g,芝麻 125 g,桂圆肉 125 g,糖适量。

【制作】 取核桃肉、芝麻、桂圆肉,加糖适量,共捣匀,每日早晚取一匙,开水冲服。

【功效】 增强记忆,消除头晕失眠。

> **山家三脆**

【原料】 嫩笋 50 g,香菇或木耳 10 g,枸杞 20 g。

【制作】 取嫩笋、香菇或木耳、枸杞,入盐汤中煮熟,加香油、胡椒、酱油、醋拌食。

【功效】 补气养血、健脑益智。

> **归芪饮**

【原料】 黄芪 1 两,当归 2 钱,枸杞子 3 钱。

【制作】 将药材加约 1 500 ml 水,大火煮沸后,再以小火煮 15 min 即可倒出药汁饮用。女性经期后,连饮 3~5 帖。

【功效】 主要选用补气及补血的药材,加入适当食材所煮成的药膳,对于容易疲倦,面色苍白或贫血者尤其适合,女性经期后更可加以服食。

> **八宝豆腐**

【原料】 嫩豆腐 100 g,香菇 5 g,松子仁、葵花子仁各 10 g,鸡肉丝 50 g,火腿丝 25 g。

【制作】 同入浓鸡汤中煮熟,加适量调味料即成。

【功效】 有营养强壮、助长健脑作用,易于消化。

第十三节　利于减肥的功能食品及中国药膳

一、基本原理

肥胖是由于人体内脂肪堆积过多所致,临床上分为单纯性肥胖和继发性肥胖。通常讲的肥胖指单纯性肥胖,即主要由于进食热量多于人体消耗而以脂肪形式储存体内,超过标准体重的20%。其中超重在20%～30%为轻度肥胖,30%～50%为中度肥胖,50%以上为重度肥胖。随肥胖程度不同可伴有不同程度的气短、易疲劳、嗜睡、头晕、头痛、痰多、胃纳亢进、便秘、胸闷、腹胀、汗多、口臭、多饮、畏热、性功能减退等临床表现。

中医认为肥胖症多因脾胃薄弱、饮食不节、嗜食膏粱厚味、肝气郁结、气滞痰生、多静少动所致。根据临床表现一般分为痰湿困脾、气滞血瘀、脾胃热盛等证型。由于肥胖症病因复杂,临床上证型兼而有之,治疗与保健宜标本兼顾,补泻同用,数法并施,方能取得比较好的效果。

在传统医学"药食同源"的理论下,性质平和,具有养生、保健的药材早已普遍被食用,如山楂、荷叶等,这些药材如何减轻体重,由医生决定。中医治疗肥胖的原则在于启动身体本来的机能,恢复原本的机能后,再适当塑身和减重。

对超重者而言,中医依成因、体质分四大类,包括:胃热湿阻型、脾虚湿阻型、肝郁气滞型及肝肾阴虚型。以上四类,综合辨证施治,常用的减肥方法有以下三种:

1. 和胃消脂法

形体肥胖,大多由于甘肥太过,油脂粘腻先壅于胃,往往脘腹饱胀、嗳腐吞酸、口味秽浊、舌苔腻。可以运用山楂、大麦芽、莱菔子等药以和胃助消化。

2. 活血行瘀法

肥胖之人,血液中脂肪过多,容易引起动脉硬化,特别是心、脑血管病变多由此产生。活血行瘀的药物对扩张冠状动脉、增加血流量、降低血脂,以及防止斑块形成和促进其消退均有作用。肥胖而见有淤血阻滞,妇女经闭不行,或见舌质有青紫瘀点者,采用活血行瘀法,不但可以降脂减肥,同时又能治病。

3. 宽胸化痰法

中医文献有"肥人多痰"的论点,这种痰显然是指肥胖之痰浊,也就是脂肪过多。临床所见肥胖之人,动则气短、胸闷,甚则头晕、呕吐、恶心,舌苔滑腻。有的人痰火重,性情急躁,易于发脾气、恼怒,以致血压高、头胀耳鸣而痛、睡眠不安、舌苔黄腻、大便干结,多发心、脑血管病变。如有这些病症,选用宽胸化痰法最为合适。

4. 中医病因病机

肥胖的常见病因有年老体弱、过食肥甘、缺乏运动、久病正虚、情志所伤、先天禀赋等多种因素。

（1）年老体弱

肥胖的发生与年龄有关，35 岁以后明显增高。这是由于中年以后，人体的生理机能由盛转衰，肾气虚衰不能化气行水，酿生水湿痰瘀，故发生肥胖。

（2）饮食不节

暴饮暴食，食量过大，或过食肥甘，一方面可至水谷精微在人体内堆积成为膏脂形成肥胖，另一方面也可损伤脾胃。运化无权，湿浊或湿热内生，蕴酿成痰，痰湿聚集体内，使人体臃肿肥胖。

（3）缺乏运动

中医认为久卧伤气，久坐伤肉。喜卧好坐，缺乏运动，行气血运行不畅，脾胃呆滞，则运化失司，水谷精微失于疏布，化为膏脂痰浊，内聚与肌肤、脏腑、经络而致肥胖。

（4）久病正虚

久病常可致气血阴阳的虚衰，气虚则血运无力，阳虚则阴寒内生，血行滞涩，痰瘀湿浊内生，形成肥胖。肥胖日久，痰瘀湿浊的积聚，又会加重正虚，使疾病缠绵难愈或愈而复发，或继发他病。

（5）情志所伤。

人常说心宽体胖，临床上中间型性格的肥胖者最多。肝气调达，则脾胃功能旺盛，水谷精微能够充分吸收转化，容易形成肥胖；经常忧思愤怒，七情所伤，脏腑功能失调，运化不及，水湿内停则可致肥胖；另外，肝郁气滞，水谷精微不能外达，瘀积膏脂聚集体内亦可致肥胖。

肥胖病机总属气虚痰湿偏盛。肥胖的病位主要在脾，与肾气虚关系密切，亦与肝胆及心肺的功能失调有关。从表面看来，肥胖似属形体壮实，为实证，实际上引起肥胖的原因主要是正气虚衰。肥胖总属本虚标实之候，本虚以气虚为主，主要为脾、肾气虚，兼心肺气虚及肝胆疏泄失调；标实为痰湿膏脂内停，兼水湿、血瘀、气滞等，临床常有偏于本虚及标实之不同。古有"肥人多痰""肥人多湿""肥人多气虚"之说，即是针对其病机侧重不同而言。

二、具有减肥功能的食品

（1）山楂

山楂具有扩张血管、减轻心脏负荷、增加冠状动脉血流量，改善心肌供血、供氧、缓解心绞痛，对胸闷、心悸有一定疗效，通过健脾消食积从而使血脂降低，具有轻身减肥作用。

（2）灵芝

灵芝能够抑制脂质的结合和转化，达到降血脂，防止动脉粥样硬化、减肥的效果。

（3）金银花

金银花具有抗菌消炎、清热解毒、降血脂减肥作用。

（4）决明子

决明子具有降压、降血脂、抗菌、减肥作用。

（5）枸杞子

枸杞子具有滋肾、润肺、补肝、明目、抗衰老、防治高血压动脉硬化、降脂减肥作用。

（6）菊花

菊花具有疏风、清热、明目、解毒、降脂、减肥作用。

（7）葡萄汁与葡萄酒

葡萄汁与葡萄酒含有自黎芦醇,是降低胆固醇的天然物质,是高血脂症者最好的食品之一。

（8）苹果

富含果胶、纤维素和维生素 C,有非常好的降脂作用。

（9）大蒜

含有硫,所形成的硫基化合物可以减少血液中胆固醇和防止血栓形成,有助于增加高密度胆固醇,对减肥有利。

（10）韭菜

含有胡萝卜素和大量纤维素,能增强胃肠蠕动,有很好的通便作用,能帮助排除肠道中多余的脂肪。

（11）冬瓜

冬瓜中含有蛋白质和多种维生素 B 族,能去除身体内多余的脂肪和水分,起到减肥作用。

（12）燕麦

燕麦含有极丰富的亚油酸,可防治动脉粥样硬化。

（13）牡蛎

牡蛎富含微量元素锌及牛磺酸,牛磺酸可以促进胆固醇的分解,有助于降低血脂。

（14）海带

海带富含牛磺酸、食物纤维藻酸,可降低血脂及胆汁中的胆固醇。

另外,其他富含纤维素、果胶及维生素 C 的新鲜绿色蔬菜、水果和海藻,诸如芹菜、甘蓝、青椒、山楂、鲜枣、柑橘以及紫菜、黄瓜、绿茶、玉米须、螺旋藻等,均具有良好的降脂作用。

三、具有减肥功能的中国药膳

1. 粥饭类

　　莲子龙眼粥

【原料】　莲子 50 g,桂圆肉 30 g,冰糖适量。

【制作】　将莲子去皮留心,磨成粉后用水调成糊状,放入沸水中,同时放入桂圆肉、冰糖,煮成粥。每晚临睡前食一小碗。

【功效】　补益心肾。用于肥胖病、体态臃肿、神疲乏力、午后嗜睡、少气懒言、痰多、大便溏薄等症者。

　　萝卜冬瓜粥

【原料】　萝卜 250 g,冬瓜 250 g,粳米 100 g。

【制作】　将上述用料一同加入适量的水后煮成粥。

【功效】　健脾消食。用于肥胖病。

白茯苓粥

【原料】　白茯苓粉 15 g,粳米 100 g,味精、食盐、胡椒粉适量。

【制作】　前两种原料加水适量,熬至米烂。食用时放入味精、盐、胡椒粉。

功效:健脾利湿。用于肥胖病、体态肥胖、体倦无力、痰多、身体困重、行走不便、胃纳不佳者。

薏米赤豆粥

【原料】　薏米 50 g,赤小豆 50 g,泽泻 10 g。

【制作】　将泽泻先煎取汁,用汁与赤小豆、薏米同煮为粥。

【功效】　健脾利湿,减肥。可作早晚餐或点心服食。

2. 汤煲类

雪羹萝卜汤

【原料】　荸荠 30 g,白萝卜 30 g,海蜇 30 g。

【制作】　三者切碎块,文火煮 1 h 至三者均烂即可。

【功效】　清热化痰,利湿通便。

鸡丝冬瓜汤

【原料】　鸡脯肉 200 g,冬瓜 200 g,党参 3 g。

【制作】　将鸡肉洗净切成丝,冬瓜洗净切成片;先将鸡丝与党参放砂锅中加水适量以小火炖至八成熟,氽入冬瓜片,加盐、黄酒、味精适量调味,至冬瓜熟透即可。

【功效】　健脾利湿。

3. 菜品类

清爽黄瓜

【原料】　黄瓜、盐、花椒、豆瓣酱、白糖、香油。

【制作】　小黄瓜洗净,切滚刀块,撒入盐拌匀,腌渍 20 min;将小黄瓜冲洗一下,放入大碗里,所有纯汁混合搅拌均匀。

【功效】　黄瓜性凉味甘,具有清热解毒、利水消肿、止渴生津的功效,并且加速新陈代谢,对减肥很有利。

鲜白萝卜丝

【原料】　白萝卜、绿豆芽、盐、葱丝、香油。

【制作】　材料洗净,白萝卜削皮、切成块,豆芽煮熟;将菜丝用盐腌渍 10 min,放入香油,醋,姜和葱。搅拌均匀后,即可食用。

【功效】　白萝卜有非常好的降脂作用,是不错的减肥食品。如果每天吃白萝卜,坚持一个月,大多数人血液中的低密度脂蛋白胆固醇会降低,从而防止肥胖。

美味西芹

【原料】　西芹、甜椒、黄瓜、葱、姜、盐。

【制作】　将西芹洗净,入开水锅里焯熟,捞出控去水;黄瓜甜椒洗净直刀切成片,再切成细丝,撒上精盐,加入葱丝、姜丝拌匀,最后浇上醋、香油盛盘。

【功效】　芹菜含有大量的胶质性碳酸钙,容易被人体吸收,预防下半身浮肿。

冬瓜烧香菇

【原料】　冬瓜 250 g,水发香菇 50 g。

【制作】　将冬瓜切成小方块,香菇浸泡后切块;锅中加油烧热,倒入冬瓜、香菇及泡香菇水,焖烧数分钟,加食盐、味精等调味,至熟即可。

【功效】　清热健脾。

荷叶粉蒸排骨

【原料】　新鲜荷叶 8 ~ 10 张,猪小排骨 1 kg,粳米 300 ~ 400 g。

【制作】　荷叶洗净,一张切成四块备用;粳米,加八角茴香 2 只,用小火同炒;炒至粳米成金黄色时,离火冷却,磨成粗粉备用;将排骨洗净,切成大块,放入大瓷盆内,加酱油半碗,黄酒 4 匙,细盐半匙,味精、葱白少许,拌匀,腌渍 2 h 以上,并经常翻拌使之入味;然后,将每块排骨的两面,粘上一层炒米粉,用事先切好的荷叶将排骨包好,每包 1 ~ 2 块,视排骨大小而定,包紧扎牢。蒸笼底层垫上一张新鲜的荷叶,再将包好的排骨放入蒸笼,盖上笼盖蒸熟;打开荷叶包,热食;佐餐食用。

【功效】　健脾升清,祛瘀降浊。

炒魔芋

【原料】　魔芋 100 g。

【制作】　魔芋和调味料一起入锅中,翻炒至热即可。

【功效】　化痰散结,清热通便。

荷叶鸭子

【原料】 鸭肉 200 g,糯米粉 25 g。

【制作】 将鸭肉去骨,切成块状;八角茴香 5 只剁碎,与糯米同炒熟,研成细末备用;再用酱油、料酒、味精、葱末、姜末及胡椒粉等佐料调成汁,把鸭肉浸入腌渍 2 h,再把糯米粉调入拌匀,一张荷叶切成 4 块,把鸭肉用荷叶包好,放在盘内,上锅,旺火蒸 2 h 即可。

【功效】 益气降脂。

猪肉淡菜煨萝卜

【原料】 猪腿肉 500 g,淡菜 100 g,白萝卜 1 kg。

【制作】 淡菜干品用温水浸泡半小时,发胀后,洗去杂质,仍泡在原浸液中,备用;猪肉切块;萝卜切成转刀块;起油锅,放植物油 1 匙,大火烧热油后,先将猪肉倒入,翻炒 3 min,加黄酒一匙,炒至断生,盛入砂锅内,将淡菜连同浸液,一起倒入砂锅内,再加水适量,用小火煨 1 小时,然后,倒入萝卜,如水不足,可适量增加,再煨半小时,萝卜熟透,调味即可。

【功效】 化痰利湿。

萝卜丝炒牛肉丝

【原料】 白萝卜 500 g,瘦牛肉 250 g。

【制作】 萝卜、牛肉洗净切细丝;牛肉丝加细盐、黄酒、酱油、淀粉芡等,拌匀;起油锅,放植物油 1 匙,用大火烧热油后,先炒萝卜丝,加细盐适量,炒至八成熟,盛起备用;再起油锅,放植物油 3 匙,用大火烧热油后,倒入牛肉丝,翻炒 3 min 后,倒入萝卜丝拌匀;再加黄酒 1 匙,冷水少许,焖烧 3 min,加香葱,拌炒几下,装盘。

【功效】 补脾健胃,散血化滞,利水消痰。

4. 茶饮及其他

山楂首乌茶

【原料】 山楂 15 g,何首乌 15 g。

【制作】 将山楂、何首乌分别洗净、切碎,一同入锅,加水适量,浸渍 2 h,再煎煮 1 h,然后去渣取汤。当茶饮用。

【功效】 助消化,减肥。

减肥茶

【原料】 干荷叶 60 g,生山楂 10 g,生薏米 10 g,橘皮 5 g。

【制作】 上药共制细末,混合,放入热水瓶中,用沸水冲泡即可。

【功效】 理气行水,降脂化浊。

乌龙茶

【原料】　乌龙茶 3 g,槐角 18 g,首乌 30 g,冬瓜皮 18 g,山楂肉 15 g。

【制作】　先将槐角、首乌、冬瓜皮、山楂肉四味加适量清水煎沸 20 min,取药汁冲泡乌龙茶即成。

【功效】　消脂减肥,健身益寿。

三花减肥茶

【原料】　玫瑰花、代代花、茉莉花、川芎、荷叶各等份。

【制作】　将上药切碎,共研粗末,用滤泡纸袋分装,每袋 3 ~ 5 g。每日 1 小袋,放置茶杯中,用沸水冲泡 10 min 后,代茶饮服。

【功效】　宽胸理气,利湿化痰,降脂减肥。

萝卜冬瓜羹

【原料】　萝卜 250 g,冬瓜 250 g。

【制作】　将上述用料洗净后切成小块,加入适量的水煮熟后食用。

【功效】　健脾消食。适用于肥胖病、体型肥胖、食后腹胀、痰多、少气懒言、四肢乏力等症。

胡萝卜苹果汁

【原料】　胡萝卜 4 个,苹果半个,甜菜 1 个,生姜 1 片。

用法:上述用料洗净后一同放入榨汁机中榨取汁液饮用。

【功效】　健脾祛湿。适用于肥胖病、体态肥胖、纳食不馨、体虚乏力、嗜睡多梦等症。

雪梨兔肉羹

【原料】　兔肉 500 g,雪梨 400 g,车前叶 15 g。

【制作】　雪梨榨汁,车前叶煎取汁 100 ml,兔肉煮熟后,加梨汁、车前汁及琼脂同煮,成羹后入冰箱,吃时装盘淋汁即可。

【功效】　清热祛痰,利湿减肥。

降脂饮

【原料】　枸杞子 10 g,首乌 15 g,草决明 15 g,山楂 15 g,丹参 20 g。

【制作】　上药共放砂锅中,加水适量以文火煎煮,取汁约 1 500 ml,储于保温瓶中。每日 1 剂,代茶频饮。

【功效】　活血化瘀,轻身减肥。

> 菊楂决明饮

【原料】 菊花 10 g,生山楂片 15 g,草决明子 15 g。
【制作】 将草决明子打碎,与菊花、生山楂片共放锅中,水煎代茶饮。每日 1 剂,代茶频饮。
【功效】 活血化瘀,降脂减肥。

> 什锦乌龙粥

【原料】 生薏米 30 g,冬瓜仁 100 g,红小豆 20 g。干荷叶、乌龙茶适量。
【制作】 干荷叶、乌龙茶用粗纱布包好备用。将生薏米、冬瓜仁、红小豆洗净一起放锅内加水煮熬至熟,再放入用粗纱布包好的干荷叶及乌龙茶再煎 7 ~ 8 min,除去纱布包即可食用。
【功效】 健脾利湿。

第十四节 有助于润肠通便的功能食品及中国药膳

一、基本原理

便秘是临床常见的复杂症状,而不是一种疾病,主要是指排便次数减少、粪便量减少、粪便干结、排便费力等。上述症状同时存在 2 种以上时,可诊断为症状性便秘。通常以排便频率减少为主,一般每 2 ~ 3 天或更长时间排便一次(或每周<3 次)即为便秘。对一组健康人调查结果表明,排便习惯多为每日 1 ~ 2 次或 1 ~ 2 日 1 次(60%),粪便多为成型或软便;少数健康人的排便次数可达 1 日 3 次(30%),或 3 天 1 次(10%),粪便半成型或呈腊肠样硬便。因此,必须结合粪便的性状、本人平时排便习惯和排便有无困难做出是否便秘的判断。如超过 6 个月即为慢性便秘。

1. 便秘的原因

(1)原发性因素

①饮食因素:一些人饮食过少,食品过精过细,食物中的纤维素和水分不足,对肠道不能形成一定量的刺激,肠蠕动缓慢,不能及时将食物残渣推向直肠,在肠内停留时间延长,水分过多吸收而使粪便干燥。进入直肠后的粪便残渣因为量少,不能形成足够的压力去刺激神经感受细胞产生排便反射而引起便秘。

②排便动力不足:排便时不仅需要肛门括约肌的舒张、提肛肌向上向外牵拉,而且需要膈肌下降、腹肌收缩、屏气用力来推动粪便排出。年老体弱、久病卧床、产后等,因膈肌、腹肌、肛门括约肌收缩力减弱,腹压降低而使排便动力不足,使粪便排不干净,粪块残留,发生便秘。所以老年人多出现便秘。

③拖延大便时间:一些人把大便当作无关紧要、可早可迟的事,忽视定时排便的习惯;或因工作过忙、情绪紧张、旅行生活等,拖延了大便时间,使已到了直肠的粪便返回到结肠;或因患有肛裂和痔疮等肛门疾病、恐惧疼痛、害怕出血、不敢大便而拖长大便间隔时间。这都可能使

直肠壁上的神经细胞对粪便进入直肠后产生的压力感受反应变迟钝,使粪便在直肠内停留时间延长而不引起排便感觉,形成习惯性便秘。

④水分损失过多:大量出汗、呕吐、腹泻、失血及发热等均可使水分损失,代偿性引起粪便干结。

(2)继发性因素

①器质性受阻:肠管内发生狭窄或肠管外受到压迫时,如肠管良性或恶性肿瘤、慢性炎症所引起的肠腔狭窄、巨结肠症引起的直肠痉挛狭窄、手术后并发的肠粘连、部分性肠梗阻等,或腹腔内巨大肿瘤,如卵巢囊肿、子宫肌瘤,以及妊娠、腹水压迫大肠等,使得粪便通过受到阻碍,在肠管内停留时间过长,形成便秘。近年来,通过排便造影、肛肠测压、结肠传输时间测定、盆底肌电图等技术检查手段,发现了新的便秘类型,称出口处梗阻型便秘(或盆底肌功能不良)。其特点是排便时盆底出口处出现梗阻因素,其中有些可经外科手术消除或缓解。

②大肠病变:如过敏性结肠炎、大肠憩室炎、先天性巨结肠等疾病可引起大肠痉挛、运动失常,使粪便通过不畅而发生便秘。

③药物影响:服用碳酸钙、氢氧化铝、阿托品、普鲁本辛、吗啡、苯乙哌定、碳酸铋等,及铅、砷、汞、磷等金属中毒都可引起便秘。长期滥用泻药,使肠壁神经感受细胞的应激性降低,即使肠内有足量粪便,也不能产生正常蠕动及排便反射,因而导致顽固性便秘。

④精神因素:精神上受到强烈刺激、惊恐、情绪紧张、忧愁焦虑或注意力高度集中在某一工作时,会使便意消失,形成便秘。此外,神经系统障碍、内分泌紊乱、维生素缺乏等亦可引起便秘。

2. 中医病因病机

中医认为,便秘的病因是多方面的,其中主要的有外感寒热之邪,内伤饮食情志,病后体虚,阴阳气血不足等。本病病位在大肠,并与脾胃肺肝肾密切相关。脾虚传送无力,糟粕内停,致大肠传导功能失常,而成便秘;胃与肠相连,胃热炽盛,下传大肠,燔灼津液,大肠热盛,燥屎内结,可成便秘;肺与大肠相表里,肺之燥热下移大肠,则大肠传导功能失常,而成便秘;肝主疏泄气机,若肝气郁滞,则气滞不行,腑气不能畅通;肾主五液而司二便,若肾阴不足,则肠道失润,若肾阳不足则大肠失于温煦而传送无力,大便不通,均可导致便秘。其病因病机归纳起来,大致可分为如下几个方面:

①肠胃积热素体阳盛,或热病之后,余热留恋,或肺热肺燥,下移大肠,或过食醇酒厚味,或过食辛辣,或过服热药,均可致肠胃积热,耗伤津液,肠道干涩失润,粪质干燥,难于排出,形成所谓“热秘”。如《景岳全书·秘结》曰:“阳结证,必因邪火有余,以致津液干燥。”

②气机郁滞忧愁思虑,脾伤气结;或抑郁恼怒,肝郁气滞;或久坐少动,气机不利,均可导致腑气郁滞,通降失常,传导失职,糟粕内停,不得下行,或欲便不出,或出而不畅,或大便干结而成气秘。如《金匮翼·便秘》曰:“气秘者,气内滞而物不行也。”

③阴寒积滞恣食生冷,凝滞胃肠;或外感寒邪,直中肠胃;或过服寒凉,阴寒内结,均可导致阴寒内盛,凝滞胃肠,传导失常,糟粕不行,而成冷秘。如《金匮翼·便秘》曰:“冷秘者,寒冷之气,横于肠胃,凝阴固结,阳气不行,津液不通。”

④气虚阳衰饮食劳倦,脾胃受损;或素体虚弱,阳气不足;或年老体弱,气虚阳衰;或久病产

后,正气未复;或过食生冷,损伤阳气;或苦寒攻伐,伤阳耗气,均可导致气虚阳衰,气虚则大肠传导无力,阳虚则肠道失于温煦,阴寒内结,便下无力,使排便时间延长,形成便秘。如《景岳全书·秘结》曰:"凡下焦阳虚,则阳气不行,阳气不行则不能传送,而阴凝于下,此阳虚而阴结也。"

⑤阴亏血少素体阴虚;津亏血少;或病后产后,阴血虚少;或失血夺汗,伤津亡血;或年高体弱,阴血亏虚;或过食辛香燥热,损耗阴血,均可导致阴亏血少,血虚则大肠不荣,阴亏则大肠干涩,肠道失润,大便干结,便下困难,而成便秘。如《医宗必读·大便不通》曰:"更有老年津液干枯,妇人产后亡血,及发汗利小便,病后血气未复,皆能秘结。"

上述各种病因病机之间常常相兼为病,或互相转化,如肠胃积热与气机郁滞可以并见,阴寒积滞与阳气虚衰可以相兼;气机郁滞日久化热,可导致热结;热结日久,耗伤阴津,又可转化成阴虚等。然而,便秘总以虚实为纲,冷秘、热秘、气秘属实,阴阳气血不足所致的虚秘则属虚。虚实之间可以转化,可由虚转实,可因虚致实,而虚实并见。归纳起来,形成便秘的基本病机是邪滞大肠,腑气闭塞不通或肠失温润,推动无力,导致大肠传导功能失常。

二、具有润肠通便功能的食品

中国卫生部和 SFDA 批准具有通便功能的部分物质:阿胶、百合、大枣、蜂蜜、核桃仁、黑芝麻、红茶、猴头菇、菊花、灵芝、龙眼肉、芦荟、绿茶、山药、山楂、香菇、杏仁、银耳等。

(1)地瓜

地瓜含有丰富的膳食纤维和寡糖,有益大肠保健。多吃地瓜可以降低血浆胆固醇的含量,并使皮下脂肪减少,防止过度肥胖。因为其体积大、饱足感突出,不会形成过食现象。同时其纤维素在肠道里无法被吸收,有阻碍糖类转变为脂肪的特殊功能,可促使大便排泄,改善便秘情况。

(2)竹笋

竹笋的膳食纤维能有效缓解便秘。正在受便秘困扰的人应该尽量多吃口味清淡的竹笋。不过,导致竹笋发涩的草酸盐对过敏体质的人会有负面影响,所以做竹笋时,一定要将涩味去除,而且过敏体质的人不能食用过量的竹笋,肠胃不好和容易腹泻的人也不能多吃。

(3)苹果

苹果含有特殊的果胶成分,这种果胶属于可溶性纤维,不但可以促进胆固醇代谢,有效降低胆固醇水平,还能促进脂肪排出体外。同时含有丰富的纤维质,有助排泄。苹果营养丰富,热量又不高,是不错的助排便减肥食品。

(4)一切富含寡糖的食物

富含寡糖的食物就是含低聚糖多的食物,是我们肠道有益菌双歧杆菌最需要的食物,如大豆、蜂蜜、洋葱、芦笋等。

三、具有润肠通便功能的中国药膳

1. 粥饭类

> **核桃泥**

【原料】 核桃 250 g,荸荠 20 g,蜜枣 20 g,鸡蛋黄 50 g,鸡蛋清 50 g,白砂糖 20 g,玉米淀粉 50 g,色拉油 50 g。

【制作】 核桃仁用开水泡后去皮,剁成细末。荸荠去皮、蜜枣剁成小颗粒,加白糖、蛋黄、玉米粉、核桃仁末及清水 100 ml,调成浆,鸡蛋清搅成蛋泡。用炒锅将色拉油加热至 140 ℃,下浆料,快速翻炒,至水分干、发白、吐油时装盘,铺上蛋泡即成。

【功效】 核桃味甘、性温,可补肾固精、温肺定喘、润肠通便。

> **松子粥**

【原料】 松子仁 15 g,粳米 100 g。

【制作】 将松子仁研碎,与粳米同置砂锅中熬粥。

【功效】 补虚滑肠。

> **杏仁芝麻粥**

【原料】 杏仁 20 g,黑芝麻、大米各 60 g,冰糖适量。

【制作】 杏仁去皮尖,与芝麻、大米同熬粥,粥热加冰糖溶化。

【功效】 润肠通便。

> **首乌红枣粥**

【原料】 首乌 20 ~ 30 g,大米 60 g,红枣 10 枚,冰糖适量。

【制作】 首乌水煎,去渣取汁,用汁与大米、红枣共煮粥,粥成加冰糖,溶化即可。

【功效】 养血,润肠通便。

2. 汤煲类

> **黄酒核桃泥汤**

【原料】 核桃仁 5 个,白糖 50 g,黄酒 50 ml。

【制作】 将核桃仁捣碎,放入锅中,加黄酒,小火煎煮 10 min。

【功效】 益气润肠。

蜂蜜香油汤

【原料】　蜂蜜 50 g,香油 25 ml,开水约 100 ml。

【制作】　将蜂蜜放入碗内,用筷子不停搅拌,使其产生气泡,搅至蜂蜜泡浓密时,边搅动边将麻油缓缓渗入蜂糖内,共同搅拌均匀。搅匀后,将温开水(开水晾凉到 60 ℃)徐徐加入,搅至开水、麻油、蜂蜜成混合液状即可。

【功效】　润肠通便,缓急解毒。

银耳大枣汤

【原料】　银耳 5 g,冰糖 25 g,大枣 10 枚。

【制作】　银耳泡发,清洗干净,去根,撕成小片,放入锅内,加水,大火煮开;加入冰糖、大枣,一同沸煮 10 min 左右,再改为小火煲 1～2 h。

【功效】　养血润燥。

3. 菜品类

麻酱拌白菜心

【原料】　白菜 250 g,芝麻酱 10 g,芥末 2 g,酱油 25 g,香油 5 g,盐 1 g。

【制作】　取嫩白菜心洗净,冷开水浸泡,捞出,控干水分切丝。芥末用开水调成糊状。白菜丝上面浇麻酱、盐及调好的芥末、酱油、香油,拌匀即可。

【功效】　多食大白菜,能预防和治疗便秘,预防痔疮及结肠癌,所以麻酱拌白菜心具有便秘调理功能。

米醋萝卜菜

【原料】　白萝卜 250 g,米醋 30 g,花椒 1 g,盐 2 g,香油 1 g。

【制作】　萝卜洗净,切薄片。放花椒、食盐少许,加米醋浸 4 h 即可。食用时淋香油。

【功效】　白萝卜含有丰富的维生素 A、维生素 C、淀粉酶、氧化酶、锰等元素,还含有丰富的纤维素,对解决便秘问题也有作用。

南瓜猪肉夹

【原料】　南瓜 200 g,猪肉 80 g,大蒜 10 g,盐 3 g,白砂糖 5 g,酱油 5 g,味精 1 g,淀粉15 g,植物油 60 g。

【制作】　猪肉绞馅备用。大蒜捣茸备用。将南瓜去皮去瓤,切片,嵌入猪肉馅,排放碟上,隔水蒸熟,倾出蒸汁待用。烧锅下植物油,爆香蒜茸,注入蒸汁烧滚,调入盐、白糖、生抽、鸡精等调味料,用淀粉勾芡,浇在南瓜上面即可。

【功效】　南瓜里面的果胶可延缓肠道对糖和脂质的吸收。

鲜笋拌芹菜

【原料】 鲜嫩竹笋、芹菜各 100 g,熟食油、食盐适量。

【制作】 竹笋煮熟切片。芹菜洗净切段,用开水略焯,控尽水后与竹笋片相合,加入适量熟食油、食盐,拌匀即可。

【功效】 清热通便。

杏仁干贝豆腐

【原料】 甜杏仁 6 g,豆腐 50 g,香菇 15 g,干贝、牛奶各 20 g,青豆、火腿、冰糖各 30 g。

【制作】 豆腐切成小方块,用沸水浸透沥干;干贝水发透切片;杏仁去皮;香菇、火腿切块。将青豆、火腿、干贝、豆腐、杏仁同放砂锅内,加清水适量,置大火上烧沸,改小火炖 30 min,加入牛奶、冰糖溶化即可。

【功效】 滋阴润燥,润肠通便。

木耳海参炖猪肠

【原料】 木耳 20 g,海参 30 g,猪大肠 150 g,调料适量。

【制作】 将猪大肠洗净、切段,与木耳、海参共炖熟,调味即可。

【功效】 滋养,润肠通便。

4. 饮品类

蜂蜜甘蔗汁

【原料】 蜂蜜 20 g,甘蔗汁 150 ml。

【制作】 将蜂蜜、甘蔗汁混合调匀。

【功效】 润肠通便。

奶蜜葱汁

【原料】 牛奶 250 ml,葱白 100 g,蜂蜜 100 ml。

【制作】 葱白洗净,捣烂取汁。把牛奶与蜂蜜共煮沸,加入葱汁即可。

【功效】 补虚润燥。

第十五节　抗氧化功能食品及中国药膳

一、基本原理

1. 氧化的原因

人体组织由 60 万亿～100 万亿个各种类型的细胞所组成。每个细胞都有正常的新陈代谢,细胞的新陈代谢过程是细胞中的氧与细胞食物在细胞内线粒体中经酶促降解作用而产生能量并转换成水的过程。在这个过程中会产生许多活性氧,并有 2%～5% 的活性氧成为多余的氧自由基。活性氧和自由基是一种因失去一个电子而成的未配对的不对称、不稳定原子,原子团和特殊状态的分子,一般以小圆点·来表示未配对的电子,如氢自由基(H·)、羟自由基(HO·)、超氧阴离子自由基(O_2^-·)等。由于电子有成对的自然趋势,故未配对的电子具有一种很大的能量,可以从稳定的原子或分子上夺取其他分子,以夺取这些分子中的一个电子,这种现象就称为生理性的氧化。这种氧化作用可导致干扰细胞的正常功能,破坏细胞膜、溶酶体、线粒体、DNA、RNA 和蛋白质结构,使脂质和糖类氧化、蛋白质变性、酶失活,并导致遗传因子等的损伤,使免疫系统受损,因而引发疾病、癌变、老化等。据报道,由氧自由基所引起的疾病已有 100 余种,主要包括:浮肿、血管透过性亢进、细胞粘连、血小板凝聚、高血压、缺血-再灌流障碍、心肌梗死、急性胰腺炎、脑梗死、肾炎等。

氧化导致疾病主要起因之一,是血液中不饱和脂肪酸因氧化而成为过氧化物质,发生有害作用。特别是过氧化脂质可直接攻击血管内壁,而含有氧化脂质的血清可增加血管障碍,成为脑出血、动脉硬化的初期病变。另外,在细胞内产生过氧化脂质,可使有关的细胞膜和局部组织受到伤害,如当过氧化脂质逸出细胞,可使血清过氧化脂质水平升高,从而使末梢组织受到伤害。也可通过抑制前列腺环素的合成,而引起血小板凝集、血管痉缩乃至形成血栓,或通过脂质形成而使细胞老化。

在正常情况下,体内所产生的氧自由基人体有能力清除掉。但随着年龄的增长,这种能力就会逐步减弱。而不合理的饮食、吸烟、酗酒、环境污染、电磁辐射、剧烈运动、精神压力和创伤,尤其是过度疲劳和超负荷工作,都会导致体内氧自由基的大量产生,并造成毒害作用。

按正常人尿中 8-羟基脱氧鸟苷排出量计算,人体每个细胞可受到 10^3～10^4 次自由基的攻击,而当体内氧化增强系统和抗氧化系统之间的平衡向氧化增强方向演变时,就会造成氧化胁迫(也称为氧化应激 oxidative stress)。细胞组织受到活性氧、自由基的氧化胁迫,能使构成细胞组织的各种物质(脂质、糖类、蛋白质、核酸等)发生氧化反应,引起变性、交联、断裂等氧化伤害(oxidative damage),进而导致细胞结构和功能的破坏,以及组织损伤和器官病变。

2. 氧化防御系统

为抵御各种氧化伤害,人体自身有一系列清除自由基的抗氧化系统,在不断地清除体内的伤害。这一防御在不同阶段所起的作用如下:

①体内有各种各样抗氧化物质对各种活性氧和自由基的产生进行抑制。

②对已形成的活性氧和自由基进行捕捉、化合,而使之成为无攻击力稳定态。

③由自由基所造成细胞伤害进行修复或再生。

④为完善这些抵御能力,在一定情况下由各种抗氧化酶类等进行后续支援,犹如预备部队。

3. 中医病因病机

从能量代谢方面而论,细胞内 ATP 合成不足,是产生气虚证的内在物质基础,而 ATP 合成率降低又与自由基代谢有紧密关系,主要是由于致病因素引起机体清除自由基的能力下降,积累过剩的自由基与线粒体内膜不饱和脂肪酸发生脂质过氧化反应,破坏膜脂层结构,导致膜脂层排列松散,内膜嵴减少,ATP 合成率降低,从而引起细胞的结构与功能的恶性循环损伤,产生各种气虚症候,故而,自由基的代谢失衡可能是气虚证产生的机制之一。罗氏通过研究表明,脾气虚患者超氧化物歧化酶(SOD)活性明显高于正常人。同时,其发现肺气虚患者血中 SOD 含量亦高于正常,而肾气虚患者红细胞中 SOD 活性与正常人比较又明显降低,心气虚患者红细胞内超氧化歧化酶活性显著降低,血清内过氧化脂质含量又显著升高,并提示 SOD 活性降低尤与心气虚证关系密切。可见,SOD 活性在不同脏腑气虚证中的水平是不同的,但 SOD 活性是否可作为气虚证的辨证指标之一还有待进一步证实。除对 SOD 活性研究外,许多人认识到气虚证患者体内的自由基引起的脂质连锁反应增强,脂质过氧化物(LPO)在血中相应升高。如张氏研究冠心病气虚证患者血液发现,血中 LPO 含量显著升高,还有人报道肾气虚患者血浆中 LPO 水平明显高于非肾气盛患者。因此,气虚证与自由基损伤反应是相关的,而自由基及其所引起的连锁反应的代谢物作为微观辨证的指标之一已有一定研究,但需进一步探讨证实。

中医血虚证包括西医的贫血、急慢性缺血等。血虚证多表现为组织和器官的急、慢性缺血及缺氧所引起的损伤症状。如今,通过动物实验研究表明,缺血组织中氧自由基会增多,脂质过氧化反应会增强。如使用产生超氧化物阴离子自由基的物质,能使组织和器官产生与缺血相似的结局,而应用 SOD 清除 O_2 后,则缺血损伤即明显改善,即证实了自由基损伤可能是血虚证的形成原因之一。由于心主血,对心血虚证与自由基关系研究较多。实验研究证明,在心血虚证中,黄嘌呤氧化酶体系即产生自由基损伤心肌内壁。在运用药物治疗心血虚证研究中,许多药效都与抗自由基损伤有关,亦反证出自由基损伤亦是血虚证成因之一。如对槲皮素抗心肌缺血的研究表明,槲皮素有抗自由基损伤作用,其作用环节有三,一是其与超氧化阴离子反应阻止自由基的连锁反应;二是其阻止脂质过氧化过程,与脂质过氧基结合;三是其与铁离子结合阻止羟基自由基生成。

祖国医学认为,天癸与生俱来,藏于肾中,其主宰人的生长发育、衰老死亡的全过程,故肾精渐耗,肾气不旺,人即逐日衰老。而现代研究表明,自由基的损伤是衰老的重要原因之一,故而,对肾虚证与自由基关系的研究较为系统。如陈氏通过测试 66 例肾盛患者 SOD 活性发现,肾虚病人 SOD 活性明显降低,并提示 SOD 活性降低,自由基含量升高可作为肾虚证的辨证指标之一。肾有阴阳之别,阴阳互相统一,在肾虚证中,二者受自由基损伤有相似的改变,如研究老年人指甲中自由基含量,肾阴虚证、肾阳虚证患者均高于正常组,红细胞中 SOD 活性均显著降低,LPO 含量均高于正常组。但阴阳又相互对立,肾阳虚证与肾阴虚证与自由基关系又各有特色。对于肾阳虚证,有人用氢化可的松制出"肾阳虚"模型,其症状表现与肾阳虚症候一致,对模型胸腺,肾上腺的 LPO 含量测定发现,LPO 含量明显高于正常组,而用肾气丸补肾壮阳治疗后,SOD 含量下降,症状亦改善。对有关补肾壮阳的方药,如清宫长春丹,金反肾气丸,健脑补肾丸等,研究表明,均具有抗自由基损伤,抑制 LPO 生成的作用。对于肾阴虚证,有人测定其血中 SOD 活性与正常人比较有显著降低($P < 0.01$)。动物实验证明,滋补肾阴的六味地黄丸,对高龄老鼠有显著降低过氧化脂质及肝脏脂褐质的作用($P < 0.05$)。肾阴不足,易致阴虚火旺,有人认为,"火旺"可能是脂质氧化过程增强的表现,氧化反应中自由基增多使生物膜的不饱和脂肪酸被氧化成过氧化脂质,形成脂褐素,影响中枢神经系统和心血管系统的功能,并且通过 76 例更年期综合征患者血中 LPO 含量的测定表明,阴虚火旺证患者血中 LPO 含量明显高于同龄正常人,且明显高于阴虚火旺症状不显著者,从而推测肾阴虚火旺证与体内脂质过氧化反应增强有关。总之,自由基与肾虚证关系密切,研究取得一定共识,即肾虚证患者血中自由基增多,清除自由基的 SOD 活性降低,脂质过氧化产物 LPO 增多。而且,肾阳虚证、肾阴虚证及阴虚火旺证各有特色,值得进一步研究。

二、具有抗氧化功能的食品

中国卫生部和 SFDA 批准具有通便功能的部分物质:鲍鱼、鳖、虫草、大枣、蜂蜜、蜂王浆、枸杞子、何首乌、核桃仁、黑豆、黑芝麻、龙眼肉、玫瑰花、桑葚、山药、山楂、蛇肉、乌鸡、洋葱等。

（1）红酒

红酒所含抗氧化物质为各种多酚类化合物。

（2）胡萝卜

胡萝卜所含抗氧化物质为胡萝卜素、维生素 C。

（3）苹果

苹果所含抗氧化物质为多酚类化合物、维生素 C、果胶、钾及食物纤维等。

（4）番茄

番茄所含抗氧化物质为番茄红素、维生素 C。

（5）芝麻

芝麻所含抗氧化物质为芝麻酚。

三、具有抗氧化功能的中国药膳

1. 粥饭类

枸杞红枣粥

【原料】　枸杞 30 g,粳米 250 g,红枣 5 枚,糖少许。

【制作】　将粳米洗净后加水煮,八成熟时把洗净的枸杞及红枣下锅同熬 10 min,加糖调匀即成。

【功效】　补精血,益肾气,健脑益智,抗氧化,抗衰老。

鲜藕粥

【原料】　鲜藕 50 g,粳米 30~50 g,白糖适量。

【制作】　煮米做粥至半熟,加入洗净的鲜藕片,煮至粥熟,加糖少许。

【功效】　抗氧化,养颜美容,生津止渴,清热凉血。

黑芝麻粥

【原料】　黑芝麻 50 g,黑豆 50 g,大米 100 g,白糖适量。

【制作】　将黑芝麻、黑豆与大米淘洗干净,同入砂锅中,加水适量,文火熬煮,至米熟为度,调以白糖,即可食用。

【功效】　抗氧化,补肝养血。

山药大枣粥

【原料】　山药 30 g、粳米 100 g、大枣 10 枚,蜂蜜适量。

【制作】　将粳米、山药、大枣(去核)洗净,放入砂锅,加水适量煮粥。粥熟后冲入适量蜂蜜,调匀即可食用。

【功效】　健脾胃,抗衰老,抗氧化。

2.汤煲类

桑葚大枣汤

【原料】　桑葚、百合各 30 g,大枣 10 枚,青果 9 g。

【制作】　将大枣去核,与桑葚、百合、青果同煎水,去渣取汁。

【功效】　养血生津,解毒,抗氧化。

杂菜汤

【原料】　红萝卜 200 g、番茄 200 g、椰菜 150 g、洋葱 100 g、马铃薯 100 g、蒜蓉 20 g、盐及胡椒粉少许、绍兴酒 10 ml、水 1 500 ml。

【制作】　红萝卜、番茄、马铃薯去皮;椰菜、洋葱切成条状,备用。以 10 ml 油炒香蒜蓉、洋葱,加入椰菜炒香。加入其他材料一并炒香(可加 10 ml 绍兴酒增加香味)。加水,全部材料煲煮约 45 min。加少许盐及胡椒粉调味即成。

【功效】　抗氧化。

3. 菜品类

```
虫草枣蒸甲鱼
```

【原料】 活甲鱼 1 只,冬虫夏草 10 g,红枣 10 枚,黄酒、葱、姜、蒜、盐、鸡汤适量。

【制作】 先将甲鱼头剁下来,放完血在清水中浸泡 1 h。取出泡好的甲鱼,放开水中烫一下,除去体表黑皮及爪尖,剔下硬壳、除去内脏后,将甲鱼切成四块。将切好的甲鱼块投入开水锅内焯片刻,捞出后,用冷水洗净血沫。洗去虫草、红枣面上的浮灰,将葱、姜、蒜切片。将洗净的甲鱼块放入汤盆内,摆上虫草、红枣,加入葱、姜、蒜、盐、黄酒,注入适量鸡汤,上笼蒸 2 h 至甲鱼肉熟烂,取出笼后,拣出葱、姜、蒜,调味即可。

【功效】 增强体质,延年益寿,抗氧化,抗衰老。

```
芝麻胡桃扁豆泥
```

【原料】 黑芝麻 10 g,胡桃仁 5 g,扁豆 150 g,白糖、猪油各 100 g。

【制作】 将扁豆入沸水煮 30 min 后去外皮,再将扁豆仁蒸 2 h 至熟烂,滤去水,捣至泥状;芝麻以小火炒香,捣碎备用。锅中油热后倒进扁豆泥,翻炒至水分将尽,放入白糖炒匀,再加入芝麻末、胡桃仁、猪油等溶化炒匀即可。

【功效】 养肝滋肾,健脾和中,抗氧化。

```
桑葚蜜膏
```

【原料】 鲜桑葚 1 000 g,蜂蜜 300 g。

【制作】 桑葚洗净,加水适量煎煮 30 min 取煎液后,加水再煎取二汁,合并煎液,以文火煎熬浓缩,至较黏稠时,加入蜂蜜,至沸停火,待冷装瓶备用。

【功效】 滋补肝肾,补益气血,抗氧化。

```
红酒牛肉煲
```

【原料】 牛肉 600 g、洋葱 100 g,胡萝卜 100 g,土豆 100 g,荷兰豆(或甜豆)10 g,红葡萄酒 250 ml,盐、黑胡椒粉各 1 小匙,香菜末 1 小撮。

【制作】 牛肉洗净切块,氽烫去腥,捞起备用。洋葱、胡萝卜、土豆去皮、膜后,切块备用。荷兰豆(或甜豆)撕去蒂丝,洗净备用。煮锅内先下牛肉,再加水淹没,以大火烧沸后,改小火慢炖 30 min。倒入红酒煮开后,改小火续炖 30 min,待牛肉熟透入味,再将荷兰豆(或甜豆)加入,并加盐、黑胡椒粉调味,再煮片刻即可起锅,撒上香菜末食用。

【功效】 养颜美容,抗氧化。

```
枸杞红枣膏
```

【原料】 枸杞 300 g,龙眼肉 250 g,红枣 100 g。

【制作】　将枸杞、龙眼肉、红枣放入锅内,加水适量,慢火熬成膏。

【功效】　抗氧化,抗衰老,润肤驻颜。

芝麻红枣丸

【原料】　黑芝麻 120 g,红枣 100 g。

【制作】　黑芝麻九蒸九晒,研成细末。红枣去核后与芝麻共混在一起捣至泥状,制成 1 cm大小的丸。

【功效】　益肾养血,乌发生发,抗氧化。

4.饮品类

山楂核桃饮

【原料】　核桃仁 150 g,山楂 50 g,白糖 200 g。

【制作】　核桃仁加水少许,用石磨磨成浆,装入容器中,再加适量凉开水调成稀浆汁。山楂去核,切片,加水 500 ml 煎煮 30 min,滤出头汁,再煮取二汁,一、二汁合并,复置火上,加入白糖搅拌,待溶化后,再缓缓倒入核桃仁浆汁,边倒边搅匀,烧至微沸即可。

【功效】　补肺肾,润肠燥,消食积。

美容葡萄饮料

【原料】　葡萄 100 g,胡萝卜 100 g,苹果 250 g,白砂糖 20 g,凉开水 100 g。

【制作】　胡萝卜、苹果、葡萄洗净、切片,葡萄逐个取下,共入果汁机,加入白砂糖、凉白开混搅 5 min,得其汁液滤去皮渣饮汁。

【功效】　补血强身,美容驻颜,抗氧化。

第十六节　对辐射危害有辅助保护功能的食品

一、基本原理

随着国民经济、国防、科研、医疗事业的发展,核电站、放射线的医疗诊断和治疗、金属 X 线探伤、放射性矿藏的开采和冶炼、辐射育种和食品保险等都会发生放射线的辐射问题。放射性物质所放射出的 γ 射线、β 射线、α 射线和 X 射线等,对人体的辐射作用可导致直接损伤。破坏机体组织的蛋白质、核蛋白和酶等,造成神经和内分泌系统的调节障碍,导致体内新陈代谢的紊乱,包括蛋白质分解代谢过程的增强,改变酶的辅基并破坏酶蛋白的结构,其中巯基酶对射线十分敏感,小剂量就可以抑制活性,影响机体的机能。射线可降低机体对碳水化合物的吸收率,增加肝脏中糖的排出量,还可使脂肪的代谢变化减少而合成增加。这些辐射所导致的种种变化,会导致头痛、头昏、恶心、呕吐、白细胞下降,发生贫血等症状。

此外,如一次大剂量辐射 2 ~ 6 Gy,可引起骨髓型放射病,导致造血系统障碍;一次 3 ~ 10 Gy 可引起胃肠型放射病,引起消化系统(尤其是小肠)的损害,导致频繁发生血样水便,并可杂有坏死脱落的黏膜碎片;一次 5 ~ 20 Gy 可致脑型放射病,引起神经系统受损,可在数小时或 1 ~ 2 d 内因呼吸中枢和心血管中枢的衰竭而死亡,也可发生于照射剂量无直接相关的随机性损伤,包括致癌效应、遗传效应、如 X 射线工作者的恶性肿瘤(如白血病、皮肤癌、恶性淋巴瘤、甲状腺癌、骨癌及女性乳腺癌),发病率明显高于一般人。

对胎儿的辐射,可导致胚胎期的死亡、畸形乃至智力障碍、白血病和恶性肿瘤。

辐射还能加速衰老过程,导致脏器萎缩、毛发变白、晶体混浊、微小血管的内膜纤维增生、细胞染色体畸变等,都能促进早衰。

人体受到辐射照射后出现的健康危害来源于各种射线通过电离作用引起组织细胞中原子及由原子构成的分子的变化。电离和激发主要通过对 DNA 分子的作用使细胞受到损伤,导致各种健康危害。危害的性质和程度因辐射的物理学特性和机体的生物学背景而有所不同。它可以是发生在受照者本人的躯体性效应(somatic effect),也可以是因生殖细胞受到照射引起的发生在受照者后裔的遗传性效应(hereditary effect);可以是超过一定强度照射后必然出现的必然性效应(deterministic effect),也可以是受照强度虽低也不能完全避免的随机性效应(stochastic effect)。

1. 电离辐射对细胞的作用方式

人体细胞受到射线的照射时,能够直接或间接地使细胞中的原子发生电离和激发,引起生物体结构和功能的改变。

电离辐射直接同生物大分子(例如 DNA、RNA 等)发生电离作用,使这些大分子发生电离和激发,导致分子结构改变和生物活性的丧失;而电离和激发的分子是不稳定的,为了形成稳定的分子,分子中的电子结构在分子内或通过与其他分子相互作用而重新排列,在这一过程中可能使分子发生分解,改变结构以致导致生物功能的丧失。

由于人体的细胞中含有大量的水分子(大约 70%),所以,在大多数情况下,电离辐射同人体中的水分子发生作用,使水分子发生电离或激发,然后经过一定的化学反应形成各种产物。在这些产物中,包括了一些活性很强的自由基和过氧化物。这个过程可表示如下:

$$H_2O \longrightarrow (电离辐射) \longrightarrow H \cdot + HO \cdot + H_2O_2 + H_2 + O_2 + \cdots$$

氢自由基($H \cdot$)、羟自由基($OH \cdot$)和过氧化氢(H_2O_2)都具有高的反应活性,它们作用于生物大分子(例如 DNA),会导致这些分子结构和功能的变化,造成功能障碍和系统的病变。

2. 电离辐射对细胞的损伤

电离辐射对细胞的直接作用和间接作用的结果都会使组成细胞的分子结构和功能发生变化,而导致由它们构成的细胞发生死亡或丧失正常的活性而发生突变。细胞死亡主要是指细胞丧失了分裂生产子细胞的能力,而细胞突变主要指癌变、基因突变和先天畸变。DNA 是遗传基因的载体,它通过复制把遗传信息保存于下一代,DNA 分子结构的破坏和代谢功能的障碍都将导致细胞丧失增殖能力以至死亡。人体活动中,肌肉收缩和神经传导都是在 ATP 分子(三磷酸腺苷)参与下进行的,ATP 分子受损将抑制机体能量代谢过程,抑制蛋白质的合成。

另外,如果细胞膜的结构受到破坏,通透性受阻,有害分子排泄不出去,或在细胞内从一个区域转移到另一个区域,会破坏细胞的调节功能,最终可能使细胞中毒死亡。

电离辐射对细胞作用所产生的损伤是产生生物效应的外因,细胞对电离辐射有敏感性,同时也有耐受性,生物酶也可以对细胞的损伤进行一定的修复,减小电离辐射的影响,当不能完全修复时便会产生明显的生物效应。如果这些损伤是严重的并且是大量的(短时间内的大剂量照射),就会损害全部细胞,表现出电离辐射的危害性。

3. 辐射的生物效应

对于受到大剂量射线照射的人体,由于细胞被杀死或受到损伤,最终会出现一些病症。从效应出现的个体可分为躯体效应和遗传效应;按效应的发生与剂量的关系可分为必然性效应和随机性效应;按效应出现时间的早晚可分为近期效应和远期效应。

(1)躯体效应与遗传效应

人体有躯体细胞和生殖细胞两类细胞,它们对电离辐射的敏感性和受损后的效应是不同的。电离辐射对人体细胞的杀伤作用是诱发生物效应的基本原因。人体所有组织和器官(生殖器官除外)都是由躯体细胞组成的,出现在受照射者本人身上的效应称为躯体效应。电离辐射对机体的损伤,其本质是对细胞的灭活作用,当被灭活的细胞达到一定数量时,躯体细胞的损伤会导致人体器官组织发生疾病,最终可能导致人体死亡。躯体细胞一旦死亡,损伤细胞也随之消失,不会转移到下一代。

如果一个人急剧接受 1 Gy 以上的吸收剂量,由于肠内膜细胞受损伤,可能在几小时后就出现恶心和呕吐,也可能引起白血球减少、血小板下降、肾功能下降、尿中氨基酸增多或严重时尿血,这就是中等程度的放射病。如果一次接受 2.5 Gy 剂量,皮肤会出现红斑和脱毛,有时造成死亡;5 Gy 的剂量造成死亡的概率大约 50%;8 Gy 以上的剂量几乎肯定造成死亡。

在电离辐射或其他外界因素的影响下,可导致遗传基因发生突变,出现在受照者后裔身上的效应称为遗传效应。当生殖细胞中的 DNA 受到损伤时,后代继承母体改变了的基因,导致有缺陷的后代。并且在大剂量下,突变率随电离辐射剂量成正比增加。因此,人体一定要避免大剂量照射。

(2)必然性效应与随机性效应

根据生物效应的发生与剂量大小依赖关系的不同,可将辐射生物效应分为必然性效应和随机性效应。必然性效应有剂量阈值,达到或超过某一剂量数值才会发生,在剂量阈值之下不会发生,并且严重程度与辐射剂量大小有关。例如,电离辐射诱发白内障有明显的剂量阈值,对 X 射线或 γ 射线,急性照射剂量 2 Gy 以上会引起眼晶体混浊,5 Gy 以上可引起白内障,中子对眼晶体的损伤比 X 射线和 γ 射线高 5 ~ 10 倍。因此,电离辐射引起白内障属于必然性效应。

随机性效应是指辐射生物效应的发生没有剂量阈值,只要受到照射就有发生的可能,发生的概率与剂量大小有关,而严重程度与剂量大小无关。例如,辐射致癌和遗传效应均属于随机效应。

(3)近期效应和远期效应

在受到辐射照射后 60 d 内出现变化叫近期效应;在受照射后几个月、几年或更长时间才内出现变化叫远期效应。远期效应可发生在急性损伤已恢复的人员和长期受小剂量照射的慢性损伤人员中,这种效应可以出现在受照射本人,也可以出现在他们的后代身上。

二、具有抗辐射功能的食品

中国卫生部和 SFDA 批准的对化学性肝损伤具有辅助保护功能的食品有:赤小豆、虫草、蜂胶、蜂王浆、蜂蜡、甘草、红景天、菊花、灵芝、螺旋藻、玫瑰花、女贞子、人参、沙棘、富含番茄红素食品、富含原花青素食品、鱼腥草等。

(1)黑芝麻

中医理论认为,黑色入肾,"肾主骨升髓通于脑",各种辐射危害主要影响人体大脑和骨髓,使人免疫系统受损。多吃补肾食品可增强机体细胞免疫、体液免疫功能,能有效保护人体健康。

(2)西红柿

科学调查发现,长期经常食用番茄及番茄制品的人,受辐射损伤较轻,由辐射所引起的死亡率也较低。实验证明,辐射后的皮肤中,番茄红素含量减少31% ~46%,其他成分含量几乎不变。番茄红素通过猝灭侵入人体的自由基,在肌肤表层形成一道天然屏障,有效阻止外界紫外线、辐射对肌肤的伤害。并可促进血液中胶原蛋白和弹性蛋白的结合,使肌肤充满弹性,娇媚动人。特别值得一提的是,番茄红素还有祛斑、祛色素的功效。

(3)紫菜

紫菜能抗辐射、抗突变、抗氧化,与其含硒有关。硒是一种重要的微量元素,能增强机体免疫功能,保护人体健康。常吃含硒丰富的紫苋菜,可提高人体对抗辐射的能力。

(4)辣椒

辣椒之类辛辣食品属于常用调料,同时也是抵御辐射的天然食品。吃辣椒不但可调动全身免疫系统,辣椒、黑胡椒、咖喱、生姜之类的香辛料,还能保护细胞的 DNA,使之不受辐射破坏。因此,经常吃辣,身体健康。

(5)绿茶

绿茶中的茶多酚是抗辐射物质,可减轻各种辐射对人体的不良影响。茶叶中还含有脂多糖,能改善机体造血功能,升高血小板和白血球等。

(6)海带

最新研究发现,海带的提取物海带多糖因抑制免疫细胞凋亡而具有抗辐射作用。

(7)大蒜

大蒜是烹饪中不可缺少的调味品。大蒜中含硒较多,并且大蒜的抗氧化作用优于人参。因此适量吃些大蒜有助于减少辐射损伤。

(8)绿豆

民间素有"绿豆汤解百毒"之说。现代医学研究证明,绿豆含有帮助排泄体内毒物,加速新陈代谢的物质,能有效抵抗各种污染,包括电磁污染。

(9)黑木耳

黑木耳中的胶质可把残留在人体消化系统内的灰尘、杂质及放射性物质吸附,集中起来排出体外,从而起到清胃、涤肠、防辐射的作用。

三、具有抗辐射功能的中国药膳

1.粥饭类

海带粥

【原料】　水发海带 60 g,绿豆 80 g,粳米 100 g,陈皮 1 片。

【制作】　先将海带浸透,洗净,切丝;绿豆、粳米、陈皮洗净。然后把全部用料放入开水锅内,武火煮沸后,文火煲成粥,加糖再煲沸即可。

【功效】　清热解暑,解毒生津,抗辐射。

虫草糯米粥

【原料】　血糯米 50 g,冰糖 25 g,冬虫夏草粉 5 g。

【制作】　糯米、冰糖同加水煮粥至熟,入冬虫夏草粉煮沸 10 min 即可。

【功效】　补气养阴,抗辐射。

冬虫夏草粥

【原料】　粳米 50 g,冬虫夏草 5 g,白芨粉 10 g,冰糖适量。

【制作】　先将洗净的粳米、冰糖放入开水锅中熬煮成粥,再将虫草粉和白芨粉均匀散入粥中稍煮片刻,焖 5 min。

【功效】　补肺益肾,抗辐射。

人参粥

【原料】　人参 3 g,粳米 100 g,冰糖适量。

【制作】　将粳米淘净后,与人参一起放入砂锅或铝锅内,加水适量,置武火上烧开,再改文火煎至熟。将冰糖放入锅中,加水适量,熬汁;再将糖汁徐徐加入熟粥中,搅拌均匀即成。

【功效】　益元气,补五脏,抗辐射。

2.汤煲类

番茄土豆排骨汤

【原料】　西红柿 100 g,土豆 100 g、排骨 100 g。

【制作】　将西红柿、土豆去皮洗净切成块,将排骨洗净切成块用开水焯一下除去血水和腥味,用凉开水过水捞出待用;坐锅上火,倒入适量的油,放入姜葱、土豆、西红柿略煸炒,再加入陈皮和蜜枣,炒好,将焯排骨的汤倒入烧开待用;将排骨捞出放在锅中,倒入烧开的汤和适量清水,加盐,煮 40 min 即可。

【功效】 富含维生素 C、番茄红素,抗辐射,抗氧化。

海带绿豆汤

【原料】 海带、绿豆各 30 g。

【制作】 海带洗净切丝,与绿豆加水共煮,至绿豆煮烂后加白糖少许。

【功效】 排毒,抗辐射。

3. 菜品类

人参汤圆

【原料】 人参细粉 5 g,玫瑰蜜、樱桃蜜、面粉各 15 g,黑芝麻、鸡油各 30 g,白糖 150 g,糯米粉 500 g。

【制作】 将鸡油熬熟、滤渣晒凉。面粉放干锅内炒黄,黑芝麻炒香捣碎。将玫瑰蜜、樱桃蜜压成泥状,加入白糖,撒入人参粉和匀,点入鸡油调和做成汤圆馅。再将糯米粉和匀,包上馅,做成汤圆,下入沸水中,煮熟即可。

【功效】 补中益气,安神养心,抗辐射。

胡萝卜炒西兰花

【原料】 西兰花 200 g,胡萝卜 100 g,盐适量。

【制作】 将西兰花用手掰成小朵,洗净。胡萝卜洗净,切片。将西兰花和胡萝卜用水焯后,锅中加油,油热倒入西兰花和胡萝卜,大火翻炒,加入适量盐即可。

【功效】 富含维生素 A 和 β 胡萝卜素,有助于减小辐射和紫外线照射的损害。

凉拌海带丝

【原料】 海带 300 g,蒜茸、香油、醋、味精各适量。

【制作】 将海带洗净,切成细丝后煮半小时捞出放凉。放凉后加蒜茸、香油、醋、味精等调料后,拌匀即可。

【功效】 海带可增加单核巨噬细胞活性,增强机体免疫力和抗辐射。

海带炖豆腐

【原料】 豆腐 200 g,海带 100 g,精盐、姜末、葱花、花生油各适量。

【制作】 将海带用温水泡发,洗净后切成菱形片;将豆腐切成大块,放入锅中加水煮沸,捞出晾凉,切成小丁。锅中放入花生油烧热,放入葱花、姜末煸香,再放入豆腐、海带,注入适量清水烧沸,再改为小火炖烧,加入盐,炖至海带、豆腐入味,出锅装盘即成。

【功效】 和中润燥、清热解毒,抗辐射。

> ### 番茄草菇西兰花

【原料】 西兰花 200 g,小番茄 100 g,草菇 50 g,葱、蒜适量。

【制作】 将西兰花放入锅中,加入盐、白糖、食用油焯烫后取出,再将草菇、小番茄分别过水焯烫备用;坐锅点火倒油,下葱、蒜片爆香,加入西兰花、草菇、小番茄,大火翻炒,调入盐、味精、白糖出锅即可。

【功效】 抗氧化,抗辐射。

4. 饮品类

> ### 山楂菊花茶

【原料】 山楂 30 g,菊花、茶叶、茯苓、莱菔子各 1.5 g,麦芽、陈皮、泽泻、赤小豆、夏枯草、草决明各 10 g。

【制作】 将以上各药共捣为末即可。每天取 10 g 放入杯中冲泡,浸焖数分钟。

【功效】 消食,抗辐射。

> ### 丹参茶

【原料】 丹参 9 g,绿茶 3 g。

【制作】 将丹参捣为粗末,同茶叶用沸水冲泡 10 min 即可。

【功效】 活血止痛,抗辐射。

> ### 枸杞饮料

【原料】 枸杞叶 50 g,苹果 200 g,胡萝卜 150 g,蜂蜜 30 g,冷开水 150 g。

【制作】 将新鲜枸杞叶、苹果、胡萝卜洗净,苹果去皮去核,均切成小片或丝,一同放入果汁机内,加冷开水制成汁即可。

【功效】 护肤驻颜,抗氧化,抗辐射。

> ### 鱼腥草茶

【原料】 鱼腥草 30 g,银花 15 g,茅根 25 g,连翘 12 g。

【制作】 加水煎服。

【功效】 排毒,抗辐射。

第十七节 对化学性肝损伤有辅助保护功能的食品

一、基本原理

1. 肝脏的主要作用

肝脏是重要的物质代谢器官,在碳水化合物、脂类、蛋白质、维生素、激素、胆汁等物质的吸收、贮存、生物转化、分泌、排泄等方面都起着重要的作用,且具有解毒和吞噬的功能。肝脏也是重要的血液调节器官,参与血液中许多凝血因子的合成,参与造血过程、贮存和释放造血因子。肝脏是人体内许多酶类的合成器官,保证着人体的正常新陈代谢过程。

但许多疾病因子可造成肝实质细胞的变形和坏死,当部分肝细胞坏死而剩余细胞再生时,会发生纤维增生而导致肝硬化。在肝硬化的初期未及时得到治疗和缓解,就会使肝静脉血流受阻,肝静脉和门静脉压上升,促使肝内动静脉吻合支的形成,导致肝细胞供血减少,进而发生进一步的坏死和肝硬化。当肝脏严重受损,代偿能力显著减弱时,就会出现严重的肝功能障碍,进一步加重肝功能衰竭,并引起中枢神经系统的功能障碍而导致肝昏迷。

人的肝脏由5万~10万个独立的肝小叶组成,是肝脏的基本单位。其间分布有肝细胞系统、单管系统、血液循环系统和网状内皮系统四大系统。其中,血液循环系统有肝动脉和肝门动脉的双重供血系统,每分钟约有1 100 ml血液流入肝小叶中的肝窦状隙,另有约350 ml由肝门动脉注入肝窦状隙,故肝脏每分钟的总流血量约为1 450 ml。来自心脏和肠道的血液在肝小叶中混合,再由肝静脉送至心脏。由于通透性大,肝细胞膜能直接与血液接触,以进行物质交换。进而对由肠道输入的碳水化合物、脂肪、蛋白质等营养物质,以及药物、酒精、毒物等有害物质进行分解、代谢。肝细胞每天约分泌700~1 200 ml胆汁,并流入胆囊,许多代谢产物可随之进入胆汁,再随粪便排出,当这个胆管系统出现问题时,就会出现黄疸等症状。网状内皮系统包括位于肝窦状隙内表面并突入血流中的库普弗细胞,属组织吞噬细胞,具有很强的吞噬能力,能吞噬掉流过血液中99%以上的细菌或其他异物,以保证血液的净化。

2. 肝损伤的主要类型

包括药物、毒物在内的多种因素引起的化学性肝损伤是肝病常见的一种病理损害,也是导致肝纤维化,甚至肝硬化、肝癌发生的重要因素。肝损伤过程大多与氧化应激和免疫有关,能诱导肝细胞生物膜系统发生脂质过氧化,干扰细胞内的能量代谢,活化细胞死亡程序等。从病理机制上来看,肝损伤表现为大量 Ca^{2+} 进入细胞,产生钙超载;丙二醛(MDA)的增加,促进核因子-κB(NF-κB)、caspase-12、白细胞介素-8(IL-8)、IL-1、γ干扰素(IFN-γ)、粒细胞-巨噬细胞集落刺激因子(GM-CSF)、肿瘤坏死因子-α(TNF-α)等的释放增加等;肝枯否细胞、星状细胞、Kupffer细胞的激活,以及MDA与细胞内的蛋白产生交联,形成mallory小体等。

肝损伤造成的疾病相当广泛,大致可分为如下几种:

①肝炎,包括一般性炎症、病毒性肝炎和酒精性肝炎。

②中毒及药物所引起的化学性肝损伤。

③由于长期摄入高脂肪、高热量饮食或过多酒精所引起的脂肪肝。

④肝癌。

⑤往往由其他长期肝损伤所造成的后期症状肝硬化。

⑥其他如原发性胆汁性肝硬化、细菌性肝脓肿等。

3. 酒精性肝损伤

肝脏清除酒精的速率因人而异，一般成人的速率为 1 kg 体重 100 mg/h。如体重 60 kg 者清除 100 ml 乙醇浓度约 40% 的酒约需 7 h。酒精性肝损伤是长期大量饮酒所造成的伤害，早期出现急性酒精性肝炎，继而变成慢性肝炎，最后转为肝硬化，少数可恶化为肝癌。死亡原因多为肝功能丧失，或食道曲张、破裂出血。

酒精性肝损伤的机理尚未完全清楚，一般认为其可能机理为酒精代谢而生成活性氧自由基，使脂质发生过氧化，并使 DNA 等受损的氧化胁迫所致。此外，也有人提出酒精对肝脏的伤害是由于体内所形成的内毒素，进而改变肝脏吞噬细胞库普弗细胞的活性，从而引发炎症。

4. 其他化学性肝损伤

外来物质进入体内后，主要经肝脏代谢后送至身体各部分，当这种物质无利用价值或有害时，就会经代谢而排出体外。因此，当外来物质对身体有毒害时，首当其冲的器官就是肝脏。四氯化碳和乙酰胺酚是典型能诱发肝损伤的外来物质，它们会诱发细胞毒性肝损伤，造成肝脏块状坏死。肝细胞坏死的生化指标是血清转氨酶活性升高，包括丙氨酸氨基转移酶（ALT）和天冬氨酸氨基转移酶（AST）。

这两种酶系统称氨基酸转移酶，在肝细胞中的含量较高，当肝细胞受损时，这两种酶就会大量释放到血液中，使血液中 ALT 和 AST 的浓度增高，故可据此作为肝损伤的标志。

四氯化碳所造成的伤害发生于肝小叶的中央静脉区，早期肝细胞明显损伤及炎症反应，呈浸润状态，如持续暴露 6~9 周，则进一步造成肝细胞块状坏死、空泡化，星状细胞增生和结缔组织堆积于静脉和门脉周围。乙酰胺酚则造成肝脏中央小叶出血，肝细胞凝结坏死，坏死区有明显斑状病灶。对于短期的四氯化碳或乙酰胺酚伤害，可通过逐渐代谢而得以恢复正常，但如长期连续诱发，可使肝脏严重受损而无法恢复。

5. 中医病因病机

化学性肝损伤的中医病因病机及治则治法根据化学性肝损伤的临床表现，诸如胁肋不适、右胁硬块、恶心呕吐、纳差、疲劳、乏力、头晕等症状，当属于中医病名的"胁痛""症积""头晕"。病因一方面为药毒酒食酿成湿热滞留体内，阻滞肝胆气机，影响脾胃运化；另一方面毒邪伤正，耗损肝肾阴血精气。其病机概括为肝肾阴虚、精血不足、湿热瘀毒阻滞，故而治疗当补益肝肾、清热化湿、活血化瘀。中医治疗学说中素有"养正积自消"观点，对于化学性肝损伤的治疗，强调从补益精血、滋养肝肾入手，以扶助正气为要。

二、对化学性肝损伤有辅助保护作用的食品

对化学性肝损伤有保护作用的中药成分主要有：多糖、黄酮类化合物、苷类、生物碱等。

白首乌为传统中药，含有多糖成分，具有养血益肝、固肾益精、乌须黑发和延年益寿的功

效。杨小红等通过酒精诱导小鼠急性肝损伤,并用从白首乌中提取的粗多糖进行治疗。结果发现,白首乌粗多糖能显著降低肝损伤小鼠血清 ALT、AST 水平,对酒精诱导的肝功能损害有明显的保护作用。陈旭等采用 D-半乳糖胺(D-Gal)诱导大鼠急性肝损伤模型,以桃金娘多糖进行治疗,也发现大鼠血清中 ALT、AST、MDA 水平显著降低,而 SOD 和 GSH-PX 水平升高,表明桃金娘多糖具有保肝降酶和抗氧化功能。总之,中药多糖大多通过调节机体免疫功能,提高抗氧化水平,能直接捕捉、清除自由基或减轻自由基对脂膜及线粒体膜的攻击,稳定肝细胞膜结构,从而保护肝脏。

黄酮类化合物多数具有消炎抑菌、降血脂、止咳化痰、抗氧化和保肝护肝等作用。半枝莲总黄酮具有防治肝纤维化作用,李中华等采用 CCl₄ 制成大鼠肝纤维化模型,以半枝莲总黄酮进行治疗,发现半枝莲总黄酮可显著降低实验性肝纤维化大鼠血清中 ALT 和 AST 的含量,组织病理学检测证实,半枝莲总黄酮具有防治肝纤维化的作用,其机制可能是通过调节 IL-10 的分泌,抑制炎症反应。

苷类成分是糖或糖的衍生物与另一类非糖物质通过糖的端基碳原子连接形成的化合物,根据苷元的结构包括酚苷、醇苷、蒽苷、黄酮苷、皂苷、环烯醚萜苷等。研究发现,胡黄连苷Ⅱ能显著降低 CCl₄ 引起的血清 AST、ALT 升高,升高血清 TP 和 ALB,具有保肝降酶作用。中药三七为五科植物三七的根,具有散瘀止血、消肿定痛的作用,现代研究认为其能扩张血管、降低心肌耗氧量、降血脂、清除自由基、抗氧化等。

存在于自然界中的生物碱是一类含氮的碱性有机化合物,大多具有复杂的环状结构,有显著的生物活性,是中草药中重要的有效成分之一。苦参碱是从苦豆子果实或地上部分中提取的一种生物碱,能减少肝细胞损伤,促进其再生,临床用于急慢性肝炎及恶性肿瘤的治疗。

中国卫生部和 SFDA 批准的对化学性肝损伤具有辅助保护功能的食品有:大蒜、大枣、蜂胶、蜂王浆、枸杞子、猴头菇、姜、菊花、苦瓜、灵芝、绿茶、牡蛎肉、乳酸菌、桑葚、山楂、乌梅、五味子、香菇、杏仁、芦荟等。

三、对化学性肝损伤有辅助保护作用的中国药膳

1. 粥饭类

　　双决明粥

【原料】　石决明 25 g,决明子 10 g,白菊花 15 g,粳米 100 g,冰糖 6 g。

【制作】　将决明子入锅炒至出香味时起锅。白菊花、石决明入砂锅煎汁,取汁去渣。粳米淘洗干净,与药汁煮成稀粥加冰糖食用。

【功效】　适用于目赤肿痛,羞明多泪,头胀头痛,或肝肾亏虚,肝阳上亢所致的头晕目眩、视物模糊、目睛干涩等症。

　　桑葚粥

【原料】　桑葚 30 g(鲜桑葚 60 g),糯米 60 g,冰糖适量。

【制作】　将桑葚洗干净,与糯米同煮,待煮熟后加入冰糖。

【功效】　滋补肝阴,养血明目。适合于肝肾亏虚引起的头晕眼花、失眠多梦、耳鸣腰酸、须发早白等症。

枸杞粥

【原料】　枸杞子 30 g,大米 60 g。

【制作】　先将大米煮成半熟,然后加入枸杞子,煮熟即可食用。

【功效】　促使肝细胞再生。

2. 汤煲类

葛粉羹

【原料】　葛粉 250 g,荆芥穗 30 g,淡豆豉 150 g。

【制作】　将葛粉做成面条,荆芥穗、淡豆豉水煮 6～7 min 去滓取汁,煮葛粉面条至熟。

【功效】　滋养肝肾,熄风开窍。

四物肝片汤

【原料】　羊肝 200 g,熟地 10 g,川芎 3 g,当归 6 g,白芍 8 g,枸杞 10 g,旱莲草 6 g,炒酸枣仁 6 g,胡椒粉 1 g,水发木耳 10 g,料酒 2 g,黄花菜 10 g,湿淀粉 10 g,鸡汤 400 g,精盐 6 g,酱油 3 g。

【制作】　中药去净灰渣,入砂锅,加清水煎成药汁,澄清去沉淀。将羊肝洗净,切成薄片,盛入碗内,加入酱油、料酒、湿淀粉调匀。炒锅置旺火上,加药汁、鸡汤、木耳、黄花,木耳、黄花煮开后捞入汤碗内。肝片抖撒下锅,汤开时,撇去泡沫,肝片煮熟时,加入盐、胡椒面、熟猪油、味精,盛入碗内即成。

【功效】　养肝补血,明目安神。

猪肝绿豆粥

【原料】　新鲜猪肝 100 g,绿豆 60 g,大米 100 g,食盐适量。

【制作】　先将绿豆、大米洗净同煮,大火煮沸后再改用小火慢熬,煮至八成熟之后,再将切成片或条状的猪肝放入锅中同煮,熟后再加调味品。

【功效】　补肝养血、清热明目、美容润肤,可使人容光焕发。

桂圆山药甲鱼汤

【原料】　桂圆肉 20 g,山药片 30 g,甲鱼 1 只,食盐适量。

【制作】　用热水烫甲鱼,使其排尿,切开,洗净。三种原料一起置炖盅内,加水炖熟即可。

【功效】　补益脾胃,滋养肝血。

绿豆大蒜汤

【原料】 绿豆 250 g,大蒜 15 g,白糖适量。

【制作】 绿豆、大蒜洗净同放入砂锅内,加水适量,共煮至绿豆熟烂,加入白糖调味。

【功效】 清热利尿。

3. 菜品类

玄参炖猪肝

【原料】 玄参 15 g,猪肝 500 g,菜油、葱、姜、酱油、白糖、黄酒、水淀粉适量。

【制作】 猪肝洗净,与玄参同放入铝锅内,加水适量,煮 1 h,捞出猪肝,切成小片装盘。锅内加菜油,放入葱、生姜稍炒,加酱油、白糖、料酒少许,兑加原汤适量收汁,勾入水淀粉(汤汁明透)后淋在猪肝片上,拌匀即成。

【功效】 适用于肝阴不足引起的两目干涩、昏花、夜盲,慢性肝病等。

枸杞甲鱼肉

【原料】 甲鱼 1 只,枸杞子 60 g。

【制作】 将甲鱼去内脏及头,洗净,放在砂锅里,加入枸杞子,添加足量清水,用小火慢慢煨熟,调味即可。

【功效】 滋补肝肾,补虚安神。

萝卜炒猪肝

【原料】 鲜猪肝 250 g,白萝卜 250 g,植物油、香油、食盐、大葱、味精、淀粉各适量。

【制作】 将猪肝、萝卜洗净切片。萝卜炒至八成熟,加入盐搅拌,盛出置盘中。在加入植物油适量,旺火爆炒猪肝 2 ~ 3 min,再将萝卜与肝片同锅快速翻炒 2 ~ 3 min,加入调料,最后淋入香油少许。

【功效】 补肝清热,宽中下气。

4. 饮品类

板蓝大青叶茶

【原料】 茶叶 15 g,板蓝根、大青叶各 30 g。

【制作】 水煎取汁。

【功效】 清热解毒。

第十八节　具有促进排铅功能的食品

一、基本原理

铅是一种古老的毒物,也是地壳中存在最为广泛的元素之一。在人类赖以生存的环境中,铅无处不在。动力汽油中常含有添加剂四乙基铅,它通过汽车废气而排放入空气中。随着生产技术的改进,工艺流程的改变以及职业卫生和环境保护工作的加强,由高浓度铅接触所致的具有明显临床症状的急性铅中毒已鲜见,人们的注意力转向亚临床型无症状性铅中毒。

1. 铅对骨骼系统的危害性

骨骼是铅毒性的重要靶器官系统。进入机体的铅随血液分布到全身各器官组织,其中90%储存在骨性组织中,10%存在于血液和软组织中。在人类,铅被认为是骨疏松的潜在危险因子,妊娠和哺乳时骨铅可被动员而使相当数量的铅从骨中转移到生物利用度更高的部位,而且后者对血铅贡献更大。铅中毒可使血清骨钙素水平降低,骨钙素是由成骨细胞合成的一种骨基质蛋白,因此,血清骨钙素是成骨细胞活性的标记物。

血清碱性磷酸酶(ALP)活力变化与骨骼骨化程度有关,铅损伤细胞合成或分泌骨基质其他成分的能力;铅还直接影响或替代钙信使系统活性部位中的钙,导致生理调节功能损伤。可见,铅对人体骨骼的毒性作用是由两个基本过程产生的,一是通过损伤内分泌器官而间接影响激素合成或对骨功能和骨矿物代谢的调节功能;二是通过毒化细胞、干扰基本细胞过程和酶功能、改变成骨细胞和破骨细胞耦联关系和影响钙信使系统而直接干扰骨细胞的功能。

铅对鸟类的畸形作用主要表现为交翅、眼睛变小或无眼、爪相连等等。

2. 铅对造血系统的危害性

血液系统是铅毒性作用的靶系统,铅对造血系统的主要作用表现为抑制血红蛋白的合成和缩短循环中红细胞的寿命,因此导致贫血。铅可和蛋白质(尤其是酶蛋白和金属结合蛋白)上的琉基(-SH)或其他能结合二价离子(Mn^{2+}、Ca^{2+}、Zn^{2+})的部位实行不可逆的共价结合。铅抑制 8-ALA 脱水酶(叶琳代谢关键酶),使叶琳代谢障碍,血红蛋白合成下降,导致贫血,同时由于 S-ALA 在体内增多,经氧化产生大量的氧自由基,引起细胞脂质过氧化和 DNA 的氧化损伤二磷酸腺苷诱导的血小板聚集与血铅浓度有明显关系,高血铅有降低血小板聚集的作用,而纤维蛋白酶诱导的血小板聚集与血铅浓度无关。

铅对机体内血液系统的影响主要表现在:一是抑制血红蛋白(Hb)的合成;二是抑制血液总蛋白(TP)的合成。

3. 铅对神经系统的毒性

铅是具有神经毒性的重金属元素,国内外对铅毒性的研究多数集中于对神经系统的影响,发育中的神经系统对铅尤为敏感。对哺乳动物而言,铅可对血脑屏障、神经元及神经胶质细胞发育过程产生神经毒性作用,干扰各种细胞发育,扰乱神经信号传导等关键因素产生神经毒性作用。

血脑屏障对维持神经系统的液态环境有重要作用,铅作用于脑需通过血脑屏障,血脑屏障发育不健全,是铅毒性作用易感性的主要原因之一。

铅是最重要的环境神经毒物之一。现已被证实儿童在发育过程中的慢性铅暴露会引起学习和记忆功能和神经行为等认知功能损伤,这在不同的动物模型中也得到了证实。

海马是与学习和记忆功能密切相关的一个重要脑区,海马神经元活性依赖的突触可塑性被认为是学习和记忆功能的细胞与分子基础。在发育过程中,铅暴露损伤了大鼠海马的突触可塑性,这可能是慢性铅暴露损伤学习和记忆功能和神经行为等认知功能的机制之一。

4. 铅对人体认知功能的影响

重金属铅是一种普遍存在的环境神经性毒物,铅暴露导致儿童学习认知功能异常的现象日益严重。儿童和成人对铅的神经毒作用敏感性和反应性不同,发育中的中枢神经系统对铅的神经毒性尤为敏感。铅对胚胎期和幼年期的毒害主要表现为记忆力和注意力的变化,而且一经损害,不可逆转。

目前研究认为,突触部位有一些蛋白激酶分子在学习记忆是被磷酸转化而激活参与学习记忆过程,现在发现海马空间记忆形成过程中至少有三种蛋白激酶被激活,即 Ca^{2+}/钙调蛋白依赖的蛋白激酶、蛋白激酶 A、细胞外信号调节激酶,活化激酶分子再催化自身磷酸化,使激酶分子在学习记忆过程中保持长期活化状态。

其中,Ca^{2+}/钙调蛋白依赖的蛋白激酶是一种具有 8~12 个亚单位的酶,它是大脑内含量最丰富的蛋白激酶,在海马和新皮层的突触后的神经元致密层密度最高,海马和大脑皮层是学习记忆的结构基础,由于 Ca^{2+}/钙调蛋白依赖的蛋白激酶的特点是亚基上 THr-286 磷酸化可使 Ca^{2+}/钙调蛋白依赖的蛋白激酶变成 Ca^{2+}/钙调蛋白非依赖的蛋白激酶,这是 Ca^{2+}/钙调蛋白依赖的蛋白激酶可以在钙离子浓度下降的情况下,仍然能够保持较长时间活性的原因,因此认为钙调蛋白依赖的蛋白激酶的自身磷化是记忆的一种分子机制。

二、具有促进排铅功能的食品

中国卫生部和 SFDA 批准的具有促进排铅功能的食品有:蚕蛹、海带、谷胱甘肽、刺梨、亚麻籽胶等。

铅和锌有相互颉颃作用,即体内铅含量高时,锌含量就下降,而锌是儿童正常生长发育所必需的微量元素。除锌之外,铁和钙也与铅一样是二价金属元素,在小肠中属同一运载结合蛋白,彼此有竞争性,因此铅高就会缺锌,而低铁则可引发铅中毒。为减少对铅的吸收,应适当增加锌、铁、钙的摄入量。此外,与铅有螯合、配位、吸附、颉颃作用的物质,也可通过与铅的特殊结合能力而使之排出体外,其中较有效的有低脂果胶、海藻胶、海藻酸钠、魔芋精粉等大分子物质,因此,对这类物质均应适当补充。

(1)海蛎

海蛎含锌量高,会阻止铅的摄入。

(2)猕猴桃、枣、柑等

猕猴桃、枣、柑等所含的果胶物质,可使肠道中的铅沉淀,从而减少机体对铅的吸收。油菜、卷心菜、苦瓜等蔬菜中的维生素 C 与铅结合，会生成难溶于水且无毒的盐类，随粪便排出体外。一般情况下，植物性食物的铅含量高于动物性的，且以根茎类的含铅量最高。

（3）虾皮

每 500 g 虾皮的含钙量高达 250 g，而钙有助于铅的排泄。

（4）牛奶

牛奶所含的蛋白质成分能与体内的铅结合成一种可溶性的化合物。

（5）豆制品

豆制品含有大量的质地优良的蛋白质成分，可起到与牛奶相同的排铅作用。

（6）海带

海带具有解毒排铅功效，可促进体内铅的排泄。

（7）茶叶

茶叶含有鞣酸等物质，能与体内的铅结合成可溶性物质，并随尿液排出体外。

（8）胡萝卜

胡萝卜含有大量的果胶，可减轻铅在体内的毒性，减少铅的吸收。

（9）牛肉

牛肉中所含的蛋白质和钙，都可阻止人体对铅的吸收。

（10）动物肝脏

动物肝脏富含蛋白质和丰富的钙，对防止铅中毒大有帮助。

（11）维生素 C

多吃富含维生素 C 的食物，可抑制人体对铅的吸收。常人每天至少应摄入150 mg维生素 C；对已确诊为铅中毒者可增至 200 mg。

（12）木耳

木耳具有良好的抗癌功效，并具有清除铅毒的功能，经常食用，可有效地清除体内的铅毒及其他有害物质。

三、具有促进排铅功能的食谱

1. 粥饭类

金菇虾皮饺

【原料】　金针菇 100 g，虾皮 50 g，瘦猪肉 200 g。

【制作】　将金针菇、虾皮、瘦猪肉共剁成泥，加调味品制成馅，包成饺子。

【功效】　排铅排毒。

蒜泥海带粥

【原料】　大米 50 g，海带 15 g，大蒜两瓣。

【制作】　大米、海带加适量水先煮，待成粥后加入蒜泥即可。

【功效】　排铅,提高免疫力。

> 蚕蛹粥

【原料】　带茧蚕蛹 10 个,粳米 100 g。

【制作】　用带茧蚕蛹煎水,取汁去茧,然后加入大米共煮成粥。

【功效】　益肾补虚,止渴,排铅。

> 玉米刺梨粥

【原料】　玉米(鲜)30 g,粳米 60 g,刺梨 15 g。

【制作】　将玉米洗净,刺梨去皮、洗净、切片,粳米洗净;把全部用料一齐放入锅内,加清水适量,文火煮成稀粥,调味即可。

【功效】　排毒排铅,抗衰老,健脾开胃。

2. 汤煲类

> 雪梨鱼腥草

【原料】　雪梨 250 g,鱼腥草 60 g,冰糖适量。

【制作】　雪梨洗净,连皮切成碎块,弃去核心。鱼腥草用水 800 ml 浸透后用大火烧开,用文火煎 30 min,弃去药渣,留下澄清液 500 ml,把梨放入药液内加入冰糖后文火烧煮,待梨完全煮烂后即可食用。

【功效】　解毒排铅,润肺止咳。

> 海参瘦肉汤

【原料】　海参 4 条,枸杞子 50 g,瘦肉 250 g,生姜 2 片,葱 2 根。

【制作】　海参、瘦肉分别洗净,海参切厚片,瘦肉切片。枸杞子、生姜和葱分别洗净,生姜切片,葱切段。煮沸适量清水,先放入姜片和葱段沸煮片刻,再加入全部材料,文火煮约 3 h,以适量细盐调味即可。

【功能】　补充体力。

> 刺梨白萝卜汤

【原料】　刺梨 100 g,白萝卜 200 g,精盐 1 g。

【制作】　刺梨、白萝卜切块,与精盐一起入锅,加水 600 g,煎煮 30 min,滤出药液即成。

【功效】　健胃,消食,生津止渴,排毒排铅。

3. 菜品类

松子炒蜂蛹

【原料】　蜂蛹 125 g,洋葱 30 g,青红椒各 15 g,炸熟的松子仁 20 g,盐 2 g,色拉油少许。

【制作】　将洋葱、青红椒分别切成 2 cm 见方的菱形块。净锅上火放色拉油烧至七成热,下蜂蛹小火炸 1 min 至金黄色捞起。锅内留油 5 g,烧至六成热时放入洋葱、青红椒块大火翻炒出香味,下蜂蛹、盐大火炒 1 min,撒上松子出锅装盘即可。

【功效】　开胃,健脾,排铅。

胡萝卜炖海带

【原料】　海带(泡发)150 g,胡萝卜 50 g。

【制作】　海带泡水 2 h,再用清水冲洗干净。胡萝卜洗干净,去皮切块。锅烧热,加入600 ml 水烧开。放入胡萝卜及海带,加入调味料。炖煮约 10 min,将海带煮软即可。

【功效】　润肠通便,排毒排铅。

牛肉炖萝卜

【原料】　牛肉 500 g,白萝卜 500 g,料酒、盐、葱、姜适量。

【制作】　将牛肉、萝卜均洗净,切块待用。将油锅烧热,倒入牛肉煸炒,烹入料酒,炒出香味,盛起待用。砂锅中加适量热水,放入葱、姜、料酒烧沸,加入牛肉煮 20 min,转为小火炖至牛肉熟烂,加盐调味,放入萝卜炖至入味,即可出锅。

【功效】　补充体力,排铅。

4. 饮品类

胡萝卜牛奶饮

【原料】　胡萝卜 50 g,牛奶 200 ml。

【制作】　煮熟后取出压烂,调入牛奶。

【功效】　排毒排铅。

金梅饮

【原料】　金钱草 10 g,乌梅 10 g,甘草 10 g。

【制作】　煎汤去渣,约 300 ml,分 3 次饮服。

【功效】　排铅清火。

第十九节 有利于提高缺氧耐受力的食品及中国药膳

一、基本原理

1. 缺氧原因

氧是人体进行新陈代谢的关键物质,是人体生命活动的第一需要。由肺吸入的氧转化为人体内可利用的血氧,血液携带血氧向全身输入生物氧化所需的能源,因此,氧是正常生命活动中不可或缺的重要物质。血氧的输送量与心脏的工作状态密切相关,心脏泵血能力越强,血氧的含量就越高;其次,心脏冠状动脉越通畅,血氧输送到心脏及全身的浓度就越高,人体重要器官状态就越良好。一旦体内由于呼吸、血氧含量及血液运行障碍等儿时体内器官缺少血氧,就会像不能呼吸一样感到憋气、窒息,从而引发心缺氧反应(心悸、胸闷、气促等)、脑缺氧反应(头晕目眩、记忆障碍、神志不清等)及躯体缺氧反应(机体反应迟钝、酸疼无力、手脚发麻等),最终导致机体的心、脑等主要器官因供氧不足而死亡。因此,保持机体健康的最好办法是人体每个细胞聚能供氧充足。

大脑的能量主要来自于葡萄糖的氧化分解,糖在大脑能量代谢中起主要作用,脑的耗糖量约占全身耗糖量的1/4,在无氧酵解中所产生的乳酸,极易导致大脑细胞疲劳,引起脑组织严重缺氧。因此,氧在脑组织代谢中占有十分重要的地位。正常人大脑耗氧量会成倍增加。因此提高脑的耐缺氧能力显得十分重要。

宇航、高空作业、高原勘探、旅游等人员,随着所处海拔高度的增加,气压不断下降,大气中氧分压相应下降,形成低氧压缺氧状态,如海拔高度5 000 m时的氧分压仅为平原地区的1/2,至8 000 m时仅1/3,达到生理适应极限,久居平原的人可因缺氧而致死。

2. 缺氧耐受力

机体对缺氧有一定的耐受能力。缺氧时,机体对神经体液的调节而产生一系列代偿性活动,包括呼吸和心跳加快、心输出量增加、血液加速、造血功能加强等,以增加氧对机体的供应。平时的运动锻炼可提高对缺氧的耐受性,而再生病、精神过度紧张、兴奋、寒冷、发热等情况下,耗氧量增加,对缺氧的耐受性相应降低。

碳水化合物(某些多糖)、维生素、微量元素(尤其是铁)和核苷酸等可提高对氧的耐受性,可增加肺通量和弥散度,加速氧的传递能力,改善脑功能等。高脂肪膳食可降低血红蛋白和氧的结合与携带能力,降低机体对缺氧的耐受性。而某些耐缺氧的保健食品能提高对缺氧的耐受能力,或提高对氧的利用率,以增强对缺氧环境的适应能力。

3. 中医病因病机

缺氧与中医学的宗气虚相关,宗气中的清气相当于现代医学所指的氧气。中医学认为,宗气,即积于胸中之气,医家又称其为大气或胸中大气,是人体在出生之后从后天获得的,它由肺吸入的自然界清气和脾胃运化的水谷精气相结合,聚于胸中而成,然后借助肺气的宣发肃降之力而升降出入,以布达全身。张锡纯认为,宗气是"以元气为根本,以水谷之气为养料,以胸中之地为宅窟"。即以先天元气为根基,以肺从自然界吸入的清气和脾胃从饮食中运化而生成的水谷精气为主要组成部分,三者在胸中化合而成。因而,长期吸入填制清气不足即缺氧可能导致宗气虚的发生。宗气发挥"走息道以行呼吸,贯心脉以行气血"的生理功能。宗气虚发,走息道行呼吸之功能减退,进一步加剧缺氧的发生。

二、具有提高缺氧耐受力的食品

中国卫生部和 SFDA 批准的具有提高缺氧耐受力功能的食品有:百合、鳖、蚕蛹、大枣、枸杞子、鸡肉、梨、灵芝、芦笋、螺旋藻、牡蛎肉、桑葚、山楂等。

三、具有提高缺氧耐受力的中国药膳

1. 粥饭类

> **山药桂圆粥**

【原料】　鲜生山药 100 g,桂圆肉 10 g,荔枝肉 10 g,五味子 5 g,白糖 30 g。

【制作】　将鲜生山药刮洗干净,切薄片,将桂圆、荔枝、五味子洗净,与山药一同加入适量清水中,慢火煮,待山药烂熟时,佐以白糖即可。

【功效】　补益心脾,养血安神。

> **百合枸杞猪肉粥**

【原料】　百合 30 g,枸杞 10 g,猪肉碎和米适量。

【制作】　将米煮成粥,然后放入百合、枸杞、瘦肉碎丁一起煮至熟为止。

【功效】　提高免疫力及耐缺氧的能力。

> **山楂粥**

【原料】　山楂 30 g,粳米 60 g,砂糖 10 g。

【制作】　将山楂煎出浓汁去渣,再加入粳米、砂糖煮成稀粥。

【功能】　消食积,行结气,散淤血。

> **百合粥**

【原料】　百合 30 g,粳米 60 g,冰糖适量。

【制作】　将百合研粉,与冰糖、粳米共同煮粥。

【功能】　养心肺,滋阴,止咳。

桑葚龙眼大枣粥

【原料】　新鲜桑葚 60 g,龙眼肉 30 g,大枣 6 枚,大米 100 g。

【制法】　将桑葚、龙眼肉、大枣、大米分别去杂,洗净,备用。锅内加水适量,放入大米、大枣、龙眼肉煮粥,五成熟时加入桑葚,再煮至粥熟即成。

【功效】　滋阴养血,补益肾脏,补心健脾,补气安神,养胃补肝。

2. 汤煲类

芪枣甲鱼汤

【原料】　甲鱼 1 只,黄芪 30 g,大枣 10 枚。

【制作】　取甲鱼肉切块,同黄芪、大枣共入锅,加适量盐和清水,煮沸后小火炖至甲鱼肉熟烂即可。

【功效】　补气升阳,健脾养心。

百合莲子瘦肉汤

【原料】　百合、莲子各 50 g,瘦猪肉 250 g,姜、葱、食盐各适量。

【制作】　莲子泡软去芯;百合洗净;瘦肉洗净切块。莲子、百合、瘦肉同放锅内,加水适量,放入姜、葱,用大火烧沸,移小火炖至熟烂。

【功效】　健脑安神,润肺养心,补脾益肾。

桑葚大枣猪肉汤

【原料】　桑葚 50 g,大枣 10 枚,猪瘦肉适量。

【制作】　将桑葚、大枣、猪肉和盐适量一起熬汤至熟。

【功效】　滋阴润燥,提供血红素(有机铁)及促进铁吸收。

3. 菜品类

山药枸杞炖猪脑

【原料】　猪脑 1 只,淮山药 30 g,枸杞子 10 g。

【制作】　猪脑去血筋,洗净,加淮山药、枸杞子以及水,炖熟服食。

【功效】　补脾益肾,健脑益智。

天麻枸杞炖猪脑

【原料】　猪脑 1 只,天麻 10 g,枸杞子 15 g,精盐、胡椒粉、肉汤各少许。

【制作】　将猪脑洗净,天麻润透洗净切片,枸杞子洗净,与盐共入锅加肉汤适量共煮炖至熟,胡椒粉调味即成。

【功效】　补益肝肾,健脑益智。

> ### 西芹枸杞炒百合

【原料】　西芹 300 g,百合 200 g,枸杞、猪肉、姜、蒜、盐、酱油适量。

【制作】　百合洗净后掰成片,西芹洗净后切段,枸杞用水泡发,蒜、姜切末,猪肉切丝。猪肉丝放入少许淀粉和料酒。锅内热油爆香姜蒜,放入腌好的肉丝同炒,倒入切好的西芹,加适量盐和少许酱油,再倒入百合和泡发好的枸杞,炒匀至百合熟即可。

【功效】　润肺补心,提高机体耐缺氧能力。

> ### 芦笋炒鸡肉

【原料】　新鲜芦笋 200 g,鸡肉 100 g,白砂糖 10 g,盐 2 g,老抽少许。

【制作】　去骨鸡腿肉洗净沥干水切成片,放入料酒、老抽、白胡椒搅拌均匀腌制片刻。芦笋去老根后洗净,放入少许盐的开水中焯一下捞出,切成斜段,葱姜切丝。大火烧热炒锅中的油至六成热,放入葱姜炒香后,放入肉片炒白,然后放入芦笋段,调入盐和白砂糖,一同翻炒片刻即可。

【功效】　补气,提高机体耐缺氧能力。

4. 饮品类

> ### 桑葚蜂蜜汁

【原料】　桑葚 100 g,蜂蜜 20 g。

【制作】　桑葚洗干净后,去蒂切段,加入 600 ml 水,文火煮 30 min,再加入蜂蜜继续煮 10 min即可。

【功效】　调节免疫力,促进造血细胞生长,提高机体耐缺氧能力。

> ### 山楂红枣汁

【原料】　山楂 100 g、红枣 10 枚、冰糖 20 g。

【制作】　山楂、红枣洗净,红枣去核。加 600 ml 水,大火烧开,小火煲 30 min。加适量冰糖再煲 10 min,至汤色浓郁,水分蒸发约三分之一即可。

【功能】　开胃健脾。

第四章　药食同源中药

古人认为药与食物有共同的起源。《黄帝内经》中《素问·生气通天论》有言："阴之所生，本在五味；阴之五宫，伤在无味。"提出了谨和无味调阴阳的观点，记载"酸、甜、苦、辛、咸"五味调和之摄取致使百姓保持身体健康。唐朝时期的《黄帝内经太素》一书中写道："空腹食之为食物，患者食之为药物。"反映出"药食同源"的思想。《淮南子·修务训》称："神农尝百草之滋味，水泉之甘苦，令民知所避就。当此之时，一日而遇七十毒。"可见，神农时代药与食不分，无毒者可就，有毒者当避。随着经验的积累，药食才开始分化。在使用火后，人们开始食熟食，烹调加工技术才逐渐发展起来。《素问·汤液醪醴》称："黄帝问曰：为五谷汤液及醪醴奈何？""帝曰：上古圣人作汤液醪醴，为而不用，何也？岐伯曰：自古圣人之作汤液醪醴者，以为备耳！"五谷汤液是食物，醪醴是药酒，是药物。可见，此时食与药开始分化了，食疗与药疗也初见区分。《黄帝内经》对食疗有非常卓越的理论，如"大毒治病，十去其六；常毒治病，十去其七；小毒治病，十去其八；无毒治病，十去其九；谷肉果菜，食养尽之，无使过之，伤其正也"，这可称为最早的食疗原则。

我国素有"药食同源"之说。传统中医学认为食即药，或者说相当于药。因为它们同源、同用、同效。食物的性能与药物的性能一致，包括"气""味""升降浮沉""归经""补泻"等内容，并在阴阳、五行、脏腑、经络、病因、病机、治则、治法等中医基础理论指导下应用。传统中医食与药并没有明确界限，因此药疗中有食，食疗中有药。

药食同源，源远流长。据资料记载已有三千年以上的历史。在漫长的原始社会中，我们的祖先逐渐把一些天然物产区分为食物、药物和毒物。到了奴隶社会，随着生产力的发展，烹饪技术逐渐形成，出现了羹和汤液，发明了汤药和酒，并进而制造了药用酒。制酒技术推行而产生的醋、酱、豆豉、饴等，丰富了医药内容。周代已经有了世界最早的专职营养师——食医，《周礼》有"以五味、五谷、五药养其病"的记载，《山海经》载有食鱼、鸟治病的内容。战国时代出现了我国第一部医学理论专著《黄帝内经》，它不仅奠定了食疗的理论基础，而且收有食疗方剂。汉代的《神农本草经》是我国第一部药物专著，收有许多药用食物；张仲景的《伤寒论》《金匮要略》载有"猪肤汤""当归生姜羊肉汤"等食疗方剂。唐代是我国食疗学发展的重要阶段。孙思邈的《备急千金要方》中专解"食治"篇，是现存最早的中医食疗专论，第一次全面而系统地阐述了食疗、食药结合的理论。他在《千金翼方》中强调："若能用食平疴，释情遣疾者，可谓良工，长年饵生之奇法，积养生之术也。夫为医者，当需先洞晓病源，知其所犯，以食治之，食乃不愈，然后命药。"宋、金、元时期，食疗理论与应用有较大发展。宋代《太平圣惠方》的"食治论"记载了 28 种疾病的食疗方；《养老奉亲书》记述了老人饮食保健与治疗。元代饮膳大臣忽思慧的《饮膳正要》，是一部完整的营养学专著。明清时期，有关饮食保健的著作大量涌现，还出现了一些野菜类著作，扩大了食物来源。李时珍的《本草纲目》也收有 200 余种药物食品。

对于"药食同源"，应从两个方面来理解，一是中药与食物的产生方法相同，二是它们的来源相同。

（1）中药与食物的产生方法相同。中药与食物一样来源于我们祖先千万年的生活实践，是与大自然、与疾病长期斗争的经验结晶。原始人最初的生产方式——尝试和寻找食物，往往是在饥不择食的情况下，在吃的过程中，难免会误食一些有毒或有剧烈生理效应的动、植物，以致产生明显的药理作用，甚至死亡，经过无数次反复试验，对动、植物产生了第二认识，即产生了原始的中药，因而吃是积累中药知识和经验的重要途径。

（2）中药与食物的来源相同。中药与食物一样来源于自然中的动、植物，而且很多中药与食物很难截然分开，可以说身兼两职，如粮食类中的药物，如谷芽、麦芽、淮小麦、浮小麦等，蔬菜类如荠菜、萝卜、芥菜、山药、百合、藕、冬瓜、南瓜、赤小豆、黑大豆、刀豆、扁豆等，果品类如山楂、乌梅、龙眼、桔类、柚类、莲子、杏仁、无花果等，调味品类如山茶、生姜、桂皮、丁香、花椒、胡椒、八角茴香、小茴香、草果等，动物类中就更多，包括蛇类、家畜类、水产类、野兽类等。药食同源，使中药具有浓厚的生活气息，也使中药强化了它的实用性和经验性，人类生活中包含了中药，中药就在人类生活中产生。

我国从1981年开始，先后公布了四批既是食品又是药品的物品名单：

第一批：《中华人民共和国食品卫生法（试行）》第八条规定的既是食品又是药品的物品名单如下：

一、《中华人民共和国药典》85版和中国医学科学院卫生研究所编著的《食品成分表》（1981年第三版，野菜除外）中同时列入的品种：刀豆、山药、百合、薏苡仁、赤小豆、生姜、干姜、紫苏、木瓜、枸杞子、昆布、海藻、山楂（红果）、大枣、酸枣、黑枣、桑葚、杏仁（苦）、白果、莲子、牡蛎、榧子（香榧）、花椒、蜂蜜、佛手、藿香（小）、扁豆（白）、龙眼肉（桂圆）、芡实（鸡头米）、莴苣、淡豆豉、桃仁、黑芝麻、八角、茴香。

二、乌梢蛇、蝮蛇、酸枣仁、牡蛎、栀子、甘草、代代花、罗汉果、肉桂、决明子、莱菔子、陈皮、砂仁、乌梅、肉豆蔻、白芷、菊花、藿香、沙棘、郁李仁、青果、薤白、薄荷、丁香、高良姜、白果、香橼、火麻仁、橘红、茯苓、香薷、红花、紫苏。

第二批（91）第45号文：麦芽、黄芥子、鲜白茅根、荷叶、桑叶、鸡内金、马齿苋、鲜芦根。

第三批（98）：卫生部公布新增一批药食同用的天然食物名单。同时要求各级食品卫生监督机构在保健食品市场整顿中，注意把握政策界限，依法规范各级食品的生产经营活动。新公布的药食同用的8种天然植物是：蒲公英、益智、淡竹叶、胖大海、金银花、余甘子、葛根、鱼腥草。连同过去公布的两批69种天然植物，我国确定的既是食品又是药品的天然植物已达77种。（98.11.6）

第四批（2002）：卫生部2002年公布的《关于进一步规范保健食品原料管理的通知》中，对药食同源物品、可用于保健食品的物品和保健食品禁用物品做出具体规定。三种物品名单如下：

1.药食同源物品名单（按笔画顺序排列）：丁香、八角茴香、刀豆、小茴香、小蓟、山药、山楂、马齿苋、乌梢蛇、乌梅、木瓜、火麻仁、代代花、玉竹、甘草、白芷、白果、白扁豆、白扁豆花、龙眼肉（桂圆）、决明子、百合、肉豆蔻、肉桂、余甘子、佛手、杏仁（甜、苦）、沙棘、牡蛎、芡实、花椒、赤小豆、阿胶、鸡内金、麦芽、昆布、枣（大枣、酸枣、黑枣）、罗汉果、郁李仁、金银花、青果、鱼腥草、姜（生姜、干姜）……莲子、高良姜、淡竹叶、淡豆豉、菊花、菊苣、黄芥子、黄精、紫苏、紫苏籽、葛根、黑芝麻、黑胡椒、槐米、槐花、蒲公英、蜂蜜、榧子、酸枣仁、鲜白茅根、鲜芦根、蝮蛇、橘皮、薄荷、薏苡仁、薤白、覆盆子、藿香。

2. 可用于保健食品的物品名单（按笔画顺序排列）：人参、人参叶、人参果、三七、土茯苓、大蓟、女贞子、山茱萸、川牛膝、川贝母、川芎、马鹿胎、马鹿茸、马鹿骨、丹参、五加皮、五味子、升麻、天门冬、天麻、太子参、巴戟天、木香、木贼、牛蒡子、牛蒡根、车前子、车前草、北沙参、平贝母、玄参、生地黄、生何首乌、白及、白术、白芍、白豆蔻、石决明、石斛（需提供可使用证明）、地骨皮、当归、竹茹、红花、红景天、西洋参、吴茱萸、怀牛膝、杜仲、杜仲叶、沙苑子、牡丹皮、芦荟、苍术、补骨脂、诃子、赤芍、远志、麦门冬、龟甲、佩兰、侧柏叶、制大黄、制何首乌、刺五加、刺玫果、泽兰、泽泻、玫瑰花、玫瑰茄、知母、罗布麻、苦丁茶、金荞麦、金樱子、青皮、厚朴、厚朴花、姜黄、枳壳、枳实、柏子仁、珍珠、绞股蓝、葫芦巴、茜草、荜茇、韭菜子、首乌藤、香附、骨碎补、党参、桑白皮、桑枝、浙贝母、益母草、积雪草、淫羊藿、菟丝子、野菊花、银杏叶、黄芪、湖北贝母、番泻叶、蛤蚧、越橘、槐实、蒲黄、蒺藜、蜂胶、酸角、墨旱莲、熟大黄、熟地黄、鳖甲。

3. 保健食品禁用物品名单（按笔画顺序排列）：八角莲、八里麻、千金子、土青木香、山莨菪、川乌、广防己、马桑叶、马钱子、六角莲、天仙子、巴豆、水银、长春花、甘遂、生天南星、生半夏、生白附子、生狼毒、白降丹、石蒜、关木通、农吉痢、夹竹桃、朱砂、米壳（罂粟壳）、红升丹、红豆杉、红茴香、红粉、羊角拗、羊踯躅、丽江山慈姑、京大戟、昆明山海棠、河豚、闹羊花、青娘虫、鱼藤、洋地黄、洋金花、牵牛子、砒石（白砒、红砒、砒霜）、草乌、香加皮（杠柳皮）、骆驼蓬、鬼臼、莽草、铁棒槌、铃兰、雪上一枝蒿、黄花夹竹桃、斑蝥、硫黄、雄黄、雷公藤、颠茄、藜芦、蟾酥。

第一节 药食同源中药按部位分类

一、根类

1. 葛根（Root of Thomson Kadzuvine）

豆科植物野葛或甘葛藤的块根。别名：干葛、甘葛、粉葛、葛葛根、葛麻茹、葛子根、葛条根、鸡齐根。

采收和储藏：栽培 3~4 年采挖，在冬季叶片枯黄后到发芽前进行。把块根挖出，去掉藤蔓，切下根头作种，除去泥沙，刮去粗皮，切成 1.5~2 cm 厚的斜片，晒干或烘干。广东、福建等地将其切片后，用盐水、白矾水或淘米水浸泡，再用硫黄熏后晒干，色较白净。

2. 甘草（Liquorice Root）

豆科植物甘草、光果甘草、胀果甘草的根及根茎。别名：美草、蜜甘、蜜草、蕗草、国老、灵通、粉草、甜草、甜根子、棒草。

采收和储藏：秋季采挖，除去芦头、茎基、枝杈、须根，截成适当长短的段晒至半干，打成小捆，再晒至全干。

3. 白芷(Radix Angelicae Dahuricae)

伞形科植物杭白芷和祁白芷的根。别名:芷、芳香、苻蓠、泽芬、晼、白茝、香白芷。

采收和储藏:春播在当年 10 月中、下旬;秋播于翌年 8 月下旬叶枯萎时采收,抖去泥土,晒干或烘干。

4. 芦根(Rhizoma Phragmitis)

禾本科植物芦苇的根茎。别名:芦茅根、苇根、芦菰根、顺江龙、水蓈蓢、芦柴根、芦通、苇子根、芦芽根、甜梗子、芦头。

采收和储藏:栽后 2 年即可采挖。一般在夏、秋季挖起地下茎,除掉泥土,剪去须根,切段,晒干或鲜用。

5. 白茅根(Rhizoma Imperatae)

禾本科植物白茅的根茎。别名:茅根、兰根、茹根、地菅、地筋、兼杜、白茅菅、白花茅根、丝茅、万根草、茅草根、地节根、坚草根、甜草根、丝毛草根、寒草根。

采收和储藏:春、秋季采挖,除去地上部分和鳞片状的叶鞘,洗净,鲜用或扎把晒干。

二、茎类

1. 山药(Chinese Yam)

薯蓣科植物山药的块茎。别名:藷蓣、署预、薯蓣、山芋、诸署、署豫、玉延、修脆、藷、山藷、王藷、薯药、怀山药、蛇芋、白苕、九黄姜、野白薯、山板薯、扇子薯、佛掌薯。

采收和储藏:芦头栽种当年收,珠芽繁殖第二年收,于霜降后叶呈黄色时采挖。洗净泥土,用竹刀或碗片刮去外皮,晒干或烘干,即为毛山药;选择粗大顺直的毛山药,用清水浸匀,再加微热,并用棉被盖好,保持湿润,闷透,然后放在木板上搓揉成圆柱状,将两头切齐,晒干打光,即为光山药。

2. 百合(Lily Bulb)

百合科植物百合、卷丹、山丹、川百合等的鳞茎。别名:重迈、中庭、重箱、摩罗、强瞿、百合蒜、蒜脑薯。

采收和储藏:于移栽第二年,9 ~ 10 月茎叶枯萎后采挖,去掉茎秆、须根,将小鳞茎选留做种,将大鳞茎洗净,从基部横切一刀,使鳞片分开,然后于开水中烫 5 ~ 10 min,当鳞片边缘变软、背面有微裂时,迅速捞起,放入清水中冲洗去黏液,薄摊晒干或烘干。

3. 肉桂(Chinese Cinnamon)

樟科植物肉桂和大叶清化桂的干皮、桂皮。别名:菌桂、牡桂、桂、大桂、筒桂、辣桂、玉桂。

采收和储藏:当树龄 10 年以上,韧皮部已积成油层时可采剥,春秋季节均可剥皮,以秋季 8 ~ 9 月采剥的品质为优。环剥皮按商品规格的长度稍长(41 cm),将桂皮剥下,再按规格宽度略宽(8 ~ 12 cm)截成条状,剥皮即在树上按商品规格的长宽稍大的尺寸画好线,逐条地从树上剥下来,用地坑焖油法或箩筐外罩薄焖制法进行加工;4 ~ 5 月剥的称春桂,品质差,9 月剥的称秋桂,品质佳。树皮晒干后称桂皮,加工产品有桂通、板桂、企边桂和油桂。

4. 生姜(Fresh Ginger)

姜科植物姜的新鲜根茎。别名:姜根、百辣云、勾装指、因地辛、炎凉小子、鲜生姜、蜜炙姜、生姜汁、姜。

采收和储藏:10～12月茎叶枯黄时采收。挖起根茎,去掉茎叶、须根。

5. 干姜(Dried Ginger)

姜科植物姜根茎的干燥品。别名:白姜、均姜。

采收和储藏:10月下旬至12月下旬茎叶枯萎时挖取根茎,去掉茎叶、须根,烘干;干燥后去掉泥沙、粗皮即成。

6. 高良姜(Rhizoma Galangae)

盖子科植物高良姜的根茎。别名:良姜、蛮姜、小良姜、海良姜。

采收和储藏:夏末秋初,挖起4～6年的根茎,除去地上茎及须根,洗净,切段晒干。

7. 薤白(Bublus Allii Macrostemonis)

百合科植物小根蒜、藠子、长梗、薤白或天蓝小根蒜等的鳞茎。别名:薤根、藠子、野蒜、小独蒜、薤白头。

采收和储藏:栽后第二年5～6月采收,将鳞茎挖起,除去叶苗和须根,洗去泥土,沸水烫或略蒸一下,晒干或烘干。

8. 莴苣(Garden Lettuce)

菊科植物莴苣的茎和叶。别名:莴苣菜、千金菜、莴笋、莴菜、藤菜。

采收和储藏:春季嫩茎肥大时采收,多为鲜用。

三、叶类

1. 桑叶(Mulberry Leaf)

桑科植物桑的叶。别名:铁扇子、蚕叶。

采收和储藏:10～11月霜降后采收经霜之叶,除去细枝及杂质,晒干。

2. 荷叶(Lotus Leaf)

睡莲科植物莲(Nelumbo nucifera Gaertn)的叶。别名:蕸。

采收和储藏:6～9月花未开放时采收,除去叶柄,晒至七八成干,对折成半圆形,晒干。夏季,亦用鲜叶或初生嫩叶(荷钱)。

3. 紫苏叶(Perilla Lea)

唇形科植物紫苏和野紫苏的叶或带叶小软枝。别名:苏、苏叶、紫菜。

采收和储藏:南方7～8月,北方8～9月,枝叶茂盛时收割,摊在地上或悬于通风处阴干,干后将叶摘下即可。

四、花草类

1. 丁香(Clo)

维生素 E 双子叶植物桃金娘科植物丁香的花蕾。别名:丁子香、支解香、雄丁香、公丁香。

采收和储藏:定植后 5～6 年,花蕾开始呈白色,渐次变绿色,最后呈鲜红色时采集,除去花梗,晒干。

2. 马齿苋(Portulaca)

马齿苋科植物马齿苋的全草。别名:马齿草、马苋、马齿龙芽、五方草、长命菜、九头狮子草、灰苋、马踏菜、酱瓣草、安乐菜、酸苋、豆板菜、瓜子菜、长命苋、酱瓣豆草、蛇草、酸味菜、猪母菜、狮子草、地马菜、马蛇子菜、蚂蚁菜、长寿菜、耐旱菜。

采收和储藏:8～9 月割取全草,洗净泥土,拣去杂质,再用开水稍烫一下或蒸,上气后,取出晒干或烘干;亦可鲜用。

3. 代代花(Dai-dai flower)

芸香科植物代代花的花蕾。别名:枳壳花、酸橙花。

采收和储藏:立夏前后,选晴天上午露水干后,摘取含苞待放的花朵,用微火烘干。

4. 薄荷(Pepper mint)

唇形科植物薄荷的全草或叶。别名:蕃荷菜、菝蕳、吴菝蕳、南薄荷、猫儿薄荷、野薄荷、升阳菜薄荷、蔢荷、夜息药、仁丹草、见肿消、水益母、接骨草、土薄荷、鱼香草、香薷草。

采收和储藏:在江浙每年可收两次,夏、秋两季茎叶茂盛或花开至三轮时选晴天分次采割。华北采收 1～2 次,四川可收 2～4 次。一般头刀收割在 7 月,二刀在 10 月,选晴天采割,摊晒 2 天,稍干后扎成小把,再晒干或阴干。薄荷茎叶晒至半干,即可蒸馏,得薄荷油。

5. 金银花(Flos Lonicerae)

忍冬科植物忍冬、华南忍冬、菰腺忍冬、黄褐色忍冬的花蕾。别名:忍冬花、鹭鸶花、银花、双花、二花、金藤花、双苞花、金花、二宝花。

采收和储藏:金银花开花时间集中,必须抓紧时间采摘,一般在 5 月中、下旬采第一次花,6 月中、下旬采第二次花。当花蕾上部膨大尚未开放,呈青白色时采收最适宜,金银花采后应立即晾干或烘干。

6. 鱼腥草(Houttuynia cordat Thunb)

三白草科植物蕺菜的带根全草。别名:岑草、蕺、菹菜、紫背鱼腥草、紫蕺、菹子、臭猪巢、侧耳根、猪鼻孔、九节莲、折耳根、肺形草、臭腥草。

采收和储藏:夏、秋采收,将全草连根拔起,洗净晒干。

7. 香薷(Elsholtzia patrini Garcke)

唇形科植物江香薷或华荠苧的带根全草或地上部分。别名:香菜、香茅、香绒、石香茅、石香薷、香茸、紫花香茅、蜜蜂草、细叶香薷、小香薷、小叶香薷、香草、满山香、青香薷、香茹草、土香薷、土香草、石艾、七星剑。

采收和储藏:夏、秋季茎叶茂盛、花初开时采割,阴干或晒干,捆成小把。

8. 淡竹叶(Herbal Lophatheri)

禾本科植物淡竹叶或中华淡竹叶的全草。别名:竹叶门冬青、迷身草、山鸡米、金竹叶、长竹叶、山冬、地竹、淡竹米、林下竹。

采收和储藏:5~6月未开花时采收,切除须根,晒干。

9. 菊花(Chrysanthemum morifolium Ramat)

菊科植物菊的头状花序。别名:节华、日精、女节、女华、女茎、更生、周盈、傅延年、阴成、甘菊、真菊、金精、金蕊、馒头菊、簪头菊、甜菊花、药菊。

采收和储藏:11月初开花时,待花瓣平展,由黄转白而心略带黄时,选晴天露水干后,割下花枝,捆成小把,置于通风处,经30~40天,待花干燥后摘下,略晒;晒干,将鲜菊花薄铺于蒸笼内,厚度不超过3朵花,待水沸后,将蒸笼置锅上蒸3~4 min,倒至晒具内晒干,或者将鲜菊铺于烘筛上,厚度不超过3 cm,用60 ℃烘干。

10. 红花(Carthamus tinctorius Linne)

菊科植物红花的花。别名:红蓝花、刺红花、草红花。

采收和储藏:5月下旬开花,5月底至6月中、下旬盛花期,分批采摘。选晴天,每日早晨6~8时,待管状花充分展开呈金黄色时采摘,过迟则管状花发蔫并呈红黑色,收获困难,质量差,产量低。采回后阴干或用40~60 ℃低温烘干。

11. 蒲公英(Dandelion)

菊科植物蒲公英、碱地蒲公英、东北蒲公英、异苞蒲公英、亚洲蒲公英、红梗蒲公英等同属多种植物的全草。别名:凫公英、蒲公草、耩褥草、仆公英、仆公罂、地丁、金簪草、孛孛丁菜、黄花苗、黄花郎、鹁鸪英、婆婆丁、白鼓丁、黄花地丁、蒲公丁、真痰草、狗乳草、奶汁草、残飞坠、黄狗头、卜地蜈蚣、鬼灯笼、羊奶奶草、双英卜地、黄花草、古古丁。

采收和储藏:4~5月开花前或刚开花时连根挖取,除去泥土,晒干。

12. 藿香(Wrinkled Gianthyssop)

唇形科植物藿香的地上部分。别名:土藿香、猫把、青茎薄荷、排香草、大叶薄荷、绿荷荷、川藿香、苏藿香、野藿香、猫尾巴香、猫巴虎、拉拉香、八蒿、鱼香、鸡苏、水麻叶。

采收和储藏:北方作一年生栽培,南方种后可连续收获两年,产量以第二年为高;6~7月,当花序抽出而未开花时,择晴天齐地割取全草,薄摊晒至日落后,收回堆叠过夜,次日再晒;第二次在10月收割,迅速晾干、晒干或烤干。

五、果实类

1. 枸杞子(Fruit of Chinese Wolfberry)

茄科植物宁夏枸杞的果实。别名:苟起子、枸杞红实、甜菜子、西枸杞、狗奶子、红青椒、枸蹄子、枸杞果、地骨子、枸茄茄、红耳坠、血枸子、枸地芽子、枸杞豆、血杞子、津枸杞。

采收和储藏:6~11月果实陆续红熟,要分批采收,迅速将鲜果摊在芦蔗上,厚不超过3 cm,一般以1.5 cm为宜,放阴凉处晾至皮皱,然后曝晒至果皮起硬、果肉柔软时去果柄,再晒干;晒干时切忌翻动,以免影响质量。遇多雨时宜用烘干法,先用45~50 ℃烘至七八成干后,再用55~60 ℃烘至全干。

2. 山楂(Hawthorn Fruit)

蔷薇科植物山里红、山楂的成熟果实。别名:朹、檕梅、朹子、鼠查、羊梂、赤爪实、棠梂子、赤枣子、山里红果、酸枣、鼻涕团、柿楂子、山里果子、茅楂、映山红果、海红、酸梅子、山梨、酸楂、野山楂、小叶山楂、山果子。

采收和储藏:9~10月果实成熟后采收。

3. 乌梅(Fuctus Mume)

蔷薇科植物梅近成熟果实经熏焙加工而成。别名:梅实、熏梅、桔梅肉、梅、春梅。

采收和储藏:5~6月间,当果实呈黄白或青黄色,尚未完全成熟时采摘。

4. 余甘子(Phyllanthus Emblica)

大戟科植物余甘子的果实。别名:余甘、庵摩勒、庵摩落迦果、土橄榄、望果、油甘子、牛甘子、橄榄子、喉甘子、鱼木果、滇橄榄、橄榄。

采收和储藏:9~10月果实成熟时采收,开水烫透或用盐水浸后晒干。

5. 佛手柑(Citrus Medica)

芸香科植物佛手的果实。别名:佛手、佛手香橼、蜜筩柑、蜜萝柑、福寿柑、五指柑、手柑。

采收和储藏:栽培4~5年开花结果,分批采收,多于晚秋果皮由绿变浅黄绿色时,用剪刀剪下,选晴天,将果实顺切成4~7 mm的薄片,晒干或烘干。

6. 沙棘(Hippophae Rhamnoides L)

胡颓子科植物中国沙棘和云南沙棘的果实。别名:达尔、沙枣、醋柳果、大尔卜兴、醋柳、酸刺子、酸柳柳、其察日嘎纳、酸刺、黑刺、黄酸刺、酸刺刺。

采收和储藏:9~10月果实成熟时采收,鲜用或晒干。

7. 花椒(Zanthoxylum bungeanum Maxim)

芸香科植物花椒、青椒的果皮。别名:大椒、秦椒、南椒、巴椒、蒟蒻、陆拨、汉椒、点椒。

采收和储藏:培育2~3年,9~10月果实成熟,选晴天,剪下果穗,摊开晾晒,待果实开裂,果皮与种子分开后,晒干。

8. 罗汉果(Fructus Momordicae)

葫芦科植物罗汉的果实。别名:拉汗果、假苦瓜、光果木鳖、金不换、罗汉表、裸龟巴。

采收和储藏:9~10月间果熟时采摘,约8~10天果皮由表绿转黄,用火炕烘,经5~6天,叩之有声时,即成干燥果实,然后刷毛,纸包,装箱,存放于干燥处。

9. 八角茴香(Star Anise Fruits)

八角科植物八角茴香的果实。别名:舶上茴香、大茴香、舶茴香、八角珠、八角香、八角大茴、八角、原油茴、八月珠、大料、五香八角。

采收和储藏:栽培8年有少量结果,10年进入盛果期,可连续采收50~70年。春果在4月间果实老熟落地时拾取,晒干。秋果在10~11月采收,采后置沸水锅中煮沸,搅拌约5~10 min后,捞出,晒干或烘干。

10. 栀子(Gardenia jas minoides)

双子叶植物,茜草科植物山栀的果实。别名:木丹、鲜支、卮子、支子、越桃、山栀子、枝子、小卮子、黄鸡子、黄荑子、黄栀子、黄栀、山黄栀、山栀。

采收和储藏:于10月中、下旬,当果皮由绿色转为黄绿色时采收,除去果柄杂物,置蒸笼内微蒸或放入明矾水中微煮,取出晒干或烘干。亦可直接将果实晒干或烘干。

11. 香橼(Citron Fruit)

芸香科植物枸橼或香圆的成熟果实。别名:枸橼、钩橼子、香泡树、香橼柑、香圆。

采收和储藏:定植后4~5年结果,9~10月果实变黄成熟时采摘,用糠壳堆一星期,待皮变金黄色后,切成1 cm厚,摊开曝晒;遇雨天可烘干。

12. 小茴香(Small Fennel)

伞形科植物茴香的果实。别名:蘹香、茴香子、土茴香、野茴香、大茴香、谷茴香、谷香、香子、小香。

采收和储藏:8~10月果实呈黄绿色,并有淡黑色纵线时,选晴天割取地上部分,脱粒,扬净;亦可采摘成熟果实,晒干。

13. 桑葚(Mulberry)

桑科植物桑的果穗。别名:桑实、葚、乌椹、文武实、黑椹、桑枣、桑葚子、桑粒、桑果。

采收和储藏:5~6月当桑的果穗变红色时采收,晒干或蒸后晒干。

14. 橘红(Red Tangerine Peel)

芸香科植物橘(Citrus reticulata Blanco)及其栽培变种的外层果皮。别名:芸皮、芸红。

采收和储藏:秋末冬初果实成熟后采摘,削取外支果皮,晒干或阴干。

15. 益智仁(Fructus Alpiniae Oxyphyllae)

姜科植物益智的果实。别名:益智子、摘芋子。

采收和储藏:定植后2~3年,于6~7月,当果实呈浅褐色、果皮茸毛脱落、果肉带甜、种子辛辣时,选晴天将果穗剪下,除去果柄,晒干或烘干。或者于5~6月,当果实呈褐色、果皮茸毛减少时采摘,除去果柄,晒干。

16. 木瓜(Fruit of Chinese Flowering Quince)

蔷薇科植物皱皮木瓜的果实。别名:楙、木瓜实、铁脚梨、秋木瓜、酸木瓜。

采收和储藏:7~8月上旬,木瓜外皮呈青黄色时采收,用铜刀切成两瓣,不去籽,薄摊放在竹帘上晒,先仰晒几日至颜色变红时,再翻晒至全干。

17. 麦芽(Malt)

禾本科植物大麦的发芽颖果。别名:大麦蘖、麦蘖、大麦毛、大麦芽。

18. 大枣(Chinese Date)

鼠李科植物枣的果实。别名:壶、木蜜、干枣、美枣、良枣、红枣、干赤枣、胶枣、南枣、白蒲枣、半官枣、刺枣。

采收和储藏:秋季果实成熟时采收,一般随采随晒。当枣的含水量下降到10%时,即可储藏。大枣果皮薄,含水分多,采用阴干的方法制干,亦可选适宜品种,加工成黑枣。

六、种子类

1. 肉豆蔻(Myristica Fragrans)

肉豆蔻科植物肉豆蔻的种仁。别名:迦拘勒、豆蔻、肉果、顶头肉、玉果、扎地、麻失。

采收和储藏:定植后6~7年开花结果,10年后产量增多,25年达盛果期。结果期为60~70年,盛果期有两次,即5~7月及10~12月。采摘成熟果实,除去果皮,剥去假种皮,将种仁用45 ℃低温慢慢烤干,经常翻动,当种仁摇之作响时即可。若高于45 ℃,脂肪溶解,失去香味,质量下降。

2. 杏仁(Bitter Almond)

蔷薇科植物杏、野杏、山杏、东北杏的种子。别名:杏核仁、杏子、木落子、苦杏仁、杏梅仁、杏、甜梅。

采收和储藏:6~7月果实成熟时采摘。

3. 龙眼肉(Arillus Longan)

无患子科植物龙眼的假种皮。别名:龙眼、益智、比目、荔枝奴、亚荔枝、木弹、骊珠、燕卵、鲛泪、圆眼、蜜脾、桂圆、元眼肉、龙眼干。

采收和储藏:果实应在充分成熟后采收。晴天倒于晒席上,晒至半干后再用焙灶焙干,到七八成干时剥取假种皮,继续晒干或烘干,干燥适度为宜。或将果实放开水中煮10 min,捞出摊放,使水分散失,再火烤一昼夜,剥取假种皮,晒干。

4. 白果(Ginkgo)

银杏科植物银杏的种子。别名:鸭脚子、灵眼、佛指甲、佛指柑。

采收和储藏:秋末种子成熟后采收,除去肉质外种皮,洗净,晒干,用时打碎取种仁。

5. 白扁豆(White Lablab Seed)

豆科植物扁豆的白色成熟种子。别名:藕豆、白藕豆、南扁豆、沿篱豆、蛾眉豆、羊眼豆、凉衍豆、白藕豆子、膨皮豆、茶豆、小刀豆、树豆、藤豆、火镰扁豆、眉豆。

采收和储藏:秋季种子成熟时,摘取荚果,剥出种子,晒干,拣净杂质。

6. 决明子(Cassia Seed)

豆科植物决明和小决明的成熟种子。别名:草决明、羊明、羊角、马蹄决明、还瞳子、狗屎豆、假绿豆、马蹄子、羊角豆、野青豆、猪骨明、猪屎蓝豆、夜拉子、羊尾豆。

采收和储藏:秋末果实成熟,荚果变黄褐色时采收,将全株割下晒干,打下种子,去净杂质即可。

7. 刀豆(Sword Bean)

豆科植物刀豆和洋刀豆的种子。别名:挟剑豆、刀豆子、大戈豆、大刀豆、刀鞘豆、刀凤豆、刀板仁豆、刀巴豆、马刀豆、刀培豆、卡肖。

采收和储藏:在播种当年8~11月分批采摘成熟果荚,剥出种子,晒干或烘干。

8. 火麻仁(Fructus Cannabis)

桑科植物大麻的种仁。别名:麻子、麻子仁、麻仁、大麻子、大麻仁、冬麻子、火麻子、线麻子、黄麻仁。

采收和储藏:10~11月果实大部分成熟时,割取果株,晒干,脱粒,扬净。

9. 芡实(Gordon Euryale Seed)

睡莲科植物芡的成熟种仁。别名:卵菱、鸡痈、鸡头实、雁喙实、鸡头、雁头、乌头、蔿子、鸿头、水流黄、水鸡头、肇实、刺莲藕、刀芡实、鸡头果、苏黄、黄实、鸡咀莲、鸡头苞、刺莲蓬实。

采收和储藏:在9~10月间分批采收,先用镰刀割去叶片,然后再收获果实,并用笆捞起自行散浮在水面的种子。采回果实后用棒击破带刺外皮,取出种子洗净,阴干;或用草覆盖10天左右至果壳沤烂后,淘洗出种子,搓去假种皮,放锅内微火炒,大小分开,磨去或用粉碎机打去种壳,簸净种壳杂质。

10. 赤小豆(Phaseolus Seed)

豆科植物赤小豆或赤豆的种子。别名:小豆、赤豆、红豆、红小豆、猪肝赤、杜赤豆、小红绿豆、虱犐豆、朱赤豆、金红小豆、朱小豆、茅柴赤、米赤豆。

采收和储藏:秋季荚果成熟而未开裂时拔取全株,晒干并打下种子,去杂质,晒干。

11. 郁李仁(Prunus Tomentosa Thumb)

蔷薇科植物郁李、欧李、榆叶梅、长梗扁桃等的种仁。别名:郁子、郁里仁、李仁肉、郁李、英梅、爵李、白棣、雀李、车下李、山李、爵梅、样藜、千金藤、秧李、穿心梅、侧李、欧李、酸丁、乌拉奈、欧梨。

采收和储藏:5月中旬至6月初当果实呈鲜红色后采收。

12. 砂仁(Fruit of Villous Amomum)

姜科植物阳春砂仁、绿壳砂仁和海南砂仁的干燥成熟果实或种子。别名:缩沙蜜、缩砂仁、缩砂密。

采收和储藏:种植后2~3年开花结果。7月底至8月初果实由鲜红转为紫红色,种子呈黑褐色,破碎后有浓烈辛辣味即可采收。用剪刀剪断果序,晒干,也可用火焙法焙干。

13. 胖大海(Seed of Sterculia Lychnophora Hance)

梧桐科植物胖大海的种子。别名:安南子、大洞果、胡大海、大发、通大海、大海子、大海、大海榄。

采收和储藏:4~6月果实开裂时采取成熟的种子,晒干。胖大海外种皮遇水即膨胀发芽,故果熟时要及时采收。

14. 桃仁(Peach Seed)

蔷薇科植物桃或山桃的种子。别名:桃核仁、桃核人。

采收和储藏:6~7月果实成熟时采摘,除去果肉及核壳,取出种子,晒干。放阴凉干燥处,防虫蛀、走油。

15. 莲子(Lotus Seed)

睡莲科植物莲的成熟种子。别名:蒻、藕实、水芝丹、莲实、泽芝、莲蓬子、莲肉。

采收和储藏:9~10月间果实成熟时,剪下莲蓬,剥出果实,趁鲜用快刀划开,剥去壳皮,晒干。

16. 莱菔子(Raphanus Seed)

十字花科植物莱菔的成熟种子。别名:萝卜子、芦菔子。

采收和储藏:翌年5~8月,果实成熟时采割植株,晒干,打下种子,除去杂质,放干燥处贮藏。

17. 淡豆豉(Semen Sojae Preparatum)

豆科植物大豆(Glycine max(L.)Merr)的黑色的成熟种子经蒸罨发酵等加工而成。别名:香豉、豉、淡豉、大豆豉。

18. 芥子(Mustard Seed)

十字花科植物芥菜及油芥菜的种子。别名:芥菜子、青菜子、黄芥子。

采收和储藏:6~7月果实成熟变黄色时,割取全株,晒干,打下种子,簸去杂质。

19. 黑芝麻(Black Sesame)

胡麻科植物芝麻的黑色种子。别名:胡麻、巨胜、狗虱、乌麻、乌麻子、油麻、油麻子、黑油麻、脂麻、巨胜子、黑脂麻、乌芝麻、小胡麻。

采收和储藏:8~9月果实呈黄黑时采收,割取全株,捆扎成小把,顶端向上,晒干,打下种子,去除杂质。

20. 榧子(Chinese Torreya Seed)

红豆杉科植物榧的种子。别名:彼子、榧实、柀子、玉山果、赤果、玉榧、香榧、野杉子。

采收和储藏:10~11月间种子成熟时采摘,除去肉质外皮,取出种子,晒干。

21. 酸枣仁(Semen Ziziphus Jujube)

鼠李科植物酸枣的种子。别名:枣仁、酸枣核。

采收和储藏:栽后7~8年9~10月果实呈红色时,摘下浸泡一夜,搓去果肉,捞出,碾破核壳,淘取酸枣仁,晒干。

22. 薏苡仁(Coix Seed)

禾本科植物薏苡的种仁。别名:解蠡、起英、赣米、感米、薏珠子、回回米、草珠儿、赣珠、薏米、米仁、薏仁、苡仁、玉秫、六谷米、珠珠米、药玉米、水玉米、沟子米、裕米、益米。

采收和储藏:9~10月茎叶枯黄,果实呈褐色,大部成熟(约八九成熟)时,割下植株,集中立放 3~4 天后脱粒,筛去茎叶杂物,晒干或烤干,用脱壳机械脱去总苞和种皮。

七、其他

1. 茯苓(Poria Cocos Wolff)

多孔菌科真菌茯苓的菌核。别名:茯菟、松腴、不死面、松薯、松木薯、松苓。

采收和储藏:通常栽后 8~10 个月茯苓成熟,其成熟标志为苓场再次出现龟裂纹,扒开观察菌核表皮颜色呈黄褐色,未出现白色裂缝,即可收获。选晴天挖出后去泥沙,堆在室内盖稻草发汗,等水汽干了,苓皮起皱后削去外皮,干燥。

2. 昆布(Sea-Tangle)

海带科(昆布科)植物昆布及翅藻科植物黑昆布、裙带菜的叶状体。别名:纶布、海昆布。

采收和储藏:夏、秋采收,由海中捞出,晒干。

3. 鸡内金(Chickens Gizzard-membrane)

雉科动物鸡的砂囊内膜。别名:鸡肫胵里黄皮、鸡肫胵、鸡盹内黄皮、鸡盹皮、鸡黄皮、鸡食皮、鸡合子、鸡中金、化石胆、化骨胆。

采收和储藏:全年均可采收,将鸡杀死后,立即取出砂囊,剥下内膜,洗净,晒干。

4. 牡蛎(Oyster)

牡蛎科动物近江牡蛎、长牡蛎及大连湾牡蛎、密鳞牡蛎等的贝壳。别名:蛎蛤、古贲、左顾牡蛎、牡蛤、蛎房、蠔山、蠔莆、左壳、蠔壳、海蛎子壳、海蛎子皮。

采收和储藏:牡蛎收获期是在每年的 5~6 月,即牡蛎生殖腺高度发达而又未进行繁殖,软体部最肥时进行。采收时,将牡蛎捞起,开壳去肉,取壳洗净,晒干。

5. 蝮蛇(Pallsas Pit Viper)

蝰科动物蝮蛇除去内脏的全体。别名:虺、土虺蛇、土锦、灰地匾、地扁蛇、土球子。

采收和储藏:春夏间捕捉。捕得后剖腹除去内脏,盘成圆盘形,烘干。亦可鲜用。

6. 蜂蜜(Honey)

蜜蜂科动物中华蜜蜂或意大利蜜蜂所酿的蜜糖。别名:石蜜、石饴、食蜜、蜜、白蜜、白沙蜜、蜜糖、沙蜜。

采收和储藏:蜂蜜采收多在春、夏、秋季进行。取蜜时先将蜂巢割下,置于布袋中将蜜挤出。新式取蜜法是将人工蜂巢取出,置于离心机内离心,收集清液,除去蜂蜡、碎片及其他杂质即可。储存时应放在阴凉、干燥、清洁、通风处,温度保持在 5~10 ℃,空气湿度不超过 75% 的环境中。

第二节　药食同源中药按功能分类

一、解表类

1. 葛根

【性味归经】　甘、辛、平;归脾、胃、肺、膀胱经。

【功效】　解肌退热、发表透疹、生津止渴、升阳止泻,用于外感发热、头项强痛、麻疹初起、疹出不畅、温病口渴、消渴病、泄泻、痢疾、高血压、冠心病。

【用法用量】　内服:煎汤,10~15 g,或捣汁;外用:适量,捣敷。

【化学成分】

(1)异黄酮类

大豆苷元、大豆苷、葛根素、4′-甲氧基葛根素、3′-羟基葛根素、葛根黄素木糖苷、3′-甲氧基葛根素、4′-O-葡萄糖基葛根素、大豆苷元-4′、7-二葡萄糖苷大豆苷元-7-(6-O-丙二酰基)-葡萄糖苷、染料木素、染料木苷、染料木素-8-C-芹菜糖基(1→6)-葡萄糖苷、染料木素-8-C-葡萄糖苷、大豆素4,7-二葡萄糖苷、金雀异黄素8-c-芹菜糖基-葡萄糖苷、金雀异黄素、大豆黄素8-c-芹菜糖基(1→6)-葡萄糖苷、金雀异黄素苷、香豆雌酚、异甘草素、刺芒柄黄花素、4,6-二乙酰基葛根素、尿囊素、6-牻牛儿基、7,12-二羟基香豆素、7-甲基-4-羟基异黄酮、紫檀烷等。

(2)葛根苷类

葛根苷A、葛根苷B、葛根苷C等二氢查耳酮的衍生物。

(3)三萜皂苷

以葛根皂醇A、B、C命名的皂苷:皂草精醇,槐二醇,大豆苷醇A、B、C等,其皂苷元为齐墩果烷。

(4)生物碱及其他

氯化胆碱、二氯化乙酰胆碱、鞣质、β-谷甾醇、乙酰胆碱、胡萝卜苷等。

【药理作用】

(1)对心脑血管系统的作用

①对血压的作用:葛根对动物的正常血压和高血压均有一定的降压作用,其降压效应与抑制肾素-血管紧张素系统和降低儿茶酚胺含量有关。

②对心率失常的作用:葛根黄酮和葛根素使正常和心肌缺血狗心率明显减慢;葛根还能缩短氯仿肾上腺素诱发的家兔心律失常的时间,并明显提高哇巴因引起的室性早搏和室性心动过速的阈值。

③对冠状动脉、心脏功能、心肌代谢的影响:葛根总黄酮和葛根素明显扩张冠脉血管,可使正常和痉挛的冠脉血管扩张,且其作用随着剂量的增加而加强;总黄酮和葛根素能对抗垂体后叶素引起的大鼠急性心肌缺血,并减少与心肌耗氧有关的血流动力学参数;明显减少缺血引起

的心肌乳酸的产生，降低缺血与再灌流时心肌的氧消耗量与心肌水含量。

④对脑循环的作用：葛根可以扩张脑血管、解除脑血管痉挛、改善脑循环、增加脑血流量，可降低脑内过氧化脂质，从而防止血栓病；不同浓度的葛根素均能不同程度地抑制 ADP 诱导的鼠血小板的聚集；且有抗血栓素 TXA2 及提高 PGI2 和 HDL 的作用，因此可对抗血管痉挛，降低血小板凝聚。

（2）降血糖降血脂作用

口服葛根素能使四氧嘧啶性高血糖小鼠血糖明显下降，使血清胆固醇含量减少。

（3）抗氧化作用

葛根异黄酮能明显抑制小鼠肝肾组织及大白兔血、脑组织的脂质过氧化物丙二醛的升高，且对提高血、脑组织中超氧化物歧化酶活性有极显著作用。

（4）抗肿瘤及诱导细胞的分化作用

当大豆苷元与乳香有效成分 BC4 联合作用时，对 HL 60 细胞的生长有明显的抑制作用和分化诱导作用；大豆苷元在 10 ~ 20 mg/ml 浓度范围内明显抑制黑色素瘤 B13 细胞的增殖；葛根提取物对 ESC 癌、S180 肉瘤及 Lewis 的肺癌均有一定的抑制作用。

（5）对免疫作用的影响

葛根使巨噬细胞的异物吞噬功能活化，而使初期感染状态下的异物排除功能增强。

（6）其他作用

葛根中的多种异黄酮（特别是大豆苷元）可以舒张平滑肌，它的解痉作用已广泛应用于临床；葛根素具有降低眼压和改善眼微循环的双重作用，对青光眼的治疗非常有效；葛根醇提取物能改善学习记忆作用，并对疫苗发热具有明显的解热作用。

2. 白芷

【性味归经】　味辛、性温；归肺、脾、胃经。

【功效】　祛风除湿、通窍止痛、消肿排脓，用于感冒头痛、眉棱骨痛、牙痛、鼻塞、鼻渊、湿盛久泻、妇女白带、痈疽疮疡、毒蛇咬伤。

【用法用量】　内服：煎汤，3 ~ 10 g，或入丸、散；外用：适量，研末撒或调敷。

【化学成分】

（1）香豆素类成分

主要有效成分为香豆精类，其中主要有氧化前胡素、欧前胡素、异欧前胡素，这些成分在硫黄熏蒸后含量显著降低。其他香豆精类成分有比克白芷素、比克白芷醚、脱水比克白芷素、新比克白芷醚、水合氧化前胡素、白当归素、白当归脑、新白当归脑、叔-O-甲基白当归素、苷香豆精葡萄糖苷类、紫花前胡、3-羟基印度榅桲苷、白当归素-叔-O-β-D-吡喃葡萄糖苷、白当归素-仲-O-β-D-吡喃葡萄糖苷、珊瑚菜素、香柑内酯、8-甲氧基-4-氧-(3-甲基-2-丁烯基)补骨脂素、栓翅芹烯醇、东莨菪素、花椒毒酚、茵芋苷、花椒毒酚-8-O-β-D-吡喃葡萄糖苷、独活属醇-叔-O-β-D-吡喃葡萄糖苷、异氧化前胡素、别欧前胡素、异紫花前胡内酯、别异欧前胡素和 5-甲氧基-8-羟基补骨脂素等，后两种成分可能是在提取过程中分别由异欧前胡素和新比克白芷醚转化而成的。

（2）挥发油成分

①川白芷：对川白芷的挥发油进行 GC-MS 分析，从川白芷（未经硫黄熏）挥发油中鉴定了 59 种成分，经硫黄熏的白芷的挥发油中含有 39 种成分；春白芷含有 53 种；移栽白芷含有 58 种成分。

②祁白芷：用气质联用仪对白芷的挥发油进行系统分析，从中鉴定出了 29 种成分，其中甲基环癸烷、1-十四碳烯、月桂酸乙酯等的含量较高。

③杭白芷：对其挥发油进行气质联用仪分析，从中分离出了 62 个组分，鉴定出了 23 种，以壬基环丙烷、α-蒎烯、1-十四碳醇的含量较高。另据报道，采用毛细管气相色谱-质谱联用法分析了杭日芷挥发油的化学成分。质谱鉴定了 38 个化合物，樟脑、α-甲基芷香酮、1,7,7-三甲基双环[2,2,1]庚-2-醇乙酸酯和 2-甲基巴豆醛是该油的主要成分。

④野生白芷：对其根的挥发油进行气质联用仪分析，从中鉴定出了环十二烷、香芹酚、丁香酚等 82 种化合物。

【药理作用】

（1）解热抗炎作用

小鼠灌胃白芷或杭白芷煎剂，可明显抑制二甲苯所致小鼠耳部的炎症。

（2）镇痛作用

对蛋白胨皮下注射所致高热动物模型，白芷有明显的解热镇痛作用，对腹腔注射 1% 醋酸所致的小鼠扭体次数明显减少。小鼠热板法试验表明，给药后 60 min，白芷及杭白芷对痛阈值明显提高。

（3）解痉作用

白芷及其多种有效成分具有解痉作用。所含的东莨菪素对雌激素或氯化钡所致在体或离体大鼠子宫痉挛有解痉作用；佛手柑内酯、花椒毒素、异欧前胡素乙对兔回肠具有明显的解痉作用；异欧前胡素还能增加兔子宫的收缩力和蚯蚓肌的紧张性。

（4）对心血管的作用

比克白芷素对冠状血管有扩张作用；白芷的醚溶性成分对离体兔耳血管有显著的扩张作用；白芷的水溶性成分有血管收缩作用；毛细管法试验表明，白芷的水溶性成分有明显止血作用；白芷所含的异欧前胡素和印度前胡素对猫有降血压的作用；异欧前胡素与 N-乙烯吡咯烷酮的共聚物可使猫动脉压降低的时间延长 5～10 倍；还能降低离体蛙心的收缩力。

（5）抗菌作用

白芷煎剂对大肠杆菌、痢疾杆菌、变形杆菌、伤寒杆菌、副伤寒杆菌、绿脓杆菌、霍乱弧菌、人型结核杆菌、絮状表皮癣菌、石膏样小芽孢癣菌等均有不同程度的抑制作用。

（6）对皮肤的作用

白芷可降低皮肤对 UVA 的敏感性；白芷中所含欧前胡素和异欧前胡素等呋喃香豆精类物质，在黑光照射下能与细胞内的 DNA 结合，抑制 DNA 的复制，这可能是白芷-黑光疗法治疗银屑病的机理之一。在受试的 13 种呋喃香豆素中，欧前胡素的光毒活性最强；花椒毒酚、异欧前胡素、珊瑚菜素次之；别欧前胡素、氧化前胡素、异氧化前胡素最弱；水合氧化前胡素、比克白芷素、5-甲氧基-8-羟基补骨脂素和 pabalenol 无光毒活性。

（7）抗辐射、抗癌作用

白芷对动物放射性皮肤损害有保护作用,其提取物对钙通道阻滞剂受体和 β-羟基-β-甲基戊二酸辅酶 A 及肝药物代谢有抑制作用;异欧前胡素可抑制毒激素-L 诱导的脂肪分解反应,从而阻遏肿痛恶病质的发生发展。

（8）对中枢神经的作用

白芷有中枢兴奋作用;小量白芷毒对动物延髓血管运动中枢、呼吸中枢、迷走神经及脊髓都有兴奋作用;能使血压升高,心率减慢,呼吸加深,并引起流涎呕吐,大量时可致间歇性惊厥,继而导致麻痹。

3. 生姜

【性味归经】 味辛、性温;归肺、胃、脾经。

【功效】 散寒解表、降逆止呕、化痰止咳,用于风寒感冒、恶寒发热、头痛鼻塞、呕吐、痰饮喘咳、胀满、泄泻。

【用法用量】 内服:煎汤,3~10 g,或捣汁冲;外用:适量,捣敷;或炒热熨;或绞汁调搽。

【化学成分】

（1）挥发油

含有近百种化学成分,主要是萜类化合物,包括单萜烯类、单萜醇类、单萜醛类以及倍半萜烯类。α-蒎烯、莰烯、6-甲基-5-庚烯-2-酮、β-水芹烯、柠檬醛、芳香-姜黄烯、桉烯、α-姜烯、α-金合欢烯、β-甜没药烯、β-倍半水芹烯、癸醛、姜油酮、姜烯酮、4-(3-氧代-4-十二碳烯基)-2-甲氧基苯酚(姜油酮同系物)、己醛、姜辣素、香橙醛、龙脑、β-倍半菲兰烯、β-月桂烯等。

（2）姜辣素

根据官能团所连接脂肪链的不同,可把姜辣素分为姜醇类、姜烯酚类、姜酮类、姜二酮类和姜二醇类等不同类型,都含有 3-甲氧基-4-羟基苯官能团。

（3）二苯基庚烷

可分为线性二苯基庚烷类和环状二苯基庚烷类化合物,该类化合物具有抗氧化作用。

（4）其他成分

呋喃大牻牛儿酮、2-哌啶酸。

【药理作用】

（1）对消化系统的作用

实验证明,生姜与口腔黏膜接触后,作用于神经器官,能大量增加唾液的分泌,而且淀粉酶的活性也成倍增加。Platel 研究显示,生姜等能显著提高小鼠小肠黏膜的消化酶的活性,对消化这些末端酶具激活作用。还有研究表明,生姜是治疗盐酸-乙醇性溃疡的有效药物,其主要成分为姜烯,具有胃黏膜细胞保护作用。适当剂量的生姜提取物对 X 射线照射导致的小鼠睾丸酶活性变化起着稳定作用;生姜的丙酮和乙醇提取物有明显的止吐作用。

（2）对血液和循环系统的作用

生姜可阻碍血小板凝固,从而使血栓形成比较困难。生姜乙醇提取物能显著降低兔子血清胆固醇、甘油三酯、脂蛋白、磷脂水平,减少动脉硬化症的发生,在预防和治疗由血液凝固引起的诸多疾病方面有一定的作用。

(3)抗菌及抗原虫作用

生姜水浸液对伤寒杆菌、霍乱弧菌、堇色癣菌及阴道滴虫有不同程度的抑制或杀灭作用,并有防治血吸虫卵孵化及杀灭血吸虫作用。且与食盐适量组合后抗菌活性增强。此外,用液态沙堡琼脂基稀释为一定浓度的生姜乙醇提取物对培养基中常见的皮肤癣菌-红色毛癣菌、犬小孢子菌、须癣毛癣菌、絮状表皮癣菌有极为显著的抑菌和杀菌作用。

(4)抗氧化作用

生姜可以调节大鼠脂质过氧化,降低体内过氧化物,有效提高过氧化氢酶的活性,减轻缺血脑组织的脂质过氧化反应,减轻脑组织代谢性酸中毒;增加小鼠血清或肝超氧化物歧化酶的活力,降低丙二醛含量。一般认为其中抗氧化活性物质主要是姜酚类,姜烯酚和某些相关的酚酮类衍生物。何文珊等从生姜甲醇提取物中分离的一种环状二苯基庚烷类化合物,可抑制 H_2O_2 导致的红细胞溶血作用,且能明显颉颃由 $VitC/Fe^{2+}$ 所激发的小鼠肝匀浆的脂质过氧化,也显示了生姜的抗氧自由基作用。

(5)其他作用

生姜提取物具有抗炎、降血糖、促进胆囊排泄从而抑制动脉粥样硬化、改善荷瘤鼠免疫功能低下状态起到防治肿瘤等作用;并对四氯化碳致小鼠肝损害有预防作用;此外,生姜油能明显抑制豚鼠过敏性支气管痉挛,还能抑制卵白蛋白致豚鼠回肠过敏收缩,也能抑制组胺、乙酰胆碱致豚鼠回肠收缩。

4.桑叶

【性味归经】　味苦、甘、性寒;归肺、肝经。

【功效】　疏散风热、清肺、明目,用于风热感冒、风温初起、发热头痛、汗出恶风、咳嗽胸痛、肺燥干咳无痰、咽干口渴、风热及肝阳上扰、目赤肿痛。

【用法用量】　内服:煎汤,4.5~9 g,或入丸、散;外用:适量,煎水洗或捣敷。

【化学成分】

(1)甾体及三萜类化合物

昆虫变态激素牛膝甾酮、蜕皮甾酮、豆甾醇、菜油甾醇、羽扇豆醇、β-谷甾醇、β-谷甾醇-β-D-葡萄糖苷、蛇麻脂醇、内消旋肌醇及 β-香树脂醇等。

(2)黄酮及黄酮苷类

芸香苷是主要成分之一。山柰酚-3-O-(6″-O-α-L-鼠李糖基)-β-D-吡喃葡萄糖苷、槲皮素-3-氧-(6″-氧-乙酰基)-β-D-吡喃葡萄糖苷、槲皮素-3-氧-β-D-吡喃葡萄糖苷、堪非醇-3-氧-α-L-鼠李吡喃糖苷-β-D-吡喃葡萄糖苷、槲皮素-3-氧-β-D-吡喃葡萄糖苷-β-D-吡喃葡萄糖苷、槲皮素-3,7-二氧-β-D-吡喃葡萄糖苷和槲皮素。日本学者 Kayo Doi 等对桑叶的丁醇提取物进行分离,得到9种化合物,2种新的异戊烯黄烷和异戊烯黄烷的糖苷,6种已知的化合物:异槲皮苷、黄芪苷、东莨菪苷、茵芋苷、长春花糖苷Ⅱ、苯甲基-D-吡喃葡萄糖苷。

(3)香豆精及其苷类

香柑内酯、伞形花内酯、东莨菪素、东莨菪苷、羟基香豆精。

(4)挥发油

酸性部分含乙酸、丙酸、丁酸、异丁酸、缬草酸、异缬草酸、己酸、异己酸;酚性部分含水杨酸甲酯、愈创木酚、邻苯甲酚、α-及β-乙烯醛、顺式-β及γ-己烯醇、苄醇间苯甲酚、对苯甲酚、丁香油酚等;还含草酸、延胡索酸、酒石酸、柠檬酸、琥珀酸、棕榈酸、棕榈酸乙酯、三十一烷、羟基香豆精。

(5)生物碱

生物碱也是桑叶中的主要活性成分之一。日本学者 Asano 等从桑叶中分离出多种多羟基生物碱,包括 DNJ(1-脱氧野尻霉素)、N-甲基-1-DNJ、2-氧-α-D-半乳糖吡喃糖苷-1-DNJ、fagomine、1,4-二脱氧-1,4-亚氨基-D-阿拉伯糖醇、1,4-二脱氧-1,4-亚氨基-(2-氧-β-D-吡喃葡萄糖苷)-D-阿拉伯糖醇、1α,2β,3α,4β-四羟基-去甲莨菪烷、去甲莨菪碱。此外,还含有腺嘌呤、黄嘌呤、胆碱、葫芦巴碱等。

(6)有机酸及其他化合物

绿原酸、延胡索酸、棕榈酸、苯甲酸、棕榈酸乙酯、叶酸、亚叶酸、维生素 C(90%以上为还原型)、精氨酸葡萄糖苷、C28 及 C30-C34 烷烃、内消旋肌醇及溶血素。

【药理作用】

(1)抗菌作用

鲜桑叶煎剂体外实验,对金黄色葡萄球菌、乙型溶血性链球菌、白喉杆菌和炭疽杆菌均有较强的抗菌、消炎作用。芸香苷及槲皮素对大鼠因组织胺、蛋清、S-羟色胺、甲醛、多乙烯吡咯酮引起的脚底浮肿,以及透明质酸酶引起的足踝部浮肿有抑制作用。芸香苷能显著抑制大鼠创伤性浮肿,并能阻止结膜炎、耳郭炎、肺水肿的发展。对大肠杆菌、伤寒杆菌、痢疾杆菌、绿脓杆菌也有一定的抗菌作用。煎剂还有杀钩端螺旋体的作用。

(2)降血糖作用

桑叶总多糖,有非常显著的降血糖作用;日本宫原等人采用自然发病且症状类似成人型糖尿病和糖尿病合并症的大鼠进行研究发现,桑叶中所含的 DNJ 能够明显地抑制食后血糖值急剧升高现象,可维持胰岛素的分泌,抑制血糖值的升高;Kimura 等研究表明,桑叶中 N-MeDNJ、GAL-DNJ、fagomine 都可显著地降低血糖水平,其中 GAL-DNJ 和 fagomine 降血糖作用最强。而且 GAL-DNJ 这种生物碱,植物中唯独桑叶含有。俞灵莺等又观察桑叶总黄酮对糖尿病大鼠的降糖作用及其对大鼠双糖酶活性的影响,结果,桑叶总黄酮使糖尿病大鼠血糖降低;对蔗糖酶、麦芽糖酶、乳糖酶活性抑制率依次达 68.0%、47.1%、27.8%,使注入麦芽糖后,门外周静脉血糖浓度差降低。

(3)对心血管系统的作用

芸香苷、槲皮素、γ-氨基丁酸可扩张冠状血管,改善心肌循环,具有降血压的作用。桑叶能抑制血清脂质增加和抑制动脉粥样硬化形成,有降血脂作用,桑叶中多种成分有此作用,主要的成分有黄芪苷、异槲皮苷、东莨菪苷、茵芋苷及苯甲醇的糖苷。桑叶中的谷甾醇、豆甾醇能有效抑制肠道对胆固醇的吸收。

(4)解痉、抗溃疡作用

槲皮素能降低肠、支气管平滑肌的张力,其解痉作用强于芸香苷,芸香苷能降低大鼠的胃运动功能,并能解除氯化钡引起的小肠平滑肌痉挛。

（5）抗衰老作用

桑叶具有补益与抗衰老、稳定神经系统功能的作用，能缓解生理变化引起的情绪激动，提高体内超氧化物歧化酶的活性，阻止体内有害物质的产生，减少或消除已经产生并积滞体内的脂褐质。相关研究表明，生物碱黄嘌呤在体内具有清除氧自由基的作用。

（6）抗肿瘤作用

桑叶中的两种类黄酮——槲皮素-3-氧-β-D 吡喃葡萄糖苷和槲皮素-3,7-二氧-β-D 吡喃葡萄糖苷对人早幼粒白血病细胞系的生长表现出显著的抑制效应，其中后者还诱导了 HL-60 细胞系的分化。Tsulomu Tsuruoka 等以小鼠 β-16 肺黑色细胞肿瘤模型，研究阐明 DNJ 作为野尻霉素的结构类似物，对肺肿瘤转移具有抑制作用。

（7）其他作用

桑叶含丰富的纤维素，具有导泻通便、减少某些急腹症的发生、保护肠黏膜和减肥的作用。桑叶中黄酮物质，使其具有祛风清热、凉血明目、利尿等生理作用。

5. 紫苏叶

【性味归经】　味辛、性温；归肺、脾、胃经。

【功效】　散寒解表、宣肺化痰、行气和中、安胎、解鱼蟹毒，用于风寒表征、咳嗽痰多、腹胀满、恶心呕吐、腹痛吐泻、胎气不和、妊娠恶阴、食鱼蟹中毒。

【用法用量】　内服：煎汤，5～10 g；外用：适量，捣敷、研末掺或煎汤洗。

【化学成分】　紫苏叶油的有效成分主要是紫苏醛，β-丁香烯，还有少量的柠檬烯及 α-蒎烯等。邹耀洪同时用蒸馏萃取法提取了紫苏叶的挥发性成分，并用 GC/MS 联用法分离鉴定出 44 种化合物相似度较高。其中单萜 28 种、倍半萜 11 种、二萜 1 种、其他 4 种。单萜类：α-和 β-蒎烯、莰烯、月桂烯、D-苎烯、α-松油烯、L-柠檬烯、α-水芹烯、薄荷烯、紫苏酮、L-紫苏醛、香芹酮、柠檬醛、香茅醛、薄荷酮、樟脑、芳樟醇、香橙醇、丁香油酚、桉油精、香叶醇、薄荷醇、紫苏醇、二氢紫苏醇、香茅醇、薄荷烯醇。倍半萜类：β-芹子烯、β-石竹烯、2,4-二甲基-7-异丙基薁、β-麝子油烯、α-姜黄烯、没药烯、α-桉醇、没药醇、麝子油烯醇、姜黄醇。二萜类和其他：枯酸、二萜樟脑烯、枯茗醛、肉桂酸苄酯及十六酸。

此外，有研究显示紫苏叶中还含紫苏醇-β-D-吡喃葡萄糖苷，紫苏苷 B、C 及 1,2-亚甲二氧基-4-甲氧基-5-烯丙基-3-苯基 β-D-吡喃葡萄糖苷及迷迭香酸、咖啡酸、(Z,E)-2-(3,4-二羟基苯基)-乙烯咖啡酸酯、豆甾醇、β-谷甾醇、菜油甾醇。

【药理作用】

（1）升血糖作用

紫苏叶油 0.35 ml/kg 给予家兔口服，可使血糖上升；油中的主要成分紫苏醛制成肟后，升血糖作用较紫苏油更强。

（2）对血凝的作用

紫苏水提液对家兔耳表静脉注射，可缩短血凝时间、血浆复钙时间和凝血活酶时间，说明紫苏叶对内源性凝血系统有促进作用，而对外源性凝血系统的影响并不明显。

（3）促进肠蠕动

从紫苏叶中分离出的 Perilla ketone，对大鼠有促进肠蠕动作用，使肠内物质运动加速，这是由于 Perill ketone 对肠括约肌有刺激作用。

（4）镇静作用

从紫苏叶中分离出的紫苏醛、Stigmasterol、Dill apiole 均有镇静作用，可延长苯巴比妥减少的大鼠的睡眠时间。

（5）抗肿瘤作用

紫苏醇和柠檬烯可以抑制乳房瘤及大鼠肝肿瘤细胞生长。

（6）镇咳作用

石竹烯（β-丁香烯）是一种特异性气味成分，对豚鼠离体气管有松弛作用，对丙烯醛或枸橼酸引起的咳嗽亦有明显的镇咳作用。

（7）抑菌作用

紫苏叶油与紫苏醛都具有明显的抗皮肤真菌作用，紫苏醛与柠檬醛对皮肤丝状真菌生长有协同抑制作用。此外，紫苏叶油对金黄色葡萄球菌和大肠相菌均有抗菌活性，对接种和自然污染的酵母菌、黑麦曲霉菌、青霉菌、变形杆菌抑制力明显优于尼泊金乙脂。

（8）毒性作用

紫苏叶油的某些成分也有毒副作用。芳香性成分丁香油酚，大鼠口服 LD50 为 1.95 mg/kg，可引起后肢及下颌瘫痪，并因循环衰竭而死亡；α-蒎烯可引起皮疹、谵妄、共济失调、昏迷，并刺激胃肠等，吸入时可引起心悸、头昏、神经失调、胸痛、支气管炎、肾炎以及慢性接触性良性肿瘤；紫苏醇具有毒性、刺激性和致敏作用；1-薄荷醇有局部抗痒、中度局麻、防腐和祛风作用；紫苏酮、β-呋喃异紫苏酮属 3 位取代类化合物，小鼠腹腔给药100 mg/kg，24 h 内致死，毒性类型与甘薯苦醇相似，如广泛肺水肿，并有大量腹腔渗出物；雌山羊静脉注射紫苏酮 10 mg/kg 可致死，若灌胃 40 mg/kg 仍可存活；给小母牛静脉注射 30 mg/kg 亦可致死，症状为急性肺气肿。

6.薄荷

【性味归经】 味辛、性凉；归肺、肝经。

【功效】 散风热、清头目、利咽喉、透疹、解郁。

【用于】 风热表征、头痛目赤、咽喉肿痛、麻疹不透、隐疹瘙痒、肝郁胁痛。

【用法用量】 内服：煎汤，3～6 g，不可久煎，宜作后下，或入丸、散；外用：适量，煎水洗或捣汁涂敷。

【化学成分】

（1）挥发性油成分

挥发油中主要成分为左旋薄荷醇，含量 62%～87%，还含左旋薄荷酮、异薄荷酮、胡薄荷酮、胡椒酮、胡椒烯酮、二氢香芹酮、乙酸癸酯、乙酸薄荷酯、乙酸松油酯、反式乙酸香芹酯、苯甲酸甲酯、α-及 β-蒎烯、β-侧柏烯、柠檬烯、右旋月桂烯、顺式-罗勒烯、反式-罗勒烯、莰烯、1，2-薄荷烯、反式-石竹烯、β-波旁烯、3-戊醇、2-已醇、3-辛醇、桉叶素、α-松油醇、芳樟醇、对伞花烃、香芹酚。

李铁纯等采用同时蒸馏萃取法提取精油,以 GC/MS 法对得到的精油进行分离鉴定,共确定了 21 种组分,除已有研究得到之外,为 2-乙酰基-5-甲基呋喃、1-辛烯-3-醇、3-辛酮、3-辛醇、苯乙酮、4-异丙基苯甲醇、3,7-二甲基-1,6-辛二烯-3-醇、壬醛、5-甲基-2-(1-甲基亚乙基)4-己烯-1-醇、香薷酮、脱氢香薷酮、十氢化-3-甲基-6-亚甲基-1-异丙基-环丁烯[1,2,3,4]并二环戊烯、石竹烯、(+)-表双环倍半水芹烯、八氢化-7-甲基-3-亚甲基-4-异丙基-1H-环戊烯[1,3]并环丙烷[1,2]并苯、α-石竹烯、大牻牛儿烯 D、3,7,11-三甲基-1,3,6,10-十二四烯、α-金合欢烯。

(2)黄酮类成分

异瑞福灵、木樨草素-7-葡萄糖苷、薄荷异黄酮苷、刺槐素-7-O-新橙皮糖苷、β-胡萝卜苷。

(3)有机酸成分

迷迭香酸、咖啡酸。

(4)其他成分

薄荷叶中含有具有抗炎作用的以二羟基-1,2-二氢萘二羟酸为母核的多种成分:1-(3,4-二羟基苯基)-6,7-二羟基-1,2-二氢萘-2,3-二羟酸、1-(3,4-二羟基苯基)-3-[2-(3,4-二羟基苯基)-1-羧基]乙氧基羰基-6,7-二羟基-1,2-二氢萘-2-羧酸、7,8-二羟基-2-(3,4-二羟基苯基)-1,2-二氢萘-1,3-二羟酸、1-[2-(3,4-二羟基苯基)-1-羧基]乙氧基羰基-2-(3,4-二羟基苯基)-7,8-二羟基-1,2-二氢萘-3-羧酸、3-[2-(3,4-二羟基苯基)-1-羧基]乙氧基羰基-2-(3,4-二羟基苯基)-7,8-二羟基-1,2-二氢萘-1-羧酸、1,3-双[2-(3,4-二羟基苯基)-1-羟基]乙氧基羰基-2-(3,4-二羟基苯基)-7,8-二羟基-1,2-二氢萘、1-[2-(3,4-二羟基苯基)-1-甲氧基羰基]乙氧基羰基-2-(3,4-二羟基苯基)-3-[2-(3,4-二羟基苯基)-1-羧基]乙氧基羰基-7,8-二羟基-1,2-二氢萘、1-[2-(3,4-二羟基苯基)-1-羧基]乙氧基羰基-2-(3,4-二羟基苯基)-3-[2-(3,4-二羟基苯基)-1-甲氧基羰基]乙氧基羰基-7,8-二羟基-1,2-二氢萘、1,3-双[2-(3,4-二羟苯基)-1-甲氧基羰基]乙氧基羰基-2-(3,4-二羟苯基)-7,8-二羟基-1,2-二氢萘。

薄荷尚含有多种微量元素,以 Al 含量最高,其次为 Fe、Na、Zn 等,多数为人体必需,有害重金属(Pb、Cr、Cd)含量很低。

刘颖等利用色谱技术进行分离,波谱技术等方法鉴定结构,从薄荷中分离鉴定出 9 种化合物:大黄素、大黄酚、大黄素甲醚、反式桂皮酸、β-谷甾醇、苯甲酸、芦荟大黄素、熊果酸和胡萝卜苷。其中前 5 种为首次从薄荷中分离鉴定。张继东等对薄荷提取挥发油的残渣中的化学成分进行提取、分离、鉴定,发现其中含有较多的齐墩果酸。

【药理作用】

(1)对中枢神经系统的作用

内服少量薄荷或薄荷油可通过兴奋中枢神经,使皮肤毛细血管扩张,促进汗腺分泌,增加散热,有发汗解热作用。但有报道称,薄荷醇能加强戊巴比妥钠的中枢抑制作用,且具有一定的量效关系。

（2）对消化系统的作用

薄荷醇有较强的利胆作用,增加胆汁排出量;薄荷酮作用相似,但作用较持久。

（3）对生殖系统的作用

薄荷油对小鼠和家兔均有抗早孕与抗着床的作用,且有剂量相关性。腹腔注射 0.035 ml/只剂量时,抗着床率达 100%。对小鼠终止妊娠的原因可能是子宫收缩加强或对蜕膜组织的直接损伤;对家兔终止早孕和抗着床作用机制可能与子宫收缩无关,而主要与对滋养叶的损害有关。

（4）对呼吸系统的作用

薄荷醇能减少呼吸道的泡沫痰,使有效通气腔道增大,薄荷醇尚能促进分泌,使黏液稀释而表现祛痰作用。

（5）促进透皮吸收作用

薄荷醇具有较好的促进药物渗透作用,其作用机理是通过皮肤角质层的结构改变来促进药物吸收。有关研究发现,薄荷醇对氯霉素、四环素、达克罗宁、利福平、扑热息痛、曲安缩松、水杨酸、维甲酸、林可霉素、氟尿嘧啶、灰黄霉、普萘洛尔、利巴韦林、双氯芬酸都有一定的促进透皮吸收作用。

（6）对平滑肌的作用

在离体状态下,薄荷醇对家兔、豚鼠的回肠、子宫活动的张力、强度、强度-张力差有明显的抑制作用,且能对抗组胺、乙酰胆碱、氯化钡等引起的肠管活动亢进。

（7）抗炎抗菌镇痛作用

薄荷提取物 250 mg/kg 腹腔注射,对大鼠角叉菜胶性足肿胀有明显的抑制作用,主要有效成分为薄荷醇;薄荷提取物 1 g/kg 皮下注射,对小鼠醋酸扭体反应有明显的抑制作用,主要有效成分为左旋薄荷酮。

体外试验表明,薄荷水煎剂对表皮葡萄球菌、金黄色葡萄球菌、变形杆菌、支气管包特菌、黄细球菌、绿脓杆菌、蜡样芽杆菌、藤黄八叠球菌、大肠杆菌、枯草杆菌、肺炎链球菌等均有较强的抗菌作用。

7. 香薷

【性味归经】　味辛、性微温;归肺、胃经。

【功效】　发汗解暑、和中化湿、行水消肿,用于夏月外感风寒、内伤于湿、恶寒发热、头痛无汗、脘腹疼痛、呕吐腹泻、小便不利、水肿。

【用法用量】　内服:煎汤,3～9 g,或入丸、散,或煎汤含漱;外用:适量,捣敷。

【化学成分】

（1）挥发油成分

其主要成分为 β-去氢香薷酮、香薷酮、2-甲氧基-1,3,5-三甲基苯、香橙烯、d-香芹酮、柠檬烯与 4-甲基-2,6-二叔丁基苯酚。其余为 α-蒎烯、樟烯、β-蒎烯、月桂烯、对-聚伞素、γ-萜烯、β-萜烯、Δ^3-蒈烯、芳樟醇、辛烯醇-1-乙醋酸、乙酸辛酯、1,1-二甲基对-丙基酚、石竹烯、δ-荜澄茄烯、β-甜没药烯、β-绿叶烯、氧化石竹烯、β-榄香烯。

（2）黄酮类成分

5-羟基-6,7-二甲氧基黄酮、5-羟基-7,8-二甲氧基黄酮、5,7-二羟基-4′-甲氧基黄酮、5,7-二甲氧基-4′-羟基黄酮、洋芹素、5,5′-二羟基-7-甲氧基-6,8,3″,3″-四甲基-3′4′-并吡喃黄酮、5,5′-二羟基-7-甲氧基-6,3″,3″-三甲基-3′4′-并吡喃黄酮、5,3′,3′-三羟基-7-甲氧基-6,8-二甲基-5′-异戊烯基黄酮、5-羟基-7,4′-二甲氧基双氢黄酮醇、5-羟基-6-甲基-7-O-α-D-半乳吡喃糖双氢黄酮苷、5-羟基-6-甲基-7-O-β-D-吡喃木糖(3,1)-β-D-吡喃木糖双氢黄酮苷、球松甲素-7-O-β-D-吡喃木糖基(1-3)-β-D-吡喃木糖苷、5,7,3′,6′-四羟基-8,2′-二甲氧基黄酮、2-羟基苯甲酸-5-O-β-D-吡喃葡萄糖苷、异芒柄花素-4′-葡萄糖苷、异鼠李素-3-O-芸香糖苷、山萘黄素-3-O-β-D-葡萄糖苷、桑色素-7-O-β-D-葡萄糖苷、泻鼠李黄素-3-O-β-D-芹糖(1,5)-β-D-芹糖-4′-O-β-D-葡萄糖苷、木樨草素-7-O-β-D-吡喃葡萄糖苷、木樨草素-7-O-β-D-葡萄糖苷、木樨草素-5-O-β-D-吡喃葡萄糖苷、鼠李柠檬素-3-O-β-D-芹糖(1,5)-β-D-芹糖-4′-葡萄糖苷、鼠李柠檬素-3-O-β-D-芹糖(1,5)-β-D-芹糖-4′-O-β-D-葡萄糖苷、异樱花素-7-O-β-D-新橙皮糖苷、异樱花素-7-O-新橙皮糖苷、异樱花素-7-O-芸香糖苷、刺槐素-7-O-β-D-芸香糖苷、刺槐素-7-O-β-D-葡萄糖苷、5-羟基-3′-甲氧基双氢黄酮-7-O-芸香糖苷、槲皮素-3-O-β-D-葡萄糖苷、槲皮素-3-O-β-D-半乳糖苷、槲皮素-3-O-β-D-半乳糖(6-1)-α-L-鼠李糖苷、5-羟基-4′-甲氧基黄酮-7-O-芸香糖苷、金丝桃苷、3,4-二羟基肉桂酸、3″,4″,5″-三甲氧基呋喃黄酮、3″-羟基-4″,5″-二甲氧基呋喃黄酮。

（3）香豆素类成分

5-(3″-甲基丁基)-8-甲氧基呋喃香豆素、5-(3″-羟基-3″-甲基丁基)-8-甲氧基呋喃香豆素、5-(3″,3″-甲基烯丙基)-8-甲氧基呋喃香豆素、5-(3″-甲基-2′-烯丁基)-8-甲氧基呋喃香豆素。

（4）木脂素类成分

阿克替脂素、3-羟基牛蒡子苷。

（5）萜类成分

β-谷甾醇-3-β-D-葡萄糖苷、β-谷甾醇，熊果酸。

（6）脂肪酸成分

棕榈酸、亚油酸、亚麻酸、琥珀酸、丁二酸。

【药理作用】

（1）抑菌抗病毒作用

香薷挥发油对引起急性胃肠炎和细菌性痢疾的沙门氏杆菌、志贺氏杆菌、致病性大肠杆菌及金黄色葡萄球菌等都有较强的体外抗菌活性，尤其对引起痢疾的 3 类群志贺氏杆菌的杀灭作用十分明显。香薷的水提液能高效抑制乙型肝炎病毒和乙型肝炎病毒表面抗原。

（2）镇痛作用

香薷挥发油具有镇痛作用，对中枢神经系统具有抑制作用。

（3）其他功能

香薷挥发油能作用于不同的环节，增强机体的特异性和非特异性免疫功能；具有较强的抗氧化能力;对动物的离体平滑肌具有松弛作用,可降低大鼠的血压,还能降低高血脂患者血清中的β-脂蛋白含量。

8.菊花

【性味归经】 味甘、苦、性微寒;归肺、肝经。

【功效】 疏风清热、平肝明目、解毒消肿,用于外感风或风温初起、发热头痛、眩晕、目赤肿痛、疔疮肿毒。

【用法用量】 内服:煎汤,10~15 g,或入丸、散,或泡茶;外用:适量,煎水洗,或捣敷。

【化学成分】

(1)挥发油成分

主要为龙脑,樟脑,菊油环酮。怀白菊的挥发油主要成分为萜类化合物,包括单萜和倍半萜。其中石竹烯、氧化石竹烯、α-杜松醇、杜松脑含量最多。黄山贡菊的挥发油成分,主要为萜类和倍半萜的含氧衍生物及烷烃类,其中以2,6,6-三甲基-双环(3,1,1)-庚-2-烯-4-醇-乙酯、1-(1,5-二甲基-4-己烯基)-4-甲基-2-庚烯-苯、正十六烷酸、顺式-澳白檀醇、1,7,7-三甲基-双环(2,2,1)-庚烷-2-乙酸酯、(-)斯巴醇、2,4,6-三甲基-1-乙酰基-3-环己烷、氧化石竹烯、1, 2, 3, 4, 5, 6, 7, 8-八氢-1, 4-二甲基-7-(1-甲乙烯基)-奥、3-(1,5-二甲基-4-己烯基)-6-亚甲基-环己烯-、十氢-1,4-α-二甲基-7-(1-甲乙烯基)-1-萘酚、1,1,2-三甲基-3,5-二(1-甲乙烯基)环己烷等为主要成分。祁菊挥发油成分,以萜类和倍半萜的含氧衍生物为主。

(2)黄酮类化合物

黄酮类有香叶木素、木樨草素、芹菜素、香叶木素-7-O-β-D-葡萄糖苷、大波斯菊苷[即芹菜素-7-O-葡萄糖苷]、木樨草素-7-O-β-D-葡萄糖苷、金合欢素-7-O-β-D-葡萄糖苷、矢车菊苷、刺槐苷、金合欢素-7-O-(6″-O-乙酰)-β-D-葡萄糖苷、芹菜素-7-O-鼠李葡萄糖苷、刺槐素-7-O-葡萄糖苷、槲皮素-3-O-半乳糖苷、木樨草素-7-O-鼠李葡萄糖苷、木樨草素-7-O-鼠李葡萄糖苷、金合欢素、山柰酚、异泽蓝黄素、槲皮素、大黄素、大黄酚、大黄素甲醚以及一种新的抗HIV黄酮葡萄糖醛酸苷:芹菜苷元-7-O-β-D-(4′-咖啡酰)-葡萄糖醛酸苷。

(3)三萜及甾醇类化合物

胡立宏等从杭白菊中分离得到5种甾醇类化合物,分别为棕榈酸16β,22α-二羟基伪蒲公英甾醇酯、棕榈酸16β,28-二羟基羽扇醇酯、棕榈酸16β-羟基伪蒲公英甾醇酯、伪蒲公英甾醇和蒲公英甾醇。Motohiko Ukiya等学者从菊花中分离得到一系列三萜二醇、三萜三醇及它们酯类化合物,其中从菊花提取物正己烷部位分离得到32个3-O-脂肪酸酯三萜类化合物,包括棕榈酸酯、肉豆蔻酸酯、月桂酸酯和硬脂酸酯;从非皂苷的脂溶性部位得到24个三萜烯二醇和三醇,包括乌苏烷型、羽扇豆烷型、齐墩果烷型、蒲公英烷型等。

(4)其他

除上述成分外,菊花中还含有腺嘌呤、胆碱、水苏碱、丁二酸二甲基酰肼、正戊基呋喃果糖苷、绿原酸、咖啡酸丁酯和乙酯、4-O-咖啡酰基奎宁酸、3,4-O-二咖啡酰奎宁酸和3,5-O-二咖啡酰基奎宁酸。

【药理作用】

(1)对心血管系统的作用

现代药理研究发现,菊花中含的黄酮类化合物可以显著扩张心脏冠状动脉,增加冠脉血流量,对抗乌头碱和氯仿诱发的心律失常,颉颃 Ca^{2+} 的内流从而改善心肌细胞的收缩力。菊花中含的菊苷有很好的降血压作用,临床上常配伍其他药物治疗高血压。

(2)对胆固醇代谢的影响

菊花水煎剂能抑制大鼠肝微粒体中的羟甲基戊二酰辅酶 A 还原酶的活力,激活胆固醇7-2-羟化酶,起到加快胆固醇代谢的作用。菊花提取物对大鼠血清胆固醇的升高有明显改善作用,对于正常的基础饲料组大鼠,菊花提取物能保持血清总胆固醇基本不变,而提高有保护作用的 HDL 浓度,降低有危害作用的 LDL 浓度,在高脂膳食情况下具有抑制血胆固醇和甘油三酯升高的作用。

(3)抗病原体作用

菊花的挥发油对金黄色葡萄球菌、白色葡萄球菌、变形杆菌、乙型溶血性链球菌、肺炎双球菌、人型结核杆菌均有一定的抑制作用。菊花中的三萜类化合物可增强毛细管的抵抗力,抑制毛细血管的通透性而有抗炎作用,而且所含的微量元素可明显提高抗炎作用。

菊花的水浸剂对某些常见皮肤致病性真菌亦有抑制作用。菊花对单纯疱疹病毒(HSV-1)、脊髓灰质炎病毒和麻疹病毒具有不同程度的抑制作用。菊花还具有抗艾滋病作用,它能抑制 ZV 逆转录酶和 HLV 复制的活性,从其中分离得到的金合欢素-7-O-β-D-吡喃半乳糖苷是抗 HZV 的新活性成分,且毒性相当低。

(4)抗衰老作用

菊花可以扩张脑血管,增加脑部血液灌流量,它还含有许多挥发性物质,可以提高脑细胞的活性,因此它不但可以防止脑血管意外的发生,而且可以延缓大脑功能的减退。菊花提取物对生物膜的超氧阴离子自由基损伤起保护作用。

(5)抗氧化活性

菊花抗氧化活性与黄酮类化合物含量直接相关。菊花黄酮类化合物有清除羟自由基、超氧阴离子的能力,且有较强的抗氧化活性。

(6)抗肿瘤作用

从菊花中分离出来的蒲公英赛烷型 3-羟基三萜类对由 12-十四酰大戟二萜醇-13-酯引起的小鼠皮肤肿瘤有显著的抑制作用;菊花中分离的 15 个三萜类二醇及三醇对由 TPA 诱发产生的 BV-EA 早期抗原均具有明显的抑制作用,其中 arnidiol 对白血病 HL-60 细胞具有极其显著的细胞毒活性;菊花中分离得到的一种新的抗 HIV 黄酮葡萄糖醛酸苷,可抑制 HIV-1 整合酶的活性;绿原酸不仅是抗艾滋病毒的先导化合物,而且具有显著的抗癌作用;菊花中的倍半萜内酯类化合物的主要活性成分 PN 可诱导人鼻咽癌细胞株 CNE1 细胞凋亡,而且存在剂量效应关系。

(7)驱铅作用

菊花中的硒元素与金属元素有很强的亲和力,在体内可与铅结合成金属硒蛋白复合物使之排出体外,降低血铅;此外,锌、铁、钙等金属元素对铅的吸收也有一定的颉颃作用。

9. 淡豆豉

【性味归经】 苦、辛、平;归肺、胃、心、膀胱、小肠、三焦经。

【功效】 解肌发表、宣郁除烦,用于外感表征、寒热头痛、心烦、胸闷。

【用法用量】 内服:煎汤,5~15 g,或入丸剂;外用:适量,捣敷,或炒焦研末调敷。

【化学成分】

淡豆豉中富含蛋白质、脂肪、碳水化合物、维生素 B、菸酸及钙、铁、磷盐、氨基酸、酶等,还含有生理活性成分,主要为大豆异黄酮、豆豉多糖。其中大豆异黄酮主要包括大豆素(7,4′-二羟基异黄酮-7-葡萄糖苷)和染料木素(5,7,4′-三羟基异黄酮-7-葡萄糖苷)等。

【药理作用】

(1)抗肿瘤作用

研究证实,淡豆豉的乙醇提取物,具有抑制肝癌肿瘤细胞增殖的作用,并和时间、剂量呈正相关。

(2)预防心血管疾病作用

用淡豆豉乙醇提取物对诱发冠状动脉痉挛造成的小鼠心肌缺血进行防治研究,结果表明,治疗后 LDH、CK、MDA 含量降低,而 SOD、NO 活性明显升高,提示淡豆豉提取物在心肌保护物质的代谢中具有重要的调节作用。其作用机制可能通过两方面因素来实现,一方面,调节氧自由基代谢,增强心肌抗氧化能力,保护心肌免受脂质过氧化损伤。另一方面,保护血管内皮细胞,调节内源性心肌保护物质,增加冠脉血流量,改善心肌缺血。研究发现,淡豆豉对早期动脉粥样硬化大鼠血管损伤有明显的保护作用,其机制可能通过下调 Caspase-3 的蛋白表达,调节血管内皮细胞凋亡与增殖的平衡来实现。

(3)预防骨质疏松作用

研究证实,摄取淡豆豉的去卵巢大鼠可显著增加骨密度,明显降低血清中 ALP 含量,提高血清中钙、磷含量,说明淡豆豉具有改善绝经后骨质疏松作用。

(4)溶栓作用

豆豉中含有纤维蛋白溶解酶(纤溶酶),具有很强的活性和很好的溶栓作用。

(5)降血糖作用

豆豉多糖具有降血糖作用,并能够修复糖尿病小鼠的肾脏和胰腺。

二、清热类

1. 芦根

【性味归经】 甘、寒;归肺、胃、膀胱经。

【功效】 清热生津、除烦止呕、利尿、透疹,用于热病烦渴、胃热呕吐、肺热咳嗽、肺痈吐脓、热淋、麻疹,解河豚毒。

【用法用量】 内服:煎汤,15~30 g,鲜品 60~120 g,或鲜品捣汁;外用:适量,煎汤洗。

【化学成分】

芦根含有 51% 的多糖;5% 的蛋白质;多种脂肪酸,尤其是不饱和脂肪酸(亚麻酸等);还有较多的甾体化合物;生育酚;多元酚,如咖啡酸和龙胆酸;三萜类化合物,如乌索酸、3-O-19-α-羟基乌索-12-烯-28-酸;多种维生素(维生素 B_1、维生素 B_2、维生素 C);微量元素(钙、铝、铜、锌、硼)。

此外,还含有阿魏酸,香草酸,薏苡素,2,5-二甲氧基-对-苯醌,对-羟基苯甲醛,丁香醛,松柏醛,对-香豆酸,二氧杂环己烷木质素,小麦黄素,β-香树脂醇,蒲公英赛醇以及蒲公英赛酮等。

【药理作用】

(1)保肝作用

芦根多糖大、小剂量均可降低四氯化碳致肝纤维化模型大鼠血清 AST 含量;大剂量可降低肝组织 Hyp 含量和组织中 MDA 含量;小剂量能升高白蛋白与球蛋白(A/G)比值、血清中 GSH-Px 及血清和组织中 SOD 活性;降低血清 SA 和 MDA 含量以及胶原含量;光镜可发现芦根多糖大、小剂量组都对肝纤维化和脂肪肝有明显改善作用。可见,芦根多糖可通过抗氧化、保护肝细胞、抑制胶原沉积等途径来抑制肝纤维。

(2)对神经系统的抑制作用

所含的薏苡素对中枢神经系统的机能、骨骼肌均有抑制作用,能够抑制神经肌肉标本的电刺激所引起的收缩反应及膈肌的氧摄取和无氧糖酵解,并能抑制肌动蛋白-三磷酸腺苷系统的反应。

(3)其他作用

芦根中所含的阿魏酸具有抗炎、抗血栓形成、镇痛、抗氧化和抗自由基等作用;芦根提取物还具解热作用,对 TTG (Pseu-domonas fluorescens 菌体的精制复合多糖类)性发热的解热作用较好;以及降血压及降血糖作用;此外,所含的苜蓿素对离体肠管有松弛作用,能抑制离体小肠收缩,使蠕动减慢;并且可使血中甲状腺素显著增高。

(4)防晒作用

丰富的维生素 C 和薏苡素,具有很好的防晒作用;维生素 C 又有双重调节作用,用于洗发香波、洗发膏、发乳等化妆品中,能有效调节铁的代谢和某些微量元素(如铜、锌)等的平衡,促进黑色素细胞的迅速增生,使头发乌黑有光泽。

2. 马齿苋

【性味归经】　酸、性寒;归大肠、肝经。

【功效】　清热解毒、凉血止痢、除湿、通淋,用于热毒泻痢、热淋、尿闭、赤白带下、崩漏、痔血、疮疡痈疖、丹毒、瘰疬、湿癣、白秃。

【用法用量】　内服:煎汤,10~15 g,鲜品 30~60 g,或绞汁;外用:适量,捣敷,烧灰研末调敷,或煎水洗。

【化学成分】

(1)挥发油

马齿苋挥发油成分主要为芳樟醇、去甲肾上腺素、亚麻酸酯、3,7,11,15-四甲基-2-十六烯醇、牻牛儿醇、十七碳烷等。

（2）多糖类

马齿苋多糖主要由阿拉伯糖、木糖、果糖、甘露糖、半乳糖和葡萄糖组成。

（3）有机酸类

马齿苋中低分子羧酸有丙二酸、枸橼酸、苹果酸、抗坏血酸、反丁烯二酸、琥珀酸、乙酸等等。其中所含的脂肪酸主要是芥子酸、花生四烯酸、亚麻酸、棕榈酸、十一碳酸、十七碳酸、硬脂酸、山嵛酸、月桂酸、油酸、肉豆蔻酸、二十四碳酸、亚油酸、软脂酸以及一些饱和脂肪酸（如正十六碳酸、正十八碳酸、正二十一碳酸等）。

（4）黄酮类

包括槲皮素、山萘素、杨梅素、芹菜素、木樨草素。

（5）萜类

①单萜：马齿苋单萜 A、B、(3S)-3-O-(α-D-吡喃葡萄糖)-3,7-二甲基-辛-1,5-二烯-3,7-二醇、(3S)-3-O-(α-D-吡喃葡萄糖)-3,7-二甲基-辛-1,6-二烯-3-醇。

②三萜醇类：主要有 α-香树酯、β-香树酯、β-谷甾醇、菜油甾醇、豆甾醇、丁基迷帕醇、帕克醇、环木菠萝烯醇、24-亚甲基-24-二氢帕克醇、24-亚甲基环阿屯醇、环阿屯醇、羽扇豆醇、豆甾-4-烯-3-酮、胡萝卜苷、4-α-甲基表木栓醇、单萜葡萄糖苷、齿苋总甜菜色苷经 Dower50 W-X2 树脂柱分离可得到马齿苋素 Ⅰ、Ⅱ 和酰化甜菜色苷；经碱性水解，可得到阿魏酸、甜菜苷配基-5-O-β-纤维二糖苷和异甜菜苷配基-5-O-β-纤维二糖苷。此外还含有四乙酰基芳樟醇、葡萄糖苷等成分。

（6）香豆素

主要有东莨菪亭、佛手内酯、异茴芹内酯、大叶桉亭等。

（7）生物碱类

L-去甲肾上腺素、多巴胺和少量的多巴等神经递质类成分。从马齿苋的地上部分还分离得到 N,N-二环己基脲、尿囊素、马齿苋酰胺 A、B、C、D、E 以及腺苷。

【药理作用】

（1）抗肿瘤作用

体外抑癌实验结果表明，马齿苋多糖 POP 可抑制 SMMC7721 肝癌细胞体外增殖，并且抑癌效果与剂量呈正相关；体内抑瘤实验结果表明，马齿苋多糖 POP 对小鼠 S180 实体瘤和腹水瘤都具有抑制作用，可部分阻止 S180 细胞进入分裂期。马齿苋多糖的抑瘤作用可能是通过增强体内免疫功能和直接抑制肿瘤细胞的分裂而实现的。此外，有研究表明，鲜马齿苋汁和马齿苋籽汁均能明显阻断 NDMA（N-二甲基硝胺，一类强致癌物）的化学合成，对防癌具有重要意义。

（2）增强免疫作用

马齿苋能显著提高正常家兔淋巴细胞和 PHA 诱导的淋巴细胞的增殖能力，通过提高细胞免疫功能，从而调节机体的免疫功能。相关研究表明，服用马齿苋提取液实验组的家兔脾小体和生发中心均比相应对照组增大；胸腺皮质厚度也分别高于相应对照组；脾脏中的巨噬细胞和自然杀伤细胞的阳性细胞数量明显增加。

（3）抗衰老作用

马齿苋中含有大量维生素 E、维生素 C、β-胡萝卜素和谷胱甘肽等,能降低家兔血清中丙二醛含量,提高超氧化物歧化酶活力,从而减少或消除自由基和过氧化脂质对机体损伤,起到抗衰老的作用。而且,马齿苋提取液可以显著提高全血谷胱甘肽过氧化物酶和过氧化氢酶活性,表明马齿苋具有较明显的抗氧化延缓衰老作用。

（4）抗缺氧作用

马齿苋乙醇提取物能明显延长小鼠缺氧惊厥时间和缺氧存活时间,增加缺氧小鼠的存活率,明显降低小鼠的耗氧量。马齿苋水提液能提高小鼠耐低氧能力,缓解因低氧引起能量代谢障碍所致的细胞操作。

马齿苋中的总黄酮是抗缺氧的有效成分,其通过促进红细胞生成素的表达以及红细胞和血红蛋白的生成,进而延长小鼠缺氧和生存时间。

（5）抗菌作用

马齿苋乙醇提取物对志贺氏和佛氏付赤痢杆菌有显著的抑制作用。水煎剂对志贺氏、宋内氏、斯氏及费氏痢疾杆菌均有抑制作用;醇浸物或水煎剂对大肠杆菌、绿脓杆菌、伤寒杆菌及金黄色葡萄球菌也有抑制作用;马齿苋对多种常见的食品污染菌,如大肠杆菌、沙门氏菌、变形杆菌、志贺氏菌、金黄色葡萄球菌、枯草芽孢杆菌、蜡样芽孢杆菌等抑菌作用较强;水浸剂1:6,在试管内对奥杜氏小芽孢癣菌、腹肌沟式表皮癣菌等皮肤真菌均有不同程度的抑制作用;对一些霉菌也有抑制作用,如对总状毛霉、赤霉、交链孢霉、黄曲霉等抑制作用也较强;而对黑根霉、藤黄八叠球菌、绿色木霉、黑曲霉无抑菌作用,对酵母菌无抑菌作用。

（6）对平滑肌及骨骼肌的作用

马齿苋提取液及其分离的氯化钾结晶对豚鼠、大鼠及家兔离体子宫、犬的在位子宫皆有明显的兴奋作用;可使豚鼠离体回肠紧张度增加;可松弛离体气管的紧张度;水提物有独特的促进离体和在体骨骼肌舒张的特征,将此水提取物局部用于脊髓损伤所致的骨骼肌强直有效,其可能机制为:马齿苋提取物通过干扰各种钙池而产生肌肉舒张;10%醇提物能够作用于中枢及外周神经系统,使小鼠肌肉松弛。

（7）降血脂、抗动脉粥样硬化作用

马齿苋能降低高血脂症家兔全血低切表观黏度及血浆中切表观黏度,并能明显降低血清总胆固醇、血清甘油三酯和血清低密度脂蛋白胆固醇,亦能提高血清高密度脂蛋白胆固醇,可使动脉硬化指数下降,光镜及电镜观察显示出马齿苋能有效地减轻主动脉壁脂质沉积,减轻主动脉内膜横生,泡沫细胞形成减少,细胞内外脂质减少;马齿苋中的维生素 C 可使胆固醇的分泌变慢,促进了血液中胆固醇水平的下降,因此可预防动脉硬化;马齿苋中含有大量 ω-3 系脂肪酸,使血管内皮细胞合成的抗炎物——前列腺素增多,使血小板形成的血栓素 A_2 减少,使血液黏度下降,抗凝血脂增多,从而起到预防血栓形成的作用,还能抑制胆固醇在血液中的升高,对心血管有保护作用;马齿苋中含有大量钾盐,可改善人体脂质代谢。

（8）抗炎作用

马齿苋水提物可有效抑制二甲苯及巴豆油所致小鼠耳郭肿胀;醇提物可提高大鼠结肠组织中超氧化物歧化酶,降低丙二醛,减轻结肠黏膜组织急性损伤程度;含有丰富的维生素 A 样物质,促进上皮细胞的生理功能趋于正常,从而促进溃疡面的愈合。

（9）降血糖作用

马齿苋鲜草中含有高浓度的去甲肾上腺素以及去甲肾上腺素的前体——二羟基苯乙胺和中间成分——二羟基苯丙氨酸,能促进胰腺分泌胰岛素,以调节人体内糖代谢过程,从而达到降低血糖浓度、保持血糖恒定的目的,对糖尿病有一定的疗效。马齿苋的水溶性和脂溶性提取物能延长四氧嘧啶所致严重糖尿病大鼠和兔的生命,但不影响血糖水平。

3. 金银花

【性味归经】 甘、寒;归肺、胃经。

【功效】 清热解毒,用于温病发热、热毒血痢、痈肿疔疮、喉痹及多种感染性疾病。

【用法用量】 内服:煎汤,10～20 g,或入丸散;外用:适量,捣敷。

【化学成分】

（1）挥发油成分

多为低沸点的不饱和萜烯类成分,主要有香树烯、芳樟醇、香叶醇、α-松油醇、辛醇、十八碳二烯酸乙酯、亚油酸甲酯、亚麻酸乙酯、十八碳三烯酸甲酯、棕榈酸、棕榈酸乙酯、6,10,14-三甲基-2-十五烷酮以及少量的烃类化合物、二氢香苇醇、二十四碳酸甲酯、苯甲酸甲酯、丁香酚、金合欢醇、苯甲醇、异黄双花醇、香荆芥酚等。

（2）黄酮类

木樨草素、木樨草素-3-O-α-D-葡萄糖苷、木樨草素-7-O-β-D-半乳糖苷、槲皮素、槲皮素-7-O-β-D-葡萄糖苷、金丝桃苷、5-羟基-3′,4′,7-三甲氧基黄酮以及 corymbosin。

（3）有机酸类

绿原酸、异绿原酸、咖啡酸、3,5-二咖啡酰奎尼酸、棕榈酸。

（4）三萜皂苷类

3-O-α-L-吡喃鼠李糖基-(1→2)-α-L-吡喃阿拉伯糖基常春藤皂苷元-28-O-β-D-吡喃木糖基-(1→6)-β-D-吡喃葡萄糖酯、3-O-α-L-吡喃阿拉伯糖基常春藤皂苷元-28-O-α-L-吡喃鼠李糖基-(1→2)-[β-D-吡喃木糖基-(1→6)-β-D-吡喃葡萄糖酯]、3-O-α-L-吡喃鼠李糖基-(1→2)-α-L-吡喃阿拉伯糖基常春藤皂苷元-28-O-α-L-吡喃鼠李糖基-(1→2)-[β-D-吡喃木糖基-(1→6)-β-D-吡喃葡萄糖酯]、川续断皂苷乙、灰毡毛忍冬皂苷甲和乙、木通皂苷。

（5）无机元素:含有肌醇、β-谷甾醇、胡萝卜苷等。

【药理作用】

（1）抑菌作用

金银花含有丰富的绿原酸,具有广泛的抗菌作用,木樨草苷也有抗菌作用,其他成分如肌醇、皂苷、鞣酸等对多种致病菌具有抑菌作用,包括金黄色葡萄球菌、溶血性链球菌、大肠杆菌、痢疾杆菌、霍乱弧菌、伤寒杆菌、副伤寒杆菌、肺炎球菌、脑膜炎双球菌、绿脓杆菌及结核杆菌;其提取物对青霉、黄曲霉和黑曲霉等真菌也有一定的抑制作用;水提物对引起龋病的变形链球菌和放线黏杆菌以及引起牙周病的产黑色素类杆菌、牙龈炎杆菌及伴放线嗜血菌均显示较强的抑菌活性;此外,金银花于体外有一定的抗钩体作用,对铁锈色小芽孢癣菌、星形奴卡菌等皮肤真菌产生绿晕现象。

(2)抗病毒作用

金银花中活性成分绿原酸具有一定的抗病毒作用。其水煎剂对流感病毒、孤儿病毒、疱疹病毒、Coxsackie6 β3 病毒及 ECHO19 型病毒具明显的抑制作用;其醇提液、水提液和水超声提取液均能显著增强体外细胞抗腺病毒感染的能力;所含的木樨草苷具有很强的抗呼吸道合胞体病毒的活性;对格兰氏阴性细菌内毒素也有较强的颉颃作用;此外,金银花还有一定的抗猴免疫缺陷病毒的作用,对抗艾滋病病毒也显示中等活性。

(3)抗炎及解热作用

金银花水提液、口服液和注射液对角叉胶、三联菌苗致热有不同程度的退热作用;对蛋清、角叉菜胶等所致大鼠脚爪水肿有不同程度的抑制作用;并能明显抑制大鼠巴豆油性肉芽囊的炎性渗出和炎性增生;还对人的 γ-球蛋白的 Cu^{2+} 热变性作用有显著抑制效果。

(4)抗氧化作用

动物实验结果显示,金银花灌胃可明显提高大鼠血清中 T-AOC、GSH-PX、GSH 和 SOD,降低 MDA 含量;此外,金银花中的黄酮类化合物对 O^{2-} 和 ·OH 自由基有明显的清除作用。

(5)抗血小板聚集作用

金银花及其所含的有机酸类化合物通过抑制 ADP 诱导血小板的激活,而抑制血小板聚集。

(6)降血脂作用

金银花能显著降低多种模型小鼠血总胆固醇及动脉粥样硬化指数,提高高密度脂蛋白胆固醇含量,保护胰腺 β 细胞及弱降糖作用。

(7)抗生育作用

金银花乙醇提取物具有较好的抗早孕作用,可终止小鼠的早、中、晚期妊娠作用,且随剂量增加而增强。

(8)利胆保肝作用

动物实验表明,金银花中的三萜皂苷对 ML1₄ 引起的小鼠肝损伤有明显的保护作用,并明显减轻肝脏病理损伤的严重程度;忍冬苷能明显减轻肝脏损伤的严重程度,使肝脏点状坏死数总和及坏死改变出现明显降低;忍冬苷还可以减轻镉对肝细胞的毒性;所含绿原酸能增进大鼠胆汁分泌。

(9)增强免疫作用

金银花具有促进白细胞和炎性细胞吞噬功能,并能降低豚鼠 T 细胞α-醋酸萘酯酶百分率,降低中性粒细胞体外分泌,具有恢复巨噬细胞功能,调理淋巴细胞功能,显著增强 IL-2 的产生等作用;同时,金银花不但能改善受损细胞免疫能力,也能调解受抑制的淋巴细胞分泌细胞因子的功能,不但对特异性和非特异性的细胞免疫,而且对特异性体液免疫功能也有较好的调解作用。

(10)抗肿瘤作用

金银花能降低荷瘤动物肝脏中过氧化氢酶及胆碱酯酶的活性。有体外过筛实现中金银花的水及醇提物对 S180 及艾氏腹水癌有细胞毒作用;木樨草素对 NK/LY 腹水癌细胞体外培养有抑制生长的作用;绿原酸的水解产物咖啡酸有升高白细胞作用。

(11)其他作用

金银花具有显著的止血作用;所含绿原酸可引起大鼠、小鼠中枢神经系统兴奋;口服大剂量绿原酸可增加胃肠蠕动,促进胃液及胆汁分泌。

4.鱼腥草

【性味归经】　辛、寒;归肝、肺经。

【功效】　清热解毒、排脓消痈、利尿通淋,用于肺痈吐脓、痰热喘咳、喉蛾、热痢、痈肿疮毒、热淋。

【用法用量】　内服:煎汤,15～25 g,不宜久煎,或鲜品捣汁,用量加倍;外用:适量,捣敷或煎汤熏洗。

【化学成分】

(1)挥发油成分

主要有癸酰乙醛(即鱼腥草素)、环六烷-2-烯-1-醇、十六酸、甲基正壬酮、3-甲基环己醇、9,12-十八烷二烯酸、1-壬醇、癸醛、2-甲基-5-异丙基酚、月桂醛、d-柠檬烯、癸酸、α-和β-蒎烯、莰烯、樟烯、月桂烯、芳樟醇、乙酸龙脑酯、柠檬烯、桉油素、麝香草酚、对-聚伞花素、草烯、乙酸冰片酯、龙脑、牛儿醇、丁香烯、癸酰乙醛等。

(2)有机酸类

绿原酸、棕榈酸、亚油酸、油酸和硬脂酸等。

(3)黄酮类成分

槲皮苷、异槲皮苷、瑞诺苷、金丝桃苷、阿夫苷、芸香苷等。

(4)生物碱

顺式-N-(4-羟基苯乙烯基)苯甲酰胺、蕺菜碱、反式-N-(4-羟基苯乙烯基)苯甲酰胺

(5)甾醇类

豆甾醇、菜豆醇、β-谷甾醇、菠菜醇、豆甾醇-4-烯-3,6-二酮等。

【药理作用】

(1)提高机体的免疫功能

鱼腥草所含的鱼腥草素可以增强白细胞的吞噬能力,增强机体非特异性和特异性免疫能力,显著提高外周血 T 淋巴细胞的比例。大鼠雾化吸入鱼腥草提取液能提高实验动物肺泡巨噬细胞吞噬率、肺冲洗液中 ANAE 阳性细胞的比例和外周 ANAE 的阳性比例,对外周血白细胞移动指数具有明显的降低作用。

(2)抗菌作用

鱼腥草中的癸酰乙醛为抗菌的有效成分,对卡他球菌、金黄色葡萄球菌、流感杆菌、肺炎球菌有明显的抑制作用;对大肠杆菌、痢疾杆菌、变形杆菌、白喉杆菌、分枝杆菌有明显的抑制作用;对伤寒杆菌、钩端螺旋体、酵母菌、青霉菌及黑曲霉菌也有较强的抑制作用。

(3)抗病毒作用

鱼腥草中的非挥发性成分对多种病毒都有抑制作用,如对亚洲甲型病毒、呼吸道合胞病毒、腺病毒、出血热病毒、人体免疫缺乏病毒。用人胚肾原单层上皮细胞组织培养,观察到鱼腥草

（1∶10）对流感甲型京科68-1株有抑制作用,并能延缓孤儿病毒(ECHO11)的致细胞病变作用。鱼腥草非挥发油提取物(1∶4)腹腔注射对流感病毒FM1试验感染小鼠有明显的预防作用。

（4）抗炎作用

鱼腥草素对多种致炎剂引起的炎症渗出和组织水肿均有明显的抑制作用,促进组织再生和伤口愈合。研究发现,鱼腥草素可显著降低巴豆油致小鼠耳肿胀和角叉菜胶致大鼠足肿胀程度,降低醋酸致小鼠腹腔毛细血管通透性。同时,鱼腥草素可抑制醋酸所致的小鼠扭体反应,延长热痛反应潜伏期,颉颃甲醛致痛作用。

（5）抗过敏作用

实验表明,鱼腥草油能明显颉颃SRS-A对豚鼠离体回肠的收缩作用。静脉注射一定量的鱼腥草油能颉颃SRS-A增加豚鼠的溢流作用;并能明显抑制敏豚鼠离体回肠的过敏性收缩及颉颃组织胺、乙酰胆碱对豚鼠回肠的收缩;对豚鼠过敏性哮喘也具有保护性作用。

（6）抗肿瘤作用

鱼腥草素和新鱼腥草素对小鼠艾氏腹水癌也有明显的抑制作用,抑制癌细胞的有丝分裂。临床实验表明,鱼腥草能提高体内巨噬细胞吞噬能力,增加机体抗感染和特异性体液免疫力。因此,具有较强的抗病毒、抗衰老、抗癌的功效。

（7）利尿作用

鱼腥草中的槲皮苷具有强力的利尿作用,并有防止毛细血管脆性的作用。鱼腥草提取液灌流蟾蜍肾或蛙蹼,能使毛细血管扩张,增加血流量及尿量,从而具有利尿的作用。

（8）其他作用

鱼腥草中含有的蕺菜碱有刺激皮肤发泡作用;此外,鱼腥草还有镇痛、镇咳、止血作用。

5. 淡竹叶

【性味归经】 甘、淡、寒。

【功效】 清热、除烦、利尿,用于烦热口渴、口舌生疮、牙龈肿痛、小儿惊啼、小便赤涩、淋浊。

【用法用量】 内服:煎汤,9～15 g。

【化学成分】

（1）挥发油香气成分

主要是棕榈酸、橙花叔醇、糖醛、桉油精、叶醇、己醛、己酸、α-松油醇、壬酸、α-杜松醇、2-羟基苯乙酮、二氢猕猴桃内酯、苯并呋喃、月桂酸、植醇、二十二烷、芳樟醇、亚油酸、油酸及亚麻酸等。

（2）其他成分

天门冬氨酸和谷氨酸含量最高,还分离得到3,5-二甲氧基-4-羟基苯甲醛、反式对羟基桂皮酸、苜蓿素、苜蓿素-7-O-β-D-葡萄糖苷、牡荆素、胸腺嘧啶、香草酸、腺嘌呤、叶绿色素、茶多酚、褪黑激素等。

【药理作用】

（1）增强免疫作用

淡竹叶多糖是一种理想的免疫增强剂,它能促进T细胞、B细胞、NK细胞等免疫细胞的功能,还能促进白介素、干扰素、肿瘤坏死因子等细胞因子的产生。

（2）改善记忆作用

淡竹叶中含量较高的谷氨酸具有促进红细胞生成、改善脑细胞营养及活跃思维等作用,是治疗神经衰弱和记忆力减退的有效成分。

（3）抗氧化、抗癌作用

淡竹叶中含有较丰富的茶多酚,其抗氧活性高于一般多酚类或单酚羟基类抗氧剂,具有抗癌、抗衰老、抗辐射、消除人体自由基、降血糖、降血脂、防治心血管病、抑菌抑酶、沉淀金属等药理功能;黄酮类化合物具有降脂、抗血栓、抗氧化、降糖等多种生理活性,有研究发现,淡竹叶中的黄酮能有效地治疗心血管和脑血管疾病;淡竹叶中含有的褪黑激素,是一种抗氧化性物质,具有清除自由基的作用;其粗提物对肉瘤 S-180 具有一定的抑制作用。淡竹叶中含丰富的叶绿色素,是抑制胃癌的有效成分。

（4）保护肾脏作用

长期服用淡竹叶饮,可扩充血容量,降低血液黏滞度、改善微循环,增加肾小球的滤过机能,促进肾小管对蛋白的重吸收,防止异常蛋白沉积形成管型而阻塞肾小管,因此利于肾功能的维持与恢复;同时改善心、脑、肺等重要脏器的血液循环,防治其并发症。

（5）其他作用

淡竹叶提取物还具有抑制丙型肝炎活性的作用;乙醇提取物与补骨脂甲素混合物可有效地去除老鼠的毛发;其中所含谷氨酸也是很好的胃酸调节剂;此外,还具有抑菌、清热、利尿、治疗小儿多动症的功效。

6. 蒲公英

【性味归经】 味苦、甘、性寒;归肝、胃经。

【功效】 清热解毒、消痈散结,用于乳痈、肺痈、肠痈、疔腮、疔毒疮肿、目赤肿痛、感冒发热、咳嗽、咽喉肿痛、胃火、肠炎、痢疾、肝炎、胆囊炎、尿路感染、蛇虫咬伤。

【用法用量】 内服:煎汤,10～30 g,大剂量60 g,或捣汁,或入散剂;外用:适量,捣敷。

【化学成分】

（1）三萜类

富含五环三萜成分,主要是蒲公英甾醇、伪蒲公英甾醇、伪蒲公英甾醇乙酸酯、伪蒲公英甾醇棕榈酸酯、蒲公英赛醇、β-香树脂醇、山金车烯二醇、羽扇豆醇、新羽豆醇。

（2）黄酮类

木樨草素、槲皮素、香叶木素、芹菜素、木樨草素-7-β-D-葡萄糖苷、木樨草素-4′-β-D-葡萄糖苷、木樨草素-O-葡萄糖苷、木樨草素-7-β-龙胆糖苷、木樨草素-7-β-D-鼠李糖葡萄糖苷、槲皮素-7-β-D-葡萄糖苷、槲皮素-3-O-葡萄糖苷、槲皮素-3-O-β-半乳糖苷、异鼠李素-3,7-β-D-葡萄糖苷、异鼠李素-3-β-D-葡萄糖苷、芹菜素-7-O-葡萄糖苷、芸香苷。

（3）香豆精类

6,7-二羟基香豆精、东莨菪素、香豆雌酚。

（4）倍半萜内酯类

蒲公英桉烷内酯、蒲公英内酯苷、蒲公英吉玛酸苷、二氢蒲公英吉玛酸苷、对羟基苯乙酸酰

化的 γ-丁内酯葡萄糖苷。

(5)植物甾醇类

菜油甾醇、环木菠罗烯醇、β-谷甾醇、豆甾醇-7-醇、花粉烷甾醇、豆甾醇、胡萝卜苷、β-香树脂醇、β-谷甾醇-β-D-葡萄糖苷。

(6)色素类

蒲公英黄素、毛茛黄素、菊黄素、隐黄素及其环氧化合物、叶黄素及其环氧化合物、新黄素、堇菜黄素、叶绿醌、玉蜀黍黄素、百合黄素。

(7)挥发油成分

乙酸丁酯、2-甲基-1-丙醇、正丁醇、4-苯基-1-丁醇、4-羟基-4-甲基-2-戊酮、乙酸、4-松油醇、β-桉油醇、α-桉油醇、2-呋喃甲醛。

【药理作用】

(1)抗菌作用

蒲公英对革兰氏阳性菌、革兰氏阴性菌、真菌、螺旋体和病毒均有不同程度的抑制作用。对金黄色葡萄球菌、表皮葡萄球菌、卡他球菌和溶血性链球菌有较强的杀灭作用。其抗菌作用机制是:一方面通过抑制细胞壁合成,另一方面通过抑制蛋白质和 DNA 的保成来实现。其水煎剂对肺炎双球菌、脑膜炎球菌、白喉杆菌、变形杆菌、痢疾杆菌及绿脓杆菌亦有较强的抑制作用。其醇提物对结核杆菌、炭疽杆菌、单纯疱疹病毒、$ECHO_{11}$ 病毒、钩端螺旋体亦有抑制作用,并且对各种皮肤真菌和幽门螺杆菌有抑制作用。

(2)免疫促进作用

蒲公英可增强免疫细胞吞噬功能。动物试验显示,对白细胞吞噬率及吞噬指数均有促进作用;蒲公英多糖对肿瘤细胞有明显的抑制作用;蒲公英煎剂对健康人淋巴细胞转化有显著促进作用。

(3)利胆保肝作用

蒲公英注射液或乙醇提取物十二指肠给药,能增加大鼠的胆汁分泌量。水煎剂和注射液有降低四氯化碳所致大鼠 GPT 的升高作用,并有减轻肝小叶坏死和肝细胞变性的作用。对HBS-Ag 也有抑制作用。另有研究表明,蒲公英对大鼠急性肝损伤有保护作用。蒲公英可颉颃内毒素所致的肝细胞溶酶体和线粒体的损伤,解除抗菌素作用后所释放的内毒素导致的毒性作用,因此具有保肝作用。

(4)健胃作用

蒲公英对大鼠应激法及幽门结扎法胃溃疡模型和无水乙醇所致大鼠胃黏膜损伤模型均有不同程度的保护作用。其作用机理可能与影响胃组织内源性 PGE_2 的含量有关。

(5)其他作用

蒲公英制剂低浓度时直接兴奋蛙心,高浓度则呈抑制作用;蒲公英有利尿作用,推测其作用机制与其含 K^+ 有关。此外,内服蒲公英叶浸剂可促进乳汁的分泌。

7.栀子

【性味归经】　苦、寒;归心、肝、肺、胃、三焦经。

【功效】　泻火除烦、清热利湿、凉血解毒,用于热病心烦、肝火目赤、头痛、湿热黄疸、淋证、吐血衄血、血痢尿血、口舌生疮、疮疡肿毒、扭伤肿痛。

【用法用量】　内服:煎汤,5～10 g;或入丸、散;外用:适量,研末掺或调敷。

【化学成分】

(1)黄酮类

栀子素类。

(2)环烯醚萜苷类

栀子苷即京尼平苷、羟异栀子苷、山栀子苷、栀子酮苷等。

(3)萜类化合物

藏红花素、藏红花酸等链状化合物。其中藏红花素为栀子色素成分的一种。另外,从栀子花中还可分离得到三萜成分栀子酸。

(4)有机酸酯类

绿原酸、3,4-二咖啡酰-5-(3-羟基-3-甲基戊二酰)奎尼酸、3,4-二氧-咖啡酰奎尼酸、酯环酸苦藏红花酸、3-O-咖啡酰-4-O-介子酰奎尼酸、3,5-二-O-咖啡酰基-4-O-(3-羟基-3-甲基)戊二酰基奎宁酸及双分子奎尼内酯等。

(5)栀子花挥发油成分

乙酸苄酯、苯甲酸甲酯等。

(6)果实挥发油成分

主要为:反,反-2,4-癸二烯醛,2-乙基-2-己烯醛,3,7,11-三甲基-1,6,10-十二碳三烯-3-醇,1,2,3,4,7,8,9,10-八氢-1,6-二甲基-4-异丙基-1-羟基萘,11-十八碳烯酸甲酯,6,10,14-三甲基-2-十五酮,12-乙酰氧基-9-十八碳酸甲酯,硬脂酸,9,12-十八碳二烯酸以及单萜,倍半萜,二萜,醛类,酮类,醇类,脂肪酸,内酯等成分。

【药理作用】

(1)对消化系统的作用

栀子具有明显的胆囊收缩作用,所含的环烯醚萜苷类成分具有利胆作用,栀子苷、藏红花酸及藏红花苷可使胆汁分泌量增加,京尼平苷是通过水解生成京尼平而发挥利胆作用的。

栀子可使患实验性急性胰腺炎的胰腺腺细胞中线粒体有氧代谢保持或恢复正常,胰腺溶酶体释放减少,酶流动性接近正常,细胞色素 P450 含量增加,使细胞的合成、灭活和生物转化功能加强,因此,栀子可增强胰腺炎时胰腺腺细胞的抗病能力。

京尼平对碳酰胆碱、四肽胃泌素、组织胺引起的胃酸分泌亢进中,仅对碳酰胆碱呈抑制作用;对于离体肠管,京尼平对乙酰胆碱及毛果芸香碱所致的收缩呈弱的颉颃作用。因此,京尼平对胃机能表现为抗胆碱性的抑制作用。此外,静脉注射栀子苷和其苷元,剂量分别为100 mg/kg 与 25 mg/kg,能抑制大鼠自发性胃蠕动和匹罗卡品诱发的胃收缩,但作用短暂。低浓度(1∶25 000)栀子醇提取物能兴奋大鼠、兔的小肠运动。

(2)对心血管系统的作用

栀子具有增加内脏血流量的作用,对大鼠出血性坏死胰腺炎早期脏器血流有显著影响,使他们保持正常血流水平。另外,离体鼠心灌流实验表明,栀子提取物能降低心肌收缩力。

栀子煎剂和醇提物对麻醉或不麻醉猫、兔、大鼠,不论口服、腹腔注射或静脉注射给药均有降压作用,且其降压作用不是由于释放组胺所引起;降压作用部位在中枢,其效应主要是加强了延脑副交感中枢紧张度所致,而且栀子果实提取物具有防治动脉粥样硬化及血栓的作用。

(3)对中枢神经系统的作用

栀子属植物果实的醇提物具有镇静作用,且与环己巴比妥钠有协同作用。认为其中熊果酸是镇静、降温作用的有效成分,能提高戊四氮所致的小鼠半数惊厥剂量,有明显的抗惊厥作用;去羟栀子苷能抑制小鼠醋酸扭体反应,有镇痛作用。

(4)抗菌和抗炎作用

栀子对金黄色葡萄球菌、溶血性链球菌、脑膜炎双球菌、卡他球菌、白喉杆菌、人型结核杆菌等具有抑制作用;对多种皮肤真菌也有不同程度的抑制作用;体外能够杀死钩端螺旋体及血吸虫。此外,栀子苷还具有一定的抗炎和治疗软组织损伤的作用。

(5)对诱变剂诱变活性的影响

研究栀子中的环烯醚萜苷及衍生物对 TPA 而致的 Raji 细胞的 Epsterin-Barr 病毒早期抗原的抑制活性,发现栀子中所含有的京尼平苷水解产物京尼平是迄今为止所研究的环烯醚萜苷中抑制诱变剂诱变活性最强的物质。并且当京尼平苷及京尼平共存时,显示相乘作用。

(6)抑癌作用

体外试验表明栀子多糖对 S-180 肉瘤细胞及腹水肝癌细胞有一定的抑制作用。

三、泻下类

1.火麻仁

【性味归经】　甘、性平;归脾、胃、大肠经。

【功效】　润燥滑肠、利水通淋、活血,用于肠燥便秘、风痹、消渴、风水、热淋、痢疾、月经不调、疮癣、丹毒。

【用法用量】　内服:煎汤,10~15;或入丸,散。外用:适量,捣敷;或煎水洗。

【化学成分】

(1)木脂素酰胺类

N-阿魏酰酪胺,大麻素 A-G 以及 N-反-咖啡酰酪胺,N-对-香豆酰酪胺。

(2)脂肪酸及其酯

油酸,亚油酸,亚麻酸,棕榈酸,花生酸,豆蔻酸,山嵛酸,木蜡酸,硬脂酸,二十碳二烯酸,棕榈酸甲酯,油酸甲酯,硬脂酸甲酯,亚麻到甲酯。

(3)甾体成分

菜油甾醇,5α-麦角甾烷-3-酮,5α-豆甾烷-3-酮,豆甾醇,β-谷甾醇。

黄酮及其苷类:火麻仁中含有少量的黄酮类化合物,主要有大麻黄酮甲、乙,木樨草素,芹菜素,牡荆素,荭草苷,木樨草素-7-O-β-D-葡萄糖苷,芹菜素-7-O-β-D-葡萄糖苷。

(4)烯类

大麻烯,二氢间二苯乙烯类。

（5）生物碱

葫芦巴碱,1（d）-异亮氨酸甜菜碱,白色毒藜素,胆碱等。

（6）其他成分

火麻仁油,麻仁球蛋白,维生素 B_1,玉蜀黍嘌呤,麻仁球朊酶及氨基酸等。还含有 $\Delta 9$-四氢大麻酚。

【药理作用】

（1）对消化系统的影响

火麻仁醇提物促进大鼠胆汁分泌;抑制小鼠水浸应激性溃疡、盐酸性溃疡和吲哚美辛-乙醇性溃疡形成,抑制小鼠胃肠推进运动和番泻叶引起的大肠性腹泻。能促进小鼠小肠和大肠中炭末推进百分率,能增加豚鼠离体回肠平滑肌在生理状态下与低温状态下的运动能力,对家兔在体肠的运动振幅也有所加强。

（2）对心血管系统的作用

火麻仁油对高脂血症动物具有降脂、抗动脉粥样硬化的作用,可使血 HDL-C 升高,TC、TG、LDL-C 降低,AL 指数下降,并可减轻动脉壁内膜细胞及平滑肌细胞的病变程度。对电刺激大鼠及颈动脉引起的血栓形成时间或凝血时间有延长倾向。

（3）抗肿瘤作用

有文献报道,大麻酚能抑制小鼠 Lewis 肺癌的生长;葫芦巴碱对子宫颈癌、白血病 P388、小鼠肝癌和胃癌亦有明显的抑制作用。

（4）其他作用

火麻仁醇提物能抑制二甲苯引起的小鼠耳肿、角叉菜胶引起的小鼠足弓肿胀和乙酸引起的小鼠腹腔毛细血管通透性增高;也能减少乙酸引起的小鼠扭体反应次数。

2. 郁李仁

【性味归经】　辛、苦、甘、平、无毒;归脾、肝、胆、大肠、小肠经。

【功效】　润燥滑肠、下气利水,用于大肠气滞、燥涩不通、小便不利、大腹水肿、四肢浮肿、脚气。

【用法用量】　内服:煎汤,3~10 g;或入丸、散。

【化学成分】

主要含有苦杏仁苷,郁李仁苷 A、B,还可分离得到具有抗炎镇痛药理活性的两种蛋白质成分 IR-A 和 IR-B,此外,还含有熊果酸、香草酸、原儿茶酸、阿福豆苷、山柰苷、野蔷薇苷（multinoside）A 等。

【药理作用】

（1）肠管的作用

郁李仁所含的郁李仁苷有显著的促进肠蠕动的作用。有研究显示,郁李仁水提物及其脂肪油给小鼠灌胃有极显著的促进小肠运动作用;对燥结型便秘有一定的疗效。

（2）抗炎镇痛作用

从郁李仁水提液中提取的两种蛋白成分 IR-A 和 IR-B,静脉注射对角叉菜胶性足跖肿胀有抑制炎症的活性,且具有明显的镇痛作用。

(3)对呼吸系统的作用

郁李仁中所含的皂苷可以促进支气管黏膜的分泌,产生祛痰效果;有机酸也有镇咳祛痰作用;所含的苦杏仁苷在体内可产生微量的氢氰酸,小剂量口服对呼吸中枢起镇静作用,使呼吸趋于安静而达到镇咳平喘作用,大剂量则会引起中毒。

(4)其他作用

郁李仁还具有显著的扩张血管、降血压和抗惊厥作用。

四、祛风湿类

1. 木瓜

【性味归经】　酸、温;归肝、肺、肾、脾经。

【功效】　舒筋活络、和胃化湿,用于风湿痹痛、肢体酸重、筋脉拘挛、吐泻转筋、脚气水肿。

【用法用量】　内服:煎汤,5~10 g;或入丸、散;外用:煎水熏洗。

【化学成分】

(1)萜类

齐墩果酸,熊果酸,3-O-乙酰熊果酸,3-O-乙酰坡模醇酸,桦木酸,乌苏酸。

(2)挥发油成分

主要有4-甲基-5-(1,3-二戊烯基)-二氢呋喃-2-酮,4-(3-羟基-3-甲基-1-丁炔)-苯甲酸甲酯,γ-葵内酯,正己醇,α-杜松醇,顺-11-十六烯酸,辛酸己酯等。涉及内酯类,酯类,酸类,醇类,酚醚类等化合物。另外,还有少量烃、醛、酮、杂环以及含氮化合物。

(3)氨基酸及蛋白酶类

木瓜中富含16种氨基酸,其中包括除蛋氨酸外的7种人体必需的氨基酸,且天门冬氨酸、亮氨酸、异亮氨酸、谷氨酸含量较高。木瓜蛋白酶至少含4种主要酶类,分别是木瓜蛋白酶,木瓜凝乳蛋白酶,木瓜蛋白酶Ω,木瓜凝乳蛋白酶M。

(4)有机酸类

主要含脂肪酸、二元酸和芳香酸,如苹果酸、苯甲酸、对甲氧基苯甲酸、柠檬酸、棕榈酸等。另外,还含有不常见的C9的烷、烯、炔酸。

(5)其他成分

还含有原儿茶素,没食子酸,莽草酸,奎尼酸,二十九烷-10-醇,β-谷甾醇,β-胡萝卜苷,苯二酚,3,4-二羟基苯甲酸,槲皮素,3-羟基丁二酸甲酯,2,2′-二苯基-1-苦肼基,木瓜总皂苷等。

【药理作用】

(1)抗炎镇痛作用

木瓜中含有抗溶血性链球菌的齐墩果酸、坡模醇酸与熊果酸和抑制链球菌溶血素的谷甾醇、坡模醇酸,可以消除咽喉部的炎症;木瓜乙醇提取物中的原儿茶酸及高分子量多酚对透明质酸酶以及大鼠肥大细胞释放组胺有强抑制作用;木瓜总苷可以抑制小鼠的乙酸扭体反应和甲醛第二相反应;可使佐剂性关节炎大鼠致炎第28关节滑膜细胞升高的 PGE2 和 TNF-α 水平显著降低;同时对胶原性关节炎,角叉菜胶、蛋白所致足肿胀均有明显的抑制作用;能明显对抗醋酸刺激所引起的小鼠腹腔毛细血管通透性增高;抑制大鼠棉球肉芽肿的形成。其镇痛作用机制可能与其抑制外周炎症介质有关。

(2)抗肿瘤作用

木瓜中含有许多抗肿瘤的化学成分,齐墩果酸、熊果酸、桦木酸、木瓜蛋白酶、木瓜凝乳蛋白酶均有很好的抑制肿瘤的作用。相关研究表明,木瓜提取液2 mg/kg对体外培养的正常人胚胎二倍体成纤维细胞第35代有明显减缓生长作用;齐墩果酸和熊果酸对12-O-十四-烷酰佛波醇-13-乙酯引起的乳头状瘤有明显的抑制作用;熊果酸对体外培养的胃癌细胞SGC7901细胞具有较强的抗肿瘤活性;桦木酸及其衍生物23-羟基桦木酸等能够明显抑制人黑色素瘤细胞A375;木瓜凝乳蛋白酶对鼠肝癌hepa-6细胞和人肝癌7402细胞均具有明显的体外杀伤作用(-)-苹果酸及其钾盐、反丁烯二醛等有机酸对小白鼠艾氏腹水癌有较高的抑制率。

(3)保肝作用

木瓜中含有的保肝成分主要是齐墩果酸和熊果酸,具有减轻肝细胞坏死,减轻肝细胞脂变,防止肝细胞肿胀、气球样变,促进肝细胞修复作用,还有显著降低血清丙氨酸转移酶作用。此外,乌苏酸对硫代乙酰胺、半乳糖胺、四氯化碳造成的大鼠肝损伤有剂量依赖性的保护作用。香树脂醇型结构物能清除因肝细胞变性坏死、肝中活性酶失活时体内产生的一些毒素,使失活酶的活性恢复,促进肝细胞再生,从而起到保肝作用。

(4)其他作用

木瓜汁和木瓜煎剂对肠道菌和葡萄球菌有明显的抑制作用;木瓜提取物具有降低胃肠道平滑肌张力、抑制肠蠕动的作用,能够抑制乙酰胆碱引起的消化道张力升高,其主要作用机制可能与抗钙作用有关;此外,木瓜粉还能够促进缺氧损伤大脑神经细胞的形态学恢复;其中含具抗氧化活性的氨基酸、SOD、过氧化氢酶、过氧化物酶等,因而具有清除自由基、抗脂质过氧化作用。

五、芳香化湿类

1.藿香

【性味归经】　味辛、性微温;归肺、脾、胃经。

【功效】　祛暑解表、化湿和胃,用于夏令感冒、寒热头痛、胸脘痞闷、呕吐泄泻、妊娠呕吐、鼻渊及手、足癣。

【用法用量】　内服:煎汤,6～10 g,或入丸、散。

【化学成分】

(1)挥发油成分

包括甲基胡椒酚,d-柠檬烯,百里香酚,香荆芥酚,2-甲氧基-4-丙烯基苯酚,丁香酚,丁香烯,十氢-3α-甲基-6-甲烯基-(1-甲基乙基)-环丙基[1,2,3,4]二环戊烯,十氢-7-甲基-3-甲烯基-4-(1-甲基乙基)-1H-环戊基[1,3]环丙基[1,2]苯,大根香叶烯B,十六酸,正三十烷酸,叶绿醇,亚油酸,S-(Z,E)-1,5-二甲基-8-(1-甲基乙基)-1,5-环癸二烯,1,2-二甲氧基-4-烯丙基苯,(Z)-α-金合欢烯,α-丁香烯,4αH,5α-雅槛蓝烯-1(10,11),α-长叶松烯,3,9-杜松烯,(-)-斯巴醇,氧化丁香烯,细辛醚,表水菖蒲乙酯,水菖蒲乙酯,3,7,11,15-四甲基十六烯-2-醇-1,6,10,14-三甲基-十五酮-2,9,12,15-十八碳二烯醇-1,丁基十六酸酯,2-羟基-1-羟甲基乙基亚油酸酯,2-羟基-1-羟甲基乙基亚麻酸酯,3-O-乙酰基齐墩果醛,去氢藿香酚,二十七烷等。此外,广藿香全草及挥发油中含有广藿香醇,广藿香酮,木栓酮,异愈创木烯,广藿香烯,表木栓醇,3,3′,7-三甲氧-4′,5-二羟黄酮,3,3′,4′,7-四甲氧-5-羟黄酮。

(2)黄酮类成分

刺槐素,椴树素,蒙花苷,藿香苷,异藿香苷,藿香精,木樨草素,异鼠李素-3-O-β-D-半乳糖苷,金丝桃苷,3,5,8,3′,4′-五羟基-7-甲氧基黄酮-3-O-β-D-吡喃葡萄糖苷,尼泊尔鸢尾异黄酮-7-O-α-L-吡喃鼠李糖苷。

(3)萜类

①单萜类:α-和β-蒎烯,对-聚伞花素,d-柠檬烯,左旋薄荷酮,α-柠檬烯,异薄荷酮,胡薄荷酮。

②倍半萜类:α-衣兰烯,β-榄香烯,β-金合欢烯,γ-荜澄茄烯,白菖混烯,石竹烯。

③二萜类:arastanol,dehy-droagastol,7-hydroxy-12-methoxy-20-norabieta-1,5(10),6,8,12-pentaene-3,11,14-tri-one。

④三萜类:山楂酸,齐墩果酸,3-乙酰齐墩果醛,3-乙酰齐墩,α-香树酯,β-香树酯,菜油甾醇,熊果酸,erythrodiol,campestanol。

(4)其他成分

从藿香中还可分离出β-谷甾醇,胡萝卜苷,迷迭香酸等。

【药理作用】

(1)细胞毒活性

藿香中的二萜类成分,具有细胞毒活性,在体外能非特异性地作用于多种人的癌细胞链。

(2)抗病毒活性

藿香中的黄酮类物质具有抗病毒活性,可用来抑制及消灭上呼吸道病原体,即抑制鼻病毒的繁殖增长。

(3)对消化系统影响

藿香挥发油能促进胃液分泌,提高消化能力,对胃肠道有解痉作用。

(4)抗菌抗钩体活性

藿香中的二萜类成分具有弱的抗真菌活性。研究表明,藿香的乙醚、醇、水的提取液在体外对同心性毛癣菌等15种真菌具有弱的抗菌作用。同时,藿香水煎剂在低浓度对钩端螺旋体有抑制作用,随浓度增大作用增强,甚至能杀死钩端螺旋体。也有研究发现,广藿香能抑制大多数皮肤细菌的生长繁殖。

2.砂仁

【性味归经】 味辛、性温;归脾、胃、肾经。

【功效】 化湿开胃、行气宽中、温脾止泻、安胎,用于湿阻气滞、脘腹胀满、不思饮食、恶心呕吐、腹痛泄泻、妊娠恶阻、胎动不安。

【用法用量】　内服:煎汤,3~6 g,后下;或入丸、散。

【化学成分】

(1)挥发油类

乙酰龙脑酯,樟脑,龙脑,柠檬烯,樟烯,月桂烯,莰烯-3,α-松油醇,β-白菖考烯,匙叶桉油烯醇,β-蒎烯,匙叶桉渍烯醇,1,8-桉油素,莳酮,罗勒烯,香桧烯,桃金娘醛,莰烯-3,α-蒎烯,γ-松油醇乙酸酯,对-聚伞花素,香叶醇酯 E 和 Z,紫苏醇,α-侧柏烯,橙花叔醇,枯铭醇,倍半桉油脑,土荆芥油素,β-檀香醛,香旱芹酮,β-檀香醇乙酸酯,δ-榄香烯,β-榄香烯,β-檀香醇,α-杜松烯,α-香柠烯醇,α-香柠烯醇乙酸酯,γ-依兰烯,蒎莰酮,δ-芹子烯,β-杜松醇,β-丁香烯,芳樟醇,α-香柠烯,长叶烯,β-金合欢烯,马鞭草酮,α-布黎烯,绿花烯,τ-依兰醇,β-甜没药烯,芹子烯醇,β-杜松烯,α-檀香醇,α-白菖考烯。

(2)黄酮苷类

槲皮苷和异槲皮苷。

(3)有机酸类

香草酸,硬脂酸,棕榈酸。

【药理作用】

(1)对消化系统的作用

砂仁中挥发油的主要成分乙酸龙脑酯具有促进胃肠机能、促进消化液的分泌、排除消化管内的积气作用。相关研究证明,阳春砂煎剂可使豚鼠、大鼠小肠收缩加强,加大剂量时对肠管有抑制作用,表现张力降低、振幅减少;对乙酰胆碱和氯化钡引起的大鼠小肠肠管紧张性、强直性收缩有部分抑制作用;砂仁挥发油有显著抑制离体家兔小肠平滑肌运动的作用,而且乙酸龙脑酯对家兔离体小肠内压作用呈明显的量效关系;砂仁叶油对离体回肠及正常运动和痉挛状态都具有明显抑制作用,并能预防大鼠幽门结扎性溃疡的形成;砂仁乙醇提取物对盐酸引起的急性胃黏膜损伤、吲哚类辛-乙醇引起的胃黏膜细胞障碍都有明显的抑制作用;可扩张血管,改善微循环,增加胃黏膜血流量,使胃黏膜组织代谢得以加强,从而为胃黏膜损伤的修复与正常功能的发挥创造条件,还有促进胃液分泌作用。

此外,砂仁具有显著促进胃排空及肠道传输的作用,其作用机制可能与血液及胃肠道中胃动素(MTL)、P 物质含量的增加有关,其活性成分可能为非挥发性成分。

(2)镇痛抗炎作用

砂仁挥发油的主要成分乙酸龙脑酯具有显著的镇痛抗炎作用。砂仁 75% 醇提物对小鼠二甲苯性耳肿、角叉菜胶性足肿胀和醋酸性腹腔毛细血管通透性三种小鼠炎症模型均有不同程度的抗炎作用;此外,在冰醋酸引起的小鼠扭体反应中表现中度的镇痛作用。

(3)利胆及降血糖作用

砂仁醇提物具有持久的利胆作用,并且胆汁分泌量呈剂量依赖性特征。此外,砂仁提取物对糖尿病大鼠胰岛 B 细胞具有明显的保护作用,并可改善胰岛 B 细胞超微结构变化,从而表现出降血糖功效。

(4)其他作用

砂仁复方制剂能够调整免疫系统功能,促进脾胃气虚患者外周血淋巴细胞的异常功能恢复,纠正 T、B 细胞比例;砂仁能显著抑制番泻叶刺激大肠性腹泻;还能抑制结肠类耶尔森菌和摩根变形杆菌的生长繁殖,但对福氏痢疾杆菌和肠毒型大肠杆菌无抑制作用;砂仁还能明显抑制血小板聚集,对花生四烯酸诱发的小鼠急性死亡有明显保护作用,并明显对抗由胶原与肾上腺素混合剂诱发的小鼠急性死亡;砂仁醇提物显示出较好的抗氧化性能,可抗动脉血栓形成及抗凝血,还能明显减少小鼠抗体数。

六、利水渗湿类

1. 赤小豆

【性味归经】　味甘、酸,性微寒;归心、脾、肾、小肠经。

【功效】　利水、消肿、退黄、清热、解毒、消痈,用于水肿、脚气、黄疸、淋病、便血、肿毒疮疡、癣疹。

【用法用量】　内服:煎汤,10~30 g,或入散剂;外用:适量,生研调敷,或煎汤洗。

【化学成分】

(1)三萜皂苷类

从赤豆中分离得到 6 个齐墩果烯低聚糖苷,包括赤豆皂苷Ⅰ,赤豆皂苷Ⅱ,赤豆皂苷Ⅳ,赤豆皂苷Ⅴ,赤豆皂苷Ⅵ。此外,还分离得到 3-呋喃甲醇-β-D-吡喃葡萄糖苷右旋儿茶精-7-O-β-D-吡喃葡萄糖苷;1D-5-O-(α-D-吡喃半乳糖基)-4-O-甲基肌醇。

(2)黄烷醇鞣质

包括 D-儿茶精,D-儿茶精和表没食子儿茶精。

【药理作用】

(1)免疫促进作用

研究显示,赤小豆提取物能够增强昆明种小鼠的细胞免疫、体液免疫和非特异性免疫,也可促进 IL-2 的产生。

(2)其他作用

赤小豆中含皂苷,具有通便利尿作用;富含多种可溶性纤维,具有利水除湿,减少胆固醇的作用。

此外,赤小豆还能够净化血液,消肿解毒;对金黄色葡萄球菌、福氏痢疾杆菌和伤寒杆菌等具有显著的抑制作用;对家兔整个孕、产程均有明显的缩短作用,并具有治疗难产、下胞衣作用。

2. 薏苡仁

【性味归经】　甘、淡、微寒;归脾、肺、肾经。

【功效】　利湿健脾、舒筋除痹、清热排脓,用于水肿、脚气、小便淋沥、湿温病、泄泻带下、风湿痹痛、筋脉拘挛、肺痈、肠痈、扁平疣。

【用法用量】　内服:煎汤,10~30 g,或入丸、散,浸酒,煮粥,作羹。

【化学成分】

（1）挥发油成分

主要有乙醛,乙酸,2-乙基-3-羟基丁酸已酯,γ-壬内酯,壬酸,辛酸,棕榈酸乙酯,亚油酸甲酯,香草醛及亚油酸乙酯等。

（2）脂肪酸及酯

薏苡仁酯,薏苡素,棕榈酸,亚油酸,油酸,硬脂酸,肉豆蔻酸及软脂酸酯,硬脂酸酯,棕榈酸酯,α-单亚麻酯等。

（3）甾醇类化合物

阿魏酰豆甾醇,阿魏酰菜子甾醇,芸薹甾醇,α-和β-谷甾醇及豆甾醇。

（4）三萜类化合物

friedelin 和 isoarborinol。

（5）生物碱类化合物

四氢哈尔明碱的衍生物。

（6）多糖类化合物

薏苡多糖 A、B、C,中性葡聚糖 1-7 及酸性多糖 CA-1、CA-2。

【药理作用】

（1）抗肿瘤作用

薏苡仁的活性成分(薏苡仁酯、薏苡仁油)及总提取物均有很强的抗肿瘤作用。相关研究表明,薏苡仁酯能提高鼻咽癌 CNE-2Z 细胞对放射(60Co 为射源)的敏感性;还能选择性地增强平阳霉素的细胞毒性作用,对平阳霉素抑制人鼻咽癌细胞增殖起增效作用,对 5-氟尿嘧啶杀伤细胞也具有选择性的增效作用;并能选择性地通过效应修饰机制加强顺铂的细胞毒性,但不增强顺铂抑制骨髓造血的副作用。薏苡仁总提取物对晚期原发性肝癌患者的免疫功能有促进作用,并对患者的肝癌细胞有较强的毒性作用,对化疗药物所致免疫器官萎缩,巨噬细胞吞噬功能下降及白细胞减少都有明显的保护作用,还能提高细胞的活性;抑制 SGC-7901 胃癌细胞的生长,对胃癌有一定的治疗作用;诱导人胰腺癌细胞系 PaTu-8988 凋亡,并且其作用呈剂量和时间依赖性。丙酮提取物还对子宫颈癌及腹水型肝癌实体瘤有明显抑制作用。乙醇提取物可促进培养的扁平上皮癌细胞的角化,并能抑制艾氏腹水癌细胞的增殖。薏苡仁主要成分脂肪油可通过抑制血管生成而达到抗肿瘤的目的。它能通过抑制血管内皮分裂和迁移,使细胞周期阻止于 G2/M 期,DNA 合成期比例减少;抑制肿瘤细胞释放血管生成正相调控因子;以抗体的形式阻断血管生成正相调控因子或其受体;干扰内皮细胞分化成完整的毛细血管,防止新生血管与宿主血管之间的吻合形成。

（2）提高免疫功能

有研究显示,薏苡仁多糖可显著提高免疫低下小鼠腹腔巨噬细胞的吞噬百分率和吞噬指数,促进溶血素及溶血空斑形成,促进淋巴细胞转化。

（3）降血糖作用

薏苡仁多糖对四氧嘧啶所致糖尿病鼠有显著降血糖作用,并在一定范围内呈剂量依赖性,其作用机制主要是通过提高机体 SOD 活性,抑制氧自由基对 B 细胞膜的损伤,对抗四氧嘧啶引起的胰岛 B 细胞的损伤,从而抑制糖尿病的发生;薏苡仁多糖对肾上腺素高血糖模型小鼠也具有显著降血糖作用,其作用机制认为是通过抑制肝糖原分解、肌糖原酵解影响糖异生来实现降血糖作用。

(4)抗溃疡、止泻作用

薏苡仁 75% 醇提物能够抑制水浸应激性小鼠溃疡、盐酸性小鼠溃疡的形成;能够抑制番泻叶性小鼠腹泻;并能缓慢促进大鼠胆汁分泌。

(5)其他作用

薏苡仁具有促排卵作用,其活性成分是其中含有的阿魏酰豆甾醇和阿魏酰菜子甾醇;薏苡仁还具有温和的镇痛抗炎作用,其镇痛活性成分为薏苡素;此外,薏苡仁还具有抗动脉血栓形成和抗凝血作用。

3. 茯苓

【性味归经】　甘、淡、平;归心、脾、肺、肾经。

【功效】　渗湿利水、健脾和胃、宁心安神,用于小便不利、水肿胀满、痰饮咳逆、呕吐、脾虚食少、泄泻、心悸不安、失眠健忘、遗精白浊。

【用法用量】　内服:煎汤,10 ~ 15 g,或入丸散;宁心安神用朱砂拌。

【化学成分】

(1)三萜类

目前,从茯苓中可分出 40 多个三萜类化合物,根据结构的差异,可分为三种类型:

①羊毛甾-8-烯型三萜类化合物。包括茯苓酸,土莫酸,依布里酸,3β-羟基羊毛甾-8,24-二烯-21-酸,3β-乙酰氧基-16α-羟基羊毛甾-8,24-二烯-21-酸,3β,16α-二羟基-羊毛甾-8,24-二烯-21-酸,3β-乙酰氧基-16α-羟基羊毛甾-8,24 (31)-二烯-21-酸甲酯,3β,16α-二乙酰氧基羊毛甾-8,24 (31)-二烯-21-酸,3β,16α-二乙酰氧基羊毛甾-8,24 (31)-二烯-21-酸甲酯,31-羟基-3β,16α-二乙酰氧基羊毛甾-8-烯-21-酸。

②羊毛甾-7,9(11)-二烯型三萜类化合物。包括去氢茯苓酸,去氢土莫酸,3-羟去氢土莫酸,3α,16α,25-三羟基羊毛甾-7,9(11),25-羟基-3-差向去氢土莫酸,猪苓酸C,去氢依布里酸,24 (31)-三烯-21-酸,3β-羟基羊毛甾-7,9(11),24 (31)-三烯-21-酸,3-酮基-6,16α-二羟基羊毛甾-7,9(11),24 (3 1)-三烯-21-酸,3β-乙酰氧基-16α-羟基羊毛甾-7,9(11),24-三烯-21-酸,3-差向去氢茯苓酸,3-酮基羊毛甾-7,9(11),24 (31)-三烯-21-酸,3β,16α-二羟基羊毛甾-7,9(11),24(3)-三烯-21-酸,3β-乙酰氧基-6α,16α-二羟基羊毛甾-7,9(11),24 (31)-三烯-21-酸,3β-对羟基苯甲酰基-16α-羟基羊毛甾-7,9(11),24 (31)-三烯-21-酸,3β-羟基-16α-乙酰氧基羊毛甾-7,9(11),24 (31)-三烯-21-酸。

③3,4-开环-羊毛甾-7,9(11)-二烯型三萜类化合物。此类化合物只存在于茯苓皮中。包括茯苓新酸 A、AM、B、BM、C、D、DM、E、F。即 16α-羟基-3,4-开环-羊毛甾-4 (28),7,9(11),24 (31)-四烯-3,21-二酸,16α-羟基-3,4-开环-羊毛甾-4 (28),7,9(11),24 (31)-四烯-3,21-二酸-3-甲酯,16α-羟基-3,4-开环-羊毛甾-4 (28),7,9(11),24-四烯-3,21-二酸,16α-羟基-3,4-开环-羊毛甾-4 (28),7,9(11),24-四烯-3,21-二酸-3-甲酯,羟基-3,4-开环-羊毛甾-4 (28),7,9(11),24 (31)-四烯-3,21-二酸,16α,25-二羟基-3,4-开环-羊毛

甾-4(28),7,9(11),24(31)-四烯-3,21-二酸,16α,25-二羟基-3,4-开环-羊毛甾-4(28),7,9(11),24(31)-四烯-3,21-二酸-3-甲酯,16α,27-二羟基-3,4-开环-羊毛甾-4(28),7,9(11),24-四烯-3,21-二酸,16α,29-二羟基-3,4-开环-羊毛甾-4(28),7,9(11),24(31)-四烯-3,21-二酸。

（2）多糖类

主要含β-茯苓聚糖,茯苓次聚糖,木聚糖,μ-茯苓多糖,茯苓多糖H11,H12,H2,(1,3)-(1,6)-β-D-葡聚糖,羧甲基茯苓多糖,麦角甾醇类。

【药理作用】

（1）利尿作用

茯苓菌核中提取的三萜类混合物——茯苓素是利尿消肿的主要成分。茯苓素能激活细胞膜上Na、K、ATP酶,而ATP酶与利尿有关。茯苓素作为茯苓的主要活性成分,体外可竞争醛固酮受体,体内逆转醛固酮效应,不影响醛固酮的合成,这些都支持茯苓素是新的醛固酮受体颉颃剂。对水肿患者,有利于尿液的排出,恢复肾功能,消除蛋白质。

（2）抗菌抗病毒作用

100%茯苓浸出液滤纸片对金黄色葡萄球菌、白色葡萄球菌、绿脓杆菌、炭疽杆菌、大肠杆菌、甲型/乙型链球菌均有抑制作用;茯苓的乙醇提取物在体外能杀死钩端螺旋体,但水煎液无效;羧甲基茯苓多糖在体外有抗单纯疱疹病毒Ⅰ型(HSV-Ⅰ)的作用。

（3）对消化系统的影响

茯苓对四氯化碳所致大鼠肝损伤有明显的保护作用,可使谷丙转氨酶活性明显降低,增加肝脏重量,防止肝细胞坏死并加速再生,从而达到保肝降酶的作用;茯苓浸液对家兔离体肠肌有直接松弛作用,使肠肌收缩振幅减少,张力下降,对大鼠幽门结扎所形成的溃疡有预防效果,并能降低胃酸分泌;茯苓三萜及其衍生物可抑制蛙口服无水硫酸铜引起的呕吐;茯苓三萜化合物可使胰岛素的分化诱导活性增强。

（4）抗肿瘤作用

茯苓素体外对小鼠白血病L1210细胞的DNA有明显不可逆的抑制作用,且这种作用随剂量的增大而增强;对艾氏腹水癌、肉瘤S180有显著的抑制作用,并能够抑制小鼠Lewis肺癌的转移;也有明显增强巨噬细胞产生诱生肿瘤坏死因子的能力,且有明显的剂量依赖关系。所含的三萜茯苓酸、去氢土莫酸和猪苓酸及其制备的衍生物茯苓酸甲酯/乙酯/苄酯/二苯甲酯,去氢土莫酸甲酯/乙酯/丙酯/丁酯等对人慢性髓样白血病肿瘤细胞K562的细胞毒作用明显;猪苓酸的衍生物、去氢土莫酸衍生物以及某些三萜物质的甲酯衍生物体外对肝癌细胞也具有细胞毒素作用。

此外,有研究证实,茯苓聚糖本身无抗肿瘤活性,经过碘酸氧化,硼氢化钠还原,硫酸水解后得到的直链葡聚糖具有抗肿瘤作用,对S180的抑制率高达96%;而且,羧甲基茯苓多糖对子宫颈癌U-14肺转移有明显的抑制作用。

（5）抗炎作用

从茯苓甲醇提取液中得到的某些三萜化合物可以抑制TPA引起的鼠耳肿;茯苓提取物对二甲苯棉球所致大鼠皮下肉芽肿形成有抑制作用,同时也抑制其所致的小鼠耳肿;茯苓酸及去氢土莫酸也是蛇毒液的磷脂酶 A_2 的抑制剂。

(6)对免疫功能的影响

茯苓素与茯苓多糖均对小鼠的细胞免疫和体液免疫有相当强的抑制作用。有研究表明，茯苓素体内可诱导小鼠腹腔巨噬细胞进入激活状态，巨噬细胞体积增大，溶酶体含量增多，蛋白质和 RNA 合成加强，从而使其吞噬功能增强；对 PHA、LPS 和 ConA 诱导的淋巴细胞转化均有显著的抑制作用，对小鼠血清抗体及脾细胞抗体产生能力均有显著的抑制作用；对于迟发型超敏反应和宿主抗移植物排斥反应，也表现出显著的抑制作用；在体内外对白细胞介素的产生均呈剂量依赖性的抑制作用。此外，去氢土莫酸对小鼠 T 型淋巴细胞有促进增殖作用，显示其较强的免疫调解能力。

羧甲基茯苓多糖能显著提高小鼠腹腔巨噬细胞的吞噬能力，能刺激 T 淋巴细胞与 B 淋巴细胞，显示其免疫机制活跃；而且，能明显增强小鼠脾抗体分泌细胞数以及特异的抗原结合细胞数，抗胸腺萎缩及抗脾脏增大；在一定程度上还能够加快造血机能的恢复，并可改善人体免疫功能，增强体质，保护骨髓，减轻和预防化疗的毒副反应。

(7)抗衰老作用

茯苓水提液可通过提高皮肤中羟脯氨酸的含量来延缓衰老；茯苓还能增强小鼠肝脏 SOD 活性，抑 MDA 抑生成，表明其具有清除自由基作用，从而延缓衰老进程。

(8)其他作用

茯苓多糖能有效抑制大鼠肾内草酸钙结晶的形成和沉积，具有较好的防石作用；茯苓提取物对大鼠异位心脏移植急性排斥反应有明显的抑制作用；茯苓提液可使豚鼠皮肤酪氨酸 mRNA 表达水平降低，从而抑制酪氨酸蛋白酶的生物合成，减少黑色素的生成量而达到增白作用；此外，茯苓煎剂腹腔注射，对预先给予咖啡因或未给予咖啡因的小鼠，均有镇静作用。

七、温里类

1.肉桂

【性味归经】　辛、甘、热；归肾、脾、心、肝经。

【功效】　补火助阳、引火归源、散寒止痛、温经通脉，用于肾阳不足、命门火畏寒肢冷、腰膝酸软、阳痿遗精、小便不利或频数、短气喘促、浮肿尿少诸证、命门火衰、火不归源、戴阳、格阳、及上热下寒、面赤足冷、头晕耳鸣、口舌糜破、脾肾虚寒、脘腹冷痛、食减便溏、肾虚腰痛、寒湿痹痛、寒疝疼痛、宫冷不孕、痛经经闭、产后瘀滞腹痛、阴疽流注、虚寒痈疡脓成不溃及溃后不敛。

【用法用量】　内服:煎汤,2~5 g,不宜久煎,研末,0.5~1.5 g,或入丸剂；外用:适量,研末调敷,浸酒,涂擦。

【化学成分】

(1)挥发油成分

肉桂皮含挥发油 1%~2%。其主要成分为肉桂醛，还有少量的肉桂醇,乙酸肉桂酯,苯丙醛,苯甲醛,桂皮酸,乙酸苯丙酯,咕吧烯,γ-杜松烯,α-蛇麻烯,δ-杜松烯,邻甲氧基肉桂醛,

3-(4-羟丁基)-2-甲基-环己酮,γ-榄香烯,苯乙醇,苯乙烯,菖蒲萜烯,α-石竹烯,α-蒎烯,α-杜松醇,松油烯-4-醇,冰片烯,樟脑,龙脑,α,α,4-三甲基环己烯-3-甲醇,莰烯,苎烯,桉树脑,十二烷,顺-1,4-二甲基金刚烷,β-没药烯,α-金合欢烯,杜松-5,8-二烯,异喇叭烯(isoledene),α-水芹酚,α-荜澄茄烯,β-大香叶烯。

此外,还含有肉桂醇 D1、D2、D3,前矢车菊素 B2、B3、B4,表儿茶素,儿茶素,儿茶素衍生物,香豆素,胆碱(choline),β-谷甾醇,原儿茶酸,南烛木树脂酚-3α-O-β-D-吡喃葡萄糖苷,3,4,5-三羟基苯酚-1-O-β-D-洋芫荽糖呋喃酰-(1→6)-β-D-吡喃葡萄糖苷,桂皮醛环丙三醇(1,3)缩醛,香草酸,微量丁香酸,D-葡萄糖和黏液,鞣质等。

（2）双萜化合物

肉桂醚,辛卡西醇 A、B、C1、C2、C3、D1、D2、D3,辛卡西醇 A-19-O-β-D-吡喃葡萄糖苷,辛卡西醇 B-19-O-β-D-吡喃葡萄糖苷,辛卡西醇 C1-葡萄糖苷,辛卡西醇 D1-葡萄糖苷,辛卡西醇 D2-葡萄糖苷。

（3）其他成分

从肉桂和桂枝水提物中还可分离得到桂皮苷,肉桂苷,3-(2-羟基苯基)丙酸及其苷,桂皮多糖等。

【药理作用】

（1）对中枢神经系统的作用

肉桂中含有的桂皮醛对小鼠有明显的镇静作用。表现为自发活动减少,对抗甲基苯丙胺引起的过度活动、转棒试验产生的运动失调以及延长环己巴比妥钠的麻醉时间等;也能延迟士的宁引起的强直性惊厥及死亡的时间,可减少烟碱引起的强直性惊厥及死亡的发生率。桂皮醛对中枢神经具有双向作用,即在具有抑制作用的同时,还表现出某种兴奋作用,如在产生镇静的同时,产生感觉(听觉、触觉)过敏且呈剂量依赖性,在产生镇静前发生短时的疾奔。

其所含的肉桂醛还能降低小鼠的正常体温,对由伤寒、副伤寒混合疫苗引起的人工发热均有降温作用;对温热刺激引起发热的家兔,桂皮醛及肉桂酸钠都有解热作用。这种调节作用也是双向的,既能使体温低下的动物体温升高,也能使体温升高的动物体温降低。

（2）对心血管系统的作用

肉桂水煎剂对全身血管有扩张作用,桂皮油对兔离体心脏有抑制作用,对末梢血管有持续性扩张作用;肉桂能抑制 ADP 诱导的大鼠血小板聚集,体外有抗凝作用,体内不影响兔纤维蛋白溶解活性,从而使肉桂可能具有预防静脉或动脉血栓的作用;肉桂能明显减低肾上腺再生高血压模型大鼠的血压和尿醛固酮排出,显著增高纹状体和下丘脑的脑啡呔含量,改善主动脉内膜的高血压性损害。

（3）对消化系统的作用

肉桂中的水溶性抗溃疡活性成分是桂皮苷、肉桂苷、3,4,5-三羟基苯酚-1-O-β-D-洋芫荽糖呋喃酰-(1→6)-β-D-吡喃葡萄糖苷、3-(2-羟基苯基)丙酸及其苷。其中,桂皮苷在极低剂量时对多种溃疡模型也会呈现强抑制作用;肉桂中的脂溶性抗溃疡活性成分是肉桂醛和邻甲氧基肉桂醛,前者可抑制小鼠水浸应激性溃疡形成和大鼠胃自发收缩活动及张力,但不影响胃液的 pH 值,后者抑制盐酸-乙酸性和结扎幽门性大鼠溃疡形成,抑制胃酸分泌,但不影响胃蛋白酶分泌。

肉桂水煎剂呈浓度依赖性地兴奋离体兔空肠自发收缩活动;肉桂挥发油成分桂皮醛也能松弛离体豚鼠回肠纵肌,并对抗乙酰胆碱和组胺引起的收缩反应和抑制小鼠胃肠推进运动。

此外,灌服桂皮醛还可以增加大鼠的胆汁分泌。

(4)抗菌作用

肉桂中的抗菌活性成分为肉桂醛。相关研究表明,肉桂体外对大肠杆菌、痢疾杆菌、伤寒杆菌、金黄色葡萄球菌、白色葡萄球菌、白色念珠菌都有明显的抑制作用,对皮肤真菌有很强的抑制作用;肉桂油对细菌的抑制力与尼泊金乙酯等无显著差异,但对自然污染的霉菌的抑制力却明显优于尼泊金乙酯,能显著抑制黑曲霉的菌丝生长和孢子形成;对幽门螺杆菌也有较强的抑制活性。

(5)抗炎和免疫增强作用

桂皮水提取物具有较强的抗炎活性,其活性成分是鞣酸样物质。相关研究表明,给小鼠灌服一定量的肉桂醚提物或水提物都能抑制二甲苯所致的耳壳肿胀和乙酸所致的腹腔毛细血管渗透性增高,并且水提物还能抑制角叉菜胶引起的大鼠足跖肿胀;腹腔注射肉桂水提物能明显抑制小鼠对炭粒的廓清指数和溶血素生成;此外,肉桂水提物还能抑制体外补体免疫溶血反应和补体依赖性 arthus 反应,以及抑制马杉肾炎和免疫复合体肾炎的尿蛋白增加。

新的研究表明,肉桂醛及其衍生物也具有一定的抗炎作用,其作用机理主要是通过抑制 NO 的生成而发挥抗炎作用的,因此有望发展成一种新型的 NO 抑制剂。

(6)抗肿瘤作用

研究发现,桂皮酸能抑制人胶质母细胞瘤、黑色素瘤和激素不敏感的前列腺癌等细胞系的增殖;对高转移人肺癌细胞恶性表型有逆转和抑制侵袭作用;能诱导人肺癌细胞、肝癌细胞、早幼粒白血病细胞等的分化,是一种对多种细胞有分化作用的天然分化诱导剂。此外,肉桂中的肉桂醛也可抑制肿瘤细胞的增殖,其机制是导致活性氧簇介导线粒体膜渗透性转换并促使细胞色素 C 释放。

(7)其他作用

肉桂中的反式肉桂醛、丁香酚、反式肉桂酸及肉桂醇等物质都具有不同程度的杀虫作用;肉桂醛能够有效地抑制晶状体醛糖还原酶的活性,并且能松弛离体豚鼠气管平滑肌,具平喘作用。此外,肉桂还能够提高血浆睾丸酮水平和胰岛素活性,抗糖皮质激素作用,促皮质激素样和儿茶酚胺释放作用,以及显著对抗番泻叶和蓖麻油引起的腹泻。

2. 干姜

【性味归经】 味辛、性热;归脾、胃、心、肺经。

【功效】 温中散寒、回阳通脉、温肺化饮,用于脘腹冷痛、呕吐、泄泻、亡阳厥逆、寒饮喘咳、寒湿痹痛。

【用法用量】 内服:煎汤,3～10 g,或入丸散;外用:适量,煎汤洗,或研末调敷。

【化学成分】

(1)挥发油成分

α-姜烯,桧烯,莰烯,龙脑,α-松油醇,1,5-二甲基-4-己烯基-4-甲基苯,β-倍半水芹烯,

epizonaren,β-甜没药烯,金合欢烯,2-异丙基-5-甲基-9-甲烯基-双环[4,4,0]-1-癸烯,1-甲基-2-丙烯基苯,芳樟醇,1-甲基-2-异丙基苯,α-蒎烯,β-香叶烯,水芹烯,α-松油烯,氧化芳樟醇,2-壬酮,α-异松油烯,小茴香醇,樟脑,莰烯水合物,内(型)-龙脑,4-松油醇,p-薄荷-1,5-二烯-8-醇,癸醛,香茅醛,β-citronellol,Z-柠檬醛,柠檬醇,榄香醇,α-和δ-榄香烯,反式-香叶醇,E-柠檬醛,水芹烯,α-小茴香醋酸酯,2-十一(烷)酮,β-石竹烯,香茅醋酸酯,香叶醋酸酯,α-咕巴烯,癸二醇,epsilon muurolene,双(表位)-雪松烯,α-和γ-绿叶烯,α-愈创木烯,γ-杜松烯,4-羟基-3-甲氧苯基-2-丙酮,橙花叔醇,橙花醛,牻牛儿醇,姜醇,δ-芹子烯,β-桉叶油醇,4-羟基-3-甲氧苯基-3-癸酮,橙花基丙酯,α-和β-苎烯,桉树脑,α-姜黄烯Δ3-蒈烯等。

(2)辛辣成分

干姜所含辛辣成分较生姜为多,主要为二芳基庚烷类成分。包括6-姜辣醇,6-姜辣二醇,6-姜辣酮,6-姜辣烯酮,5-去氧-6-姜辣醇,6-姜辣二醇-5-乙酸酯,6-姜辣二醇-3-乙酸酯,6-姜辣二醇双乙酸酯及6-甲基姜辣二醇双乙酸酯,姜烯酮A、B、C,异姜烯酮B,六氢姜黄素,内消旋-3,5-二乙酰氧基-1,7-双-(4-羟基-3-甲氧苯基)-庚烷,3,5-二乙酰氧基-1-(4-羟基-3,5-二甲氧基苯基)-7-(4-羟基-3-甲氧基苯基)-庚烷,(3S,5S)-二羟基-1-(4-羟基-3,5-二甲氧基苯基)-7-(4-羟基-3-甲氧基苯基)-庚烷,(3S,5S)-3,5-二羟基-1,7-双-(4-羟基-3-甲氧苯基)-庚烷,(3R,5S)-3,5-二羟基-1,7-双-(4-羟基-3-甲氧苯基)-庚烷,5-羟基-7-(4羟基苯基)-1-(4-羟基-3-甲氧苯基)-3-庚酮,3,5-二乙酰氧基-7-(3,4-二羟基苯基)-1-(4-羟基-3-甲氧苯基)-庚烷,5-羟基-1-(4-羟基-3,5-二甲氧基苯基)-7-(4-羟基-3-甲氧苯基)-3-庚酮,5-羟基-7-(4-羟基-3,5-二甲氧基苯基)-1-(4-羟基-3-甲氧苯基)-3-庚酮,(3S,5S)-3,5-二乙酰氧基-1,7-双-(3,4-二羟基苯基)-庚烷及7-(3,4-二羟基苯基)-1-(4-羟基-3-甲氧苯基)-4-庚烯-3-酮等。

此外,还含有6-姜辣磺酸,5-外-羟基龙脑-2-O-β-D-吡喃葡萄糖苷,姜糖脂A、B、C,β-谷甾醇,棕榈酸,姜辣素,环丁二酸酐,胡萝卜苷。

【药理作用】

(1)对消化系统的影响

干姜醇提物姜酚和挥发油,既可激动 M、H_1 受体,又可颉颃乙酰胆碱和组胺对 M、H_1 受体的激动作用,明显减轻大鼠应激性溃疡,保护胃黏膜;另有研究证明,干姜醇提物经口或十二指肠给药均能明显增加胆汁分泌量,且维持时间较长,口服作用更强。

(2)抗血小板聚集作用

干姜水提物能强烈抑制血小板聚集作用,并存在剂量依赖关系,其活性成分为6-姜醇。研究表明,人血浆在加入一定浓度的干姜后可明显抑制去甲肾上腺素对血小板聚集作用,当干姜浓度为 2 mg/ml 时,抑制率可达100%。

(3)降血脂、抗动脉粥样硬化作用

干姜50%甲醇提取物可降低胆固醇饮食家兔血清中的胆固醇、LDL-胆固醇和总胆固醇/磷脂比值;降低肝脏动脉中胆固醇、甘油三酯和磷脂含量,使其接近正常值;并使动脉壁的斑块面积下降。此外,姜中 ZT 对三硝基甲苯诱导的实验性小鼠高胆固醇呈剂量依赖性抑制,并降低大鼠肝、胆生物合成。

（4）抗氧化作用

干姜醚提液可抑制家兔脑组织的脂质过氧化物 MDA 的生成,并能提高脑组织中 SOD 的活性和 Na^+-K^+-ATP 酶的活性,清除体内自由基所造成的神经细胞膜的脂质过氧化损伤。

（5）镇痛抗炎作用

干姜中所含的姜辣素、姜醇和姜酮等,正是发挥其镇痛抗炎作用的活性物质基础。其中 6-姜醇的消炎镇痛作用是通过影响花生四烯酸代谢所致:AA 贮存于细胞膜的磷脂中,当细胞膜受刺激后游离到细胞质,在环氧化酶作用下生成各种前列腺素,从而引起炎症性疼痛及发热反应;此外,AA 在脂氧化酶作用下生成的白三烯类也参与了炎症反应。6-姜醇通过抑制环氧化酶和脂氧化酶的活性,抑制前列腺素的合成,从而发挥其消炎、解热及镇痛作用。

相关研究表明,干姜水提物及醚提物可显著抑制醋酸引起小鼠的扭体反应,延长热刺激痛反应潜伏期;对二甲苯引起小鼠耳壳肿胀、角叉菜胶引起大鼠足跖肿胀有抑制作用;并能明显抑制伤寒、副伤寒甲乙三联菌苗所致家兔发热反应。

（6）抗缺氧作用

干姜醚提物灌胃,可减慢小鼠耗氧速度,延长常压密闭缺氧和 KCN 中毒小鼠的存活时间,并能显著延长断头小鼠张口动作的持续时间。

（7）保护心肌作用

干姜对人心肌细胞缺氧缺糖性损伤有保护作用,明显抑制去甲肾上腺对血小板聚集,可明显改善冠心病患者症状,降低患者全血高黏度及血浆高黏度;也有研究证实,干姜提取物能改善心衰兔的心肌舒缩性能,减轻心衰症状,且这种作用随剂量增加而增强。

（8）抗病源微生物作用

干姜醇提物及所含的姜辣素、姜辣烯酮有显著的灭螺和抗血吸虫作用;此外,通过体外抑菌实验发现,干姜醇提物对肺炎链球菌与溶血性链球菌的作用较强,而对金黄色葡萄球菌、绿脓杆菌和福氏痢疾杆菌的抑菌作用稍弱。

3. 高良姜

【性味归经】 味辛、性热;归脾、胃经。

【功效】 温中散寒、理气止痛,用于脘腹冷痛、呕吐、噫气。

【用法用量】 内服:煎汤,3~6 g,或入丸、散。

【化学成分】

（1）挥发油成分

主要成分有 1,8-桉油素,β-蒎烯,α-松油醇,莰烯,樟脑,莳酮乙酸盐,苯丙醛,衣兰烯,咕巴烯,(-)-1,7-二甲基-7-(4-甲基-3-戊烯基)-三环[2.2.1.0(2,6)]庚烷,丁香烯,2,6-二甲基-6-(4-甲基-3-戊烯基)-双环(3,1,1)-2-庚烯,[1S-(1a,4a,7a)]-1,2,3,4,5,6,7,8-八氢-1,4-二甲基-7-(1-甲基乙烯基)-甘菊环,3-苯基-2-丁酮,4-苯基-2-丁酮等。

（2）二芳基庚烷类

主要组分有姜黄素,二氢姜黄素,六氢姜黄素,八氢姜黄素,表六氢姜黄素,5-羟基-1,7-

双(4″-羟基-3″-甲氧基苯基)-3-庚酮,(3R,5R)-1-(4″-羟苯基)-7-苯基-3,5-庚二醇,5-羟基-7-(4″-羟基-3″-甲氧基苯基)-1-苯基-4-烯-3-酮,1,7-二苯基-4-庚烯-3-酮,7-(4″-羟基-3″-甲氧基苯基)-1-苯基-4-庚烯-3-酮,1,7-二苯基-5-羟基-3-庚酮,7-(4″-羟基-3″-甲氧基苯基)-1-苯基-3,5-庚二酮,5-甲氧基-7-(4″-羟基-3″-甲氧基苯基)-1-苯基-3-庚酮,5-羟基-7-(4″-羟苯基)-1-苯基-3-庚酮,7-(4″-羟苯基)-1-苯基-4-庚烯-3-酮,5-甲氧基-7-(4″-羟苯基)-1-苯基-3-庚酮,5-甲氧基-1,7-二苯基-3-庚酮,(5R)-羟基-1,7-二苯基-3-庚酮,(5R)-羟基-7-(4″-羟基-3″-甲氧基苯基)-1-苯基-3-庚酮。

（3）黄酮类

高良姜素,大黄素,槲皮素,山柰素,山柰素-4′-甲醚,槲皮素-5-甲醚,高良姜素-3-甲醚等。

（4）糖苷类

(1R,3S,4S)-反式-3-羟基-1,8-桉树脑-β-D-葡萄糖吡喃糖苷,1-羟基-2-O-β-D-葡萄糖吡喃糖基-4-烯丙基苯,去甲基丁香酚-β-D-葡萄糖吡喃糖苷等。

（5）苯丙素类

(E)-p-香豆素醇-γ-O-甲基醚,(E)-p-香豆素醇,(4E)-1,5-双(4-羟基苯基)-1-甲氧-2-(甲氧甲基)-4-戊烯,(4E)-1,5-双(4-羟苯基)-2-(甲氧甲基)-4-戊烯-1-醇。

【药理作用】

（1）对消化系统的影响

①止呕作用:高良姜不同浸提物均具有止呕作用,而且其中醇提物的活性强于水提物。追踪试验证明,其中的主要功效成分是高良姜素和山柰素。有研究发现,高良姜水提物和醇提物对 $CuSO_4$ 致家鸽呕吐,均能明显延长其呕吐潜伏期和减少呕吐次数。

②抗溃疡作用:也有研究发现,高良姜水提物和醚提物呈剂量依赖性抑制水浸应激型小鼠胃溃疡和盐酸致大鼠胃溃疡的形成,但对吲哚美辛加乙醇型小鼠胃溃疡和幽门结扎性大鼠胃溃疡无明显保护;其丙酮提物取呈剂量依赖性地抑制盐酸-乙醇性溃疡、NaOH 性溃疡以及氨水性溃疡形成,但对幽门结扎性溃疡无抑制作用;其水提物对由酒精引起的小鼠胃损伤有明显的治愈作用,可减少胃部损伤面。

③利胆作用:高良姜水提物与醚提物可明显增加麻醉大鼠给药后的胆汁流量。

④抗腹泻作用:高良姜水提物与醚提物均能明显减少蓖麻油引起的小鼠腹泻次数;而且水提物也能明显减少番泻叶引起的小鼠腹泻次数。

⑤对胃肠平滑肌的作用:高良姜具有明显的胃肠解痉作用,抑制乙酰胆碱致平滑肌张力升高。相关研究表明,高良姜水提物、醇提物和挥发油均能显著抑制兔正常离体肠管的运动;水煎剂呈浓度依赖性地增大离体兔空肠平滑肌的收缩幅度和张力。其活性成分为高良姜黄酮类物质。

（2）降血糖作用

高良姜甲醇提取液和水提取液具有明显的降血糖作用。但高良姜粉末及其提取液对患有因四氧嘧啶诱导致糖尿病的家兔无效。推测其降血糖作用可能是通过促进体内胰腺分泌胰岛素而实现的。

（3）镇痛抗炎作用

在热板法、甲醛致痛和乙酸扭歪试验中,高良姜均显示出明显的镇痛作用;其水提物对二甲苯所致小鼠耳壳肿胀,乙酸致小鼠腹腔毛细血管通透性增高和角叉菜胶致大鼠足跖肿胀均有明显的抗炎作用。进一步研究证实,主要镇痛有效成分为高良姜素,其作用机理是高良姜通过抑制前列腺素合成酶系和磷脂酶 A_2 活性,而阻碍了花生四烯酸代谢形成前列腺素。

（4）抗氧化作用

高良姜中含有抗氧化活性成分黄酮醇类化合物及二芳基庚烷类化合物,具有显著的抗氧化效果,可明显抑制自由基生成。有研究表明,高良姜提取液能减轻氧化剂 H_2O_2 对 V79-4 细胞繁殖的抑制作用,提高细胞成活率;对异丙肾上腺素致心肌缺血,其水提液能保护缺氧心肌的 SOD 活性,降低 MDA 含量。

（5）免疫促进作用

研究发现,高良姜提取物能刺激小鼠内皮网状细胞生长,增加腹膜腔渗出细胞的数目,并且可促进脾脏细胞生长。进一步研究发现,其中多糖物质能促进清除血液中碳粒的能力,并通过促进淋巴细胞的有丝分裂而提高免疫力,因此推断其主要有效成分是多糖。

（6）抗癌作用

高良姜能有效降低甲基亚硝基脲对小鼠肺细胞染色体的致畸作用;并且高良姜提取物还能抑制 7,12-二甲基苯并蒽引起的小鼠细胞畸变作用;对于促癌物质 TPA 诱发的小鼠耳部水肿,其甲醇提取物也表现出明显的抑制作用。分离其中活性物质主要为黄酮醇和二芳基庚醇类化合物。

（7）促渗作用

高良姜油和高良姜所含的桉叶素具有极强的促渗作用,高良姜油和桉叶素能显著促进 5-氟尿嘧啶(5-Fu)的透皮吸收。

（8）抗缺氧作用

高良姜醚提物和水提物都能延长断头小鼠张口动作持续时间和 KCN 中毒小鼠的存活时间。其作用机理为,醚提物是通过减慢机体耗氧速度产生抗缺氧作用,而水提物是通过提高小鼠在低氧条件下的氧利用能力产生抗缺氧作用。

（9）其他作用

高良姜醚提物和水提物能剂量依赖性地预防电刺激颈动脉引起的血栓,可预防和阻止休克机体发生弥漫性血管内凝血。其醇提物对白色念珠菌、威克海姆原藻和啤酒酵母都有很强的抑制作用,而且对晚疫病菌能达到 100% 的抑制作用;同时,还能够抑制引起龋齿的链球菌的活性。

4. 丁香

【性味归经】　味辛、性温;归脾、胃、肾经。

【功效】　温中降逆、温肾助阳,用于呃逆、脘腹冷痛、食少泄泻、肾虚阳痿、腰膝酸冷、阴疽。

【用法用量】　内服,煎汤,2～5 g,或入丸、散;外用:适量,研末敷贴。

【化学成分】

(1)挥发油成分

主要成分为丁香酚,2-甲氧基-4-(2-丙烯基)-苯酚乙酸酯,3,7,11-三甲基-2,6,10-十二碳三烯-1-醇,α-石竹烯,δ-杜松油烯,丁香醇,1,5,5,8-四甲基-1,2-氧杂双环[9,10]十二-3,7-二烯,对烯丙基茴香醚,乙酸苯基甲酯,3,7-二甲基-1,6-辛二烯-3-醇,茴香脑,甲基庚烯酮,樟脑,反-2-红没药烯环氧化物,环氧石竹烯,异香橙烯环氧化物,喇叭茶醇,安息酸乙酯,糠醛,2-庚酮,2-庚醇,乙酸-1-甲基丙酯,罗勒烯,2-壬酮,α-蒎烯,α-水芹烯,1-甲基-4-(1-甲基乙烯基)环己烯,莰烯,1,7,7-三甲基-双环[2,2,1]庚-2-酮,1-苯基-1,2-丙二酮,1-甲氧基-4-(2-丙烯基)-苯,同-顺-α-香柠檬烯,榄香烯,匙叶桉油烯醇等。此外,还含有4,4-二甲基-四双环[6,3,2,0(2,5)0(1,8)]十三烷-9-醇,2-(2-羟基-2-苯乙基)-3,5,6-吡嗪,2,6-二甲基-3-羟基-1,7-辛二烯,2-甲氧基-4-乙烯基苯酚,3-苯基-1-羟基-2-丙烯,苯甲醇,4-羟基-3-甲氧基肉桂酸,芹菜脑,3,4-二羟基肉桂酸,3,4-二羟基苯乙酸,二十就烷,三十二烷,羟基丁二酸,4-羟乙基苯酚,24,25-二羟基维生素 D_3,3-乙酸基-7,8-环氧羊毛烷基-11-醇,2,2,7,7-四甲基-三环[6,2,1,0]十一烷基-4-烯-3-酮,甲酸甲酯,D-甘露醇,α-D-吡喃葡萄糖乙基酯,松香酸,甲基脱氧皮质甾醇,N-甲基-(2-吡咯基乙炔基)-5-氨基戊酰胺,3-(2,6,6-三甲基-3-羟基环己烯基)-丙烯酸甲酯,9-β-D-阿糖呋喃嘌呤,5-羟基-2-醛糖等。

(2)苯丙素类

丁香属植物中含有多种以苷形式存在的苯丙素类化合物。这些化合物分别属于香豆素类,木脂素类,苯丙醇类。其中,木脂素类成分主要属于简单木脂素类,含7-O-9′四氢呋喃环的单环氧木脂素和双环氧木脂素。具体包括七叶亭,蒿属香豆素,伊波香豆素,丁香苷,松柏苷,阿克替苷,连翘苷,洋丁香苷,洋丁香苦苷,落叶松树脂醇苷,橄榄树脂素苷,松脂素苷,丁香脂素苷,中树脂苷,海胆苷。

(3)环烯醚萜类

丁香苦苷及其苷元的衍生物是丁香属植物中的主要环烯醚萜类化合物。另外,在丁香属植物中还含有较多的裂环环烯醚萜类化合物,如橄榄苦苷等。具体包括丁香苦苷,橄榄苦苷,新橄榄苦苷,异橄榄苦苷,10-羟基橄榄苦苷,女贞素苷,异女贞素苷,表金吉苷,油苷,丁香内酯 A 和 B,暴马醛酸甲酯。

(4)黄酮类

至今分离出的 3 个黄酮类化合物都属于黄酮醇类的单糖苷或双糖苷。包括紫云英苷,芦丁,山萘酚芦丁苷。

(5)苯乙醇类

从丁香中已分离 2-(3,4-二羟基苯基)-乙醇,3,4-二羟基苯乙醇及其苷,反式对羟基肉桂酸,对羟基苯乙醇等成分。

(6)三萜类

主要有齐墩果酸,乌苏酸以及羽扇豆烷型三萜。

（7）无机成分

含有 Zn、Fe、Mn、Cu、Co、Cr 等人体必需的微量元素和 Ca、mg 等宏量元素，有的还含有 Mo、Ni、V、Be、Ti、Cd、B、Sr、Ba 等。

（8）其他成分

丁香中还含有酪醇，3,4-二羟基苯甲酸，3-甲基-4-羟基苯丙酸，D-甘露醇，芒丙花素，黄柏内酯，红景天苷，丁香酯素，丁二酸，呋喃甲酸等多种化合物。

【药理作用】

（1）抗菌消炎驱虫作用

丁香中含有的酪醇、反式对羟基肉桂酸、3,4-二羟基苯乙酸、3,4-二羟基苯甲酸及丁香苦苷的苷元对福氏志贺氏菌、金黄色葡萄球菌、痢疾杆菌、大肠杆菌及绿脓杆菌均有不同程度的抑制作用。其中3,4-二羟基苯乙醇的活性最强，它还对伤寒杆菌、甲乙型副伤寒杆菌、食物中毒沙门氏菌和普通变形杆菌等有明显的抗菌作用。另有研究证实，丁香的乙醇提取物对白喉杆菌、炭疽杆菌、副伤寒杆菌、痢疾杆菌及霍乱弧菌均有抑制作用；并对小麦纹枯病菌、棉花枯萎病菌、玉米小斑病菌、柑橘绿霉病菌、桔青霉菌、葡萄灰霉菌、苹果褐霉菌也有很好的抑制作用。

丁香水提物和乙醚提取物一定剂量灌胃给药，均能明显对抗乙酸提高小鼠腹腔毛细血管通透性，抑制二甲苯性小鼠耳壳肿胀和角叉菜胶性大鼠足跖肿胀，且水提物的抗炎作用强于醚提物。此外，丁香酚有抑制脂氧化酶和环氧化酶作用，能抑制巴豆油引起的小鼠耳壳肿胀。

丁香水提取液或醇提取液在体外对猪蛔虫有麻痹或杀死作用，若给患有蛔虫症的犬灌服丁香油，可促蛔虫排出，并无副作用。

（2）抗病毒作用

实验证明，紫丁香水煎剂可治疗单孢病毒性角膜炎；以紫丁香为主要成分的甲定胶囊对腺病毒、副流感病感、呼吸道合胞病毒和柯萨病毒所致的细胞病变有抑制作用，但对肠道病毒所致的细胞病变无明显影响。

（3）对血液系统的作用

丁香具有抗血小板聚集、抗凝和抗血栓形成的作用。研究证实，丁香水提物对二磷酸腺苷（ADP）和胶原诱导的血小板聚集均有明显抑制作用；丁香酚和丁香酚乙酸酯对花生四烯酸、肾上腺和胶原蛋白所诱导的血小板聚集有强烈的抑制作用，并呈剂量依赖关系；丁香苷和阿克替苷在使血压降低的同时也使心律下降，且丁香苷的降压作用未被抗组胺类和抗毒菌碱类药物所颉颃。

（4）对消化系统的作用

①止泻作用：一定剂量的丁香水提液灌肠给药能显著减少番泻叶引起的小鼠腹泻次数；石油醚提取物可显著抑制蓖麻油引起的小鼠腹泻。

②抗溃疡作用：丁香水提物可明显抑制小鼠水浸应激溃疡；石油醚提物可明显抑制消炎痛加乙醇诱发的溃疡；两种提取物均可明显抑制 0.6 mol/l 盐酸所致胃黏膜损伤。

③促进胃酸分泌作用：丁香提取物可使胃黏液分泌显著增加，增加胃酸排出量，增强胃蛋白酶活力。

④利胆作用:丁香石油醚提物可明显促进麻醉大鼠胆汁分泌,且作用时间延长,其活性成分为丁香苷。

（5）抗氧化作用

丁香具有强抗氧化作用,其主要的抗氧化活性成分是丁香酚和没食子酸。研究发现,丁香醚提物和醇提物以及丁香酚都能防止猪油被氧化,它与维生素 E 并用可增强其抗氧化作用,也能还原猪肉制品中的亚硝酸盐和降低亚硝酸盐的含量。此外,丁香酚呈浓度依赖性地抑制 H_2O_2/Ca^{2+} 催化的人红细胞膜质过氧化反应;同时也呈浓度依赖性地抑制苯甲酰过氧化物 Ca^{2+} 催化的人红细胞膜质反应。丁香酚抗氧化的作用机制是通过非竞争性地对抗 Ca^{2+} 催化反应,抑制羟自由基形成,从而保护细胞膜脂质免受氧化损伤。

（6）抗缺氧作用

研究证实,丁香水提物一定剂量灌胃能够明显延长断头小鼠张口动作持续时间、KCN 中毒小鼠存活时间和常压缺氧存活时间;丁香石油醚提取物能显著延长 $NaNO_2$ 中毒小鼠存活时间。

（7）镇痛作用

小鼠热板试验和抗扭体反应试验结果表明,一定剂量的丁香石油醚提物和水提物均可显著延长小鼠痛觉反应潜伏期和显著减少小鼠酒石酸锑钾引起的扭体反应次数。牙痛丁香油（少量滴入）可消毒龋齿腔,破坏其神经,从而减轻牙痛。

（8）镇咳平喘作用

丁香乙酸乙酯提取物中分离出的 β-羟乙基-3,4-二羟基苯,具有镇咳祛痰作用。丁香中含有的 β-丁香烯是丁香具有平喘作用的有效成分之一,药理实验发现,其在体内的代谢产物之一 β-丁香烯醇,具有较强的豚鼠离体气道平滑肌松弛作用;在用于组胺和乙酰胆碱诱发的豚鼠哮喘,一定剂量能够很好地抑制喘息的发生。

（9）解热作用

丁香酚有明显的解热作用,可明显抑制内毒素 ET 性发热反应,且 ET 与丁香酚对体温的影响与弓状核区脑组织中前列腺素 E_2 和环磷酸腺苷含量的升降存在明显的量效关系。

（10）其他作用

丁香挥发油腹腔注射能显著抑制小鼠的自主活动,具有明显的镇静作用,而且丁香酚对热敏神经元的放电活动均表现出增频效应;丁香油还对 5-氟尿嘧啶有显著的促进透皮吸收作用;此外,丁香中含有倍半萜化合物能免增加小鼠肝脏、胃和小肠黏膜的谷胱甘肽转移酶的活性,表现出一定的抗诱导和抗癌作用;丁香热水提取物及水溶性组分具有代谢活化的抑制作用及代谢活化 Trp-p-2 的失活作用的双重作用。

5.花椒

【性味归经】　辛、性温、小毒;归脾、肺、肝、肾、心、心包经。

【功效】　温中止痛、除湿止泻、杀虫止痒,用于脾胃虚寒之脘腹冷痛、蛔虫腹痛、呕吐泄泻、肺寒咳喘、肺寒咳喘、龋齿牙痛、阴痒带下、湿疹皮肤瘙痒。

【用法用量】　内服:煎汤,3~6 g,或入丸、散;外用:适量,煎水洗可含漱,研末调敷。

【化学成分】

(1)生物碱

分为4大类——喹啉衍生物类,异喹啉衍生物类,苯并菲啶衍生物类和喹诺酮衍生物类。主要有茵芋碱,香草木宁,叶芸香品碱,青椒碱,N-甲基-2-庚基-4-喹啉酮。

(2)酰胺

大多为链状不饱和脂肪酸酰胺,其中以山椒素类为代表,其他则为连有芳环的酰胺。目前已发现的酰胺类物质有花椒素,异花椒素,双氢花椒素,四氢花椒素,α-山椒素,脱氢-γ-山椒素,羟基-α-山椒素,羟基-β-山椒素,羟基-γ-山椒素,γ-山椒素,2′-羟基-N-异丁基-2,4,8,10,12-十四烷五烯酰胺,2′-羟基-N-异丁基-2,4,8,11-十四烷四烯酰胺,2-羟基-N-异丁基-2,6,8,10-二十二碳四烯酰胺,2-羟基-N-异丁基-2,6,8,10-十二烷四烯酰胺等。

(3)木脂素

几乎均为双环氧木脂素,即二苯基双骈四氢呋喃衍生物。

(4)香豆素

有简单香豆素类和吡喃香豆素两类。有香柑内酯,脱肠草素,7-羟基-甲氧基香豆素,6-(3′-甲基-2′,3′-丁二醇基)-7-乙酰氧基香豆素,6-(3′-甲基-2′,3′-丁二醇基)-7-香豆素-7-O-β-D-吡喃葡萄苷等。

(5)挥发油

①烯烃类:如 Δ3-蒈烯,柠檬酸,α-侧柏烯,α-依兰油烯,蒎烯,莰烯,松油烯,异松油烯,月桂烯,β-蛇麻烯,反式石竹烯,萜品油烯,香桧烯,牻牛儿烯,β-榄香烯,双环榄香烯,γ-蒎品烯,α-水芹烯,葎草烯,对伞花烯,反式-β-罗勒烯,顺式-和反式-水合桂烯,δ-荜澄茄烯,大根香叶烯,啤酒花烯,丁香烯,γ-古芸烯,咕巴烯,莰烯,α-杜松烯,土青木香烯,3-蒈烯-4-异丙烯,β-红没药烯,异喇叭烯,喇叭烯,异丙基-2-环己二烯,十六烷,十八烷,十九烷,二十烷,m-伞花烃,蒎烯环丙烷。

②醇类:如芳樟醇,氧化芳樟醇,萜品-4-醇,α-萜品醇,橙花叔醇,松油醇,反式-桧醇,沉香醇,榄香醇,喇叭茶醇,T-紫穗槐醇,α-和γ-杜松醇,缬草烯醇,薄荷烯醇,香茅醇,水芹醇。

③酮类:如 α-和β-侧柏酮,胡椒酮,番薄荷酮,异蒎莰酮,4-羟基-3,5-二甲氧基苯乙酮,4-(4-甲氧苯基)-2-丁酮,2-十一烷酮,2-十三酮,长叶马鞭草烯酮,二氢香芹酮等。

④醛类:香茅醛,枯茗醛,紫苏醛,(-)桃金娘醛,水芹醛。

⑤环氧化合物:如 1,8-桉树脑,石竹烯环氧化物,红没药烯环氧化物,香树烯环氧化物,异香橙烯环氧化物。

⑥酯类:如桃金娘基乙酸酯,萜品醇乙酸酯,α-莳醇乙酸酯,水合桧烯乙酸酯,醋酸牻牛儿酯,乙酸橙花醇酯,醋酸香叶酯,醋酸金合欢酯,醋酸龙脑酯,4-甲基,八氢萘-2-乙酸酯,乙酸苯乙酯,芳樟醇乙酸酯,月桂醇乙酸酯,十六烷内酯,邻苯二甲酸异辛二酯等。

⑦芳烃类及其他化合物:桉树脑,3-甲基-2-氮杂芴,顺式-茴香脑,反式-茴香脑,油酸,棕榈酸,苯甲酸,喹啉-4,7,8-三甲基呋喃,茴香脑,茴香醚,甲基胡椒酚。

(6)其他成分

还含有黄酮类化合物,脂肪酸,甾醇等,如山柰酚,槲皮素-3-鼠李糖苷,5,3′-二羟基-4-

甲氧基-二氢黄酮-7-O-β-D-吡喃葡萄(6→1)-α-L-鼠李糖苷,金丝桃苷,香叶木苷,薇甘菊素,α-山椒素,棕榈酸,亚麻酸,油酸,β-谷甾醇,正二十六烷酸,伞形花内酯,葡萄内酯,二十九烷等。

【药理作用】

(1)对消化系统的影响

对实验性胃溃疡的影响:花椒水提物能显著抑制水浸应激性小鼠溃疡和吲哚美辛-乙醇致小鼠胃溃疡形成,也能抑制结扎大鼠幽门性胃溃疡形成,但不抑制盐酸性大鼠胃溃疡形成;醚提物只抑制盐酸性大鼠胃溃疡形成。

对肠平滑肌运动的双向作用:花椒水煎剂有在低浓度时兴奋离体兔空肠的自发活动、高浓度时抑制的双向作用。茵芋碱可能是花椒抑制肠管活动的活性成分。

保肝作用:花椒水提物能对抗四氯化碳诱发急性肝损害大鼠血清 GPT 升高的作用,且呈现剂量依赖性,但对 GOT 升高无对抗作用。

抗腹泻作用:花椒醚提物可对抗蓖麻油所致的小鼠腹泻,作用不仅出现快,而且持久;水提物有对抗小鼠番泻叶所致腹泻作用,作用产生缓慢,但持久。

(2)对心血管系统的作用

①保护心脏的作用:花椒水提物及醚提物对冰水应激状态下儿茶酚胺分泌增加所引起的心脏损伤有一定的保护作用,可减少心肌内酶及能量的消耗,同时提高机体的活力水平。

②降血压作用:花椒中的成分茵芋碱,有麻黄碱样作用,可降低麻醉猫血压。其扩张血管、降低血压的作用是间接发挥的,即首先对内皮细胞起作用,然后通过内皮细胞产生的 NO 使平滑肌放松而达到降压的目的。

③抑制血栓形成:花椒水提物和醚提物均对大鼠血栓形成有明显抑制作用。有研究证实,花椒水提物和醚提物能依剂量地预防电刺激颈动脉引起的血栓形成;水提物能延长血浆凝血酶原时间、凝血酶原消耗时间、凝血酶时间,而醚提物仅延长凝血酶原消耗时间;花椒挥发油具有抗豚鼠实验性动脉粥样硬化形成的作用,这种作用与它降低血清过氧化脂质水平、抗脂质过氧化损伤有关;所含的花椒油素能显著抑制二磷酸腺苷、花生四烯酸和凝血酶诱导的兔血小板聚集;此外,也有研究显示,香豆素很多具有抑制血小板凝集的作用;香柑内酯有一定的对抗肝素的抗凝血作用和止血作用,对小鼠的出血时间和出血量均有明显的减小作用,并能缩短小鼠的凝血时间;对于醋酸介导的小鼠毛细血管通透性也有明显的抑制作用。

(3)对神经系统的作用

花椒中所含的茵芋碱可能是其麻醉镇痛的活性成分之一。有研究显示,花椒浸液能可逆地阻断神经干的冲动传导和降低神经干的兴奋性;花椒浸液对 A、C 两类纤维动作电位幅度和传导速度均有明显抑制效应,而且随着花椒浓度的增高,两类纤维动作电位幅度明显下降,动作电位消失时间明显缩短;一定浓度的花椒挥发油和水溶物均能可逆地阻滞蟾蜍离体坐骨神经冲动,且这种作用有浓度依赖性。

(4)抗癌作用

花椒中的苯并菲啶类生物碱——花椒宁碱,对鼠白血病细胞 P-338、L-1210 有很高的活性,治疗机理主要是花椒对逆转录酶和 DNA 聚合酶活力有较高的抑制能力;此外,花椒挥发油对人肺癌 A549 细胞株有杀伤作用,低浓度时可诱导细胞凋亡。

(5)抑菌作用

花椒精油中的某些成分有抑制微生物生长的作用。研究发现,花椒中的苯并菲啶类生物碱大多具有抗菌活性和细胞毒活性,如青椒碱对革兰氏阳性菌有很好的选择抑制活性。相关研究证实,花椒水煮醇提粗提物对炭疽杆菌、金黄色葡萄球菌、枯草杆菌等 10 种革兰氏阳性菌及大肠杆菌、变形杆菌、霍乱弧菌等 7 种革兰氏阴性菌有完全抑制作用;挥发油和水煎液对黑曲霉、黑根霉、桔青霉、产黄青霉和黄曲霉有明显的抗菌作用;挥发油中的香茅醇、枯茅醇对黄曲霉、杂色霉菌有较强的抑制作用,同时还能抑制其毒素的产生;花椒挥发油及水提液在试管内对星形奴卡菌有抑制作用,可防止霉菌生长。此外,花椒煎剂也具有显著的灭杀滴虫的作用。

(6)驱虫作用

花椒挥发油中的 β-水芹烯和芳樟醇对杂拟谷盗成虫的杀虫活性作用较高,可使杂拟谷盗成虫产生神经性毒害;α-山椒素对蛔虫有致命的毒性;花椒氯仿提取物对疥螨有较强的触杀作用和短暂的麻醉作用。

(7)其他作用

花椒还有抗疲劳、抗缺氧、平喘、保护脑细胞、抗氧化、镇痛等作用。花椒油能抑制气管平滑肌的收缩,有一定的平喘作用;总生物碱可抑制大鼠急性脑缺血损伤后皮层强啡肽的降低,对脑细胞功能有一定的保护作用;以大鼠肝组织匀浆做实验,结果花椒可使组织中丙二醛的生成量下降,说明其具有抗氧化作用;香豆素和生物碱还具有抑制乙肝病毒 DNA 复制的功能。

6. 八角茴香

【性味归经】 辛、甘、性温;归肝、肾、脾、胃经。

【功效】 散寒、理气、止痛,用于寒疝腹痛、腰膝冷痛、胃寒呕吐、脘腹疼痛、寒湿脚气。

【用法用量】 内服:煎汤,3~6 g,或入丸、散;外用:适量,研末调敷。

【化学成分】

(1)挥发性化合物

八角茴香的挥发性风味成分主要由茴香脑、单萜类化合物、单萜类氧化物和倍半萜类化合物等组成。其中含量最高的是反式茴香脑,其次是茴香醛,还有少量的桉树脑、柠檬烯、α-蒎烯、顺式茴香脑、4-顺式丙烯基茴香醚、芳樟醇、黄樟醚、β-蒎烯、桉叶素、β-水芹烯、α-柠檬烯、α-水芹烯、α-古芹烯、异松油烯、α-松油烯、γ-松油烯、4-松油醇、α-松油醇、苯甲酸、水杨酸、棕榈酸、顺-2-甲基丁烯酸、α-侧柏烯、草蒿脑、β-石竹烯、β-雪松烯、β-榄香烯、月桂烯、α-香柠檬烯、Δ3-蒈烯、冬青油烯、对-伞花烃、β-雪松烯、异石竹烯、顺式罗勒烯、水合桧烯、α-荜澄茄烯、胡椒烯、β-荜澄茄烯、α-愈创木烯、(E)-β-金合欢烯、异香橙烯、大香叶烯-D、(Z,E)-α-金合欢烯、α-依兰油烯、(E,E)-α-金合欢烯、β-甜没药烯、γ-杜松烯、δ-杜松烯、橙花叔醇、斯巴醇、氧化石竹烯、1-(3-甲基-2-丁烯氧基)-4-(1-丙烯基)苯。

(2)倍半萜内酯及其衍生物

莽草毒素、伪莽草毒素和 6-去氧伪莽草毒素、八角莽草毒素 A 和 B、红花八角素、6-去氧红花八角素、1-羟基新莽草毒素、6-去羟基-1-羟基新莽草毒素、3,4-去羟基-15α-甲基-2-O-

6-去氧新莽草毒素、3,4-去羟基-2-O-6-去氧新莽草毒素,和其他新的倍半萜类。

（3）黄酮类成分

槲皮素-3-O-鼠李糖苷,槲皮素-3-O-葡萄糖苷,槲皮素-3-O-半乳糖苷,槲皮素-3-O-木糖苷,山柰酚-3-O-葡萄糖苷,山柰酚-3-O-半乳糖苷,山柰酚-3-芸香糖苷,以及游离的槲皮素,山柰酚。

（4）有机酸类化合物

3-或4-或5-咖啡酰奎宁酸,3-或4-或5-阿魏酰奎宁酸,4-(β-D-吡喃葡萄糖氧基)-苯甲酸,羟基桂皮酸,羟基苯甲酸等。

（5）苯丙烷和木脂素类

2,3-二氢-7-甲氧基-2-(4'-羟基-3'-甲氧基苯基)-3-羟甲基-5-苯并呋喃丙醇-4'-O-α-D-鼠李糖苷和伊卡苷 E3。红花八角还含有红花八角醇、异红花八角醇、厚朴酚。

（6）其他成分

糖脂、磷脂、β-谷甾醇、菜油甾醇和维生素 E、胡萝卜苷和莽草酸。八角种子还含有油酸、亚油酸、棕榈酸和硬脂酸等脂肪酸。

【药理作用】

（1）抑菌作用

八角茴香水煎剂对人型结核杆菌及枯草杆菌有抑菌作用。乙醇提取物对金黄色葡萄球菌、肺炎球菌、白喉杆菌、枯草杆菌、霍乱弧菌、伤寒杆菌、副伤寒杆菌、痢疾杆菌及一些常见病菌均有较强的抑制作用。这种抑菌作用与所含的挥发油有关。

（2）升白细胞作用

八角茴香中的甲基胡椒酚,可使骨髓有核细胞呈活跃状态,数量成倍增加。此外,明显升高机体白细胞数量,对化疗和放疗病人的白细胞减少症有较好疗效。

（3）刺激作用

挥发油中的茴香醚具有刺激作用,能促进肠胃蠕动,可缓解腹部疼痛;对呼吸道分泌细胞也有刺激作用而促进分泌,可用于祛痰。

（4）镇痛作用

热板法、烫尾法、扭体法和电刺激法试验表明,从红花八角中提得的毒八角酸具有显著的镇痛作用,并证实作用部位在中枢且无成瘾性。

（5）其他作用

茴香醚具有雌激素样作用和较强的致敏作用,并有一定的毒性,其毒性成分为倍半萜内酯类成分;有的挥发油也具有一定的毒性,具神经系统抑制作用,可引起麻痹,甚至中枢抑制导致死亡。

7. 小茴香

【性味归经】 归肝、肾、膀胱、胃经。

【功效】 温肾暖肝、行气止痛、和胃,用于寒疝腹痛、睾丸偏坠、脘腹冷痛、食少吐泻、胁痛、肾虚腰痛、痛经。

【用法用量】 内服:煎汤,3～6 g,或入丸、散;外用:适量,研末调敷,或炒热温熨。

【化学成分】

(1)挥发油成分

果实所含挥发油的组成很复杂,主要成分为萜烯、醚、酮类和少量酚醛类。包括反式茴香脑,小茴香酮,α-水芹烯,爱草脑,Δ3-蒈烯,冰片烯,L-莳酮,1,8-桉叶素,α-侧柏烯,α-和β-蒎烯,香桧烯,β-月桂烯,D-柠檬烯,樟脑,顺式茴香脑,p-茴香醛,间异丙基甲苯,反-β-罗勒烯,γ-松油烯,4-松油醇,对丙酮基茴香醚,o-伞花烃,p-薄荷烷-1-烯-4-醇,1-(3-甲氧基苯基)-1-丙酮,1-(1,1-二甲氧基乙基)-4-甲氧基苯,茴香酸乙酯,间甲氧基扁桃酸甲酯,肉豆蔻酸,己烯雌酚,N,N-二乙基碳酰替苯胺,2-溴-2,4-二甲氧基苯乙酮,1-(4-甲氧基苯基)-1-丙醇,丁酰苯,2-(1-羟基异戊基)-1-甲氧基苯,对甲氧基桂皮醛,3,4-二甲基-2,4,6-辛三烯,芹菜脑,2,4-双(4-羟基苯基)-2-甲基-4-戊烯,N-甲酰(4-羟基-2-甲氧基苯基)丙氨酸乙醚,δ-杜松烯,小茴香醇乙酸酯等。

(2)果实脂肪油中经鉴定的24种脂肪酸组成

十八碳烯-5-酸,十六烷酸(即棕榈酸),十八碳烯-10-酸,十八烷酸(即硬脂酸),二十烷酸(即花生酸),二十一烷酸,二十二烷酸(即山嵛酸),二十三烷酸,二十四烷酸(即木焦油酸),二十六烷酸(蜡酸),Z-十六碳烯-9-酸(即棕榈油酸),辛烷酸(即羊脂酸),Z-十六碳烯-7-酸,二十碳烯酸,十八碳二烯-6,9-酸,十八碳三烯-9,12,15-酸,9-氧化壬酸,3-羟基-2-十四烷基十八烷酸等。

【药理作用】

(1)保肝利胆作用

有研究显示,小茴香对肝硬化腹水大鼠有明显的利尿消腹水作用,能够降低肝硬化腹水大鼠醛固醇和一氧化氮合酶水平,减轻肝脏的炎症,使肝纤维化得到逆转,从而改善肝功能。此外,小茴香有利胆作用,能促进胆汁分泌,并使胆汁固体成分增加。

(2)对胃肠的作用

小茴香挥发油对家兔在体肠蠕动有促进作用;对小鼠离体肠管初期有兴奋作用,浓度增高则出现松弛作用,松弛的肠管对乙酰胆碱亦无反应。其活性成分主要是茴香脑。此外,另有研究表明,一定剂量的小茴香十二指肠或口服给药,可抑制大鼠应激性溃疡胃液分泌。

(3)性激素样作用

小茴香丙酮浸出物给药雄大鼠,可使其睾丸、输精管的总蛋白含量减少,精囊和前列腺的总蛋白则明显增加,这些器官的酸性、碱性磷酸酶活性降低;给药雌大鼠,出现阴道内角化及性周期促进,乳腺、输卵管、子宫内膜、子宫肌层重量增加,认为小茴香有雌激素样作用。有研究证实其有效成分为茴香脑及其聚合物(如二聚茴香脑)。

(4)抑菌作用

其挥发油对黑曲霉和嗜盐副溶血性弧菌抑菌作用较强,对痢疾志贺氏菌、伤寒沙门氏菌的抗菌作用也很强,此外,对蜡样芽孢杆菌、假丝酵母、单核细胞增生李斯特氏菌、金黄色葡萄球菌、枯草芽孢杆菌、变形杆菌、大肠杆菌也有不同程度的抑制作用。其中主要的功效成分是茴香脑、爱草脑和小茴香酮。

（5）其他作用

小茴香中含有的植物聚多糖具有抗肿瘤作用；其挥发油和茴香脑均有中枢麻痹作用，对蛙心肌先是稍有兴奋，随后引起麻痹，并且对神经肌肉呈箭毒样麻痹，减弱肌肉自身的兴奋性。

八、理气类

1. 薤白

【性味归经】　味辛、苦，性温；归肺、心、胃、大肠经。

【功效】　理气宽胸、通阳散结，用于胸痹心痛彻背、胸脘痞闷、咳喘痰多、脘腹疼痛、泻痢后重、白带、疮疖痈肿。

【用法用量】　内服：煎汤，5～10 g，鲜品 30～60 g，或入丸、散，亦可煮粥食；外用：适量，捣敷，或捣汁涂。

【化学成分】

（1）挥发油

主要为含硫化合物，甲基烯丙基三硫、二甲基三硫、甲基丙基三硫、二甲基二硫、乙烯基二甲硫、甲基（1-丙烯基）二硫、甲基烯丙基二硫化物、甲基烯丙基三硫、甲基丙基二硫、正丙基甲基三硫化物、正丙基烯丙基二硫化物，异丙基烯丙基二硫化物。此外，还含有噻吩、戊烯醛、烷烃化合物等。

（2）皂苷

皂苷是薤白的主要活性成分之一，包括薤白苷 A、B、C、D、E、F、G、H、I、J、K、L。苷元主要有 tigogenin，smitagenin，laxogenin，sarsapogenin 及 gitogenin。除螺甾皂苷外，还含有大量的呋甾皂苷。

（3）含氮化合物

腺苷、胸苷、N-反-阿魏酰基酪胺四氢-1H-吡啶骈［3,4-b］吲哚-3-羧酸及其 1-甲基化产物。另外，还有鸟苷、丁香苷、色氨酸等。

（4）酸性化合物

薤白中含有丰富的氨基酸及长链脂肪酸，如 Asp、Thr 和 Ser 等 17 种氨基酸、棕榈酸、油酸、亚麻酸、21-甲基二十三烷酸。此外，还含有丁二酸、lunularic acid、对羟基肉桂酸及对羟基苯甲酸等。

【药理作用】

（1）抑菌消炎作用

薤白水煎剂对痢疾杆菌、金黄色葡萄球菌有抑制作用。这种抑菌消炎作用可能与其含有的含硫化合物具有抗菌活性有关。

（2）抗氧化作用

研究发现，薤白原汁能显著提高过量白酒造成的氧应激态大鼠的血清超氧化物歧化酶（SOD）活性，抑制血清过氧化脂质的形成。增加 T 淋巴细胞百分率，但低、中剂量的作用强于高剂量组，且对 Fenton 反应产生的羟自由基有清除作用。

(3)解痉平喘作用

薤白具有解痉平喘作用,其疗效机制可能与调节 PGI2 和 TXA2 含量有关,薤白能明显干扰血小板的花生四烯酸代谢,抑环氧化酶途径,阻断 TXA2 的合成,使 PGI2 合成相对增加,TXA2/PGI2 比值下降,从而能够解除支气管平滑肌的痉挛。另外,薤白可明显增加家兔体内血清 PGE1 的含量,PGE1 可以增强细胞内腺苷酸环化酶的活性,增加内源性 cAMP 水平,使痉挛的支气管平滑肌松弛,也能够发挥平喘的作用。

(4)抗血小板聚集作用

薤白挥发油中的含硫化合物,如 MATS,薤白苷 A,E,F,G 以及腺苷等对 ADP 诱导的血小板聚集显示了强大的抑制作用。其作用途径可能如下:①通过对血小板膜的某种作用从而抑制一次聚集或促进解离或对血小板分泌过程的作用,从而抑制二次聚集;②通过干扰花生四烯酸的代谢,阻断了 TXA2 的合成,增加了 PGI2 的含量,而前者是迄今为止发现的最强的血小板聚集物,后者却是最有效的抑制血小板聚集的物质。

(5)降血脂、抗动脉粥样硬化作用

薤白提取物可以显著降低高脂血症大鼠血清中 TC 和 LDL-C 的含量,明显降低 TG 的含量,明显升高血清 HDL-C 的水平,同时能够显著降低 LPO 含量。其作用机制可能是 MATS 及其他含硫化合物通过升高细胞内 cAMP 水平,增加平滑肌细胞内酸性胆固醇酯水解酶的活性,促进胆固醇酯的水解和转运,从而降低血脂。同时,薤白提取物还能够抑制平滑肌细胞的增生,减少泡沫细胞的形成,具有抑制血栓形成、抗动脉粥样硬化的作用。

(6)抗肿瘤作用

薤白挥发油能明显增中 S180 荷瘤小鼠的脾脏指数,巨噬细胞吞噬率明显增加,脾细胞增殖指数明显升高。而且,薤白的皂苷、拉肖皂苷元、异甘草素均可抑制 TPA 引起的 HELA 细胞磷脂合成增加,且皂苷元在肺二阶段致癌试验中具有抑制作用。其作用机制可能与其具有活血化瘀之功效有关,还可能与其清除自由基、抗氧化作用有关。另外,薤白的有效成分能与亚硝酸盐起反应,使二级胺不能与亚硝酸盐反应,因此,在体外试验中明显阻断了 N-二甲基亚硝胺和 N-二乙基亚硝胺的化学合成,从而抑制 N-亚硝基化合物引起的癌症发生。

(7)其他作用

用小鼠热板法及醋酸扭体法试验表明,薤白生品与炒品水煎液均有较强的镇痛作用,且均能延长各种条件下小鼠耐缺氧时间。薤白服用过多对胃黏膜有刺激,甚至可出现中毒症状,活动减少、四肢乏力、软瘫、抽搐。

2. 佛手柑

【性味归经】 辛、苦、温;归肝、胃、脾、肺经。

【功效】 疏肝理气、和胃化痰,用于肝气郁结之胁痛、胸闷,肝胃不和、脾胃气滞之脘腹胀痛、暖气、恶心,久咳痰多。

【用法用量】 内服:煎汤,3~10 g,或泡茶饮。

【化学成分】

①鲜果外果皮:主要含有苎烯,萜品油烯,β-蒎烯,β-月桂烯,顺式柠檬醛,β-水芹烯,邻微花烃,石竹烯等。

②鲜果内果皮:主要含有二乙氧乙烷,苧烯,γ-萜品烯,月桂酯,顺式牻牛儿醇,4,5-二甲基-1-己烯,β-罗勒烯,β-蒎烯,β-月桂烯,罗勒烯,萜品油烯等。

③果实干粉:主要含有苧烯,萜品油烯,β-月桂烯,罗勒烯,顺式牻牛儿醇,邻徽花烃,石竹烯,β-蒎烯,月桂酯,β-甜没药醇,β-水芹烯,香茅醛等。

④果实中其他成分:柠檬油素,香叶木苷,橙皮苷,α-萜品醇,香叶醛,橙花醛,壬醛,香叶醇,橙花醇,β-紫罗兰酮。

⑤成熟佛手果实中含6,7-二甲氧基香豆精,3,5,8-三羟基-4′,7-二甲氧基黄酮,柠檬苦素,闹米林,胡萝卜苷,β-谷甾醇,对-羟基苯丙烯酸,棕榈酸,琥珀酸,顺式-头-尾3,4,3′,4′-柠檬油素二聚体,顺式-头-头-3,4,3′,4′-柠檬油素二聚体,3,5,6-三羟基-4′,7-二甲氧基黄酮及3,5,6-三羟基-7,3′,4′-三甲氧基黄酮。

【药理作用】

(1)平喘、祛痰作用

研究发现,佛手柑中所含的柠檬酸内酯对组胺所致豚鼠离体气管收缩有对抗作用;对蛋清致敏的豚鼠离体回肠和离体气管有一定抗过敏活性;而且在麻醉猫肺溢流试验中,静脉注射一定剂量柠檬酸内酯,可产生一定的抗组胺作用。

(2)对胃、肠道平滑肌的作用

佛手柑醇提物对大鼠、兔离体肠管有明显的抑制作用;静脉注射给药对麻醉猫、兔在体肠管也产生同样抑制作用;对乙酰胆碱引起的兔十二指肠痉挛有显著的解痉作用,而对氯化钡引起的则不能完全对抗。此外,静脉注射一定剂量的醇提物,可以迅速缓解氨甲酰胆碱所致的麻醉猫胃、肠和胆囊的张力增加。

(3)对中枢的抑制作用

佛手醇提物可使小鼠自发活动明显减少并可维持2 h;同剂量还可显著延长小鼠戊巴比妥钠睡眠时间,并能延长小鼠士的宁惊厥的致死时间和戊四氮或咖啡因引起的惊厥发生时间与致死时间,同时降低其死亡率。

(4)对心血管系统的作用

佛手醇提物能显著增加豚鼠离体心脏的冠脉流量和提高小鼠的耐缺氧能力;对大鼠因垂体后叶素引起的心肌缺血有保护作用,并使豚鼠因结扎冠状动脉引起的心电图变化有所改善;对氯仿-肾上腺素引起的心律失常也有预防作用。佛手柑中所含的橙皮苷对豚鼠因缺乏维生素C而致的眼睛球结膜血管内血细胞凝聚及毛细血管抵抗力降低有改善作用,并能刺激缺乏维生素C豚鼠的生长速度;它与栓塞饲料或与致粥样硬化饲料共同喂养大鼠,还可延长大鼠存活时间。

(5)抗炎、抗病毒作用

橙皮苷可以预防小鼠纤维细胞不受小泡性口炎病毒的侵害;用橙皮苷预先处理Hela细胞,能预防流感病毒的感染。有研究发现,橙皮苷的这种抗病毒活性能被透明质酸酶所消除。

佛手苷中含有的地奥明具有维生素P样作用,能降低兔毛细血管渗透性作用;有维生素C_2样作用,能增强豚鼠毛细血管的抵抗力和减少肾上腺维生素C的排出;地奥明还有抗炎作用,对角叉菜胶引起的大鼠足跖水肿有消肿作用。

（6）其他作用

佛手柑中所含的香柑内酯对皮肤有光学活性,作用仅次于8-甲氧基补骨脂素;有杀软体动物作用,主要用于杀灭钉螺;同时,具有一定对抗肝素的抗凝血和止血作用。橙皮苷有预防冻伤和抑制大鼠眼晶状体的醛还原酶作用。

3. 香橼

【性味归经】　辛、苦、酸、温;归肝、肺、脾经。

【功效】　理气降逆、宽胸化痰,用于胸腹满闷、胁肋胀痛、咳嗽痰多。

【用法用量】　内服:煎汤,3~6 g,或入丸、散。

【化学成分】

①挥发油化学成分:乙酸,β-对聚伞花素,D-柠檬烯,γ-松油烯,芳樟醇,4-松油醇,α-松油醇,沉香基氨基苯甲酸酯,1-甲基-4-(1-甲基乙烯基)-1,2-环己二醇,橙花醇乙酸酯,邻苯二甲酸二甲酯,石竹烯,β-金合欢烯,α-荜澄茄油烯,β-杜松烯,邻苯二甲酸二乙酯,斯巴醇,α-杜松醇,6-异丙烯基-4,8α-二甲基-1,2,3,5,6,7,8,8α-八氢萘-2-醇,2-甲基-2-(3-甲基-2-氧丁基)-1-环己酮,十四烷酸,喇叭烯醇,十五烷酸,α-氰基-4-(氰甲基)苯乙酸乙酯,十五烷酸甲酯,十六碳烯酸,棕榈酸,异香柠檬脑,10-溴代十一烷酸,十七酸,亚油酸甲酯,9-十八碳烯酸甲酯,亚油酸,9-十八碳烯酸,十八酸,二癸醚,二十二烷,二十三烷,15-乙基十七酸酯,8-正己基十五烷,二十四烷,二十五烷,葡萄内脂,3-乙基二十四烷,二十七烷,3-十五烷基苯酚,二十八烷,三十四烷,四十烷。

②枸橼成熟果实含橙皮苷,枸橼酸,苹果酸,果胶,鞣质及维生素 C 等。果实含油0.3%~0.7%,果皮含油6.5%~9%,油中含有乙酸牻牛儿醇酯,乙酸芳樟醇酯,右旋柠檬烯,柠檬醛,水芹烯,柠檬油素等;幼果中含琥珀酸;种子含黄柏酮,黄柏内酯;果实中还含 β-谷甾醇,胡萝卜苷和三萜苦味素:枸橼苦素。

③香橼果皮中含胡萝卜素类成分:堇黄质,叶黄素环氧化物,羟基-α-胡萝卜素,新黄质,β-阿扑-8-胡萝卜醛,β-胡萝卜素氧化物,η-胡萝卜素,异堇黄质,黄体呋喃素,玉米黄质,隐黄素,六氢番茄烃以及多量的维生素 A 活性物质。

④幼果含生物碱:辛弗林,N-甲基酪胺。

【药理作用】

（1）抗炎作用

本品所含的橙皮苷对豚鼠因缺乏维生素 C 所致的眼睛球结膜血管内细胞凝聚及毛细血管抵抗力降低有改善作用,能降低马血细胞之凝聚,增加豚鼠肾上腺、脾及白细胞中维生素 C的含量。

（2）抗病毒作用

橙皮苷加入小泡性口炎病毒前,将小鼠纤维细胞放于 200 μg/ml 的橙皮苷中预先孵化处理,能保护细胞不受病毒侵害约 24 小时。预先处理 Hela 细胞能预防流感病毒的感染,但其抗病毒的活性可被透明质酸酶所消除。

（3）其他作用

橙皮苷有预防冻伤和抑制大鼠晶状体的醛还原酶作用。黄柏酮有增强离体兔肠张力和振幅的作用。

4. 刀豆

【性味归经】 甘、温、无毒;归脾、胃、大肠、肾经。

【功效】 温中下气、益肾补元,用于虚寒呃逆、肾虚腰痛。

【用法用量】 内服:煎汤,9~15 g,或烧存性研末。

【化学成分】 其主要活性成分包括刀豆球蛋白A,凝集素,刀豆毒素,刀豆氨酸,刀豆四胺,γ-胍氧基丙胺,氨丙基刀豆四胺,氨丁基刀豆四胺,没食子酸,没食子酸甲酯,豆甾醇,β-谷甾醇,羽扇豆醇,1,6-二没食子酰基-β-D-吡喃葡萄糖苷,羽扇豆醇-3-O-β-D 吡喃木糖基(1→4)-O-β-D-吡喃葡萄糖苷,δ-生育酚等。

【药理作用】

(1)抗肿瘤作用

刀豆中含有刀豆球蛋白,是一种植物血球凝集素,可选择性激活淋巴细胞转变为淋巴母细胞,但不产生相应的细胞毒性,可增强人体的免疫作用;还可凝集癌细胞和各种致癌物质所引起的变形细胞,而对正常细胞无害,从而产生抗肿瘤作用。

(2)肝损伤作用

刀豆球蛋白A可引起免疫性肝损伤。有研究发现,在刀豆蛋白A诱导的肝损伤中,核因子-κB通过诱导iNOS的产生,增加肝组织中NO的含量,从而诱导了肝细胞损伤。

(3)脂氧酶激活作用

刀豆具有脂氧酶激活作用,其有效成分是刀豆毒素。研究表明,刀豆毒素每日腹腔注射一定剂量,可突然升高雌性大鼠血浆内黄体生成素和卵泡刺激素的水平,降低催乳素的水平,但黄体酮水平以及子宫和卵巢的重量均无变化。

(4)其他作用

刀豆球蛋白A能激活大鼠小肠黏膜微血管内皮细胞分泌IFN-γ。

九、消食类

1. 山楂

【性味归经】 酸甘、微温、无毒;归脾、胃、肝、肺经。

【功效】 消食积、化滞淤,用于饮食积滞、脘腹胀痛、泄泻痢疾、血瘀痛经、闭经、产后腹痛、恶露不尽。

【用法用量】 内服:煎汤,3~10 g,或入丸、散;外用:适量,煎水洗或捣敷。

【化学成分】

(1)黄酮类化合物

目前,从山楂中分离得到60多种黄酮类化合物。其主要苷元为芹菜素、山柰酚类、木樨草素、槲皮素类及二氢黄酮类等。

①以芹菜素为主体的黄酮类化合物:牡荆素,异牡荆素,6″-O-乙酰基牡荆素,牡荆素-4″-O-鼠李糖苷,2″-O-乙酰基牡荆素,牡荆素-2″-O-鼠李糖苷,牡荆素-2″-O-鼠李糖-

(4-O-乙酰基),牡荆素－2″－O－葡萄糖苷,异牡荆素－2″－O－鼠李糖苷,8－C－(6″-乙酰基-4″-O-鼠李糖苷)-葡萄糖芹菜素,去乙酰基山楂纳新,6-C-葡萄糖-8-C-阿拉伯芹菜素,6-C-阿拉伯糖-8-C-葡萄糖芹菜素,6,8-二葡萄糖芹菜素,6-C-葡萄糖-8-C-木糖芹菜素,8-C-葡萄糖鼠李糖芹菜素,牡荆素-4′,7-双葡萄糖苷,5,4′-二羟基黄酮-7-O-鼠李糖苷,大波斯菊苷,8-C-β-D-(2″-O-乙酰基)-呋喃葡萄糖芹菜素,3″-O-乙酰基牡荆素,淫羊藿苷等。

②以山萘酚为主体的黄酮类化合物:山萘酚,8-甲氧基山萘酚,8-甲氧基山萘酚-3-O-葡萄糖苷,8-甲氧基山萘酚-3-O-新橙皮糖苷,山萘酚-3-O-新橙皮糖苷,山萘酚-3-O-葡萄糖苷,7-O-α-L-鼠李糖-3-O-β-D-吡喃葡萄山萘酚等。

③以木樨草素为主体的黄酮类化合物:木樨草素-7-O-葡萄糖苷,木樨草素-3′,7-二葡萄糖苷,荭草素,异荭草素,2″-O-鼠李糖荭草素,2″-O-鼠李糖异荭草素等。

④以槲皮素为主体的黄酮类化合物:槲皮素,槲皮素-3′-O-阿拉伯糖苷,槲皮素-4′-O-葡萄糖苷,芦丁,槲皮苷,金丝桃苷,生物槲皮素,五子山楂苷,3,4′,5,8-四氢基黄酮-7-葡萄糖苷,3-O-β-D-吡喃葡萄糖(6→1)-α-L-鼠李糖槲皮素,3-O-β-D-吡喃半乳糖(6→1)-α-L-鼠李糖槲皮素,3-O-β-D-吡喃半乳糖槲皮素,3-O-β-D-吡喃葡萄糖槲皮素等。

⑤二氢黄酮苷类化合物:柚皮素-5,7-双葡萄糖苷,北美圣草素-5,3′-双葡萄糖苷,北美圣草素-7,3′-双葡萄糖苷等。

(2)黄烷及其聚合物

包括花青素,无色花青素及儿茶素类,它们多以单体或二聚体、多聚体形式存在。目前,分离得到的这类成分有矢车菊素,(-)-表儿茶精,(+)-儿茶精,无色缔纹天竺,缔纹天竺苷,二聚无色矢车菊素及其他黄烷聚合物。

(3)有机酸类物质

①三萜类:山楂中一类较重要的成分。包括熊果酸,熊果醇,齐墩果酸及山楂酸。从山楂叶中还可分离得到2α,3β,19α-三羟基熊果酸。

②其他有机酸:草酸,苹果酸,枸橼酸及其甲酯[包括枸橼酸单甲酯,枸橼酸二甲酯,枸橼酸三甲酯],绿原酸,酒石酸,棕榈酸,硬脂酸,油酸,亚油酸,亚麻酸,琥珀酸等。

(4)挥发性成分

丙酮,乙酸甲酯,乙酸乙酯,2-甲基-3-丁烯-2-醇,己醛,3-戊烯-2-酮,三恶烷,己酸甲酯,反-2-己烯,1-戊醇,乙酸己酯,α-萜品油烯,顺-3-乙酸己烯酯,反-2-庚烯醛,己醇,反-3-己烯醇,顺-3-己烯醇,壬醛,反-2-己烯醇,氧化芳樟醇,顺-3-丁酸己烯酯,糠醛,反-2-反-4-庚二烯醛,苯甲醛,芳樟醇,1-辛醇,4-萜品醇,反-2-癸烯醛,2,6-二甲基-5,7-辛二烯-2-醇,柠檬醛,α-萜品醇等。

(5)其他成分

油酸/亚油酸乙酯,角鲨烯,二十五烷,二十六烷,2-二十七烷酮,二十七烷,维生素E,二十八烷,二十八烷醇,正三十一烷,十六烷酸二十八烷醇酯,二十烷酸三十八烷醇酯,二十九烷醇-10,β-谷甾醇,桦皮醇,双-[5-甲酰基-糠基]醚,E,E-2,4-壬二烯醛,胡萝卜苷等。

【药理作用】

（1）对消化系统的作用

山楂含有维生素 C、维生素 B_2、胡萝卜素及多种有机酸，口服能增加胃中消化酶的分泌，并能增强酶的活性，促进消化；同时含有胃蛋白酶激动剂，能使蛋白酶活性增强；还含有淀粉酶，能增强胰脂肪酶活性，促进肠蠕动，有助于机械性和化学性消化，达到消食开胃、增进食欲的作用。有研究显示，山楂对活动亢进的兔十二指肠平滑肌呈抑制作用，而对松弛的大鼠胃平滑肌有轻度的增强收缩作用。

（2）对心血管系统的作用

①强心作用：山楂具有增加心肌收缩力、增加心输出量、减慢心率的作用，还具有扩张冠状动脉血管、增加冠状动脉流量、降低心肌耗氧量的作用，且这种作用与浓度相关。研究证实，山楂浸膏及水解物、黄酮均能增强小鼠心肌对 86RB 的摄取能力，增加心肌营养性血流量，其中山楂水解物作用较强，且均可对蟾蜍在体、离体、正常及疲劳的心脏有一定程度的强心作用。另外，山楂中活性成分金丝桃苷可抑制心肌缺血与再灌注所致的家兔左室内压变化速度、血浆肌酸磷酸激酶、乳酸脱氢酶及阳离子含量的变化，可显著降低心肌缺血与再灌注所致离体大鼠心肌组织丙二醛含量的增高，表现出对心肌缺血与再灌注的保护作用。

②抗心律不齐：山楂提取物还可对抗家兔因注射垂体后叶绿素引起的心律失常；山楂提取物有对抗静脉注射乌头碱引起的心律不齐作用，且作用较强，起主要作用的是山楂黄酮和皂苷。另外，山楂中的三萜酸类能增加冠状血管血流量，并能提高心肌对强心苷的作用敏感性，增加心排出量，减弱心肌应激性和传导性，具有抗心室颤动、心房颤动和阵发性心律失常等作用。

③抑制血小板聚集作用：山楂中的有效成分总黄酮对血小板、红细胞电泳均有增速作用，有利于改善血流动力学，提高红细胞及血小板表面电荷，增加细胞之间的斥力，加快它们在血中的流速，促进轴流，减少边流和聚集黏附。相关研究发现，山楂总黄酮对氧化型低密度脂蛋白诱导的人内皮细胞损伤具有显著的颉颃作用；对 OX-LDL 促内皮细胞对单核细胞黏附作用有显著的抑制性；槲皮素有降低凝血酶和活化血小板作用，也可降低内皮细胞培育液中内皮素的量，升高细胞内皮环鸟苷-磷酸的量，从而起到抗凝血作用。

④降压作用：山楂具有缓慢持久降压的作用，其降压机制以扩张外周血管为主。研究显示，山楂的乙醇提取物静脉给药，能使麻醉兔血压缓慢下降，且时间持久；其所含的总黄酮有静脉注射能降低猫的血压，并且可加强戊巴比妥钠中枢抑制作用，利于降压；其所含的三萜酸在一定剂量范围内静脉注射降压作用最强，再加大剂量其降压效应也不再增加。

⑤降脂作用：研究表明，山楂及山楂黄酮能显著降低血清和肝脏丙二醛含量，增强红细胞和肝脏超氧化物歧化酶的活性；同时可增加全血谷胱甘肽还原酶的活性，并对实验性动脉粥样硬化有治疗作用；还能显著升高大鼠低密度脂蛋白受体蛋白水平，显著增加大鼠肝脏 LDLR 数目，说明其作用机理是通过调节大鼠肝脏 LDLR 转录水平和提高抗氧化能力，从而抑制脂质过氧化物，预防脂质代谢紊乱。此外，山楂还可促使大鼠肝细胞 SOD 水平显著升高，也能下调主动脉壁低密度脂蛋白 mRNA 的表达，上调肝脏低密度脂蛋白的基因转录和蛋白表达，减少脂质在血管壁的沉积，促进它们的清除。

另有研究表明,山楂中的熊果酸和金丝桃苷具有明显的降低胆固醇、调节血脂和提高血清SOD 活性的药效作用,可用于治疗高脂血症、预防血管内皮损伤、阻止血管粥样硬化的形成。

(3)对脑的保护作用

山楂中所含的金丝桃苷可显著减少 NO 和氧自由基的含量,抑制超氧化物歧化酶和低密度脂蛋白活性的下降,延长小鼠断头后张口喘气时间;在大鼠血管结扎模型中,也能抑制脑组织中谷胱甘肽氧化酶活性的降低,减少脑组织脂质过氧化产物丙二醛含量的增高,表现出对大鼠脑缺氧缺血损伤的保护作用。

(4)抗氧化作用

山楂叶乙醇提取物对羟自由基和超氧阴离子有清除和生成抑制作用,且作用强度随提取物的浓度增加而增加,其起作用的活性物质是其中的主要成分黄酮类化合物。此外,山楂叶提取物还能抑制小鼠肝脏组织生成的丙二醛和超氧阴离子,并能降低由过氧化氢所致的血红蛋白氧化和红细胞的溶血作用。

(5)免疫调节作用

采用小鼠灌胃,结果证实山楂煎剂对小鼠胸腺和脾重量、T 淋巴细胞转化率、T 淋巴细胞ANAE(酸性 α-醋酸萘酯酶)细胞百分率、小鼠红细胞 C3b 受体花环率及红细胞免疫复合物花环率均有明显增高作用,说明其对小鼠细胞免疫和红细胞免疫有促进作用。

(6)抗菌作用

山楂煎剂和乙醇提取液对福氏痢疾杆菌、宋内痢疾杆菌、大肠杆菌、变形杆菌有抗菌作用;山楂榨取的原液对金黄色葡萄球菌、白色念珠菌、大肠杆菌等均有一定的抑制作用;野生山楂对金黄色葡萄球菌、乙型链球菌、炭疽杆菌、白喉杆菌、伤寒杆菌、绿脓杆菌等也有不同程度的抗菌作用。

(7)抗肿瘤作用

山楂中的槲皮素对多种肿瘤细胞生长有明显抑制及促凋亡作用。相关研究显示,其对肿瘤坏死因子和白细胞介素两种前破骨细胞有抑制作用,且有明显的抗自由基、抑制癌细胞生长、对抗致癌促癌因子的作用。其作用机理主要是通过广泛竞争性抑制 ATP 酶活性而发挥作用的。

此外,山楂可阻断 N-亚硝胺的合成,山楂提取物对体内合成苄基亚硝胺及其诱癌有阻断作用;对人胚肺 2BS 细胞及诱癌细胞、黄曲霉素的致癌作用均有抑制作用。山楂果总黄酮对正常细胞的生长无明显影响,但对肿瘤细胞的生长却有显著抑制作用,其作用机理是通过抑制肿瘤细胞 DNA 的生物合成,从而阻止瘤细胞的分裂繁殖。最新研究结果显示,山楂果总黄酮在体外对 Hep-22 细胞具有抑制作用,作用机理可能是通过钙超载,进而导致细胞凋亡。

(8)抗炎与镇痛作用

山楂叶乙醇提取物含有丰富的黄酮类化合物,能明显降低小鼠耳肿胀程度,减少小鼠因冰醋酸刺激而引起的扭体反应次数,具有明显的抗炎及镇痛作用,且大剂量给药时效果更明显。

2. 麦芽

【性味归经】 甘、平;归脾、胃经。

【功效】 消食化积、回乳,用于食积不消、腹满泄泻、恶心呕吐、食欲不振、乳汁郁积、乳房胀痛。

【用法用量】 内服:煎汤,10～15 g,大剂量可用30～120 g,或入丸、散。

【化学成分】

(1)酶

麦芽含多种酶,包括 α-及 β-淀粉酶,转化糖酶,催化酶,过氧化异构酶,酚类合成酶——苯丙氨酸解氨酶,酚类氧化酶——过氧化物酶,多酚氧化酶等。

(2)麦芽低聚糖

按其分子中糖苷键类型不同可分为两大类,即基本以 α-1,4 键连接的直链麦芽低聚糖,如麦芽二糖、麦芽三糖……麦芽十糖,以及以这些糖为主要成分的混合物;另一大类是分子中含有 α-1,6 键的支链麦芽低聚糖,如异麦芽三糖等。

(3)其他化合物

除含有蛋白质,氨基酸,维生素 B、D、E 以外,麦芽中尚含 α-科醌,大麦芽碱,大麦芽胍碱 A、B,α-生育三烯酚,腺嘌呤,胆碱,细胞色素 C,豆甾-5-烯-3β-醇-7-酮,5-羟甲基糠醛,麦黄酮,β-谷甾醇,胡萝卜苷,羟基肉桂酸,儿茶素,P-香豆酸,阿魏酸,芥子酸以及麦芽毒素,即白栝楼碱等。

【药理作用】

(1)助消化作用

研究显示,麦芽水煎剂可轻度增加胃酸分泌,对胃蛋白酶的分泌也有轻度促进作用。

此外,麦芽中所含的直链麦芽低聚糖易消化且低渗透压,可延长供能时间,增强机体耐力。不必经唾液淀粉酶和胰淀粉酶消化,可由肠上皮细胞的二糖酶直接水解其中的二糖生成葡萄糖而吸收,因此适合婴儿和一些胰切除的病人使用。此外,还有研究表明,直链低聚糖能促进人体对钙的吸收,其中麦芽三糖至麦芽七糖还具有一定的抗菌活性。麦芽中所含的支链麦芽低聚糖最重要的功能是促进人类有利的双歧杆菌的增殖,被称为"双歧杆菌生长因子"。它能促进体内双歧杆菌数量的增加,从而抑制肠内有害菌繁殖,促进腐败物质分解,增加肠道总体机能。

(2)抗癌作用

麦芽酚对人神经瘤细胞膜蛋白和 DNA 损伤均有明显的保护作用,可减少膜蛋白的氧化和细胞 DNA 片段化的形成,减少线粒体功能的损伤和细胞表达的 IL-6,同时降低被激活的 NF-κB 水平,显示出有效保护活性氧对神经细胞的氧化损伤,维持细胞正常生理功能的作用。此外,也有研究显示,炒麦芽含药血清对垂体泌乳素腺瘤细胞增殖有一定影响,低剂量短期培养促进垂体瘤细胞增殖,高剂量长期培养可抑制垂体瘤细胞增殖。

(3)抗结肠炎

麦芽中含有富含谷氨酰胺的蛋白质和富含半纤维素的纤维,这些物质对溃疡性结肠炎有治疗作用。有研究显示,麦芽可阻止结肠炎小鼠结肠炎的发展并对抗体重的降低,同时血清 IL-6 和黏膜 STAT3 表达量下降,并伴有肠黏膜损害的减轻,NF-κB 活性也有下降趋势,胆汁浓度降低,表明麦芽通过抑制 STAT3 的表达和 NF-κB 的活性,增加胆酸盐的吸收来发挥抗结肠炎的作用;另有研究显示,麦芽中的纤维可显著改善结肠炎症状,降低血清 AAG 水平,并显著增加盲肠中丁酸盐的含量。

(4)去极化肌肉松弛作用

麦芽细根中含有一种毒素(ρ-羟-β-苯乙基三甲铵盐基),属于一种快速的去极化肌肉松弛剂,既有去极化作用,又能降低肌肉对乙酰胆碱的敏感性,能降低肌膜及整个肌纤维的正常静息电位。在某些组织上还表现出烟碱样作用。

(5)回乳作用

麦芽中含有麦角胺类化合物,能够抑制催乳素的释放;此外,所含的维生素 B_6 能够促进多巴向多巴胺转化,从而加强多巴胺的作用,具有回乳功效。

(6)其他作用

所含的大麦碱其药理作用类似麻黄碱,一定剂量能增强豚鼠子宫的紧张和运动,且随剂量的增加而增加;并且具有抗真菌活性。此外,麦芽还有对放射性的防护作用以及降血糖作用。

3. 莱菔子

【性味归经】　味辛、甘、性平;归脾、胃、肺、大肠经。

【功效】　消食导滞、降气化痰,用于食积气滞、脘腹胀满、腹泻、下痢后重、咳嗽多痰、气逆喘满。

【用法用量】　内服:煎汤,5~10 g,或入丸、散,宜炒用;外用:适量,研末调敷。

【化学成分】

(1)挥发油

莱菔子含微量挥发油,其中主要含甲硫醇,α-和 β-乙烯醛,β-和 γ-乙烯醇等。

(2)脂肪油

莱菔子中含有45%左右的脂肪油(干性油),其中含多量芥酸、油酸、亚油酸、亚麻酸、二十碳烯酸、15-二十四烯酸、8,11,14-二十碳三烯酸、花生酸、棕榈酸、硬脂酸、山嵛酸、木焦油酸等,以及芥子酸甘油酯等。

(3)其他成分

另含植物抗生素莱菔子素,降压物质芥子碱硫氰酸盐,两种油性成分辛烯醛和邻苯二甲酸丁二酯,以及一种以半胱氨酸为主的由51个氨基酸组成的肽。此外,还含有 β-和 γ-谷甾醇,正三十烷,氨基酸,蛋白质,糖,酚类,生物碱,黄酮苷,植物甾醇,维生素类。

【药理作用】

(1)抗菌作用

莱菔子的抗菌成分为莱菔子素。体外有强烈抗菌活性,能够抑制多种革兰氏阳性和阴性细菌的生长,可对抗链球菌、化脓球菌和肺炎球菌的生长,尤其对葡萄球菌和大肠杆菌有显著的抑制作用。此外,莱菔子水浸剂还能够抑制常见致病性皮肤真菌的生长,如对同心性毛癣菌、许兰氏黄癣菌、奥杜益氏小孢子癣菌、铁锈色小芽孢癣菌、羊毛状小芽孢癣菌及星利奴卡氏菌等不同程度的抑制,还能灭活病毒,对 DNA 病毒尤为敏感。

(2)降压作用

莱菔子的醇提物中分得的芥子碱硫氰酸盐具有显著的降压作用,并且是通过扩张血管、降低血管阻力而起降压作用的。相关研究表明,莱菔子提取液静脉注射能明显降低家兔缺氧性肺动脉高压和体动脉压,其降压强度与酚妥拉明基本相等;莱菔子水煎醇提液静脉注射能使麻醉犬主动脉收缩压、舒张压、平均动脉压均下降,肺动脉收缩压、舒张压,平均动脉压均下降,并且外周血管阻力、肺血管阻力均下降;对急性缺血性肺动脉高压兔能使肺动脉平均压及颈动脉平均压下降;自发性高血压大鼠实验表明,莱菔子注射液的降压作用起效迅速,但降压作用维持时间短,血压回升快。进一步研究表明,莱菔子注射液的降压作用与给药剂量有关,增大剂量虽未能使其降低肺、体动脉压的加大,但可以延长降压时间,而且比酚妥拉明显延长;或采用持续微量静脉注射,则能抑制急性缺氧导致的肺动脉高压,同时减少降低体动脉压的副作用。

（3）增强消化道运动的作用

莱菔子对消化系统离体实验表明,豚鼠离体回肠、家兔离体胃以及十二指肠加入莱菔子水浸液后收缩力增强,进一步研究证明其是作用于 M 受体。其活性成分是脂肪油部位,其具有明显的促进小鼠胃排空和肠推进的作用,并能提高大鼠血浆胃动素的含量。

（4）抗癌作用

莱菔子素能够对食道癌、结肠癌、乳腺癌等表现出良好的抗癌活性,可预防许多化学致癌物诱导的 DNA 损伤和多种肿瘤的发生。有研究发现,莱菔子素对人结肠腺癌细胞的生长增殖具有抑制作用,并呈剂量和时间依赖效应,其作用机制可能是通过诱导细胞凋亡和抑制细胞增殖两条途径实现的。

（5）其他作用

生莱菔子醇提物或炒莱菔子水提醇沉液具有平喘镇咳和祛痰作用;莱菔子可能还具有颉颃去甲肾上腺素神经递质的作用,炒莱菔子可使膀胱逼尿肌收缩,膀胱括约肌舒张,从而改善排尿功能,对动力性尿路梗塞效果好,对前列腺增生引起的机械性尿路梗塞也有一定效果。此外,莱菔子素对小鼠和离体蛙心有轻微毒性。

4. 鸡内金

【性味归经】　味甘、性平;归脾、胃、肾、膀胱经。

【功效】　健脾消食、涩精止遗、消癥化石;用于消化不良、饮食积滞、呕吐反胃、泄泻下痢、小儿疳积、遗精、遗尿、小便频数、泌尿系结石及胆结石、癥瘕经闭、喉痹乳蛾、牙疳口疮。

【用法用量】　内服:煎汤,3 ~ 10 g,研末,每次 1.5 ~ 3 g,或入丸、散;外用:适量,研末调敷或生贴。

【化学成分】　鸡内金含胃激素,角蛋白,微量胃蛋白酶,淀粉酶,多种维生素。出生 4 ~ 8 星期的小鸡砂囊内膜还含有胆汁三烯和胆绿素的黄色衍生物,并含赖氨酸,组氨酸等 18 种氨基酸及铝、钙、铬、钴、铜、铁、镁、锰、钼、铅、锌等微量元素。

【药理作用】

（1）对人体胃功能的影响

健康人口服炙鸡内金粉末 5 g,经 45 ~ 60 min,胃液分泌量比对照值增高 30% ~ 37% ,胃液酸度也明显增高。游离酸或总酸度在服药 1 小时后一般开始上升,于 1 ~ 2 h 达最高值,以后逐渐下降,3 h 后恢复正常。其中游离酸的最高值为 0.19% ~ 0.24% ,比对照值增加 32% ~ 113%;总酸度的最高值为 0.2% ~ 0.32% ,比正常值增加 25% ~ 75%。胃运动机能明显增强,表现在胃运动延长及蠕动波增强,因此胃排空速率加快。鸡内金本身只含微量的胃蛋白酶和淀粉酶,服药后能使胃液的分泌量增加和胃运动增强,认为可能是鸡内金消化吸收后通过体液因素兴奋胃壁的神经肌肉所致。亦有认为是胃激素促进了胃分泌机能。

(2)加速放射性锶的排泄

鸡内金水煎剂对加速排除放射性锶有一定的作用。其酸提取物效果较煎剂为好,尿中排出的锶比对照高 2~3 倍,并认为鸡内金中的氯化铵为促进锶排出的有效成分之一。

(3)鸡内金不同炮制品对小鼠肠胃推进功能的影响

鸡内金生品和不同炮制品(清炒品、砂烫品、醋制品、烘制品)灌胃 0.2 ml/10 g 对小鼠肠胃推进功能情况并与生理盐水比较。虽各种炮制品的推进功能有增强的趋势,但并不显著($P<0.05$)。结果提示鸡内金的消食作用并不是药物在胃内的局部作用或直接刺激肠胃运动引起的,可能是药物消化后进入血液刺激胃腺分泌增加而起到间接助消化作用。

十、驱虫类

1. 榧子

【性味归经】　甘、涩、性平;归大肠、胃、肺经。

【功效】　杀虫、消积、润燥,用于肠道寄生虫病、小儿疳积、肺燥咳嗽、肠燥便秘、痔疮。

【用法用量】　内服:煎汤,15~50 g,连壳生用,打碎煎,或 10~40 枚,炒熟去壳,取种仁嚼服,或入丸、散;驱虫宜用较大剂量,顿服;治便秘、痔疮宜小量常服。

【化学成分】

(1)挥发油

主要成分是 α-蒎烯,柠檬烯,β-可巴烯,α-卡丁烯,月桂烯,玫瑰醇,β-金合欢烯等芳香物质。

(2)二萜类成分

包括香榧酯,18-氧弥罗松酚,18-羟基弥罗松酚,花柏酚和 4-epiagathadial。

(3)木脂素化合物

松脂素,二氢脱水二聚松柏醇,2′,4′-二羟基-3,5-二甲氧基-落叶松脂素。

(4)黄酮类成分

双黄酮化合物榧黄素;多取代黄酮类化合物托亚埃 Ⅱ 号和 Ⅲ 号。

(5)脂肪酸成分

棕榈酸,硬脂酸,油酸,亚油酸的甘油酯。

(6)其他成分

蛋白质,脂肪,碳水化合物,粗纤维,多种维生素,灰分,另含钙、磷、铁,单宁,果胶,紫杉醇,甾醇,草酸,鞣质等。

【药理作用】

(1)降血脂作用

榧子油中以油酸、亚油酸、亚麻酸等不饱和脂肪酸为主,具有降血脂功能,可预防血管硬化、冠心病等。研究证实,榧子油可使大鼠血清总胆固醇、甘油三酯、动脉粥样硬化指数,血浆血栓素、内皮素水平、TXA-2/PGI-2 比值明显降低,血清中高密度脂蛋白胆固醇,血浆中前列腺素明显增高。

（2）抗菌、抗肿瘤作用

从榧子中可以分离得到植物真菌，利用抗肿瘤体外细胞毒筛选模型为其进行活性检测，结果显示内生真菌对 κB 或 HL-60 细胞具有显著的抑制作用；进行抗菌活性检测，结果表明内生真菌对一种或多种植物病原真菌，如红色面孢霉、木霉、镰刀菌等有抑制作用。此外，榧子中所含的榧黄素已被证明具有抗病毒活性，托亚埃Ⅱ号和Ⅲ号具有抗肿瘤活性。

（3）其他作用

榧子果实富含油脂，味芳香，能有效地驱除肠道中绦虫、钩虫、蛔虫、姜片虫等各种寄生虫；榧子中含脂肪油，可帮助脂溶性维生素的吸收，改善胃肠道功能状态，起到消积化谷、提高机体免疫力的作用；此外，某些产地的榧子中含一种生物碱，能消症化积、对子宫有收缩作用，民间常用以堕胎。

十一、止血类

白茅根

【性味归经】　甘、寒；归肺、胃、心、膀胱经。

【功效】　凉血止血、清热生津、利尿通淋，用于血热出血、热病烦渴、胃热呕逆、肺热喘咳、小便淋沥涩痛、水肿、黄疸。

【用法用量】　内服：煎汤，10～30 g，鲜品 30～60 g，或捣汁；外用：适量，鲜品捣汁涂。

【化学成分】

（1）五环三萜类化合物

①羊齿烷型：芦竹素，白茅素等。

②乔木萜烷型：羊齿烯醇，异乔木萜醇，西米杜鹃醇，乔木萜醇，乔木萜醇甲醚，乔木萜酮，木栓酮等。

（2）糖类

主要是蔗糖，葡萄糖及少量果糖，木糖等。

（3）内酯类

白头翁素，薏苡素等。

（4）有机酸类

绿原酸，棕榈酸，对羟基桂皮酸等。

（5）其他成分

4,7-二甲氧基-5-甲基香豆素，胡萝卜苷，α-联苯双酯，血管收缩抑制物质 cylindrene，血小板聚集阻碍物质 imperanene，豆甾醇，菜油甾醇，β-谷甾醇，木樨草啶，同时含有可溶性钙。

【药理作用】

（1）利尿作用

白茅根水浸剂有显著的利尿作用，其利尿作用可能与所含丰富的钾盐有关。其主要作用在于缓解肾小球血管痉挛，从而使肾血流量及肾滤过率增加而产生利尿作用；同时改善肾缺血，减少肾素产生，使血压恢复正常。

（2）止血作用

体外血液凝固实验发现,白茅根对凝血酶的生成有促进作用,可抑制肝病出血倾向,并且白茅根可缩短出血时间、凝血时间和血浆复钙时间,降低血管通透性。

（3）抗菌作用

白茅根煎剂在试管内对福氏及宋内氏痢疾杆菌有明显的抑制作用,对肺炎球菌、卡他球菌、流感杆菌、金黄色葡萄球菌等也具有抑制作用,但对志贺氏及舒氏痢疾杆菌却无作用。

（4）抗炎镇痛作用

白茅根水煎剂灌胃,能明显抑制冰醋酸所致小鼠腹腔毛细血管通透性增加;对醋酸引起的扭体反应也有明显的抑制作用;能减轻二甲苯所致小鼠耳郭肿胀;明显抑制角叉菜胶和酵母多糖 A 所致的大鼠足跖肿胀反应,表明白茅根具有明显的抗炎和镇痛作用。

（5）对免疫功能的影响

白茅根具有增强机体非特异性免疫的作用。研究表明,白茅根水煎液可显著提高小鼠腹腔巨噬细胞的吞噬率和吞噬指数以及细胞百分率但未见剂量依赖关系;同时,对于正常及免疫功能低下的小鼠,能明显提高外周血 ANAE 阳性细胞和外周血 CD4+T 淋巴细胞百分率,降低 CDS+T 淋巴细胞百分率,并调整 CD4+T/CDS+T 比值趋于正常,其活性成分为白茅根多糖;此外,对脾细胞产生白细胞介素 II 表现出促生作用,可显著提高其水平。

（6）其他作用

白茅根具有一定的抗 HBV 病毒能力,对提高乙型肝炎表面抗原阳性转阴率有显著效果,其活性成分可能是 α-联苯双酯;也有研究证实,白茅根多糖可明显增强小鼠耐缺氧能力,降低小鼠在不同时间的耗氧量,延长小鼠存活时间;此外,白茅根对癌症晚期发热具有良好的降温作用。

十二、活血祛淤类

1.桃仁

【性味归经】　苦甘、平、无毒;归心、肝、大肠、肺、脾经。

【功效】　破血行瘀、润燥滑肠,用于经闭、癥瘕、热病蓄血、风痹、疟疾、跌打损伤、淤血肿痛、血燥便秘。

【用法用量】　内服:煎汤,1.5～3 钱,或入丸、散;外用:捣敷。

【化学成分】

（1）挥发油

苯甲醛,苯甲醇,苯甲酸,戊基-环丙烷,乙酸乙酯,1-甲乙基肼,1-甲基-1-丙基肼,3-甲基-2-戊酮,1-(2-羟基-4-甲氧苯基)-乙酮等多种成分。

（2）脂质

三酰甘油酯,1,2-二酯酰甘油醇,1,3-二酯酰甘油醇,甾醇酯,游离脂肪酸,单脂酰基甘油醇等。

（3）酰胺类

磷酯酰胆碱,磷酯酰乙醇胺,磷酯酰丝氨酸等。

（4）苷类

苦杏仁苷,野樱苷。

（5）甾体及其糖苷

24-亚甲基环木菠萝烷醇,柠檬甾二烯醇,7-脱氢燕麦甾醇,β-谷甾醇,菜油甾醇,β-谷甾醇-3-O-β-D-吡喃葡萄糖苷,菜油甾醇-3-O-β-D-吡喃葡萄糖苷,β-谷甾醇-3-O-β-D-(6-O-棕榈酰)吡喃葡萄糖苷,β-谷甾醇-3-O-β-D-(6-O-油酰)吡喃葡萄糖苷,菜油甾醇-3-O-β-D-(6-O-棕榈酰)吡喃葡萄糖苷,菜油甾醇-3-O-β-D-(6-O-油酰)吡喃葡萄糖苷。

（6）黄酮及其糖苷

（+）-儿茶酚,柚皮素,洋李苷,山萘酚及其葡萄糖苷,山萘素葡萄糖苷,二氢山萘酚,槲皮素葡萄糖苷等。

（7）有机酸

主要以不饱和脂肪酸为主,主要成分是油酸,其次还有亚油酸,软脂酸,肉豆蔻酸,月桂酸,花生酸,亚麻酸,硬脂酸,二十碳烯酸。

【药理作用】

（1）抗凝血作用

桃仁乙醇提取物中所含的三油酸甘油酯具有抗凝血活性,对改善血液流变性有一定作用。研究发现,桃仁能显著降低由高分子右旋糖酐引起的家兔实验性高黏滞血症,并能降低红细胞的聚集性;体外试验证实,桃仁还对凝血酶和二磷酸腺苷诱导血小板聚集有明显的抑制作用,其作用机理可能与桃仁具有较强的钙离子颉颃作用及具有提高血小板内环腺苷酸的水平有关;此外,桃仁的乙酸乙酯提取物能明显延长小鼠凝血时间,并能延长电刺激大鼠颈动脉血栓的形成时间,说明其在抗血栓方面也有一定的作用。

桃仁能明显增加狗股动脉血流量,降低血管阻力;对离体兔耳血管能明显增加灌流液的流量,消除去甲肾上腺素的血管收缩作用;增加脑血流量,防止脑缺血。此外,还能增加正常和缺血状态下鼠脑中能量代谢的细胞色素氧化酶的活性,其有效成分可能为苦杏仁苷。桃仁石油醚提取物能降低急性心肌梗塞大鼠心电图 ST 段的抬高,抑制血清中磷酸肌酸激酶和乳酸脱氢酶的升高,降低冠状动脉结扎造成的急性心肌梗塞大鼠的梗塞面积,说明桃仁对心肌缺血损伤具有改善作用。

此外,桃仁提取物注射液对肝脏表面的微循环有一定的改善作用,对胆汁分泌有轻微作用,配合虫草菌丝对肝炎后肝硬化肝窦毛细血管化的逆转有一定作用。

（2）抗炎抗过敏作用

桃仁对炎症初期有较强的抗渗出力,其水提物具有较强的抗大鼠试验性足跖肿胀的作用;而且对二甲苯所致小鼠耳部急性炎症也有显著的抑制作用,其活性成分为桃仁蛋白。此外,桃仁水提物能抑制小鼠血清中的皮肤过敏抗体和脾溶血性细胞的产生,具有抗过敏性炎症的作用。

（3）抗肿瘤作用

桃仁总蛋白能提高机体体液免疫功能而抑制肿瘤的发生发展。研究表明,炒桃仁总蛋白能促进抗体形成细胞的产生,血清溶血素的生成;桃仁总蛋白可纠正 CD4+/CD8+细胞比值失衡,恢复机体正常免疫状态,以及诱导肿瘤细胞凋亡而发挥抗肿瘤作用;还能促进白介素-2 和白介素-4 的分泌,刺激免疫功能,纠正失调而发挥抗肿瘤效应。此外,桃仁对前列腺癌、结肠癌、早幼粒细胞白血病等均有一定的抑制作用。

(4)保肝作用

桃仁对血吸虫性肝硬化有改善肝功能和纤维化的作用,其主要的作用机制在于提高肝组织胶原酶活性,促进纤维化肝脏肝内胶原的降解;腹腔注射能明显防止酒精所致小鼠肝脏谷胱甘肽的耗竭及脂质过氧化产物丙二醛的生成;对 Fe^{2+}-半胱氨酸所致大鼠肝细胞的脂质过氧化损伤也有明显的防护作用。

(5)镇咳作用

桃仁有效成分苦杏仁苷在酸或酶的作用下水解产生氢氰酸,氢氰酸对中枢神经系统呈先兴奋后抑制,对呼吸中枢具有镇静作用,因此具有镇咳功效。

(6)其他作用

桃仁含有大量脂肪油,能润滑肠黏膜而有润肠通便作用;桃仁液对小白鼠离体子宫具有兴奋作用,其作用与兴奋组织胺受体 H1 及 M 受体、肾上腺素 α 受体有关;此外,桃仁水煎液还具有促纤溶作用。另有研究发现,桃仁中含有的苦杏仁苷对体外高氧暴露早产鼠肺泡Ⅱ型细胞有一定的保护作用,且对大鼠慢性胃炎及慢性萎缩性胃炎有较好的防治作用;桃仁提取物能显著抑制矽肺大鼠胶原蛋白合成和减少血清铜蓝蛋白,延缓矽肺纤维化;桃仁对醋酸和苯醌诱发的小鼠扭体反应均有抑制作用。

2. 红花

【性味归经】 味辛,性温;归心、肚经。

【功效】 活血能经、祛瘀止痛,用于经闭、痛经、产后淤阻腹痛、胞痹心痛癥瘕积聚、跌打损伤、关节疼痛、中风偏瘫、斑疹。

【用法用量】 内服:煎汤,3~10 g,养血和血宜少用,活血祛瘀宜多用。

【化学成分】

(1)挥发油

低脂肪酸和少量芳香脂和烷烃。包括 β-石竹烯,戊酸,己酸,庚酸,辛酸,十六烷,壬酸,癸酸,异戊酸,十九烷,邻苯二甲酸二甲酯,邻苯二甲酸二乙酯,月桂酸,肉豆蔻酸,邻苯二甲酸二丙酯,棕榈酸等。

(2)黄酮类

红花苷,红花黄色素 A、B、C,前红花苷,红花明苷,羟基红花黄色素 A,红花醌苷,新红花苷,山柰酚,槲皮素,6-羟基山柰酚,6-羟基山柰酚-3-O-β-D-葡萄糖苷,6-羟基山柰酚-7-O-葡萄糖苷,杨梅素,黄芪苷,槲皮黄苷,芹黄素,山柰酚-3-O-芸香糖苷,山柰酚-3-O-β-D-葡萄糖苷,芦丁,槲皮素-3-O-β-D-葡萄糖苷,胡萝卜苷等。

(3)脂肪酸

红花中含有棕榈酸,肉豆蔻酸,香豆酸,对羟基苯甲酰香豆酸酐,月桂酸,油酸,亚油酸,α,γ-二棕榈酸甘油酯等不饱和脂肪酸。

（4）红花多糖

其基本组成为葡萄糖、木糖、阿拉伯糖和半乳糖以 β 键连接的一种多糖体。

（5）多炔类

3（顺），11（反）-和 3（反）-十三碳-1,3,11-三烯-5,7,9-三炔。

（6）多酚类成分

绿原酸，咖啡酸，儿茶酚，焦性儿茶酚，多巴。

（7）其他成分

红花中还含有一系列长链赤型 6,8-双醇化合物，丁香脂素，5-羟色胺，二十九烷，豆甾醇，菜油甾醇，β-谷甾醇，β-谷甾醇-3-O-葡萄糖苷，丙三醇-呋喃阿拉伯糖-吡喃葡萄糖苷。

【药理作用】

（1）对心脑血管系统的影响

多项研究显示，红花煎剂小剂量能引起蟾蜍离体心脏及兔在体心脏轻度兴奋，使心跳有力，振幅加大，大剂量则对心脏有抑制作用，而扩张体冠动脉及股动脉；红花提取物还能解除血管平滑肌的痉挛，增加冠脉流量，同时减慢心率，适度降低心肌收缩力，降低心肌耗氧量，改善心肌营养性供血和能量代谢，缓解心肌缺氧损伤；并且对心肌缺血大鼠血流动力学有明显改善作用，并表现出剂量相关性的变化。另有研究证实，红花黄色素具有缓解异丙肾上腺素所致心肌缺血大鼠心功能下降的作用。此外，红花活血化瘀的主要成分集中在水溶性的黄色素部分，其中含量最高且具有活性的成分是羟基红花黄色素 A。研究证实，HSYA 在体内和体外均显示出具有抗脑缺血活性，采用经典的大鼠大脑中动脉阻塞性脑缺血模型观察，HSYA 静脉给药具有明显改善脑缺血动物行为障碍；体外观察对谷氨酸引起的神经元损伤也产生明显的保护作用。

（2）降压降血脂作用

红花煎剂、红花黄色素及其制剂对麻醉猫或犬均可产生迅速降压的作用，且作用时间持久，其降压作用是通过抑制肾素——血管紧张素系统实现的，而且红花水煎液可使去甲肾上腺素预收缩血管肌条产生明显的舒张作用，使家兔血管肌条舒张，从而使血管产生扩张。另外，红花黄色素还可明显降低实验性高脂动物模型的血清总胆固醇水平，明显提高血清高密度脂蛋白，对血清 β 脂蛋白和甘油三酯无影响。

（3）抗凝血、血栓作用

红花黄色素能同时影响体内和体外的凝血系统，能够非常显著地抑制 ADP 诱导的家兔血小板聚集作用，对 ADP 已聚集的血小板也有非常明显的解聚作用，并且可明显延长家兔血浆复钙时间、凝血酶原时间和凝血时间，显著提高血浆纤溶酶原激活剂的活性，使局部血栓溶解，从而起到治疗心脑血管疾病的作用。其所含的黄酮成分杨梅素和山柰酚可抑制血小板激活因子诱导的血小板聚集，其是通过抑制 TXA2 形成起作用的。

（4）提高生存能力的作用

红花水煎剂可显著提高小鼠的抗寒能力、游泳时的抗疲劳能力以及在亚硝酸钠中毒缺氧时的抗缺氧能力，表明红花能增强机体对有害刺激的抵抗力和对内外环境变化的适应能力，从而提高生命力和生存能力。

(5)抗氧化作用

红花水提物中的红花黄色素是抗氧化的有效部位。研究表明,以邻二氮菲-Fe^{2+}氧化法检测,发现红花黄色素能明显清除 H_2O_2/Fe^{2+} 体系产生的羟基自由基,同时能抑制羟基自由基引发的红细胞破裂,并呈明显量效关系;此外,采用硫代巴比妥酸比色法观察得到,红花黄色素还能够缓解小鼠肝匀浆的脂质过氧化,并呈明显的量效关系。

(6)耐缺氧作用

红花中含有的红花黄色素与红花苷都能提高小鼠的耐缺氧能力。研究发现,在常压和减压条件下红花黄色素能明显延长小鼠存活时间,提高小鼠耐缺氧能力;此外,对抗异丙肾上腺素所致的缺氧作用以及对组织缺氧和脑缺血性缺氧均可明显延长动物的存活时间,而且能够明显增加离体家兔心脏和心肌缺氧时的冠脉流量,改善心脏的缺氧缺血病理状态。

(7)兴奋子宫的作用

红花煎剂对小鼠、豚鼠、兔与犬的离体和在体子宫均有兴奋作用,使子宫收缩频率增加,幅度加大,作用较持久,其机理可能是通过直接作用于子宫平滑肌细胞,加快其动作电位的去极化速度并增大峰电位幅度。也有报道称,红花具有雌激素样作用,在摘除卵巢小鼠的阴道周围注射红花煎剂,可使子宫重量明显增加。

(8)镇痛和镇静作用

红花黄色素对小鼠有较强而持久的镇痛效应,对热刺痛及化学性刺痛均有效;能显著延长小鼠脑缺血性缺氧后的喘息延续时间;明显抑制小鼠扭体反应,提高痛阈;明显增强巴比妥及水合氯醛的中枢抑制作用,使清醒动物进入深度睡眠,减少尼可刹米诱发的小鼠惊厥反应率和死亡率。

(9)抗炎作用

有研究证实,红花黄色素对甲醛性大鼠足跖肿胀,对组胺引起的大鼠皮肤毛细血管的通透量增加及对大鼠棉球肉芽肿形成均有明显的抑制作用。其抗炎机制可能是通过降低毛细血管通透性,减少炎性渗出,从而抑制炎症过程及肉芽增生。

红花中的黄酮类化合物,如芦丁、槲皮素也具有抗炎作用,其作用机理可能与前列腺素生物合成过程中脂氧化酶受到抑制有关。

红花中的长链 6,8-双醇化合物也是抗炎活性的主要有效成分之一。

红花中的豆甾醇、谷甾醇和菠甾醇能够抑制 TPA 引起的炎症。

(10)保肝作用

红花注射液能明显抑制离体灌流、肝灌流液中的 GPT 的升高,使流量增加并接近正常,有利于改善肝功能。此外,通过四氯化碳诱导实验性大鼠肝纤维化,研究发现,红花能够抑制肝星状细胞的激活和转化,具有一定的抗肝纤维化作用。

(11)免疫活性

红花黄色素具有降低非特异性细胞免疫和体液免疫的作用,并呈剂量依赖性。相关研究显示,红花黄色素可降低血清溶菌酶含量、抑制迟发型超敏反应和血清溶血素产生、抑制腹腔巨噬细胞和全血白细胞吞噬功能、减少脾特异性玫瑰花形成细胞。体外还可抑制 3H-TdR 掺入的 T/B 淋巴细胞增殖反应,抑制混合淋巴细胞反应,降低白细胞介素 2 水平及其活性,抑制

T 细胞的产生及其活性。

红花多糖能促进淋巴细胞转化,增加脾细胞对羊红细胞空斑形成细胞数,对抗强的松龙的免疫抑制作用。

(12)其他作用

红花提取物及其成分豆甾醇具有抗癌作用,对小鼠肉瘤 S180 有抑制作用,对白血病细胞体外实验也有抑制作用;此外,红花中的叠-烷烃-6,8-二醇类也是抑癌的有效物质,而且链的长度与抑制作用相关。红花对大鼠重症急性胰腺炎也有治疗作用,还能够提高肋骨骨折小鼠的骨代谢;对预防豚鼠减压缺氧缺血后的脑神经元的变性有强力的保护作用。

十三、化痰止咳平喘类

1. 杏仁

【性味归经】 苦、温,有毒;归肺、脾、大肠经。

【功效】 祛痰止咳、平喘、润肠、下气开痹,用于外感咳嗽、喘满、伤燥咳嗽、寒气奔豚、惊痫、胸痹、食滞脘痛、血崩、耳聋、疝肿胀、湿热淋证、疥疮、喉痹、肠燥便秘。

【用法用量】 内服:煎汤,3～10 g,或入丸、散;外用:捣敷。

【化学成分】

活性成分:主要含有苯甲醛,苯甲醇,苯,乙酸乙酯,苯甲酰基腈,4-苯基苯甲醛,9-芴醇,苯甲酸及少量的联苯,乙醛,N,N-二苯基肼酰胺,苯甲酸乙酯。苦杏仁主要含苦杏仁苷(即左旋基腈-β-葡萄糖醛酸),它是苦杏仁中主要的活性成分。

【药理作用】

(1)防癌作用

苦杏仁苷可分解为苯甲酸和氢氰酸,如果人体吸收了氢氰酸,会引起中毒现象,但是如果氢氰酸在食用范围内,对正常细胞无损害,可杀死癌细胞或抑制其生长;苯甲醛对细胞有强烈的灭癌活性,可缓解癌症疼痛;微量元素硒能分解人体内的致癌物质,杀死癌细胞,阻断癌细胞的营养来源,抑制癌细胞的生长,可以使肺癌、前列腺癌、结肠癌、直肠癌的发病率降低 50% 以上,对于肝癌、乳癌患者也有明显疗效;粗纤维对于内消化道和心脏健康有益,可以减少肠道癌症的危险性。相关研究表明,生苦杏仁水提取物及醚提取物对 EBV-EA 有明显的激活活性,而对小老鼠骨髓细胞核率无明显影响。生苦杏仁有潜在的促癌活性,但无明显的致突变作用,说明它在其他致癌因素存在的情况下,有促进肿瘤发生的危险,但炮制可以降低促癌活性。

(2)免疫调节作用

苦杏仁苷能显著促进植物血凝素诱导的人外周血 T 淋巴细胞增殖,并可促进经其刺激的外周血淋巴细胞分泌 IL-2 和 γ-IFN,而抑制其分泌 TGF-β1,从而发挥免疫增强作用。

(3)抗氧化、延缓衰老作用

苦杏仁苷可以清除毒性氧自由基和羟自由基,还能刺激免疫系统,降低神经系统和大脑所受到的氧化损害,有抗衰老作用;其富含的维生素 A、B、E 和钙、碘、铁等多种矿物质,在体内能起到加强记忆、减轻忧郁失眠、防止贫血的作用;硒在生物体内可与带正电荷的金属离子相结合,从而把诱发病变的铅、汞、镉等金属离子排出体外,提高人体各器官的新陈代谢能力和活性,增强免疫力,延长人体寿命。

(4)调节血脂

其富含的单不饱和脂肪酸对高脂血症患者的血脂和载脂蛋白水平有良好的调节作用,可以明显增加高密度脂蛋白、抑制细胞摄取并分解蓄积的低密度脂蛋白,排除已蓄积在细胞内的血浆胆固醇;维生素 E 还可以避免血浆中脂质过氧化升高,促使胆固醇从血液流向胆囊生成胆盐,防止因游离基而引起的细胞损伤,有助于预防慢性疾病,如心脏病、动脉粥样硬化等疾病的发生。

(5)镇咳平喘作用

苦杏仁苷水解生成的微量氢氰酸对呼吸中枢有镇静作用,因此具有止咳平喘功效。

(6)抗炎镇痛作用

静脉注射一定量的杏仁球蛋白组分 KR-A/B、白蛋白组分 KR-A/B,对角叉菜胶引起的大鼠足跖肿胀有抑制作用;对小鼠苯醌扭体法试验,有镇痛作用。

(7)其他作用

苦杏仁还具有抗突变、驱虫杀菌等作用。体外试验对人蛔虫、蚯蚓等均有杀死作用,并能杀死伤寒、副伤寒杆菌,对蛔虫、绦虫及滴虫感染均有效,且无副作用;干燥粉末能有效抑制强制癌性真菌——黄曲霉菌和杂色曲霉菌的生长,其有效成分为苯甲醛。

2. 白果

【性味归经】 甘、苦、涩,性平、小毒;归肺、肾经。

【功效】 敛肺定喘、止带缩尿,用于哮喘痰嗽、白带、白浊、遗精、尿频、无名肿毒、皶鼻、癣疮。

【用法用量】 内服:煎汤,3～9 g,或捣汁;外用:适量,捣敷,或切片涂。

【化学成分】

(1)白果油脂肪酸组成

辛酸,肉豆蔻酸,支链十五酸,十五酸,十六碳二烯酸,棕榈油酸,棕榈酸,十七烯酸,支链十七酸,十七酸,十八碳三烯酸,亚油酸,油酸,硬脂酸,十九烯酸,支链十九酸,十九酸,二十碳三烯酸,二十碳二烯酸,鳕肝油酸,花生酸,二十一碳二烯酸,二十一碳烯酸,二十一碳酸,二十二碳烯酸,山嵛酸,二十三碳酸,木焦油酸,二十五碳酸,二十六碳酸等。

(2)其他成分

白果酸,氢化白果酸,氢化白果亚酸,白果酚和白果醇。种子还含有少量氰苷、赤霉素和细胞激活素,内胚乳中还分离出两种核糖酸酶。

【药理作用】

(1)抗菌作用

白果酸对多种革兰氏阳性及阴性细菌均有抑制作用,如可抗枯草菌、大肠杆菌、酵母菌、金黄色葡萄球菌、痢疾杆菌、绿脓杆菌等,且对结核杆菌的抑制作用不受加热的影响。另外,对致病性皮肤真菌,如堇色毛癣菌、奥杜盎氏小芽孢癣菌、星形奴犬氏菌等,也有明显的抑制作用。

(2)抗衰老作用

银杏种仁可提高小白鼠超氧化物歧化酶的活性,并可延长果蝇寿命;白果提取液可降低雌性小白鼠脑脂褐质水平。另有研究显示,白果抗衰老作用的有效成分是白果清蛋白,这种活性物质能在一定程度上延缓自然衰老小鼠及半乳糖亚急性致衰老模型小鼠的衰老过程,其作用机制可能与提高小鼠的免疫功能和抗氧化能力有关。

（3）抗辐射作用

白果清蛋白提取物能延缓辐射小鼠的死亡,延长其生存天数;显著改善造血系统的辐射损伤,显著增加辐射小鼠骨髓 DNA 含量,恢复外周血血象水平和辐射小鼠血清中过氧化物歧化酶的活性;并能显著恢复辐射损伤小鼠巨噬细胞对异物的吞噬能力。其保护作用机制可能在于增强小鼠体内的抗氧化能力,促进造血功能及免疫调节能力的恢复,来起到对抗辐射损伤小鼠的保护作用。

（4）抗肿瘤作用

有研究证实,白果中的羟基酚类对 Sarcoma-180 腹水癌和中国大田鼠V-79 细胞都有抑制作用。进一步研究表明,这类物质的抗癌活性与苯环侧链的亲水性,电效应参数和芳环上的游离羟基的存在有关。

此外,白果清蛋白在体内能较好地抑制 S180 实体瘤生长,在体外也能较好地抑制 S180 肿瘤细胞的生长,并且均呈剂量效应关系。其作用机理可能是由于其具有较强的清除超氧阴离子及羟基自由基的能力,从而降低 DNA 的氧化损伤,减少癌症的发生。

（5）对皮肤的影响

实验表明,白果提取物可使人体表皮细胞保持旺盛的生长状态,并且白果的养分使表皮细胞寿命延长数倍以上。此外,有研究证明,白果汁液对人体皮肤和眼睛无毒性、无刺激性、无过敏反应,使用后明显地消除炎症,可以使色斑减退,能止痒和防止皮肤皲裂。

（6）其他作用

新鲜白果中提取的白果酚,对离体兔肠有麻痹作用,能使离体子宫收缩,但对蛙心无影响。白果种仁给小鼠皮下注射一定剂量,可致惊厥,延髓麻痹,随即呼吸、心跳停止而死,其中功效成分可能是氢氰酸。白果注射液可以明显降低致敏性小鼠血清中白介素-4 和白介素-5 的水平,显示其良好的平喘作用。此外,白果酸具有抗炎、抗过敏、抗病毒、驱虫、杀虫的作用。

（7）毒副作用

白果中含有银杏酸、银杏酚,具有一定的毒性。生白果食用过重会出现呕吐、腹痛、腹泻、抽搐、烦躁不安、呼吸困难等症状。

3. 胖大海

【性味归经】 味甘、淡,性凉。

【功效】 清热润肺、利咽、清肠通便,用于干咳无痰、咽喉肿痛、音哑、牙痛、热结便秘。

【用法用量】 内服:煎汤或开水泡,2～4 g,大剂量可用至 10 枚;入散剂,用量减半。

【化学成分】

（1）脂肪酸成分

亚油酸,油酸,软脂酸,硬脂酸,10-十九烯酸,蓖麻油酸,花生酸,棕榈油酸,十四烷酸,壬酸,壬二酸,8-壬炔酸,以及痕量的苯乙酸,2-甲基-庚酸,3-甲基-庚二酸,4-甲基-己酸,十一烷酸,15-甲基-十六烷酸,8-甲基-癸酸。

(2)其他成分

还可分离得到西黄芪胶粘素,D-半乳糖,L-鼠李糖,蔗糖,阿拉伯糖,半乳糖,2,4-二羟基苯甲酸,β-谷甾醇,胡萝卜苷。

【药理作用】

(1)缓泻作用

胖大海种子浸提液,对正常动物的肠管有缓和的泻下作用,其机理是内服胖大海后可增加肠内容积而产生机械性刺激,引起反射性肠蠕动增加。并且种仁的作用强度明显强于软壳与外层皮。

(2)镇痛作用

对豚鼠皮下注射胖大海各种提取物,用感应电流刺激法,痛阈值均有相当程度的提高,说明其具有镇痛作用,这种作用以种仁提取物的作用最强。

(3)其他作用

胖大海对麻醉犬静脉注射一定剂量,有利尿作用,且种仁提取物的作用最强。此外,一定浓度的胖大海种仁溶液,静脉注射、肌肉注射或口服均可使犬、猫血压明显下降,这种降压作用可能与中枢有关;而且胖大海中含有的 Mn 能改善动脉粥样硬化病人脂质的代谢,有去脂作用。

4. 昆布

【性味归经】　咸、寒、无毒;归肝、胃、肾、脾经。

【功效】　消痰软坚、利水退肿,用于瘰疬、瘿瘤、噎膈、疝气、水肿。

【用法用量】　内服:煎汤,5～15 g,或入丸、散。

【化学成分】

(1)多糖化合物主要有三种:一种是褐藻酸盐(系褐藻酸及其钠、钾、铵、钙盐等,褐藻酸是 β-1,4 结合的 D-甘露糖醛酸和 α-1,4 结合的 L-古罗糖醛酸的聚合物);其次为岩藻依多糖(系含硫酸根、岩藻糖和其他组分的多糖化合物);第三种是海带淀粉(系 β-1,3 葡聚糖的直链聚合物);还含脂多糖和 3 个水溶性含砷糖以及甘露醇,牛磺酸,二十碳五烯酸,棕榈酸,油酸,亚油酸,γ-亚麻酸,十八碳四烯酸,花生四烯酸,岩藻甾醇等。

(2)挥发油:荜澄茄油烯醇,己醛,(E)-2-己烯醛,(E)-2-己烯醇,己醇,二甲苯,1-辛烯-3-醇,(E,E)-2,4-庚二烯醛,丁基苯,(E)-2-辛烯醛,(E)-2-辛烯醇,(E,E)-2,4-辛二烯醛,(E,Z)-2,6-壬二烯醛,(E)-2-壬烯醛,α-松油醇,β-环柠檬醛,β-高环柠檬醛,(E)-2-癸烯醇,(E,E)-2,4-癸二烯醛,β-紫罗兰酮,十五烷,表荜澄茄油烯醇,以及肉豆蔻酸,ω-十六碳烯酸,植物醇,二丁基-2-苯并[C]呋喃酮。

【药理作用】

(1)对甲状腺的作用

其作用是所含的碘、碘化物引起的。昆布可用来纠正由缺碘而引起的甲状腺机能不足,同时也可以暂时抑制甲状腺机能亢进的新陈代谢率而减轻症状,但不能持久,可作为手术前的准备。碘化物进入组织及血液后,尚能促进病理产物如炎症渗出物的吸收,并能使病态的组织崩溃和溶解,故对活动性肺结核一般不用。

（2）降压作用

海带氨酸具有降压作用,海带氨酸单枸橼酸盐对麻醉兔静脉注射,可使血压短暂下降,此作用不被阿托品阻断;在体及离体试验中,它都能抑制心跳振幅,但不影响心跳频率,并能对抗乙酰胆碱、5-羟色胺、氯化钡引起的平滑肌收缩;海带氨酸单盐酸盐亦能降压并抑制离体兔肠;但对离体兔心有轻度兴奋作用。

（3）降血糖作用

昆布中所含褐藻淀粉30 ml/kg灌胃对正常小鼠有明显的降血糖作用。褐藻酸钠的降血糖作用较差。对四氮嘧啶性高血糖,褐藻淀粉300 mg/kg灌胃,24小时后血糖降低61％;褐藻酸钠300 mg/kg腹腔注射;血糖降低39％,而灌胃无效。

（4）降血脂和抗凝作用

海带多糖多次灌胃,能明显地抑制高血脂鸡血清总胆固醇、甘油三酯的含量上升,并能减少鸡主动脉内膜粥样斑块的形成及发展。海带多糖在体内外均有抗凝血作用。因不少冠心病患者除有高血脂外,其血液常处于高凝状态。因此,海带多糖同时具有降血脂和抗凝作用,对临床有一定意义。

（5）抗辐射作用

海带多糖对于预防放疗所致造血组织损伤,刺激造血恢复及增强癌症患者的免疫功能,合并放射治疗具有一定的实际意义。

（6）其他作用

海藻昆布流浸膏对感染血吸虫尾蚴的家兔,有保护作用(煎剂无效)。从 *L. Cloustoni* 中提得的硫酸昆布素M,静脉注射(人)后清除血脂、增加脂蛋白之电泳能力、改变脂蛋白之分布情况皆与肝素相似,唯持续时间较短(4～6小时)。

十四、安神类

1.酸枣仁

【性味归经】　甘、平;归心、脾、肝、胆经。

【功效】　宁心安神、养肝、敛汗,用于虚烦不眠、惊悸怔忡、体虚自汗、盗汗。

【用法用量】　内服:煎汤,6～15 g,研末,每次3～5 g,或入丸、散。

【化学成分】

（1）挥发油成分

邻苯二甲酸双-2-甲基乙酯、邻苯二甲酸双-2-乙基己酯、乙酸乙酯、2,4-戊二醇、正-十六酸、乙酸、苯并噻唑、1,2-二甲氧基-4-(2-丙烯基)-苯、邻苯二甲酸二丁酯、邻苯二甲酸二乙酯、十二酸、蒽、2-甲基-十八烷、十四酸、3,4-亚甲二氧基、苯基、乙基酮、己酸乙酯、对二甲苯、二十烷、二十一烷、二十二烷、十一酸、2-甲氧基-4-乙烯酚、壬酸、3-叔丁基-4-羟基茴香醚、辛酸、2,6,10,14-四甲基-十六烷、十八烷、5-(2-丙烯基)-1,3-苯丙间二氧杂环戊烯、苄醇、苯乙醇、十九烷、1,2,3-三甲氧基-5-甲基-苯、十六烷、萘、十七烷、苯甲酸丁酯、3-叔丁基-1,5-环辛二烯、3,5-甲氧基-甲苯等。

（2）萜类化合物

羽扇豆烷型三萜类化合物：白桦脂酸、白桦脂醇、美洲茶酸、麦珠子酸。达玛烷型三萜皂苷：酸枣仁皂苷 A、A1、B、G 及乙酰酸枣仁皂苷 B 和原酸枣仁皂苷 A、B。

（3）甾体化合物

胡萝卜苷。

（4）生物碱

酸枣仁碱 A、B、D、E、F、G1、G2、Ia、Ib、K（其中碱 A 是欧鼠李叶碱，碱 E 是荷叶碱，碱 Ia 是原荷叶碱，碱 Ib 是去甲异紫堇定，碱 K 是右旋的衡州乌药碱），N-甲基巴婆碱，酸李碱，5-羟基-6-甲氧基去甲阿朴啡，安木非宾碱。还含酸枣仁环肽，木兰花碱。

（5）黄酮类化合物

斯皮诺素［2″-O-β-glucopyranosylswertisin］，酸枣黄素，6‴-芥子酰斯皮诺素，6‴-阿魏酰斯皮诺素，6‴-对香豆酰斯皮诺素，当药素，6,8-二-碳葡萄糖基芹菜素，芹菜素-6-C-［（6-O-对羟基苯甲酰）-β-D-吡喃葡萄糖基（1→2）］-β-D-吡喃葡萄糖苷等。

（6）酚酸化合物

阿魏酸。

（7）脂肪酸

棕榈酸、硬脂酸、油酸、亚麻酸、花生酸、花生烯酸、山芋酸、9,12,15-十八碳三烯酸、9,12-十八碳二烯酸、亚油酸、十八酸、14-甲基十五酸、十六酸、9-十六碳烯酸、12-甲基十三酸、十四酸、十五酸、9-甲基十四酸、15-甲基十六酸、12,15-十八碳二烯酸、11-二十碳烯酸、二十一酸、二十二酸、二十三酸。

（8）其他成分

叶绿醇，角鲨烯，3-甲基二十一烷，豆甾醇，油菜甾醇，β-谷甾醇及酸枣多糖等。

【药理作用】

（1）对中枢神经系统的作用

酸枣仁对中枢神经系统具有抑制作用。主要影响慢波睡眠的深睡阶段，改善睡眠质量。药理研究表明，酸枣仁中总黄酮、总皂苷和总生物碱均可明显减少小鼠自发活动，协同戊巴比妥钠的中枢抑制作用，颉颃苯丙胺的中枢兴奋作用。酸枣仁油具有同样的镇静催眠作用，灌胃可使小鼠睡眠潜伏期缩短、睡眠时间延长，应用高效液相色谱-电位学检测器观察显示，酸枣仁可降低多巴胺和3,4-二羟基苯乙酸的含量，降低单胺类神经递质起到镇静中枢的作用。酸枣仁还具有抗惊厥作用，其中所含的生物碱可明显延长士的宁致小鼠出现惊厥的时间及死亡时间；所含的皂苷可显著降低戊四氮引起的惊厥率。

（2）对心血管系统的作用

酸枣仁苷类表现出对心血管系统有明显的保护作用。酸枣仁总皂苷加入到大鼠的心肌细胞培养液中，能明显减少缺氧缺糖、氯丙嗪和丝裂霉素 C 所致心肌细胞释放乳酸脱氢酶，在机体和细胞水平上均有抗心肌缺血作用；酸枣仁对脑垂体后叶素引起大鼠心肌缺血有保护作用。

酸枣仁皂苷 A 通过抑制主动脉血管平滑肌 sis 基因的表达，减少平滑肌细胞分泌于细胞周围的血小板生长因子，使得 PDGF-BB 促平滑肌细胞本身及内皮细胞、成纤维细胞等的增殖效应减弱,进而抑制动脉粥样硬化的发生。此外,酸枣仁总皂苷能降低原发性高血压大鼠尾动脉收缩压。

降血脂、抗氧化作用:酸枣仁油腹腔注射,能明显降低正常饲养大鼠血清的胆固醇总量和低密度脂蛋白胆固醇,显著提高高密度脂蛋白胆固醇和高密度脂蛋白胆固醇第二组分,从而起到降血脂的作用;所含酸枣仁皂苷具有提高超氧化物歧化酶活性和抗肝匀浆脂质过氧化作用,能减少缺血脑组织含水量及脂质过氧化物含量,使脑组织中 SOD、CK 及 LDH 活性增高,乳酸含量下降,脑神经细胞损害减轻,显示对缺血性脑损伤具有保护作用;酸枣仁所含的阿魏酸也有抗氧化和消除自由基,降血脂及心血管调节作用。

研究发现,酸枣仁总皂苷能显著降低血瘀大鼠的全血黏度、血浆黏度,使纤维蛋白原含量减少,具有去纤、降黏、抗血栓的作用,对于因血液流变学改变和体外血栓原因引起的缺血性中风具有一定的防治作用。

（3）免疫增强作用

酸枣仁多糖能增强小鼠细胞免疫功能,明显促进抗体生成。对放射性引起的白细胞降低有一定的保护作用,能增加单核巨噬细胞的吞噬功能,可明显增加小鼠溶血素抗体水平及促进小鼠淋巴细胞转化。

（4）抗炎作用

酸枣仁水提液具有明显的抗炎作用,能抑制小鼠腹腔、背部皮肤及耳郭毛细血管通透性,对大鼠后足蛋清性肿胀及大鼠腋下植入纸片产生的肉芽肿均有抑制作用。

（5）改善学习记忆作用

酸枣仁可显著改善小鼠学习记忆能力。采用跳台法及复杂水迷宫法观察发现,酸枣仁可缩短正常小鼠在复杂水迷宫内由起点抵达终点的时间,减少错误次数,延长记忆获得障碍及记忆再现障碍模型小鼠的首次错误出现时间,减少错误发生率。

（6）抗肿瘤作用

酸枣仁油一定剂量灌胃,可明显延长艾氏腹水癌小鼠的生存天数,明显抑制其生命后期的体重增加。

（7）其他作用

酸枣仁油能明显抑制二磷酸腺苷诱导的大鼠血小板聚集反应;小剂量酸枣仁对应激性溃疡有明显抑制作用。

十五、平肝息风类

1. 决明子

【性味归经】　咸苦、平凉、无毒;归肝、胆、肾经。

【功效】　祛风清热、解毒利湿,用于风热感冒、流感、急性结膜炎、湿热黄疸、急慢性肾炎、带下、瘰疬、疮痈疖肿、乳腺炎。

【用法用量】　内服:煎汤,9～15 g。

【化学成分】

(1)蒽酮类

决明子的主要功效成分之一。主要有大黄酚、芦荟大黄素、大黄酸、大黄素、大黄素蒽酮、1,2,8-三羟基-6,7-二甲基蒽酮、1-羟基-3-甲氧基-8-甲基蒽酮、1-羟基-7-甲氧基-3-甲基蒽酮、大黄素-1-O-β-龙胆二糖苷、大黄素-6-O-β-龙胆二糖苷、大黄素葡萄糖苷、大黄酚-1-O-β-龙胆三糖苷、大黄酚-1-O-β-吡喃葡萄糖基-(1→3)-β-D-吡喃葡萄糖苷、大黄酚-9-蒽酮、2-甲氧基大黄酚-8-O-β-D-吡喃葡萄糖苷、4,6,7-三甲氧基芦荟大黄素-8-O-β-D-吡喃葡萄糖苷、大黄素甲醚、大黄素甲醚-8-O-β-D-葡萄糖苷等。

(2)萘并-吡咯酮类

包括萘并-α-吡喃酮类和萘并-γ-吡喃酮类。主要有决明蒽酮、决明素、决明子素、橙黄决明素、黄决明素、美决明素、葡萄糖美决明素、葡萄糖橙黄决明素、异决明内酯、决明苷、红镰霉素、红镰霉素-6-O-龙胆二糖苷、决明苷 B、决明子内酯、决明种内酯、2,5-二甲氧基苯醌、决明子苷 B2 及 C、1-去甲基决明素、1-去甲基橙黄决明素、1-去甲基黄决明素、去甲基红镰霉素、红镰霉素-6-α-芹菜糖基-(1→6)-O-β-D-葡萄糖苷、红镰霉素-6-O-芹菜葡萄糖苷、2-乙酰基-3-O-β-D-呋喃芹菜糖-8-O-吡喃葡萄糖-1,6-二甲基萘苷。

【药理作用】

(1)抗菌作用

决明子乙醇提取物对金黄色葡萄球菌、白色葡萄球菌、橘色葡萄球菌、巨大芽孢杆菌、伤寒杆菌、副伤寒杆菌、乙型副伤寒杆菌及大肠埃希氏菌均有抑制作用,而水提物则无效;还有研究表明,其醇提物及氯仿提取物对镰刀菌、弯孢菌、油菜菌核病菌和棉花炭疽病菌等植物病原菌都有不同程度的抑菌作用,其中对油菜菌核病菌和棉花炭疽病菌的抑制效果较好。决明子中所含的水溶性多糖可促进肠道有益菌的增殖,竞争性抑制病原菌或肠道有害菌增殖,大大提高机体的消化能力和抵抗力;所含的去氧大黄素对红色发癣菌和须发癣菌、石膏样小孢子菌、白色念珠菌等也表现出较强的抑制作用。

(2)降压作用

决明子水提醇沉物对自发性高血压大鼠从股静脉注射给药,发现大鼠的舒张压和收缩压明显降低,其降压效果、降压幅度、作用时间均优于利血平,并且对呼吸和心率无影响。决明子蛋白质产生的降压作用与其在肠道内分解形成的氨基酸和多肽短链的吸收入血有关;决明子低聚糖产生的降压作用与其促进肠道双歧杆菌的增殖有关;决明子蒽醌苷的作用机制尚待深入研究。

(3)降脂作用

决明子蛋白质和蒽醌均为防治高脂血症的有效成分。研究证实,这些活性成分能显著降低高脂血症大鼠的总胆固醇、甘油三酯、低密度脂蛋白胆固醇等含量,而且当两种物质合用时,对大鼠降脂效果更好。

(4)抗血小板聚集作用

决明子中葡萄糖美决明素、葡萄糖决明素、葡萄糖橙黄决明素能强烈抑制由二磷酸腺苷、花生四烯酸或胶原酶引起的血小板聚集,机理可能与 9,10-二蒽醌上较多的羟基甲基化和葡萄糖苷化羟基有关。

（5）对免疫功能的影响

复方决明子滴眼液能提高小鼠外周血白细胞及 T 淋巴细胞数,刺激 T 淋巴细胞转化,增加机体细胞免疫功能,并可明显提高小鼠体内溶血素,提高小鼠循环抗体水平;其水提醇沉液可使小鼠胸腺萎缩,结构改变明显,且使小鼠腹腔吞噬百分率和吞噬指数明显增高,但对血清溶血素的形成无显著影响,表明决明子对细胞免疫功能有抑制作用,对体液免疫功能无明显影响,而对巨噬细胞吞噬功能有增强作用。

（6）抗氧化、抗衰老作用

决明子水溶性多糖具有较明显的体外抗氧化能力。它对 H_2O_2 诱导引起的红细胞溶血具有明显的抑制作用,且能有效地抑制血清过氧化物丙二醛的产生,较好地清除超氧阴离子自由基、羟基自由基、过氧化氢自由基以及二苯代苦味酰肼自由基。决明子蛋白质和蒽醌苷对 D-半乳糖所致衰老小鼠的学习记忆障碍有显著的改善作用。可显著降低衰老小鼠脑组织中脂质过氧化产物丙二醛的含量,提高脑组织超氧化物歧化酶水平,降低脑组织中单胺氧化酶含量和减少肝组织中脂褐素含量。

（7）保肝作用

研究证实,决明子醇提物能显著抑制 D-氨基半乳糖和 MLl_4 所致急性肝损伤大鼠血清中谷丙转氨酶、谷草转氨酶质量浓度的升高,也可提高大鼠血清及肝线粒体中超氧化物歧化酶、谷胱甘肽过氧化物酶的活性,降低大鼠血清及肝线粒体中的丙二醛含量,从而减轻对肝细胞的病理性损害。提示其作用机理是通过保护细胞膜,清除氧自由基,抑制脂质过氧化而对肝细胞起到保护作用。深入的药理及植化研究表明,大黄酚、芦荟大黄素、决明子苷、红镰霉素-6-O-龙胆二糖苷、红镰霉素-6-O-芹菜糖葡萄糖苷以及决明多糖是决明子保肝的主要活性成分。

（8）抗诱变作用

决明子中去甲基黄决明素、橙黄决明素、大黄酚等在黄曲霉毒素 B1 致鼠伤寒沙门氏杆菌诱变的反应中起到显著的抗诱变效果,其作用机理可能是蒽醌作用于菌种线粒体中使毒素有活性的关键酶,使毒素失去致畸性。

（9）泻下、利尿作用

决明子石油醚提取物及正丁醇提取物能明显缩短燥结便秘模型小鼠的首便时间,增加排便粒数及粪便重量,其中的活性成分可能是油脂类及苷类成分。此外,黄决明素、决明素、大黄酚、大黄素甲醚对 15-羟基前列腺素脱氢酶有弱的抑制作用,能减缓前列腺素的代谢,延长其利尿作用。

（10）减肥作用

决明子水煎剂可明显降低营养性肥胖大鼠的体重、李氏指数、空腹血清甘油三酯、胰岛素和 MDA 含量,游离脂肪酸含量也有下降趋势,总抗氧化能力水平有升高趋势。其活性成分有决明内酯、新决明内酯,作用机制可能与调节葡萄糖及脂肪有关。而且 HepG2 肝细胞基因表达图谱结果进一步证实,新决明内酯调节了 46 个与脂质代谢、蛋白代谢、细胞增生与凋亡等功能有关的基因。

(11)其他作用

决明子具有防治近视及明目的作用,可激活眼组织中乳酸脱氢酶的功能,且相应增加眼组织中三磷酸腺苷含量,这种作用与决明子中含有丰富的微量元素锌和维生素 A 有关;决明子能有效纠正链脲佐菌素诱导糖尿病大鼠脂代谢紊乱;并对糖尿病肾病具有明显的防治作用,能明显抑制肾组织 NF-κB 活化和纤黏蛋白表达,减少 24 h 尿蛋白排泄,降低血脂及肌酐水平,减轻肾小球肥大、系膜细胞增生和细胞外基质堆积。

(12)毒性

决明子乙醇提取物对大鼠的亚慢性毒性研究表明,各剂量均使大鼠肾/体比、肝/体比比值升高,结肠、直肠、肠系膜淋巴结色素沉积,肠系膜淋巴结反应性增生,因此,决明子作为保健食品原料长期大量摄入存在一定安全隐患,需限制使用剂量和服用期限。

2. 牡蛎

【性味归经】　味咸,性微寒;归肝、肾经。

【功效】　平肝潜阳、重镇安神、软坚散结、收敛固涩,用于眩晕耳鸣、惊悸失眠、瘰疬瘿瘤、癥瘕痞块、自汗盗汗、遗精、崩漏、带下。

【用法用量】　内服:煎汤,15～30 g,先煎,或入丸、散;外用:适量,研末干撒或调敷。

【化学成分】

(1)脂肪酸化合物

饱和长链脂肪酸有正十二碳酸、正十四碳酸、正十六碳酸、正十七碳酸、正十八碳酸、2-羟基十六碳酸、2-羟基十七碳酸、4,8,12-三甲基十三碳酸、2,6,10,14-四甲基十五碳酸、3,7,11,15-四甲基十六碳酸等。不饱和脂肪酸有 14-甲基-4-十五碳烯酸、9-十八碳二烯酸、9,12-十八碳二烯酸、5,8,11,14,17-二十碳五烯酸、4,7,10,13,16,19-二十二碳六烯酸等。

(2)类脂类化合物

牡蛎中甾体化合物种类很多,目前已经分离得到胆甾醇、22E-脱氢胆甾醇、24-脱氢胆甾醇、7-脱氢胆甾醇、7-烯胆烷醇、菜油甾醇、维生素 D 原、麦角甾醇、菜子甾醇,24-亚甲基胆甾醇、速甾醇、β-谷甾醇、γ-植物甾醇、24-亚乙基胆甾醇、methostenol、22-反-26,27-二去甲麦角甾烷-5,22-3β-二烯醇。此外,还含有神经酰胺和鞘磷脂。

(3)糖类化合物

牡蛎中的单糖和二糖很少以游离状态存在,它们与氨基酸、脂肪酸等多种化合物结合在一起,是糖脂和磷脂的重要组成部分。

此外,还含有一种新的糖脂,该糖脂经盐酸水解后,可得到吡喃葡萄糖三聚糖、14-甲基-4-十五碳烯酸、乳酸、胆碱和牛磺酸。

(4)其他

包括 α-、β-和 γ-胡萝卜素、叶黄素、玉米黄质、硅藻黄质、虾青素、β-环氧胡萝卜素、环氧叶黄素等类胡萝卜、α-氨基乙基亚磺酸、甜菜碱、β-高甜菜碱、γ-丁酰甜菜碱、葫芦巴碱、木苏碱、鸟苷一磷酸、鸟苷二磷酸、石房蛤毒素、新石房蛤毒素、鞭毛虫毒素 Ⅰ－Ⅴ、软骨藻酸等。

【药理作用】

（1）免疫调节作用

牡蛎提取物对小鼠免疫功能具有正向调节作用。表现为能够提高外周血白细胞总数、总 T 细胞百分比和 T 辅助细胞百分比，并使得 T 辅助细胞与 T 抑制细胞比值明显增高，NK 细胞活性增强，对有丝分裂引起的 T 淋巴细胞增殖及 B 淋巴细胞增殖也有显著增强作用。而且，对环磷酰胺所诱发的免疫低下反应有恢复和缓解的作用。服用牡蛎提取物可明显升高大运动量训练期间运动员的白细胞介素 2 和补体 C3 的水平，使可溶性白细胞介素 2 受体水平明显下降；同时，可稳定和提高运动员机体的免疫系统的功能。

（2）保肝作用

研究发现，牡蛎提取营养液可明显抑制 MLl₄ 引起的小鼠血清 SGPT 和 SGOT 升高、肝糖原含量降低、肝脂质过氧化物过量产生，并能使组织形态学上的肝细胞变性、坏死得到明显改善和恢复。

牡蛎提取物能有效降低乙醇致肝损伤模型小鼠肝组织中的丙二醛含量，并提高还原型谷胱甘肽的含量，减少氧自由基和其他自由基对肝脏的损害，增强肝脏的解毒、灭活毒素等功能，这与其中富含丰富的蛋白质、牛磺酸以及丰富的维生素 B 族有关，这些活性物质具有较强的清除自由基能力，并有一定的抗脂质过氧化作用；同时能明显改善乙醇致肝损伤的病理组织学变化，这与其中富含动物性糖原、牛磺酸、微量元素锌、水解蛋白、胶原蛋白及氨基酸、核苷酸等有关。此外，还可使小鼠肝内乙醇脱氢酶活性明显增高，表现出一定的解酒作用。

（3）抗衰老作用

研究发现，牡蛎肉水提液可使去卵巢大鼠纹状皮质分子层厚度增加，分子层厚度和皮层总厚度的比值下降，海马 CA2 区单位面积大锥体细胞数增多，超氧化物歧化酶活性增强，丙二醛含量下降，表明其具有延缓去卵巢大鼠脑衰老的作用。

（4）放射增敏作用

体外试验发现，鲜牡蛎肉提取液能明显强化 γ-射线灭杀人鼻咽癌细胞的效应，其作用机制可能是阻断癌细胞被射线损伤后的 DNA 自身的修复功能，使射线对 DNA 产生不可逆的作用，以致强化了放射线的抑癌效应。

（5）对胰脏的保护作用

牡蛎提取物对四氧嘧啶所致的小鼠胰腺细胞损伤有一定的保护作用。可明显提高模型小鼠胰岛素水平，降低血糖、肿瘤坏死因子水平；同时，胰脏炎症损伤程度较轻。其作用机理可能与所含丰富的牛磺酸有关。

（6）其他作用

研究还证实，牡蛎提取物对高温致神经管畸形中神经上皮及周围间充质的凋亡细胞具有一定的保护作用。而且，牡蛎中所含的钙盐能致密毛细血管，减轻血管的渗透性；入胃后与胃酸作用，形成可溶性钙盐；对钙离子的吸收，能调节电解质平衡，抑制神经肌肉的兴奋，因而可用来治疗胃及十二指肠溃疡、盗汗、失眠和眩晕等症。

另外，牡蛎中还含有一种具有抑制血小板聚集功能的含锌的肽和另一种对人体 A 型和 Anti-A 型血有抗凝集作用的硫酸杂多糖肽，因此表现出抗凝血作用。所含的甾体化合物24-

亚甲基胆甾醇,具有降血压、减慢心率、抗心律失常、对血管条和离体回肠平滑肌有解痉作用;并且对实验动物有耐缺氧的作用。

十六、补虚类

1. 山药

【性味归经】　甘、平;归肺、脾、肾经。

【功效】　补脾、养肺、固肾、益精,用于脾虚泄泻、食少浮肿、肺虚咳喘、消渴、遗精、带下、肾虚尿频、外用治痈肿、瘰疬。

【用法用量】　内服:煎汤,15～30 g,大剂量60～250 g,或入丸、散;外用:适量,捣敷,其中补阴宜生用,健脾止泻宜炒黄用。

【化学成分】

山药含有多种化学成分,含量较大的有淀粉、蛋白质、多糖、尿囊素,以及薯蓣皂苷元、黏液质、甘露聚糖 Ia,Ib 和 Ic、植酸、山药素、胆碱、多巴胺、粗纤维、果胶、淀粉酶、胆甾醇、麦角甾醇、菜油甾醇、豆甾醇、β-谷甾醇、盐酸多巴胺、四氢异喹啉、多酚氧化酶、3,4-二羟基苯乙胺及山药碱 I、II、III、IV、V 等。

【药理作用】

(1)预防动脉硬化

多糖能够预防心血管系统的脂肪沉积,保护动脉血管;阻止过早硬化,并能防止肝、肾结缔组织的萎缩,预防胶原性病的发生,保持消化道、呼吸道及关节腔的润滑。

(2)防治糖尿病作用

能较好地降低糖尿病小鼠组织过氧化脂质含量,有效地清除组织中的自由基,减轻自由基及其代谢产物对组织的伤害作用,从而促进组织修复和再生,对防治糖尿病并发症起着重要作用。

(3)抗突变作用

山药多糖具有抗突变活性,其作用机制主要是通过抑制突变物对菌株的致突变作用而实现的。

(4)提高机体免疫力

山药能极显著地提高 T 淋巴细胞的增殖能力,增强人体的抵抗力。微量元素 Zn 和 Fe 对体内多种酶有活性作用,对蛋白质和核酸的合成、免疫过程和细胞的繁殖都有直接及间接的作用,能够调节细胞免疫功能。山药中含有与人体分泌的脱氢表雄酮结构相同的物质,是环戊烷多氢菲的一种衍生物。国内外的临床研究证实,脱氢表雄酮对人体有增强免疫功能,活化神经细胞、提高记忆和思考能力,调节神经、镇静安眠,防止骨骼和肌肉老化,降低血脂、控制动脉粥样硬化,调整体内激素分泌而减肥。

(5)抗肿瘤作用

山药水溶性多糖能有效抑制 ES 腹水癌,这主要是山药黏液质中的 O-乙酰化甘露聚糖具有抗肿瘤活性。

（6）调节酸碱平衡作用

山药根茎中含有一种蛋白质,具有抗 DPPH 和羟自由基活性的作用,还具有碳酸酐酶活性,并能抑制胰蛋白酶活性等,因此推测其可调节体内酸碱平衡,并对呼吸系统有重要作用。

（7）消炎抑菌作用

山药中的尿囊素具有抗刺激物、麻醉镇痛和消炎抑菌等作用,常用于治疗手足皲裂、鱼鳞病、多种角化皮肤病。

（8）促消化作用

山药中的淀粉酶能够刺激胃肠道运动,促进胃肠内容物排空,因此有助于消化作用。

2. 甘草

【性味归经】 甘、平;归脾、胃、心、肺经。

【功效】 益气补中、缓急止痛、润肺止咳、泻火解毒、调和诸药,用于倦怠食少、肌瘦面黄、心悸气短、腹痛便溏、四肢挛急疼痛、脏躁、咳嗽气喘、咽喉肿痛、痈疮肿痛、小儿胎毒及药物食物中毒。

【用法用量】 内服:煎汤,2~6 g,调和诸药用量宜小,作为主药用量宜稍大,可用 10 g 左右,用于中毒抢救,可用 30~60 g,入补益药中宜炙用,入清泻药中宜生用;外用:适量,煎水洗、渍;或研末敷。

【化学成分】

（1）黄酮类化合物

华良姜素,新西兰牡荆苷Ⅱ即6,8-二葡萄糖基芹菜素,异佛来心苷,佛来心苷,牡荆苷,异牡荆苷,夏佛托苷,异夏佛托苷,甘草黄酮,槲皮素-3,3′-二甲醚,槲皮素-3-双葡萄糖苷,槲皮素-3-O-芸香糖苷,槲皮黄素,槲皮素-3-O-β-D-葡萄糖苷,槲皮苷,山柰酚-3-O-芸香糖苷,山柰酚-3-O-β-D-葡萄糖苷,乌拉尔醇,新乌拉尔醇,甘草黄酮C,光甘草奈,甘草黄酮醇,异甘草黄酮醇,北美甘草醇甲,乌拉尔醇-3-甲醚,乌拉尔素,乌拉尔新苷,glyasperins A,甘草黄酮B,烟花苷,芫花素,紫云英苷,异鼠李素-3-O-芸香糖苷,光甘草酚,光甘草宁,乔松素,异补骨脂甲素,异光甘草酚,甘草素,甘草黄烷酮,环甘草黄烷酮,4,7-二羟基-6,8-二异戊烯基二氢黄酮,4,7-二羟基黄酮,甘草苷,新甘草苷,甘草素-葡萄糖鼠李糖苷,甘草素-7,4′-二葡萄糖苷,甘草素-4′-芹糖基(1→2)葡萄糖苷,6″-O-乙酰基甘草苷,absinone,euchrenone,xambioona,kanzonol Z,甘草素-7-O-β-D-呋喃芹糖-4′-O-β-D-吡喃葡萄糖苷,乌拉儿宁,云苷宁,甘草素-7-O-β-D-(3-O-乙酰基)呋喃芹糖-4′-O-β-D-吡喃葡萄糖苷,南酸枣苷,北美甘草醇乙,3-羟基光甘草酚,甘草查尔酮甲,甘草查尔酮乙,刺甘草查尔酮,异甘草素,异甘草苷,新异甘草苷,异甘草素-葡萄糖芹糖苷,异甘草查尔酮鼠李糖苷,甘草查尔酮新苷,刺果甘草查尔酮,刺果甘草素,3,4,3,4′-四羟基-2-甲氧基查尔酮,甘草查尔酮 C,3,3′-di-γ,γ-二甲丙烯基-2′,4,4′-trihydroxychalcone,甘草查尔酮 D,(E)-1-[2,4-二羟基-3-(3-甲基-2-丁烯基)苯基]-3-[2,2-二甲基-8-羟基-2-二氢苯并吡喃-6-基]-2-丙烯-1-酮,异补骨脂查耳酮,4-hydroxylonchocarpin,kanzonol B,licoagrochalcone,海胆素,kanzonol Y,2,3-二氢异甘草素,2′,4′-二羟基查尔酮,刺芒柄花素,甘草利酮,拟甘草利酮,7-乙酰氧基-2-甲基异黄酮,7-甲氧基-2-甲基异黄酮,甘草瑞酮,7-羟基-2-甲基异黄酮,光甘草酮,光甘草轮,甘草异黄酮甲,甘草异黄酮乙,阿夫罗摩辛,芒柄花苷,甘草素 C,semilicoisoflavone,异芒柄花苷,glyarallins B,kanzonol T,李属异黄酮,odoration,6,8-二异戊烯基金雀异黄素,7,4′-二甲氧基异黄酮,毛蕊异黄酮,erythrinin,licoagroisoflavane,补骨脂次素,coumestrol,4′-O-methyl-coumestrol,伞形花内酯,ordoritin glucoside,kanzonols K,kanzonols L,glyasperin E,kanzonols T,黄甘草苷,黄甘草异黄酮 A,甘草双氢异黄酮,glyasperins K,glyasperins M,3′-(γ,γ-dimethylallyl)-kievitone,glisoflavanone,glyasperins F,glyasperins B,甘草西定,甘草异黄烷甲,甘草异黄烷乙,光果甘草苷,异光果甘草苷,光甘草定,欧甘草 A,欧甘草 B,4′-O-甲基光甘草定,3′-羟基-4′-O-甲基光甘草定,菜豆异黄素,3′-甲氧基光甘草定,维生素 Estitol,glyasperins C,glyasperins D,甘草素 X,甘草素 Y,甘草素 Z,kanzonols X,鄂克金异黄烷,光甘草素,刺甘草异黄酮烯,dehydroglyasperins C,后莫紫檀素,美迪紫檀素,甲基化美迪紫檀素,美迪紫檀烯,licoagropin,maackiain,trifolirhizin,glyurallius A,licoagroside,isotrifoliol,甘草醇,新甘草酚,新甘草酚异构体,5-O-甲基甘草醇,phaseol,异甘草醇,格里西轮,甘草香豆素,7-甲氧基香豆素,甘草苯并呋喃,licoarylcoumarin,7,2′,4′-三羟基-8,3′-二异戊烯基-3-苯基香豆素,甘草吡喃香豆精,4-(对羟基苯)-6-异戊烯基-7-羟基香豆素,甘草呋喃酮,kanzonol U,kanzonol V,glyinflanin,glycyrdiones A,glycyrdiones D,glycyrdiones B,甘草香豆酮,licoagrione,阿魏酸等。

(2)三类萜化合物

甘草甜素,甘草酸,甘草次酸,18α-羟基甘草次酸甲酯,黄甘草皂苷,乌拉尔甘草皂苷乙,齐墩果酸,甘草次酸甲酯,24-羟基甘草次酸甲酯,乌拉尔甘草皂苷甲,3β,1α,24-三羟基-齐墩果-12-烯-2-羧酸,3β-21α-二羟基-齐墩果-12-烯,3β,21α,24-三羟基-齐墩果-12-烯,3-氧化甘草次酸,22β-乙酰化光甘草酸,3-乙酰化甘草次酸,甘草酸新苷,甘草萜醇,异甘草次酸,18α-羟基甘草次酸,乌热酸,24-羟基甘草次酸,光甘草酸,欧甘草酸,甘草皂苷 D3,甘草皂苷 A3,乌拉内酯,甘草内酯Ⅰ(Ⅰ),21-羟基异甘草内酯,甘草内酯,去氧甘草内酯,24-羟基甘草内酯,甘乌内酯,甘草内酯Ⅱ,3β-甲酰化甘草内酯,甘草皂苷 E2,3β-乙酰化光甘草内酯,11-去氧光甘草内酯乙酸乙酯,异甘草内酯,云南甘草皂苷元 A,云南甘草皂苷元 A3,云南甘草皂苷元 B1,云南甘草皂苷元 B2,云南甘草皂苷元 B3,甘草皂苷 B2,11-去氧甘草次酸,云南甘草皂苷元 B,甘草甘酸,3-乙酰化-11-去氧甘草次酸,24-羟基-11-去氧甘草次酸甲酯,特佛酸,黄豆醇 B,马其顿酸,马其顿酸甲酯,异马其顿酸,云南甘草次皂苷 D,云南甘草皂苷元 F,园果皂苷元,甘草双烯酸Ⅰ,甘草双烯酸Ⅱ,甘草皂苷 C2,刺果甘草酸,异刺果甘草酸,园果甘草酸,21α-乙酰氧基木栓烷-3-酮,甘草属胡萝卜苷,甘草鹅掌紫苷元Ⅰ,甘草鹅掌紫苷元Ⅱ,桦木酸,白桦脂酸,23-羟基桦木酸。

又含生物碱:5,6,7,8-四氢-4-甲基喹啉,5,6,7,8-四氢-2,4-二甲基喹啉,3-甲基-6,7,8-三氢吡咯并[1,2-a]嘧啶-3-酮。

其他:β-谷甾醇,正二十三烷,正二十六烷,正二十七烷,β-胡萝卜苷,蔗糖,刺果酸甲酯及多种氨基酸。

【药理作用】

(1)对消化系统的作用

①对胃酸分泌的影响:甘草次酸和总黄酮有抑制胃酸分泌作用,不仅能抑制胃酸的分泌,

还能促进溃疡的愈合。如甘草锌的抗溃疡作用与促进成纤维细胞合成纤维及基质有关。

②对胃肠平滑肌的解痉作用：总黄酮是甘草有效的解痉成分，甘草煎剂、甘草流浸膏、FM100及甘草素、异甘草素对离体肠管有明显的抑制作用，并能解除乙酰胆碱、氧化钡和组织胺所致的肠痉挛。

③对胆汁分泌的影响：甘草甜素能增加输胆管瘘兔的胆汁分泌，对兔结扎胆管后的胆红质升高有抑制作用。

④抗肝损伤：甘草甜素、甘草次酸能防治实验性肝硬化的发生，可使急性肝炎肝细胞坏死、气球样变减轻。甘草甜素可明显阻止四氯化碳中毒大鼠谷丙转氢酶活力的升高，降低血清转氨酶活力，增加肝细胞内糖原和RNA的含量，促进肝细胞再生，减少肝内甘油三酯的蓄积；病理切片观察，可明显减轻肝损伤。此外，甘草苷对大鼠腹水肝及小鼠艾氏腹水癌细胞能产生形态学上的变化，临床用作抗炎剂。

（2）对心血管系统的影响

①抗心律失常作用：18β-甘草次酸钠能对抗氯仿诱发的小鼠室颤、氯仿-肾上腺素所致兔室性心律失常、减慢大鼠和兔的心率、部分对抗异丙肾上腺素的心率加速作用。还有研究表明，炙甘草有明显的抗乌头碱诱发的心律失常作用。

②降血脂作用：甘草甜素对兔实验性高胆固醇症及胆固醇升高的高血压病人均能降低血清胆固醇，阻止动脉粥样硬化的发展，表现出一定的降低血脂作用。

③抗心肌缺血作用：甘草次酸钠对缺血心肌的保护作用，其机制可能与甘草次酸钠降低心肌细胞内 Ca^{2+} 有关。

（3）对呼吸系统的作用

甘草的主要成分甘草甜素及甘草次酸，具有镇咳祛痰的作用，尤其适用咳嗽伴有多痰的病人，对于干咳也有一定的疗效，而且这种镇咳作用与抗炎无关而是通过中枢产生的。甘草浸膏口服后能覆盖在发炎的咽喉黏膜上，缓和炎性刺激而镇咳，还能促进咽部和支气管黏膜分泌，使痰易于咳出，发挥祛痰镇咳作用。

（4）对中枢神经系统的影响

甘草甜素具有保泰松或氢化可的松样抗炎作用，对大鼠甲醛性关节炎和棉球肉芽肿炎症有明显的抑制作用。这种抗炎作用可能与抑制毛细血管的通透性有关，或与肾上腺皮质有关，也有学者认为，甘草影响了细胞内生物氧化过程，降低了细胞对刺激的反应性从而产生了抗炎作用。此外，小鼠静脉注射一定量的甘草甜素，可明显抑制天花粉引起的被动皮肤过敏反应；甘草酸能显著抑制蛋清所引起的豚鼠皮肤反应，减轻过敏性休克的症状。

甘草制剂及其提取物甘草甜素、甘草次酸对小鼠中枢神经系统呈现抑制作用，表现出一定的镇静作用。

（5）对泌尿、生殖系统的影响

甘草甜素对大鼠具有抗利尿作用，伴随着钠排出量减少，钾排出量也轻度减少。其作用方式与去氧皮质酮不同，可能是对肾小管的直接作用——增强肾小管对钠和氯的重吸收而呈现抗利尿作用。

（6）肾上腺皮质激素样作用

①盐皮质激素样作用：甘草浸膏、甘草甜素及甘草次酸对健康人及多种动物都有促进钠、水潴留的作用，这与盐皮质激素去氧皮质酮的作用相似，长期应用或大剂量使用时，可致水肿及血压升高，但亦可利用此作用治疗轻度的阿狄森氏病。其作用机制可能是由于抑制了皮质激素在体内破坏，或减少其与蛋白质的结合，而使血中游离的皮质激素增多，从而增强其活性。

②糖类皮质激素作用：小剂量甘草甜素、甘草次酸能使大鼠胸腺萎缩及肾上腺重量增加，产生糖皮质激素样作用，血中嗜酸性白细胞和淋巴细胞减少，尿中游离型 17-羟皮质类固醇增加。

③对性激素影响：甘草甜素、甘草次酸能抑制雌激素等对未成年动物子宫的增长作用，切除肾上腺或卵巢仍有同样作用，甘草甜素剂量增大则反增强雌激素作用；且甘草次酸具有抑制小鼠生殖腺产生睾丸酮的作用。

④抗炎、抗变态反应作用：甘草具有皮质激素样抗炎抗变态反应作用，其主要有效成分是甘草甜素和甘草次酸，能够抑制磷酯酶 A2 活性，阻止组胺等活性物质的释放，降低活性因子的反应性抑制抗体生成。

（7）免疫调节作用

甘草甜素是一种有效的生物应答修饰剂，其免疫调节作用可能是通过消除抑制性巨噬细胞的活性，抑制磷酸酶 A2 活性而抑制前列素 E2 的产生；促使 IL-1 产生从而增强淋巴细胞产生干扰素和 IL-2；消除 Ts 细胞活性；与 IL-2、干扰素协同 NK 细胞活性增强。使免疫细胞的生物效应放大，从而调节抗体产生细胞活性。甘草甜素能非常特异地增强巨噬细胞的吞噬活性，并可清除抑制性巨噬细胞的抑制活性，对巨噬细胞产生的免疫调节介质有一定的调节作用。此外，甘草甜素还可诱生 IFN-γ 的活性，增强 PWM 诱导的多克隆 IgM 的产生。

对非特异性免疫功能的影响：甘草酸可以增强网状内皮系统的活性。甘草中所含的一种非甘草次酸苷元糖蛋白 LX 2 mg 静注鼠内，可抑制巨噬细胞的免疫反应。

对特异性免疫功能的影响：甘草多糖有激活小鼠淋巴细胞增殖作用。

（8）抗氧化作用

甘草中黄酮类成分普遍具有抗氧化活性，可以作为自由基清除剂。甘草黄酮类物质可以防止低密度脂蛋白发生脂质过氧化反应，降低病人血浆中的低密度脂蛋白被氧化的易感系数，提高血浆中低密度脂蛋白的抗氧化、抗凝集、抗滞留的能力。甘草查尔酮 B、D 强烈地抑制过氧化阴离子，并显示了对 DPPH 自由基的清除活性。

（9）抗癌作用

甘草是一味较理想的抗肿瘤药物，它既具有直接杀伤癌细胞的作用，又具有保护正常细胞防其癌变的作用。甘草甜素对大鼠腹水、肝癌及小鼠艾式腹水癌细胞，产生形态学上的改变；可抑制皮下注射移植的吉田肉瘤，并能预防多氧化联苯或甲基氨偶氮苯所致小鼠肝癌；对黄曲霉素 B1 和乙基亚硝胺致大鼠肝癌前病变具有明显的抑制作用；对人子宫颈癌细胞培养株系 JTc-26 有抑制作用，抑制率达 90% 以上；对乙基亚硝胺致肝癌前病变具有抑制作用，可使 DNA 修复功能接近正常水平，降低乙基亚硝胺的致癌性。

甘草次酸不仅有抗突变、抑制致癌因子及辅助致癌因子作用，还可抑制实验性肿瘤的生长,如对大鼠试验性骨髓瘤和腹水肝癌均有抑制作用;甘草次酸钠对小鼠 S180、Heps、HepA 具有不同程度的抑制作用。

（10）抗辐射及升白细胞作用

甘草有效成分阿魏酸具有抗辐射及升白细胞的作用。可使患急性放射病的狗提高存活率,血小板下降慢;与炔雌醇合用可治疗白细胞减少症;能增加家兔离体心脏灌流量,对垂体后叶素引起的家兔急性心肌缺血有改善;抑制 ADP 诱导的血小板聚集;增强吞噬细胞的吞噬功能以及抗缺氧作用。

（11）抗病毒作用

①抗艾滋病毒的作用:甘草甜素通过抑制细胞膜蛋白激酶 C 和蛋白激酶 P 的活性来抑制艾滋病毒的感染,也可通过抑制艾滋病毒逆转录酶的活性而发挥作用,或者通过诱导干扰素产生、增效 NK 细胞等活化宿主免疫功能的间接作用而发挥抗病毒的作用。0.5 mg/ml 的甘草甜素对艾滋病毒的抑制率为 98%,0.125 mg/ml 的甘草甜素对艾滋病毒的抑制率为 50%。甘草吡喃香豆素等多种甘草黄酮类成分可抑制 HIV 诱导的巨细胞形成,且未见细胞毒性。甘草查尔酮 A 在浓度为 20 mg/l 时,能抑制 HIV 诱导的巨细胞形成。

②抗乙肝病毒作用:甘草甜素具有直接的抗乙肝病毒作用及对肝功能障碍的改善作用,其作用机理可能是甘草甜素诱生 IFN-γ 来参与抵抗病毒。

③抗带状疱疹病毒作用:甘草甜素可抑制水痘——带状疱疹病毒的增殖,而且可直接杀灭 VZV。

（12）抗菌和抑杀原虫作用

甘草的醇提取物及甘草次酸钠在体外对金黄色葡萄球菌、结核杆菌、大肠杆菌、阿米巴原虫及滴虫均有抑制作用,但在有血浆存在的情况下,其抑菌和杀灭阿米巴原虫的作用则有所减弱。

（13）解毒作用

甘草解毒的主要成分是甘草甜素,能结合吸附毒物以及皮质激素样抗应激反应,提高机体对毒物的耐受力。用于疮疡肿毒,咽喉肿毒,药物中毒（水合氯醛、乌拉坦、咖啡因、组胺、毛果云香碱、巴比妥）,动物毒素中毒,细胞毒素中毒,及机体代谢产物中毒,能缓解中毒症状,降低中毒动物死亡率。此外,若与某些药物配伍还能减轻后者的毒副作用,如与抗癌药物喜树碱合用,不仅明显抑制喜树碱降低血红细胞的副作用,还能使其抗癌效果得到增强。

（14）其他作用

甘草酸和甘草次酸体外实验对乙酰胆碱酯酶产生的抑制作用与新斯的明相似。如果此作用在体内也能发生,则有兴奋胆碱能神经的作用,可成为新的抗胆碱酯酶药;甘草次酸还能改善内耳听觉机能;此外,甘草制剂治疗银屑病、血小板减少性紫癜、肺结核、高胆固醇血症、尿崩症、热淋尿痛以及疱疹性角膜炎、巩膜炎、急性虹膜睫状体炎等眼科疾患也有一定疗效。

3.百合

【性味归经】　甘、微苦、微寒;归心、肺经。

【功效】　养阴润肺、清心安神,用于阴虚久嗽、痰中带血、热病后期、余热未清、情志不遂所致的虚烦惊悸、失眠多梦、精神恍惚、痈肿、湿疮。

【用法用量】　内服:煎汤,6~12 g,或入丸、散,亦可蒸食、煮粥;外用:适量,捣敷。

【化学成分】

(1)酚酸甘油酯

1,3-O-二阿魏酰基甘油、1-O-阿魏酰-3-O-P-香豆酰基甘油、1-O-阿魏酰甘油、1-O-P-香豆酰基甘油。

(2)苷类

①酚性苷类:3,6-O-二阿魏酰蔗糖及4-O-乙酰基-3,6-O-二阿魏酰蔗糖。

②甾体糖苷类:(2S)-1-O-P-香豆酰基-2-O-β-D-吡喃葡萄糖基-3-O-乙酰甘油、(2S)-1-O-P-香豆酰基-2-O-β-D-吡喃葡萄糖基甘油。

③其他苷类:β-谷甾醇、胡萝卜苷、正丁基-β-D-吡喃果糖苷、26-O-β-D-吡喃葡萄糖-3β、26-二羟基-5-胆甾醇-16,22-二氧-3-O-α-L-吡喃鼠李糖-(1→2)-β-D-吡喃葡萄糖苷、26-O-β-D-吡喃葡萄糖-3β、26-二羟基胆甾醇-16,22-二氧-3-O-α-L-吡喃鼠李糖-(1→2)-β-D-吡喃葡萄糖苷、麦冬皂苷 D、卷丹皂苷 A。

(3)磷脂类

磷脂酰胆碱、双磷脂酰甘油、磷脂酸及少量的溶血磷脂酰胆碱、磷脂酰肌醇、磷脂酰乙醇胺、神经鞘磷脂等。

(4)花中挥发油成分

1,3-二甲基苯、癸烯-4、1-甲氧基(1-甲基-2-环丁基)-1-丙烯、5,7-二甲基-1,6-辛二烯、苯乙醛、芳樟氧化物、壬醛、2-十二醇、2-甲氧基-4-乙烯基苯酚、1-十三醇、2-十三酮、2-十四醇、十二酸、邻苯二甲酸二乙酯、2-十七醇、十四醛、十四烯酸、邻苯二甲酸二异丁酯、邻苯二甲酸二丁酯等。

(5)其他成分

多糖(由 D-半乳糖、L-阿拉伯糖、D-甘露糖、D-葡萄糖、L-鼠李糖按一定比例组成),秋水仙碱。

【药理作用】

(1)止咳祛痰作用

百合水煎剂对氨水引起的小鼠咳嗽也有止咳作用。此外,百合水提液给小鼠灌胃,可明显增加气管分泌,增强气管酚红排出量,从而表现出祛痰作用。

(2)镇静作用

百合水提液灌服给巴比妥钠小鼠,可明显延长其睡眠潜伏期,缩短入睡时间,并使阈下剂量戊巴比妥钠睡眠率显著提高,显示出很好的镇静作用。

(3)通便作用

百合膳食纤维能极显著地缩短小鼠的首次排便时间,增加排便质量和粪便含水量,中、高浓度膳食纤维还能极显著地增加小白鼠的摄食量、重量和小肠推进率,说明百合膳食纤维能促进消化,改善便秘模型小鼠的通便功能。

(4)抗氧化作用

百合多糖和百合皂苷均具有很好的抗氧化作用。有研究证实,百合粗多糖可使 D-半乳糖引起的衰老小鼠血液中 SOD、过氧化氢酶和谷胱甘肽酶活力升高,使血浆、脑匀浆和肝脏匀浆中的 LPO 水平下降;体外试验中,可对邻苯三酚自氧化体系产生的 $O_2^-\cdot$ 表现出一定清除作用,并随剂量的增加清除率上升。此外,百合皂苷对 Co^{2+} 与 H_2O_2 产生的羟自由基有较强的清除作用,且呈现很好的量效关系,是一种很好的活性羟自由基清除剂。

（5）强壮作用

百合水提液与水煎醇沉液均可延长正常小鼠常压耐缺氧和异丙肾上腺素所致耗氧增加的缺氧小鼠存活时间;水提液还可明显延长甲状腺素所致"甲亢阴虚"动物的常压耐缺氧存活时间,且可明显延长动物负荷游泳时间,也可使肾上腺素皮质激素所致的"阴虚"小鼠及烟熏所致"肺气虚"小鼠,游泳时间延长。

（6）抗癌作用

百合所含的秋水仙碱,能抑制癌细胞的增殖。其作用机理是抑制肿瘤细胞的纺锤体,使其停留在分裂中期,不能进行有效的有丝分裂,尤其对乳癌的抑制效果较好;所含的多糖单体具有明显的抗肿瘤作用,对移植性的黑色素 B_{16}、移植瘤 H_{22} 和 Lewis 肺癌都有较强的抑制作用。

（7）其他作用

百合粗多糖具有免疫促进作用,可显著提高免疫低下小鼠腹腔巨噬细胞的吞噬百分率和吞噬指数,促进溶血素及溶血空斑形成,促进淋巴细胞转化;而且对四氧嘧啶引起的高血糖小鼠还表现出明显的降血糖功能;此外,百合还可对抗组胺引起的蟾蜍哮喘;显著抑制二硝基氯苯所致的迟发型过敏反应。

4. 白扁豆

【性味归经】　甘淡、微温、平;归脾、胃经。

【功效】　健脾、化湿、消暑,用于脾虚生湿、食少便溏、白带过多、暑湿吐泻、烦渴胸闷。

【用法用量】　内服:煎汤,10～15 g,或生品捣研水绞汁,或入丸、散;外用:适量,捣敷。

【化学成分】

（1）种子油

棕榈酸、亚油酸、反油酸、油酸、硬脂酸、花生酸、山萮酸。

（2）其他

葫芦巴碱、蛋氨酸、亮氨酸、苏氨酸、维生素 B_1、维生素 C、胡萝卜素、蔗糖、葡萄糖、水苏糖、麦芽糖、棉子糖、L-2-哌啶酸和具有毒性的植物凝集素及甾体物质。

【药理作用】

（1）抗菌、抗病毒作用

采用平板纸片法观察,白扁豆煎剂对痢疾杆菌具有抑制作用;此外,对食物中毒引起的呕吐、急性胃肠炎等有解毒作用;其水提物对小鼠 Columbia SK 病毒也表现出一定的抑制作用。

（2）对免疫功能的影响

白扁豆冷盐浸液对活性 E-玫瑰花结的形成有促进作用,即增强 T 淋巴细胞的活性,提高细胞的免疫功能。

（3）毒性

白扁豆中含有对人的红细胞非特异性的植物凝集素。不溶于水的凝集素,可抗胰蛋白酶活性,可抑制实验动物生长,故属于毒性成分。另外,还含有一种酶,可非竞争性抑制胰蛋白酶的活性,加热亦会降低其活性。

此外,由于白扁豆提取的这种凝集素仅凝集人的红细胞,因此可用于区分人和羊、牛的红细胞,探测人血。

5. 枸杞子

【性味归经】　味甘、性平;归肝、肾、肺经。

【功效】　养肝、滋肾、润肺,用于肝肾亏虚、头晕目眩、目视一清、腰膝酸软、阳痿遗精、虚劳咳嗽、消渴引饮。

【用法用量】　内服:煎汤,5~15 g,或入丸、散、膏、酒剂。

【化学成分】

（1）枸杞多糖

其中一种其单糖组成为鼠李糖、半乳糖、葡萄糖、阿拉伯糖、甘露糖和木糖,物质的量比为4.22∶2.43∶1.38∶1.00∶0.95∶0.38;一种为1,6-连接的葡聚糖,一种为1,4-连接的多聚半乳糖醛酸主链以及微量的半乳糖和阿拉伯糖分支。

（2）生物碱类

甜菜碱、lycea mine、黑麦草碱、Np-甲酰基哈马拉碱、1-甲酯基-β-卟啉、阿托品、莨菪碱等。

（3）甾醇类

①4α-去甲基甾醇类:胆甾醇、β-谷甾醇、菜油甾醇、豆甾醇、胆甾烷醇、24-亚甲基胆甾醇、24-亚乙基甾醇、24-亚乙基胆甾-7-烯醇、28-异岩藻甾醇、24-甲基胆甾醇-5,24-二烯醇、24-乙基胆甾醇-5,24-二烯醇、24-甲基胆甾烷醇、24-乙基-22-胆甾烯醇7-胆甾烯醇等。

②4,4-二甲基甾醇类:二氢环阿屯醇、环阿屯醇、24-亚甲基二氢环阿屯醇、8-羊毛甾烯醇、羊毛甾醇、β-香树脂醇、羽扇豆醇、24-亚甲基-8-羊毛甾烯醇等。

③4α-甲基甾醇类:禾木甾醇、α-谷甾醇、4-甲基-7-胆甾烯醇、环桉醇、31-去甲基环阿屯醇、31-去甲基环阿屯烯醇、31-去甲基-8-羊毛甾烯醇、4α,14α,24-三甲基-8,24-胆甾二烯醇、31-去甲基-9(11)-羊毛甾烯醇、4α-甲基-8-胆甾烯醇、4-甲基-24-乙基-7-胆甾烯醇、4,24-二甲基-胆甾烯醇、柠檬甾二烯醇、4α,24-甲基-7,24-胆甾二烯醇、4α-甲基乙基-7,24-胆甾二烯醇等。

（4）脂肪酸

棕榈酸、油酸、亚油酸、α-和γ-亚麻酸、9,12-十八烷二烯酸、蜡酸、褐煤酸、蜂花酸等。

（5）挥发油成分

主要含有岩蓝茄酮,L-1,2-去氢香附酮,(-)-1,2-脱氢-α-莎草酮,藏红花醛等。

（6）其他活性成分

莨菪亭(即6-甲氧基-7-羟基香豆素),香豆酸,胡萝卜苷,对羟基桂皮酸,以及超氧化物歧化酶等。叶黄素,β-隐黄素,堇菜黄素,玉米黄呋喃素,花药黄素,蜀黍红素,棕榈酸酯-酸浆果红素,栎精山萘酚等。

【药理作用】

（1）对免疫调节功能

枸杞子中含有的枸杞多糖是促进免疫功能的有效成分。枸杞多糖具有促进 T、B、CTL、NK 和 MQ 等免疫细胞功能，促进 IL-2、IL-3、TNFB 等细胞因子产生，以增强细胞免疫为主，同时也能增强体液免疫功能及调节神经内分泌免疫调节网络。枸杞子润肺的作用机制与它能提高呼吸系统的免疫功能有关，从而能增强机体防御呼吸道疾病的能力。

①非特异性免疫作用：对处于不同功能状态的巨噬细胞均有明显的促进作用，且具有双向调节作用。LBP 增强巨噬细胞的活性是通过激活 T 细胞产生巨噬细胞活化因子介导的。巨噬细胞活化后可分泌多种细胞因子、蛋白水解酶活性氧及其他各种介质，并发挥抗感染、抗肿瘤及抗衰老等作用。

②特异性免疫作用：能增加总 T 细胞及 TH 亚群百分比，提高淋巴细胞转化率，提高人外周血单核细胞、白介素 2 和肿瘤坏死因子 α 基因表达水平。LBP 可增强小鼠对 TD 抗原刺激的抗体反应，增强溶血空斑数并增强巨噬细胞和 NK 细胞活性。

通过 Ca^{2+}、cAMP、cGMP 等多种细胞内信息传递机制发挥对免疫活性细胞功能的调节作用。增强免疫功能的机理，是通过调节中枢下丘脑与外周免疫器官脾脏交感神经释放去甲肾上腺素等单胺递质，及肾上腺皮质释放皮质激素等环节相互协调而实现的。在多糖调节下，机体在自身免疫活力范围内可回升到正常幅度；超过高限时，外加剂量也不再升高。

（2）提高造血功能

枸杞煎剂对正常小鼠和环磷酰胺引起的白细胞受抑小鼠的造血功能都有促进作用，可增加小鼠外周血粒细胞数目，促进股骨骨髓细胞增殖、分化，其作用机制可能是枸杞多糖显著促进粒细胞集落刺激因子的产生。另外，也有研究发现，枸杞多糖对丝裂霉素诱导骨髓抑制的小鼠，能够恢复其造血功能。

（3）提高生殖功能

枸杞子可使男性血中睾酮含量显著升高。同时，它能增加垂体和卵巢的重量，改善神经内分泌的调节，具有诱发排卵作用，对女性不孕症有良好的治疗功能。此外，枸杞多糖对 H_2O_2 导致的精囊细胞 DNA 损伤具有明显的抑制作用，且呈剂量依赖关系。

（4）保护肝脏作用

枸杞子能抑制 MLl_4 引起的血清和肝脏脂质过氧化，降低 ALT 水平，抑制脂肪在肝细胞内沉积和促进肝细胞新生的作用。现认为甜菜碱是保肝的有效成分，其在体内起甲基供应体的作用。

（5）降血糖作用

研究发现，枸杞子提取物可使正常小鼠及四氧嘧啶致高血糖小鼠的血糖持续降低，糖耐量显著增高，这与枸杞子中含有胍的衍生物有关。此外，对腹腔注射链脲佐菌素建立的非胰岛素依赖型糖尿病大鼠，枸杞多糖可显著降低血清甘油三酯、胆固醇和胰岛素水平，胰岛素敏感度显著上升，其作用机制与枸杞多糖增加细胞表面葡萄糖运转水平并促进细胞间胰岛素信号途径有关，因此枸杞子具有预防和治疗糖尿病的作用。

（6）抗衰老作用

枸杞子具有多方面的抗衰老作用机制。服用枸杞子可改善老年人的机体功能状态,可升高 cAMP,提高血浆睾酮水平,脑力与体力均明显增强;枸杞子提取液可显著提高小鼠皮肤中 SOD 的活性,增加皮肤中胶原蛋白含量,减少脂质过氧化产物丙二醛的含量,延缓皮肤衰老,延长寿命。

枸杞子提取物能显著提高血清和肝脏中超氧化物歧化酶和谷胱甘肽过氧化物酶的水平,同时降低脂褐素和丙二醛的水平;而且血清中晚期糖化终产物以及皮肤中羟脯氨酸浓度显著下降,同时淋巴细胞增殖速度、IL-2 活性、学习和记忆能力以及红细胞中的超氧化物歧化酶活性显著加强,另有研究揭示,抑制原癌基因 C-Myc 表达是枸杞多糖抗衰老的机理之一。此外,枸杞子提取物能显著抑制由 β 淀粉样肽激活的 caspase-3（胱天蛋白酶-3）样活性,减少乳酸脱氢酶的释放,并具有典型的剂量相关特征,其作用机制与抑制 c-Jun 氨基末端激酶磷酸化途径有关。

（7）降血脂作用

不同剂量枸杞子水煎液均能降低实验性高脂血症大鼠血中 TC、TG、LGL-C 的作用以及降低肝内 TC、TG 的作用,并且存在着明显的量效关系,其降脂机制可能与影响外源性脂质及肝内脂质代谢有关。另有研究证实,枸杞子提取液在试管内可明显抑制小鼠肝匀浆过氧化脂质的生成,并呈剂量反应关系;小鼠体内实验也明显抑制肝 LPO 生成,并使血中谷胱甘肽过氧化物酶活力和红细胞 SOD 活力增高;人体实验显示明显抑制血清 LPO 生成,增高血中 GSH-Px 的活力。

（8）抗氧化作用

枸杞子水提物在体内能显著升高急性缺氧小鼠心、肝、肺等器官组织中的超氧化物歧化酶和过氧化氢酶活性以及总抗氧化能力,提示枸杞子对小鼠由急性缺氧而造成的自由基损伤有保护作用。乙酸乙酯提取物对·OH 有很强的抑制和清除作用,并具有浓度依赖性;还可清除邻苯三酚自氧化体系产生的 O^{2-}·,对抗 O^{2-}·对红细胞的氧化作用,显示出较好的抗氧化能力。

（9）抗肿瘤作用

枸杞子抗肿瘤作用主要是抗基因突变功能。枸杞子冻干粉混悬液对大鼠肉瘤 W256、枸杞多糖对小鼠移植性肿瘤 S180 有一定的抑制作用,体外试验也提示,枸杞子能显著抑制人宫颈癌 Hela 细胞和人胃腺癌 mgC-803 细胞的生长和繁殖,抑制癌细胞克隆的形成,从而显著抑制实体瘤的生长,且与环磷酰胺有协同效果;此外,枸杞子提取物还能将人肝癌细胞系 QGY7703 阻滞在细胞周期的 S 期,并使其发生凋亡,进而抑制癌组织生长。

（10）抗辐射损伤

LBP 能缓解由于放疗引起的白细胞减少,增加外周血 T 淋巴细胞数,调整患者机体免疫细胞比例,从而防止电离辐射损伤机体细胞免疫功能;另外,枸杞子还可减轻辐射对骨髓的抑制作用,可促进骨髓细胞增殖,刺激造血系统功能,显示出抗 γ 射线辐射,保护机体的作用。

（11）其他作用

枸杞子对实验性动物学习记忆具有保护作用,并能对抗理化因素所产生的记忆损害。另外,还具有退热作用,能降低发热大鼠的肛门温度,而且血清促甲状腺素含量也随之迅速降低。其浸出液对金黄色葡萄球菌等 17 种细菌有较强的抑菌作用,且具有对铅免疫毒性的颉颃作用。其所含的多糖具有抗疲劳作用,能显著提高小鼠体内糖原储备以及血液中乳酸脱氢酶的活性,同时降低血尿素氮含量;另有研究显示,枸杞子水提液可延长常压密闭缺氧小•白鼠和游泳疲劳小鼠的存活时间和持续、力竭游泳时间,也显示出其耐缺氧能力和抗疲劳的作用。枸杞子水提物还对家兔的中枢神经及末梢神经和副交感神经有兴奋作用,能调节心脏、降低血压、扩张血管,对豚鼠离体肠管有收缩作用。

6. 桑葚子

【性味归经】 甘、酸、性寒;归肝、肾经。

【功效】 滋阴养血、生津、润肠,用于肝肾不足和血虚精亏的头晕目眩、腰酸耳鸣、须发早白、失眠多梦、津伤口渴、消渴、肠燥便秘。

【用法用量】 内服:煎汤,10～15 g,或熬膏、浸酒、生啖,或入丸、散;外用:适量,浸水洗。

【化学成分】

(1)挥发油成分

1,2-苯甲酸、二(2-乙基己基)酯、二乙酯-1,2-间苯二羧酸、2-十六烷醇、3-甲基-2,6-二氧代-4-己烯酸、顺式二十三碳烯、甘二烷、6-环己基十二烷、二十烷、十七烷、2,6,10,15-四甲基十七烷、8-十七碳烯-1-碳酸、二十六烷、棕榈酸、三十六烷、十九烷、硬脂酸、十八烷基磷酸酯、4-环己基十三烷、顺式十六碳烯、乙酸、甲基顺丁烯酐、3,4-丙叉基苯甲酸、水杨酸、琥珀酸、己六醇、1-甲氧基-4-(2-丙烯基)苯、糖醛、$(\tilde{n})$-1,7,7-三甲基二环[2,2,1]庚-2-酮、3-甲基-3-丁烯-1-醇、2-壬烯醛、己醛、辛醛、苯甲醛、苯乙醛、二氢-2-甲基-3 (2H)-呋喃酮、(E)-己烯醛、2-庚酮、庚醛、3-呋喃甲醇、2-戊基呋喃、乙酰呋喃酮、3-硫代甲基丙醛、D-苎烯、1,4-二酮-2-环戊烯、6-溴-2-己烯酮、5-甲基-2-呋喃甲醛、环戊基十一烷酸、2,2,3-三甲基-3-环己烯-1-乙醛、(1S-endo)-1,7,7-三甲基二环[2,2,1]庚-2-醇、(S)-à,à,4-三甲基-3-环己烯基-1-甲醇、(-)-(-)-1,7-二甲基-7-(4-甲基-3-戊烯基)-三环[2,2,1,0(2,6)]庚烷、1-(2,6,6-三甲基-1,3-环己二烯-1-炔)-2-丁烯-1-酮、1-(1,5-二甲基-4-己烯基)-4-甲基苯、(S)-(S)-1-甲基-4-(5-甲基-1-亚甲基-4-己烯基)环己烯、1-(4-羟基-3-甲氧基苯基)乙酮、10-甲基-8-十四碳烯-1-醇乙酸酯、9-己基十七烷、环戊基十三烷酸甲酯、(6,10,14)-三甲基-2-十五碳酮、十六碳酸甲酯、邻苯二甲酸二丁基酯。

(2)生物碱类成分

在土耳其桑葚成分分析中,发现了 5 种甲茛菪烷生物碱,分别为 2α,3β-二羟基去甲茛菪烷、2β,3β-二羟基去甲茛菪烷、2α,3β,6exo-三羟基去甲茛菪烷、2α,3β,4α-三羟基去甲茛菪烷和 3,6exo-二羟基去甲茛菪烷。

(3)其他成分

在新鲜的桑葚中含有大量的水分(80%～85%);还含有黄酮类物质,如云香苷、花青素、白藜芦醇、胡萝卜苷等;还含有磷脂,主要以磷脂酰胆碱含量最高,其次为溶血磷脂酰胆碱及磷脂酰乙醇胺。此外,还含有粗纤维、蛋白质、转化糖。

【药理作用】

(1)增强免疫功能

动物试验表明,桑葚提取汁具有中度促进淋巴细胞转化作用,促进 T 淋巴细胞成熟,使人类因衰老而减少的白细胞得以恢复,延迟衰退,防止因白细胞减少而引起的疾病。并且,桑葚水煎液能显著增加氢化可的松诱导免疫功能低下小鼠的体重、脾脏和胸腺重量及血清碳粒廓清速率,增加血清溶血素水平;对小鼠巨噬细胞百分率和吞噬指数均有明显的提高作用,并有防止地塞米松抑制白细胞和吞噬细胞的非特异性免疫功能的作用。此外,桑葚混悬液能够提高阴虚小鼠的淋巴细胞增殖能力、IL-2 诱导活性和 NK 细胞杀伤率,从而增强其免疫功能。

(2)促进造血细胞生长

桑葚能使粒系祖细胞、粒单祖细胞及红系祖细胞产率明显增加,对其生长均有促进作用。此外,采用桑葚为主药的补髓生血胶囊治疗再生障碍性贫血的临床实验,发现该药品具有恢复造血干/祖细胞膜 IL-3、IL-6、L-11 受体的作用,表明以桑葚为主药的补髓生血胶囊是通过患者体内调控因子使造血干细胞膜受体改变而起到治疗作用,增加血细胞的数量。

(3)降血糖作用

桑叶含有独特的生物碱 DNJ,由于 DNJ 与 α-糖苷酶结合能力大于二糖与 α-糖苷酶的结合能力而阻碍了二糖与 α-糖苷酶的结合,结果降低了糖苷酶对二糖进行分解,使二糖不能被水解为葡萄糖而直接进入大肠,因而降低了血糖值。

(4)抗诱变作用

采用小鼠骨髓细胞微核实验方法和小鼠骨髓细胞染色体畸变实验方法观察新鲜桑葚汁对环磷酰胺诱发小鼠骨髓嗜多染红细胞微核和染色体畸变的抑制作用,可发现新鲜桑葚汁具有抑制 CY 诱发骨髓微核率和染色体畸变率升高的作用,且有明显的剂量反应关系,说明新鲜桑葚汁对一些外来诱变剂的诱变作用可能具有一定的预防效果。采用 Ames 试验、小鼠骨髓微核试验、SOS 显色反应等方法对桑葚水溶性提取液进行诱变与抗诱变研究,发现其具有明显的抗诱变作用。

(5)降血脂作用

通过研究黑桑葚对高脂血症大鼠脂质代谢的影响,结果发现:桑葚组大鼠血清和肝脏的胆固醇、甘油三酯含量均显著降低,血清低密度脂蛋白胆固醇和致动脉硬化指数也明显下降,而高密度脂蛋白胆固醇和抗动脉硬化指数显著升高,认为黑桑葚果粉对高脂血症大鼠具有显著的降脂、抗动脉粥样硬化作用。

(6)抗氧化及延缓衰老作用

黑桑葚提取液能使肝脏过氧化脂质明显降低;全血谷胱甘肽过氧化物酶和过氧化氢酶活性显著提高;心肌脂褐素明显减少。认为黑桑葚提取液具有一定的抗氧化延缓衰老的作用和润肤美容的功效。

另外,通过桑果汁能显著提高大鼠红细胞和肝脏中丙二醛含量的结果,说明桑果汁能有效地清除氧自由基及抗脂质过氧化。这一功能可能与桑果汁含丰富的天然抗氧化成分维生素 C、胡萝卜素、类黄酮等有关。

（7）抗病毒作用

桑葚的有效成分1-脱氧野尻霉素对抗 AIDS 有效；且桑葚具有抗乙型肝炎病毒的作用。

（8）抗炎作用

通过研究桑叶的抗炎作用，发现桑叶具有显著抑制巴豆油致小鼠耳郭肿胀的作用，还能抑制醋酸所致小鼠腹腔毛细血管通透性增加的作用，抑制角叉菜胶所致的小鼠足跖浮肿。

（9）抑癌抗肿瘤作用

桑葚中含有一种叫"白藜芦醇"的物质，能刺激人体内某些基因发挥作用，抑制癌细胞的生长。桑葚还可阻止致癌物质引起的细胞突变，使细胞内的溶酶体破裂放出水解酶，使癌细胞溶解死亡。

从桑叶中分离纯化的两个种类黄酮——槲皮素-3-O-β-D-吡喃葡萄糖苷和槲皮素-3，7-二氧-β-D-吡喃葡萄糖苷对人早幼粒白血病细胞系的生长表现出显著的抑制作用，其中后者还能诱导 HL-60 细胞系的分化。

（10）其他作用

桑葚水煎液能降低红细胞膜的 Na^+-K^+-ATP 酶的活性。桑叶调整肠道功能也很有效，能使肠道内容物酸度增大，抑制有害细菌的增殖，起到调整肠道的功能，能缓解肠鸣、排气、腹胀感等腹部症状，并能改善排泄功能，导泄通便、减少某些急腹症的发生、保护肠黏膜和具有减肥作用。

7. 益智仁

【性味归经】　味辛、性温；归脾、肾经。

【功效】　温脾止泻摄涎、暖肾缩尿固精，用于脾胃虚寒、呕吐、泄泻、腹中冷痛、口多唾涎、肾虚遗尿、尿频、遗精、白浊。

【用法用量】　内服：煎汤，3~9 g，或入丸、散。

【化学成分】

（1）挥发油成分

益智仁挥发油中成分复杂，目前已鉴定出上百种化合物。含量较高的有聚伞花烃香橙烯，α-桉叶醇，桉油精，α-松油醇，α-松油烯，γ-松油烯，松香芹醇，4-松香醇，2-（4′-甲基苯基）-2-丙醇，α-松香醇，对-异丙基苯甲醛，麝香草酚，α-咕吧烯，1-甲基，3-异丙基环己烯，β-榄香烯，α-依兰油烯，β-石竹烯，姜烯，姜醇，α,α-二甲基苯丙酸，螺[4,4]壬烷-2 酮，α-侧柏烯，柠檬烯，莰烯，绿叶烯，愈疮木醇，α-姜黄烯，雅槛兰烯，α-金合欢烯，衣兰烯，香橙烯，芳樟醇，桃金娘醛，α-和 β-蒎烯，天竺葵酮，松油醇-4，香桧烯，6-甲基，5-庚烯-2-酮，β-肉桂烯，β-罗勒烯，α-水芹烯，3-蒈烯等。

（2）萜类成分

益智仁中的萜类成分以倍半萜居多，目前分到的的萜类成分共有 16 个：香橙烯，圆柚酮，圆柚醇，oxyphyllol A，oxyphyllol B，oxyphyllol C，selin-11-en-4α-ol，isocyperol，oxyphyllenodiol A，oxyphyllenodiol B，oxyphyllenone A，oxyphyllenone B，（E）-labda-8（17），12-diene-15,16-dial。

(3)黄酮类成分

含有杨芽黄酮,白杨素,良姜素等黄酮类成分。

(4)庚烷类衍生物

益智仁中含有一类庚烷衍生物成分,已分到4个:益智酮甲,益智酮乙,益智新醇,益智醇。

【药理作用】

(1)对心血管系统的作用

益智仁的甲醇提取物对豚鼠左心房具有强大的正性肌力作用;在兔的大动脉中有颉颃钙活性作用,其活性成分为 nootkatol。益智仁中的益智酮甲具有强心作用,其作用机制为:抑制心肌的 Na^+-K^+ 泵。

(2)抗癌作用

益智仁水提物具有抑制小鼠腹腔内腹水型肉瘤细胞增长的中等活性作用;甲醇提取物有抑制小鼠皮肤癌细胞增长活性和诱导 HL-60 细胞凋亡活性。相关研究发现,益智仁果实中的益智酮甲和益智酮乙能够抗十四烷佛波醇酯引起的炎症,抑制表皮鸟氨酸脱羧酶的活性及其mRNA 的表达,抑制 TPA 致癌过程中的表达方式 2-环加氧酶的转录和翻译水平,及 NF-κB 和诱导(生)型 iNOS 的活性,从而达到抑制皮肤癌细胞的增长作用。

(3)抗过敏性反应

益智仁水提物对免疫球蛋白 E 介导的过敏性反应有影响。相关研究表明,腹腔或口服给药,能抑制被动皮肤过敏性反应;能抑制由抗二硝基酚免疫球蛋白-E 抗体激活的鼠腹膜肥大细胞里致过敏物质-组织胺的释放。

(4)抑制细胞中 NO 的产生和脱粒作用

益智仁 80% 丙酮水提物的乙酸乙酯部位有 2 个活性作用。一是抑制脂多糖活化巨噬细胞中 NO 的产生,其活性成分是:oxyphyllol A、nootkatone、selin-11-en-4α-ol、isocyperol、oxyphyllenodiol A、oxyphyllenone A、(E)-labda-8(17),12-diene-15,16-dial、杨芽黄酮;二是抑制由抗原引发的 RBL-2H3 细胞的脱落,其活性成分是:nootkatone、selin-11-en-4α-ol、(E)-labda-8(17),12-diene-15,16-dial、tectochrysin、izalpinin。

(5)对神经中枢的作用

益智仁氯仿提取物和水提物均有中枢抑制作用,能抑制小鼠自发活动,与戊巴比妥钠合用有协同作用,有明显的镇静、催眠作用。

(6)保肝作用

益智仁水提物能改善运动对肝脏细胞的损伤,提高肝脏组织抗自由基氧化的能力,同时还对肝脏细胞超微结构具有保护作用。

(7)对胃肠道系统的作用

益智仁提出物能影响鼠小肠中胺咪的吸收,有止泻作用;益智仁果实的丙酮提取物(口服给药)能明显抑制盐酸/乙醇引起的大鼠胃损伤有抗溃疡作用。

(8)其他作用

益智仁氯仿提取物能延长心肌耗氧量增加情况下的耐缺氧存活时间;氯仿提取物与水提物均有促皮质激素样作用;甲醇提取物有杀灭黑腹果蝇幼虫的活性作用,其活性成分是 nootkatone 和 yakuchinone A;50%乙醇提取物具有抗利尿、抗痴呆,改善学习记忆障碍等作用;此外,益智仁还具有部分凝血作用,镇痛作用,抗脂质氧化作用,清除自由基延缓衰老作用。

8. 龙眼肉

【性味归经】 甘、温;归心、肾、肝、脾经。

【功效】 补心脾、益气血、安心神,用于心脾两虚、气血不足所致的惊悸、怔忡、失眠、健忘、血虚萎黄、有经不调、崩漏。

【用法用量】 内服:煎汤,10~15 g,大剂量 30~60 g,或熬膏,或浸酒,或入丸、散。

【化学成分】

龙眼多糖;脂类(脑苷脂:大豆脑苷脂Ⅰ、Ⅱ,龙眼脑苷脂Ⅰ、Ⅱ,苦瓜脑苷脂Ⅰ以及商陆脑苷脂);皂苷类;多肽类;多酚类(主要为没食子酸,鞣花单宁,鞣花酸);挥发性成分(主要成分是烷烃,芳烃,萜类,杂环类,醇类,酚及醌类,酯类)。

【药理作用】

(1)抗氧化作用

龙眼肉水提物在试管内可抑制小鼠肝脏过氧化脂质的生成。体内实验证实,高浓度实验动物组中谷胱甘肽过氧化物酶活力显著提高,LPO 及超氧化物歧化酶活力未见改变。证明龙眼肉水提液具有一定抗自由基作用。

(2)增强免疫力

通过称量胸腺、脾脏重量及脏体比,以及胸腺、淋巴结组织切片特殊染色后 T 细胞计数,发现实验组动物的胸腺、脾脏重量及脏体比未见显著差异;而胸腺及淋巴结的 T 细胞检出率均显著升高。证明龙眼肉提取液具有提高细胞免疫功能的作用。其活性成分可能是:龙眼多糖,脂类。

(3)抗肿瘤

有研究证实,龙眼肉的水浸液对子宫颈癌细胞的抑制率达 90%以上,几乎与抗癌药物长春碱相当。

(4)调节内分泌及神经系统

龙眼肉的乙醇提取物可明显降低雌性大鼠血清催乳素的含量;只有在大剂量时对雌二醇和睾丸酮才显著减少,但是明显增加孕酮和促卵胞刺激素的含量,而对促黄体生成素无影响。有研究通过小鼠冲突缓解实验,发现龙眼肉提取物在 2 g/kg 剂量时具有明显的抗焦虑活性。

(5)抑菌作用

龙眼肉水浸剂在试管内对奥杜小芽孢癣菌有抑制作用,煎剂对痢疾杆菌有抑制作用。

9. 大枣

【性味归经】 甘、温;归脾、胃经。

【功效】 补脾胃、益气血、安心神、调营卫、和药性,用于脾胃虚弱、气血不足、食少便溏、倦怠乏力、心悸失眠、妇人脏躁、营卫不和。

【用法用量】 内服:煎汤,9~15 g。

【化学成分】

(1)有机酸

棕榈油酸、11-十八碳烯酸、油酸、苹果酸、酒石酸、桦木酸等。

(2)皂苷类

枣皂苷Ⅰ、Ⅱ、Ⅲ及酸枣仁皂苷B、齐墩果酸、山楂酸3-O-反式(顺式)香豆酰酯等。

(3)生物碱类

苯基异喹啉型、阿扑啡型、厚阿扑啡型、枣碱及枣宁等,包括光千金藤碱、N-去甲基荷叶碱、巴婆碱等。

(4)黄酮类

当药黄素,黄酮-C-葡萄糖苷及乙酰 spinosin A、B、C 等。

(5)三萜酸类

白桦脂酮酸、白桦脂酸、山楂酸、3-O-反式对-香豆酰山楂酸、3-O-顺式对香豆酰山楂酸、麦珠子酸、3-O-反式对香豆酰麦珠子酸、3-O-顺式对-香豆酰麦珠子酸等。

(6)甾醇类

谷甾醇、豆甾醇和少量的链甾醇等。

(7)糖类

多糖及水溶性糖类,包括 D-果糖、D-葡萄糖、低聚糖、阿拉伯聚糖、半乳糖醛聚糖、蔗糖等。

【药理作用】

(1)抗肿瘤作用

大枣合剂对小鼠可移植性乳腺癌 MA737 有一定的抑制作用,其水溶性提取物对人白血病 K562 细胞的增殖和集落形成能力有显著的抑制作用,呈良好的线性相关关系;也有研究发现,大枣中性多糖并不能直接杀灭肿瘤细胞,但可以通过作用于免疫细胞来间接抑制肿瘤;它们是杀伤肿瘤细胞的重要效应分子;还有研究显示,大枣对 N-甲基-N-硝基胍诱发的大鼠胃腺癌有一定的抑制作用,可显著降低癌症的发生率;此外,大枣中的桦木酸、山楂酸对肉瘤 S180 增殖有抑制效应,特别是山楂酸的抑制效果更好。

(2)抗氧化及抗衰老作用

不同剂量的大枣灌服均可提高小鼠脑组织 SOD 活性,并能降低脑组织 MDA 含量,表现抗氧化作用;并且对半乳糖致衰模型小鼠可明显延缓衰老,提高血中 SOD 及 CAT 活力,降低脑匀浆、肝匀浆及血浆中 LPO 水平;大枣多糖还具有清除自由基的作用,且活性大小与多糖的用量呈正相关;此外,有报道大枣多糖可明显颉颃衰老所致小鼠胸腺及脾脏的萎缩,可使胸腺变厚、胸腺脾质细胞数增多,脾小节变大,脾淋巴细胞数增多。

(3)抗变态反应

大枣中含有多种有效成分,可以调节内分泌系统,如可使白细胞内 cAMP 与 cGMP 的比值增高,提高抗过敏性;抑制 LTD4 释放,抑制变态反应。

(4)免疫增强作用

大枣能显著提高体内单核-巨噬细胞系统的吞噬功能;能显著增强小鼠体外腹腔巨噬细

胞分泌对 L929 细胞株的细胞毒性和 TNF-α、IL-1、NO 的分泌功能;所含的大枣多糖具有明显抗补体活性,且具有浓度依赖关系;同时能促进小鼠脾细胞自发增殖反应和混合淋巴细胞培养反应,且对未活化的小鼠脾细胞也有促进增殖作用,作用呈现先升高后下降的趋势;此外,大枣多糖可显著提高小鼠腹腔细胞的吞噬功能,促进溶血素和溶血空斑,促进淋巴细胞转化及提高外周血淋巴细胞分解。

（5）中枢抑制作用

大枣具有增强睡眠作用,药理实验发现,大枣中黄酮-葡萄糖苷,黄酮-双-葡萄糖苷 A 等多种化合物具有明显的镇定、催眠和降压作用。大枣中的柚皮素-C-糖苷类可降低大脑的兴奋度,减少对外界刺激的反应,并且有引起僵住症的作用。

（6）其他作用

大枣中的黄酮类化合物具有镇静、催眠、降血压、抗过敏、抗炎等作用;cAMP 具有保护肝脏、调节细胞的分裂繁殖过程、增加肝血清总蛋白和白蛋白的作用;大枣多糖对大鼠血清钙含量有明显升高作用,且低、中剂量对大鼠血糖也有明显升高作用;所含齐墩果酸对保护肝脏,防止癌变有疗效;大枣煎剂可提高小鼠体重、延长负荷游泳时间;还可增加小鼠肌力、增加小鼠体重以及抗突变的作用。

10. 黑芝麻

【性味归经】　味甘、性平;归肝、脾、肾经。

【功效】　补益肝肾、养血益精、润肠通便,用于肝肾不足所致的头晕耳鸣、腰膝酸软、须发早发、肌肤干燥、肠燥便秘、妇人乳少、痈疮湿疹、风癫痫疬、小儿瘰疬、烫伤、痔疮。

【用法用量】　内服:煎汤,9～15 g,或入丸、散;外用:适量,煎水洗浴或捣敷。

【化学成分】

黑芝麻油:含油酸、亚油酸、棕榈酸、硬脂酸、花生油酸、甘四烷酸的甘油酯及芝麻素、芝麻林素,芝麻酚、维生素 E、植物甾醇、卵磷脂等成分,尚含寡糖类、车前糖、芝麻糖、蔗糖、戊聚糖、胡麻苷、细胞色素 C 等。

【药理作用】

（1）护肝作用

研究显示,黑芝麻黑色提取物可降低乙醇诱导急性肝损伤小鼠血清丙氨酸氨基转换酶和天门冬氨酸氨基转换酶活性,降低乙醇和四氯化碳急性肝损伤小鼠肝脏丙二醛水平和升高肝脏超氧化物歧化酶活性,但对肝脏谷胱甘肽过氧化物酶含量影响较小。说明黑芝麻具有保肝作用,这可能与抗氧化作用有关。

（2）对心血管作用

黑芝麻油中富含不饱和脂肪酸——油酸和亚油酸,以及多种抗氧化成分——芝麻素、芝麻林素、芝麻酚、维生素 E 等。亚油酸通过对低密度脂蛋白的修饰作用而降低血脂;芝麻素和芝麻酚具有降低血清胆固醇,提高免疫功能和抗氧化功能;芝麻木酚素也具有抑制小肠吸收胆固醇、阻碍肝脏合成胆固醇作用和抗高血压作用。从而使得黑芝麻油可防止和减轻动脉粥样硬化的发生和发展。

（3）预防胆结石的形成

黑芝麻所含有的卵磷脂是胆汁中成分之一,如果胆汁中的胆固醇过高及与胆汁中的胆酸、卵磷脂的比例失调,均会沉积而形成胆结石,卵磷脂可以分解和降低胆固醇,因此可以防止胆结石的形成。

（4）其他作用

芝麻油还具有抗炎作用,涂布皮肤黏膜,可减轻刺激,促进炎症恢复。此外,种子有致泻作用;其提取物可降低血糖,增加肝脏及肌肉中糖元的含量,但大剂量则降低糖元含量。

11. 蜂蜜

【性味归经】　味甘、性平;归脾、胃、肺、大肠经。

【功效】　调补脾胃、缓急止痛、润肺止咳、润肠通便、润肤生肌、解毒,用于脘腹虚痛、肺燥咳嗽、肠燥便秘、目赤、口疮、溃疡不敛、风疹瘙痒、水火烫伤、手足裂。

【用法用量】　内服:冲调,15～30 g,或入丸剂、膏剂;外用:适量,涂敷。

【化学成分】

蜂蜜是一种高度复杂的糖类饱和溶液,含有大量的糖类成分,此外,还含有蛋白质、氨基酸、维生素、微量元素、有机酸、色素、芳香物质的高级醇、胶质物、蜂花粉、激素等。

（1）转化糖

以还原糖为主,主要来源于花蜜中的蔗糖,通过蜜蜂分泌的转化酶的作用而产生的。

（2）酸类化合物

包括有机酸、无机酸和氨基酸。其中有机酸主要是乳酸、草酸、柠檬酸、酒石酸和葡萄糖酸等;无机酸包括磷酸、硼酸、碳酸和盐酸等;氨基酸主要是脯氨酸、组氨酸、精氨酸、苏氨酸等17种。

（3）酶类化合物

蔗糖酶（转化酶）、淀粉酶、氧化酶、还原酶、过氧化氢酶、过氧化物酶、脂酶等。

（4）其他物质

除含上述营养物质外,还含有花粉、色素、挥发油、乙酰胆碱、羟甲基糖醛、胡萝卜素、少量蜡质、游离酸、内酯及抗菌活性物质等。

【药理作用】

（1）保护肝脏

蜂蜜对四氯化碳中毒的大鼠的肝脏具有保护作用,它能促使动物的血糖、氨基己糖含量升高,肝糖含量增加,血胆固醇含量恢复正常。

（2）对消化系统的作用

蜂蜜对胃肠功能有调节作用,对胃酸分泌过多或过少有使其分泌正常化的作用;且有缓泻作用,可促进小肠推进运动,并显著缩短小鼠的通便时间,这是由于蜂蜜有较高的渗透压,并含有乙酰胆碱和香辛成分。

（3）对糖代谢的影响

蜂蜜中对血糖影响的活性物质是乙酰胆碱和葡萄糖,但这两种活性成分对血糖的影响是相反的,乙酰胆碱可使血糖降低,葡萄糖则使血糖升高。当给予低剂量的蜂蜜时,乙酰胆碱降血糖的作用超过葡萄糖的作用,因此血糖降低;当高剂量时则相反,血糖升高。

(4)抗菌作用

未经处理的天然成熟蜂蜜具有很强的抗菌能力。甚至在室温下放置数年也不会腐败变质。其抗菌原因在于,蜂蜜中高浓度的糖和低 pH 值可抑制微生物的生长发育,而且蜜中的葡萄糖在葡萄氧化酶的作用下产生抗菌物质过氧化氢的结果。此外,蜂蜜中还含有一些非过氧化氢类抗菌物质,主要包括溶菌酶,来自蜜蜂本身,可溶解革兰氏阳性菌细胞壁支持膜上氨基葡聚糖,造成溶菌现象;苯酚类化合物来自花粉,通过造成病菌细胞膜通透性的损伤,从而引起细胞组分的渗漏;黄酮类化合物,因不同蜜源植物不同而种类不同,如枣花蜜中多为槲皮素,槐花蜜中多为金合欢素,荆条蜜中多为皂草黄素,它们的抗菌原理不尽相同;以及有机酸中的脱落酸和苯甲酸等。有研究发现,2%的蜂蜜水溶液对蜡样芽孢杆菌、金黄色葡萄球菌、都柏林沙门菌和痢疾志贺菌有显著抑制效果,且能够抑制蜡样芽孢杆菌芽孢的形成;体外实验发现,一定浓度的蜂蜜对引起口腔疾病的咽峡链球菌、口腔链球菌和白色念珠菌也有较好的抑制作用;还有报道称蜂蜜对引起胃溃疡的幽门缠绕杆菌有显著的抑制作用;另外,蜂蜜中提取出来抗菌物质对埃希氏大肠杆菌、阴沟肠杆菌和鼠伤寒沙门菌有很好的抑制作用。

(5)加速创伤组织的修复

蜂蜜作为一种天然吸附剂易被吸收进入血液,通过其内外渗透压作用调节创面水肿,起到防止细胞入侵,加快创面愈合的作用,适于防止创伤和烧伤创面感染的发生,以及皮肤溃疡的治疗。研究还发现,蜂蜜能促进部分切除肝脏的大鼠肝脏再生,并能增强蛋氨酸促进肝组织的再生作用,其作用机制是蜂蜜能使创伤处的分泌物所含的谷胱甘肽大量增加,刺激细胞的生长和分裂,从而促进创伤组织的愈合。

(6)增强免疫、抗肿瘤作用

有研究发现,1%和5%椴树蜜可显著增加抗体分泌细胞的数量,表明其具有增强体液免疫功能的作用。还有研究证实,蜂蜜具有中度抗肿瘤和显著的抗肿瘤转移作用;可增强环磷酰胺和 5-Fu 的疗效,且可以减少毒性。

(7)解毒作用

蜂蜜以多种形式使用可以明显地减弱乌头碱的毒性,且以水煎液效果最好;另外,蜂蜜口服还可以明显改善酒精中毒的症状,具有解酒毒的作用。

(8)毒副作用

蜂蜜的毒性来自于被蜜蜂采集的有毒植物,人若误食,轻者中毒,重者致死。目前对蜂蜜引起的中毒,尚缺乏特效疗法。为避免误食,可在食用前先少量口尝,如出现苦、麻、涩等味即不能口服。

(9)其他作用

蜂蜜还具有强心作用,能使冠状血管扩张,消除心绞痛;也能提高幼儿的血红蛋白和红血球含量,对于治疗贫血有一定的辅助作用;此外,蜂蜜能调节神经系统功能,改善睡眠、提高脑力和体力活动能力;同时能够调节人体内酸碱平衡,维持人体内环境的稳定状态。

十七、收湿类

1. 乌梅

【性味归经】　味酸、性平;归肝、脾、肺、肾、胃、大肠经。

【功效】　敛肺止咳、涩肠止泻、止血、生津、安蛔,用于久咳、虚热烦渴、久疟、久泻、痢疾、便血、尿血、血崩、蛔厥腹痛、呕吐、钩虫病。

【用法用量】　内服:煎汤,0.8～1.5 钱,或入丸、散;外用:煅研干撒或调敷。

【化学成分】

(1)有机酸

乌梅中含有丰富的有机酸,如枸橼酸、苹果酸、草酸、乙醇酸、乳酸、琥珀酸、焦精谷氨酸、甲酸、丙酸、乙酸、延胡索酸等,含量较高的主要是枸橼酸和苹果酸。新近从乌梅中分离鉴定了柠檬酸三甲酯、3-羟基-3-甲酯基戊酸、3-羟基-3-羧基戊二酸二甲酯。

(2)黄酮

乌梅含有鼠李柠檬素-3-O-鼠李糖苷、山柰酚-3-O-鼠李糖苷、鼠李素-3-O-鼠李糖苷、槲皮素-3-O-鼠李糖苷。

(3)萜类

乌梅中含蛇麻脂醇-20(29)-烯-7β,15α-二醇-3β-棕榈酸酯、硬脂酸酯、花生四烯酸酯,廿二酸酯和二十四烷酸酯的混合物等三萜脂肪酸酯。经研究证实,乌梅中的主要三萜类成分是熊果酸。

(4)甾醇

乌梅中含谷甾醇、菜油甾醇、豆谷甾醇、△5-燕麦甾醇、胆甾醇和△7-豆谷甾醇及甾醇酯。

(5)类脂

乌梅中含中性类脂、糖脂、磷脂、三甘油酯以及 1,2-二甘油酯、游离脂肪酸和蜡醇、果胶酸。

(6)生物碱

2,2,6,6-四甲基哌啶酮和叔丁基脲。

(7)挥发性成分

乌梅中含有80多种挥发性化合物。主要有乙醛、乙醇、丙醇、乙酸甲酯、乙酸丙酯、丙酸乙酯、丙酸丙酯、戊酸、异戊酸、对-异丙基甲烷、顺式-3-乙烯-1-醇、反式/顺式氧化沉香醇、糖醛、沉香醇、5-羟甲基-2-糖醛、2,3-二甲基马来酐、正己酸、正己醛、反式-2-己烯醛、正己醇、芳樟醇、松油-4-醇、苯甲醛、苯甲醇愈疮木酚、O-甲酚、P-甲酚、丁子香酚和 C11～C21 的脂肪酸等。

(8)其他成分

乌梅中含24种氨基酸及胆胺,乌梅果实中含单、双糖及多糖,单、双糖主要为蔗糖、果糖、三梨糖醇、葡萄糖等,多糖的主要成分为果胶和粗纤维。乌梅中还含有氢氰酸、过氧化物歧化酶和赤霉素系列化合物。种子中还含苦杏仁苷、脂肪油等。

【药理作用】

（1）对平滑肌的作用

乌梅煎液能增强豚鼠离体膀胱逼尿肌肌条的张力，增加膀胱逼尿肌肌条的收缩频率和收缩波平均振幅，其作用机理可能与兴奋细胞膜膜上 L 型 Ca^{2+} 通道作用有关。对豚鼠离体胆囊的作用表现为双向性反应，即低浓度的乌梅对胆囊肌条表现为抑制作用，当乌梅累积至一定浓度时，对胆囊肌条的张力呈现为先降低后增高的双向性反应。乌梅煎液对未孕和早孕大鼠子宫平滑肌均有兴奋作用，妊娠子宫对其尤为敏感，有明显的抗着床、抗早孕作用。

（2）抗菌作用

乌梅提取液在体外对大肠杆菌、痢疾杆菌、伤寒杆菌、副伤寒杆菌、霍乱杆菌、百日咳杆菌、变形杆菌、炭疽杆菌、白喉杆菌、类白喉杆菌、人型结核杆菌、脑膜炎球菌、幽门螺旋菌、金葡菌、肺炎球菌、溶血性链球菌等均有抑制作用。其醇提液对沙门氏菌、绿脓杆菌作用敏感，这可能与乌梅中含有有机酸、5-羟基-2-呋喃醛、苦味酸等有关。

（3）抗肿瘤作用

乌梅煎剂对小鼠肉瘤 S180、艾氏腹水癌有抑制作用，体外试验对人子宫颈癌 JTC-26 株的抑制率在 90% 以上；乌梅具有抑制人原始巨核白血病细胞和人早幼粒白血病细胞生长的作用；乌梅水提液、醇提液对 HIMeg 细胞和 HL-60 细胞均有一定的抑制生长效应，对这两种细胞的克隆形成都有不同程度的抑制作用，并呈一定的量效关系，其中功效成分主要是熊果酸。乌梅抗肿瘤作用通过整体免疫调节而达到的可能性较小，可能以对肿瘤的直接作用为主。

（4）驱虫作用

乌梅对蛔虫不具有杀灭作用，但可轻微麻醉蛔虫，使其失去附着肠壁的能力，从引流胆管中后退。这与乌梅具有收缩胆囊作用，并可增加胆汁分泌，使胆汁趋于酸性和松弛胆道口括约肌的作用有关。另外，乌梅水煎液对华枝睾吸虫也有显著的抑制作用。

（5）抗氧化作用

乌梅对邻苯三酚及肾上腺素氧化系统产生的氧自由基有很强的清除能力，并在垂直凝胶电泳中表现出抑制氮蓝四唑光化还原的能力。乌梅汁能显著降低成年小鼠肝、血 LOP 水平和提高小鼠脑、血 SOD 活性，表现明显的抗氧化溶血和抗肝匀浆脂质过氧化作用。

（6）杀精子作用

乌梅有较强的杀精子作用，其主要有效成分为乌梅枸橼酸，其杀精子机理为破坏精子的顶体、线粒体及膜结构。同时乌梅枸橼酸具有良好的阻抑精子穿透宫颈黏液的作用。

（7）解毒作用

乌梅所含柠檬酸可使体液保持弱碱性，使血液中酸性有毒物质分解以改善血液循环；所含的琥珀酸是重金属及巴比妥类药物中毒的解毒剂；枸橼酸可作为碱中毒的解毒剂。

（8）其他作用

未成熟乌梅果肉含有氢氰酸，成熟乌梅所含苦杏仁苷在体内可分解产生微量氢氰酸，对呼吸中枢产生镇静作用；乌梅可使唾液腺分泌更多的腮腺激素，可促使皮肤细胞新陈代谢，并能促进激素分泌物的活性，从而起到抗衰老的作用；乌梅可使放射性 Sr 尽快排出体外，产生抗辐射的作用；乌梅对病毒性肝炎患者降低谷丙转氨酶及黄疸，改善症状和体征，具有保肝作用；乌梅对豚鼠的蛋白质过敏性及组织胺休克具有对抗作用,但对组织胺性哮喘则无对抗作用;乌梅提取物体外具有抑凝血抗纤溶活性和抗疲劳等作用。

2. 肉豆蔻

【性味归经】　辛、苦、温;归脾、胃、大肠经。

【功效】　温中涩肠、行气消食,用于虚泻、冷痢、脘腹胀痛、食少呕吐、宿食不消。

【用法用量】　内服:煎汤,1.5~6 g,或入丸、散。

【化学成分】

种仁含脂肪油(25%~46%)、挥发油(8%~15%)、毒物肉豆蔻醚(约4%);挥发油主含桧烯、α-及β-蒎烯、α-侧柏烯、莰烯、松油烯-4-醇、γ-松油烯、α-异松油烯、α-松油醇、D-柠檬烯、δ-荜澄茄烯、α-水芹烯、β-水芹烯、β-石竹烯、樟烯、冰片烯、异香草素、异香草醛、原儿茶酸、肉豆蔻醚、肉豆蔻酸酯、榄香脂素、异榄香脂素、β-月桂烯、月桂酸、Δ2-蒈烯、Δ4-蒈烯、β-澄茄油烯、P-对异丙基苯甲烷、苎烯、1∶8-桉树脑、香叶醇、龙脑、β-伞花烃、对聚伞花素-α-醇、黄樟醚、橙花醇、乙酸冰片酯、醋酸莳酯、乙酸牻牛儿醇酯、丁香油酚、顺式异丁香酚、反式异丁香酚、甲基丁香油酚、异丁香酚甲基醚、3,4-二甲基苏合香烯、芳樟醇、顺式辣薄荷醇、反式辣薄荷醇、顺式丁香烯、香茅醇、4-烯丙基-2,6-二甲氧基-苯酚、花生酸、9-十八碳烯酸。

种子还含木脂素:去氢二异丁香油酚(即利卡灵A)、2-(3,4-亚甲二氧基苯基)-2,3-二氢-7-甲氧基-3-甲基-5-(丙烯基)苯并呋喃(即利卡灵B)、1-(3-甲氧基-4-羟基苯基)-2-(4-烯丙基-2,6-二甲氧基苯氧基)-1-丙醇、1-(3,4-亚甲二氧基苯基)-2-(4-烯丙基-2,6-二甲氧基苯氧基)-1-丙醇、1-(3-甲氧基-4-乙酰氧基苯基)-2-(4-烯丙基-2,6-二甲氧苯氧基)-1-丙醇乙酸酯、1-(3,4-亚甲二氧苯基)-2-(4-烯丙基-2,6-二甲氧基苯氧基)-1-丙醇乙酸酯、1-(3,4,5-三甲氧基苯基)-2-(4-烯丙基-2,6-二甲氧基苯氧基)丙烷、5′-甲氧基去氢二异丁香油酚,2-(3,4-亚甲二氧基-5-甲氧基苯基)-2,3-二氢-7-甲氧基-3-甲基-5-(丙烯基)苯并呋喃、1-(3,4-二甲氧基苯基)-2-(4-烯丙基-2,6-二甲氧基苯氧基)-1-丙醇等。

此外,脱脂种仁含肉豆蔻酸及三萜皂苷,苷元为齐墩果酸。

【药理作用】

(1)止泻作用

肉豆蔻的止泻主要作用于小肠,而且有很好的对抗乙酰胆碱的作用。肉豆蔻的水煎液基本无止泻作用,止泻作用物质主要是挥发油,至于具体是哪种物质目前尚无深入研究。

(2)镇静作用

挥发油中所含的甲基异丁香酚有抑制中枢神经作用,可加强戊巴比妥的安眠作用。肉豆蔻挥发油可延长雏鸡由乙醇1~4 g/kg腹腔注射引起的睡眠时间,特别可延长深睡眠时间,这种作用可能与其对单胺氧化酶抑制有关。

(3)抗菌作用

有研究显示,肉豆蔻挥发油有明显的抗霉菌作用;所含的甲基异丁香酚对金黄色葡萄球菌和肺炎双球菌有较强的抑菌作用。

（4）其他作用

总挥发油有明显的抗血小板聚集活性。肉豆蔻醚能显著提高肝脏和其他靶组织中 GST 活性，与肝脏 DNA 产生附加物；对人大脑有中度兴奋作用，能增强5-羟色胺的作用，可引起血管状态不稳定、情绪易冲动、不能进行智力活动等；对单胺氧化酶有中等程度抑制作用。另外，肉豆蔻醚和黄樟醚是毒性成分，当达一定用量时，可引肝脏脂肪变性而致死；且肉豆蔻醚和榄香素对正常人有致幻作用。此外，木质素类化合物有较好的捕捉自由基活性。

3. 芡实

【性味归经】　甘、涩、平；归脾、肾、心、胃、肝经。

【功效】　固肾涩精、补脾止泄，用于遗精、白浊、淋浊、带下、小便不禁、大便泄泻。

【用法用量】　内服：煎汤，15～30 g，或入丸、散，亦可适量煮粥食。

【化学成分】

（1）环肽化合物

环（脯-丝）、环（异亮-丙）、环（亮-丙）三个环二肽。

（2）黄酮类化合物

5，7，4′-三羟基二氢黄酮及5，7，3′，4′，5′-五羟基二氢黄酮；异落叶松树脂醇-9-O-β-D-吡喃葡萄糖苷；α-、β-和δ-生育酚。

（3）其他成分

芡实的种仁中还含有某些收敛性物质和抗氧化成分。至于其中具体的单体组分，目前国内并未见研究报道。

【药理作用】

目前对芡实的药理研究尚少。有报道称，芡实的乙酸乙酯提取物具有很强的抗氧化活性。另外，含有的某些收敛性物质，具有养血安神、益身固精、去湿健脾、止泻止带等功效。

4. 莲子

【性味归经】　甘、涩、平，归心、脾、肾、胃、肝、膀胱经。

【功效】　补脾止泻、益肾固精、养心安神，用于脾虚久泻、泻久痢、肾虚遗精、滑泄、小便不禁、妇人崩漏带下、心神不宁、惊悸、不眠。

【用法用量】　内服：煎汤，6～15 g，或入丸、散。

【化学成分】

（1）主要成分

碳水化合物、蛋白质、脂肪、微量元素（包括钙、磷、铁等），脂肪中脂肪酸组成主要有肉豆蔻酸、棕榈酸、油酸、亚油酸、亚麻酸等。

（2）生物碱

果实含莲心碱、（+）去甲基乌药碱、异莲心碱、甲基莲心碱、莲心单碱、甲基可里帕林等。

（3）其他成分

果皮含荷叶碱、原荷叶碱、氧黄心树宁碱和 N-去甲亚美罂粟碱等；种仁含油脂、氨基酸、蛋白质、多肽类、甾体、三萜皂苷、生物碱、内酯、香豆精类，可能还存在少量强心苷。

【药理作用】

(1)抑菌作用

研究表明,石莲子不同溶剂提取物均有明显的体外抑菌作用,且不同溶剂提取物对各种菌的抑菌活性不同。其中水溶剂浸提物对藤黄微球菌有很强的抑制作用,对金黄色葡萄球菌、黄曲霉的抑制效果也较好;乙酸乙酯浸提物对黄曲霉抑菌活性显著,对金黄色葡萄球菌、绿脓杆菌抑菌效果稍弱;乙醇浸提物对金黄色葡萄球菌、大肠杆菌、藤黄微球菌、绿脓杆菌的抑制作用较好。

(2)抗氧化作用

莲子多糖对 D-半乳糖致衰老小鼠,可显著提高其血清中 SOD、CAT、GSH-PX 活力,显著降低血浆、脑及肝匀浆中 LPO 水平,从而表现出较好的抗氧化、抗衰老的作用。

(3)抗心律失常作用

石莲子心所含的莲心碱具有较好的抗心律失常作用,能减慢心律,使心室舒张期延长,有利于血液从心外膜区向内膜区灌注,从而改善缺氧缺血,抑制心肌收缩,降低后负荷,这样就降低了心肌的耗氧量,有利于抗心律失常作用的发挥。研究发现,可显著对抗乌头碱诱发的大鼠及哇巴因诱发的豚鼠心律失常;还能对抗心肌缺血复灌所致大鼠心律失常;还可延长离体豚鼠左房功能不应期。另外,对心肌慢反应动作电位及慢反应内向电流有影响,可以浓度依赖性地降低离体兔窦房结起搏细胞慢反应跨膜电位 0 相幅度和最大上升速度,延长窦性心动周期,增大离体兔窦房结起搏细胞及高钾诱发的豚鼠乳头肌慢反应 0 相幅度和最大上升速度,还可浓度依赖地抑制犬蒲氏纤维慢向电流,使慢内向电流下降。以上说明其抗心律失常机制可能与阻滞 Na^+、Ca^{2+}、K^+ 的跨膜转运有关。

(4)抑制平滑肌收缩作用

莲心碱能逆转内皮素所致[3H]TdR 渗入量增多,阻止血管平滑肌细胞由静止期进入 DNA 合成期和有丝分裂期,并能逆转内皮素引起的 c-fos、c-myc、c-sis 原癌基因相关抗原及 mRNA 表达减弱。说明其能抑制血管平滑肌细胞增殖,与癌基因调控的分子生物学机制有关。另外也有研究发现,其对去氧肾上腺素、5-羟色胺、组胺引起的兔主动脉环收缩有不同程度抑制作用,且对 PE 引起的收缩,抑制作用更为明显。此外,莲心碱还具有保护冠心动脉的动作,且对冠脉平滑肌细胞依内钙性收缩及依外钙性收缩均有抑制作用。

(5)其他作用

石莲子心所含的莲心碱具有降压作用,经转变成季铵盐后,降压作用明显增强,作用时间延长;此外,石莲子具有补益脾胃、祛热毒、清心除烦的功效,并可治疗乳糜血尿。

5. 荷叶

【性味归经】　苦、涩、平,归心、肝、脾、胆、肺经。

【功效】　清热解暑、升发清阳、散瘀止血,用于暑湿烦渴、头痛眩晕、脾虚腹胀、大便泄泻、吐血下血、产后恶露不净。

【用法用量】　内服:煎汤,3~10 g(鲜品 15~30 g),荷叶炭 3~6 g,或入丸、散;外用:适量,捣敷或煎水洗。

【化学成分】

(1)生物碱类

①单苄基异喹啉类:包括亚美罂粟碱、衡州乌药碱、N-甲基异衡州乌药碱、N-甲基衡州乌药碱、O-去甲基衡州乌药碱等;②阿朴啡类:包括荷叶碱、N-去甲基荷叶碱、O-去甲基荷叶碱、番荔枝碱、莲碱、N-去甲亚美罂粟碱、2-羟基-1-甲氧基阿朴啡等;③去氢阿朴啡类:去氢亚美罂粟碱、去氢荷叶碱、去氢番荔枝碱、去氢莲碱等;④氧化阿朴啡类:鹅掌楸碱等。

(2)黄酮类

槲皮素、异槲皮苷、金丝桃苷、紫云英苷、荷叶苷、莲苷、山柰酚、槲皮素-3-O-β-D-吡喃木糖(1→2)-β-D-吡喃葡萄糖苷、异鼠李素、柯伊利素-7-O-β-D-葡萄糖苷、槲皮素-3-丙酯等。

(3)挥发性油成分

主要为烷、烯、炔、醇、醚、醛、酮、酸、酯、酚等,包括反式石竹烯、反式异柠檬烯、白菖油萜、1-甲基-1H-吡咯-2-甲醛等。

(4)有机酸

酒石酸、柠檬酸、苹果酸、草酸、琥珀酸、葡萄糖酸及鞣质、邻羧基苯甲酸等。

(5)其他成分

多糖、叶绿素、原花青素等。

【药理作用】

(1)降脂减肥作用

近年的研究证实,荷叶具有调节血脂的功能,主要活性部位在黄酮和生物碱,作用特点主要是促进胆固醇的代谢。相关研究发现,荷叶水煎剂能使高脂血症大鼠的 TC、TG 和 LDL-C 显著下降,同时降低全血比黏度,红细胞压积,从而改善血液浓黏状态,还能显著降低血清和肝脏中丙二醛含量,提高超氧化物歧化酶和谷胱甘肽氧化酶活性。荷叶生物总碱可明显抑制肥胖大鼠的体重增长,影响其肥胖程度,且可使肥胖高脂血症大鼠 TC、TG 和 AI 下降,并加强甘油三酯的酶性水解和游离脂肪酸向血中释放,表现出一定的降脂减肥作用。

(2)抗氧化作用

体外试验表明,荷叶的甲醇提取物具有清除自由基、羟基的能力,从而具有保护细胞免受氧化损伤的作用;同时,还具有抗血色素诱导的亚油酸过氧化的作用。另有研究发现,荷叶水提取物也具有非常强的抗氧化作用,可很好地清除次黄嘌呤-黄嘌呤氧化酶系产生的超氧阴离子、由芬顿反应体系产生的羟自由基以及过硫酸铵-N,N,N,N-四甲基乙二胺体系产生的氧自由基,其中活性成分主要是黄酮苷和槲皮素。除此之外,荷叶膳食纤维也具有抗氧化作用。

(3)抑菌作用

荷叶乙醇提取物对细菌和酵母,特别是大肠杆菌、金黄色葡萄球菌和酵母菌等主要靠无性裂殖繁殖微生物的抑制效果最为明显,在中性、弱碱性条件下抑菌活性最强,并且低温长时间处理提取物会影响其抑菌效果,但高温短时处理对抑菌效果影响较小。

也有研究证实,荷叶所含的生物碱对大肠杆菌的代谢具有抑制作用,随浓度的增加,其生长速率常数线性降低。

（4）抗病毒作用

荷叶中所含的苄基喹啉生物碱具有抗 HIV 活性。另有研究表明，衡州乌药碱、N-甲基异衡州乌药碱及荷叶碱可进一步发展成为抗 HIV 病毒的新前导物。此外，荷叶碱还被证实在体外具有显著的抗脊髓灰质炎病毒的活力。

（5）其他作用

荷叶还具有延缓衰老和延长寿命的功效。其甲醇提取液的正丁醇可溶部分能抑制 5-羟色胺所致肌肉收缩；所含的荷叶碱阻抑单突触前根的反射作用具有剂量依赖性，但阻抑多突触前根的反射作用无剂量依赖性；荷叶碱还能诱导僵住症，抑制自发性运动、条件躲避反应等；所含的莲碱中毒量能引起蛙、小鼠、兔的惊厥，对麻醉犬静脉注射能引起阵发性痉挛而血压并不下降，小剂量即可产生兴奋呼吸。另有实验证明，荷叶提取物可以有效降低小鼠的血糖水平，提高小鼠糖耐量，加强胰岛素的作用并抑制血糖的吸收，这可能与荷叶中含有较丰富的黄酮类化合物有关。

参考文献

[1]金宗濂.功能食品教程[M].北京:中国轻工业出版社,2005.

[2]郑建仙.功能性食品[M].北京:中国轻工业出版社,1999.

[3]中国药典委员会.中国药典:Ⅰ部[S].北京:化学工业出版社,2005.

[4]田鹏霞.高血压养生与食疗[M].延吉:延边大学出版社.2006.

[5]何晓英,贾正平,葛欣,等.天然植物及中药黄酮类对糖尿病的药理研究[J].医学综述,
    2003,9(10):629-630.

[6]石雪萍.苦瓜皂苷的分离、纯化、结构鉴定及降血糖功能研究[D].无锡:江南大学,2007.

[7]吴盛,吴至凤.视疲劳研究概述[J].赣南医学院学报,2007,27(3):480-482.

[8]周丽.视疲劳综合征的中医药研究[J].山东中医杂志,2006,25(12):807-809.

[9]涂嫒茜.历代明目类食药文献的研究与应用[D].北京:北京中医药大学,2007,06:37-47.

[10]王红梅,童竞梅,赫楠.失眠的研究进展[J].齐齐哈尔医学院学报,2004,25(7):778-781.

[11]陈磊,康鲁平,秦路平.药物治疗失眠[J].药学实践杂志,2003,21(2):67-70.

[12]贾建平.老年性痴呆研究进展[J].中国临床康复,2004,8(16):3146-3148.

[13]谢棒祥,张敏红.生物类黄酮的生理功能及其研究进展[J].动物营养学报,2003,15(2):
    11-15.

[14]张海燕.连翘化学成分及药理活性的研究进展[J].中药材,2000,23(10):298-307.

[15]陈荔炟,陈树和,刘焱文.葛根资源、化学成分和药理作用研究概况[J].时珍国医国药,
    2006,17(11):2305-2306.

[16]卢嘉,金丽,金永生,等.中药杭白芷化学成分的研究[J].第二军医大学学报,2007,28
    (3):294-298.

[17]孙永金.生姜药理作用研究进展[J].现代中西医结合杂志,2007,16(4):561-562,564.

[18]王晓静,王元书,邱进.桑叶化学成分的研究[J].食品与药品,2007,9(09A):1-3.

[19]伍永富,秦少容,刘世琪.紫苏叶油的研究进展[J].时珍国医国药,2007,18(8):2019-
    2020.

[20]韩健.薄荷化学成分及促进透皮吸收作用研究进展[J].中国校医,2006,20(1):109-110.

[21]郑旭东,胡浩斌.香薷化学成分的研究[J].化学研究,2006,17(3):85-87.

[22]张清华,张玲.菊花化学成分及药理作用的研究进展[J].食品与药品,2007,9(02A):60-
    63.

[23]曹秀莲,牛丽颖,窦玉红,等.淡豆豉对心肌缺血小鼠心肌一氧化氮合酶表达的影响[J].
    河北中医药学报,2007,22(4):3-4.

[24]汪美芳.芦根中阿魏酸的提取、分离和检测[J].池州师专学报,2007,21(3):51-52.

［25］张永红，张建钢，谢捷明，等.祁州漏芦根中的三萜成分［J］.中国中药杂志，2005，30
　　　（23）：1833-1836.

［26］刘净，于志斌，叶蕴华，等.马齿苋活性部位化学成分研究［J］.天然产物研究与开发，
　　　2007，19（B11）：398-399.

［27］王林青，崔保安，张红英.金银花药理作用研究进展［J］.中国畜牧兽医，2007，34（11）：91-
　　　95.

［28］何晶.金银花的化学成分及药理作用［J］.天津药学，2007，19（5）：66-68.

［29］吴佩颖，徐莲英，陶建生.鱼腥草的研究进展［J］.上海中医药杂志，2006，40（3）：62-64.

［30］宋秋烨，吴启南.中药淡竹叶的研究进展［J］.中华中医药学刊，2007，25（3）：526-527.

［31］王自军，杨红兵.淡竹叶中总黄酮和多糖的微波提取与含量测定［J］.食品科技，2007，32
　　　（2）：223-225.

［32］陈泉，王军.中药淡竹叶的化学成分研究［J］.沈阳药科大学学报，2002，19（1）：23-24，30.

［33］黄昌杰，林晓丹，李娟，等.蒲公英化学成分研究进展［J］.中国现代中药，2006，8（5）：32-
　　　33，35.

［34］陈红，肖永庆，李丽，等.栀子化学成分研究［J］.中国中药杂志，2007，32（11）：1041-1043.

［35］金贤兰.火麻仁的药理作用与临床应用［J］.现代医药卫生，2007，23（17）：2624-2625.

［36］元艺兰.郁李仁的药理作用与临床应用［J］.现代医药卫生，2007，23（13）：1987-1988.

［37］宋亚玲，封智兵，程永现，等.木瓜化学成分的研究［J］.西北植物学报，2007，27（4）：831-
　　　833.

［38］曾志，谭丽，蒙绍金，等.广藿香化学成分和指纹图谱研究［J］.分析化学，2006，34（9）：
　　　1249-1254.

［39］颜艳.中药砂仁的研究进展［J］.中国中医药科技，2007，14（4）：304-304，F0003.

［40］李毓，吴棣华，胡笑克，等.薏苡仁酯对人鼻咽癌细胞裸鼠移植瘤转移的抑制作用［J］.华
　　　夏医学，2003，16（1）：1-3.

［41］黄敬群，罗晓星，王四旺，等.桂皮醛抗肿瘤活性及对S180荷瘤小鼠免疫功能的影响［J］.
　　　中国临床康复，2006，10（11）：107-110.

［42］卜宪章，张敏.高良姜化学成分研究［J］.中药材，2000，23（2）：84-87.

［43］臧亚茹.丁香及其有效成分药理作用的实验研究［J］.承德医学院学报，2007，24（1）：71-
　　　73.

［44］邱电，张魁华，方炳虎.丁香酚的药理作用［J］.动物医学进展，2007，28（8）：101-103.

［45］姜静，奚肇庆，尚宁，等.复方薤白胶囊干预慢性阻塞性肺疾病的临床研究［J］.南京中医
　　　药大学学报，2007，23（6）：362-364.

［46］于英男，洪源，李烨，等.刀豆素蛋白引起免疫性肝损伤小鼠肝脏基因表达谱变化［J］.中
　　　国药理通讯，2007，24（3）：29-30.

［47］陈素美.中药莱菔子药理及临床应用研究回顾［J］.时珍国医国药，2007，18（12）：3117-
　　　3118.

[48]周玉枝,陈欢,乔莉,等.红花化学成分研究[J].中国药物化学杂志,2007,17(6):380-382.

[49]李科友,史清华,朱海兰,等.苦杏仁化学成分的研究[J].西北林学院学报,2004,19(2):124-126.

[50]孔凡真.杏仁的营养价值、保健功能与开发利用[J].东方药膳,2007(5):40-43.

[51]陈文英,王成章,高彩霞,等.白果中总黄酮的含量及其油脂的化学成分研究[J].生物质化学工程,2006,40(6):6-8.

[52]宋永刚,胡晓波.山药的活性成分研究概况[J].江西食品工业,2007(4):45-48.

[53]梁冰,杨爱馥,黄凤兰,等.甘草属(Glycyrrhiza)化学成分及药理作用研究进展[J].东北农业大学学报,2006,37(1):115-119.

[54]黄勇,张林,赵卫国,等.桑葚的化学成分及药理作用研究进展[J].广西蚕业,2006,43(3):15-19.

[55]刘友平,陈鸿平,万德光,等.乌梅的研究进展[J].中药材,2004,27(6):459-462.

[56]沈红梅,乔传卓.乌梅的化学、药理及临床研究进展[J].中成药,1993,15(7):35-36.

[57]郑春叶,雒晓东,孙玉芝,等.乌梅丸临床新用治疗进展述评[J].中国中医药信息杂志,2004,11(11):954-955.

[58]李秀芳,吴立军,贾天柱,等.肉豆蔻的化学成分[J].沈阳药科大学学报,2006,23(11):698-701,734.

[59]李美红,杨雪琼,万直剑,等.芡实的化学成分[J].中国天然药物,2007,5(1):24-26.

[60]钱丽丽,高学敏,王淳,等.试论中医缓解体力疲劳保健食品的特色[J].山西中医,2009,25(3):51-53.

[61]毛颖婕,徐彭,刘清华,等.肝损伤的中药治疗研究进展[J].江西中医学院学报,2011,23(1):91-94.

[62]杨群超,牛梦勇,吴兰华.中国医学与颜面美容[J].河北中西医结合杂志,1996,5(2):78.

[63]杨志敏,老鹰荣,曾亮,等.失眠中医研究之浅见[C].广州:2006年中国睡眠研究会第四届学术年会,2006:86-91.

[64]马佳美,郭思媛,王丽晔,等.中医理论对指导提高学习能力及记忆力的讨论[J].现代生物医学进展,2012,12(20):3970-3972.

[65]刘宗瑜,李其忠.高血脂症中的中医病因病机研究[J].黑龙江中医药,2010(4):51-53.

[66]王祎晟.对原发性高血压中医病机及治疗的在认识[J].四川中医,2011,29(12):21-22.

[67]王清海.论高血压的中医概念与病名[J].中华中医药学刊,2008,26(11):2321-2323.

[68]李理.中医对糖尿病病因病机的认识[J].首都医药.2007,3(6):47.

[69]郑彦,李明珍.中医慢性咽炎的辨证论治进展[J].中医药研究,1999,15(3):61-63.

[70]罗守滨.肥胖患者的辨证论治[J].中国伤残医学.2013,21(5):438-439.

[71]韩勃,陈银玲.自由基与中医证型研究概况[J].甘肃中医,1994,7(5):46-48.

[72]凌关庭.保健食品原料手册[M].2版.北京:化学工业出版社,2007:45.